普通高等教育“十二五”规划教材

机械制图与计算机绘图

鲁　杰　刘俊萍　主　编
李建春　刘玉春　副主编

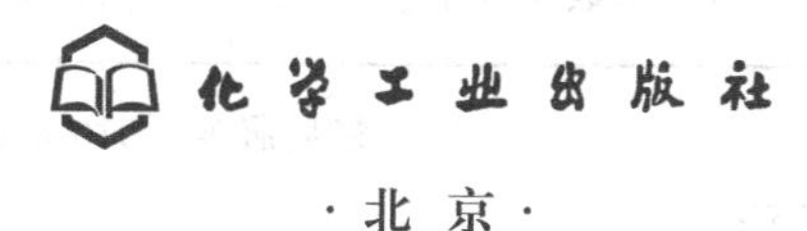

·北京·

本书是依据教育部高等学校工程制图教学指导委员会所制订的《高等学校画法几何与工程制图课程教学基本要求》，参照最新国家标准编写的，突出基本概念、基本理论，语言简练、图形清晰，分12章对机械制图及计算机绘图进行介绍。第1章为机械制图国家标准部分，第2章～第5章为画法几何部分，第6章～第9章为机械图样表达部分，第10章～第12章为计算机（AutoCAD 2008）绘图部分。本书还配套有《机械制图与计算机绘图习题集》便于读者对课程内容进行技能训练。

本书可作为应用型本、专科机械、电子、化工、地矿、计算机等机械类和近机类专业教学用书，也可作为工程类企业技术人员参考用书。

图书在版编目（CIP）数据

机械制图与计算机绘图/鲁杰，刘俊萍主编. —北京：化学工业出版社，2015.8（2023.8重印）
普通高等教育“十二五”规划教材
ISBN 978-7-122-24326-3

Ⅰ.①机… Ⅱ.①鲁…②刘… Ⅲ.①机械制图-高等学校-教材②自动绘图-高等学校-教材 Ⅳ.①TH126

中国版本图书馆CIP数据核字（2015）第129890号

责任编辑：刘丽菲
责任校对：宋　玮　　　　装帧设计：关　飞

出版发行：化学工业出版社（北京市东城区青年湖南街13号　邮政编码100011）
印　　装：涿州市般润文化传播有限公司
787mm×1092mm　1/16　印张16½　字数408千字　2023年8月北京第1版第6次印刷

购书咨询：010-64518888　　　　售后服务：010-64518899
网　　址：http://www.cip.com.cn
凡购买本书，如有缺损质量问题，本社销售中心负责调换。

定　　价：35.00元　

前言

本教材依据教育部高等学校工程制图教学指导委员会制订的《高等学校画法几何与工程制图课程教学基本要求》，参照最新国家标准，并结合机械、电子、地矿等行业的特点和要求编写而成。

本教材是编者总结多年教学经验和研究成果编写而成，秉承科学性与实用性相结合的原则，在内容、体系、文字表达等方面做了较大创新。内容上坚持实用性与科学性相结合的原则，继承传统机械制图教材的科学性，将传统的机械制图内容与计算机绘图 AutoCAD 2008 软件学习有机结合，并删除了手工绘图工具介绍、轴测剖视图画法及用 AutoCAD 绘制轴测图等陈旧冗余内容。体系上坚持易教易学与先进性相结合的原则，将普遍分散编写的 AutoCAD内容，集中编排于机械制图全部理论结束之后，使 AutoCAD 的学习既是绘图技术的提升，又是对工程制图原理的复习和巩固。在文字表达上坚持以学生为本、以能力培养为本的原则，语言表述力求精练而又准确、易学易懂，图形表达清晰直观，题例选择实用而又经典。本教材编写通篇体现应用型技术人才培养的要求，旨在提高学生的空间想象能力、工程设计能力和快速绘图能力。

本教材共有 12 章，第 1 章为机械制图国家标准部分，第 2 章～第 5 章为画法几何部分，第 6 章～第 9 章为机械图样表达部分，第 10 章～第 12 章为计算机（AutoCAD 2008）绘图部分。

本教材全部采用最新的《技术制图》、《机械制图》及其他国家标准和行业标准，如用 GB/T 131—2006《表面结构的表示方法》代替 GB/T 131—1993《表面粗糙度》。

建议本书教学学时在 110～130 之间。本书适用于应用型本、专科机械、电子、化工、地矿、计算机等机械类和近机类专业教学用书，也可作为工程类企业技术人员参考用书。

为了便于读者对课程内容的掌握并进行技能训练，我们同时编写了《机械制图与计算机绘图习题集》，与本书配套使用。

参加本书编写工作的有：泰山学院鲁杰（第 1 章、第 11 章、第 12 章），宁夏大学刘俊萍（绪论、第 2 章），泰山学院李建春（第 6 章、第 7 章、第 8 章），甘肃畜牧工程职业技术学院刘玉春（第 9 章），泰山学院赵仁高（第 3 章、第 5 章、第 10 章、附录），泰山学院谭静芳（第 4 章）。

本书由泰山学院张爱梅教授主审，张教授对本书提出了很多宝贵的意见和建议，在此表示衷心的感谢。

由于编者水平所限，教材中疏漏之处在所难免，恳请广大读者批评指正。

编者

2015 年 5 月

目录

第0章

绪　　论

0.1　课程的性质

图样与文字一样，是人们用以表达设计思想、传递设计理念的基本符号，是工程界进行技术交流的重要工具。在机械、电子、地矿、建筑、航空航天等领域，设计者通过图样来表达设计思想和灵感，制造者通过图样来认知产品的形状结构、尺寸大小及性质和用途，使用者通过图样正确安装、使用、保养和维修产品。因此，图样又被称为是工程界的技术语言。

随着科学技术的进步和发展，计算机辅助设计已在各行各业广泛应用，尤其是在机械、电子、建筑、航空航天等行业更能体现出其强大优势。AutoCAD是目前使用最多的计算机辅助设计软件之一，自1982年问世以来，经过了十几次版本的升级，功能不断强大和完善，在二维图形设计领域占有较大应用市场。学习计算机绘图技术，不仅可以提高绘图的效率和质量，还可改变设计者的思维方式和设计程序。

本课程研究用投影法绘制和阅读工程图样的原理与方法，介绍工程制图的基础知识和基本规定，讲解AutoCAD 2008绘图原理和技术，培养学生良好的绘图能力和技巧，使学生初步具备工程设计能力。本课程是一门既有系统理论又有较强实践性的专业基础课，是机械类、近机类各专业的必修课程之一。

0.2　课程的内容和任务

本课程的主要内容包括制图基础、画法几何、机械制图和计算机绘图四部分。制图基础部分主要介绍机械制图的国家标准；画法几何部分主要研究用正投影法图示空间几何形体的基本理论和方法；机械制图部分主要是介绍绘制和阅读机械图样的基本方法和步骤，初步形成机械产品的设计、加工意识；计算机绘图部分主要介绍AutoCAD 2008绘制工程图样的基本命令、主要功能和基本绘图技巧。

通过本课程的学习，培养学生扎实的绘制和阅读工程图样的基本能力，培养学生使用计算机软件快速绘制工程图样的能力。

本课程教学的任务与目标是：

（1）学会正投影法的基本原理，正确运用正投影规律，为绘制和应用各种工程图样打下良好的理论基础；

（2）培养学生的空间想象与空间思维能力；

(3) 培养学生手工绘制平面图形的基本能力，为工程图样的学习打下扎实的基础；

(4) 培养绘制和阅读机械图样的能力，培养快速运用计算机绘制工程图样的能力；

(5) 培养自学能力、分析问题、解决问题的能力和创新意识；

(6) 培养认真负责、耐心细致的工作态度和规范严谨的工作作风，初步具有工程技术人员应具备的专业技术素质。

0.3 课程的学习方法

根据本课程性质和特点，学习时应注意理论联系实际，不断地进行由物到图、由图到物的实践练习，主动培养空间想象能力和分析能力，在熟练掌握课本知识的基础上，要认真、及时、独立地完成课外作业和绘图训练；重视基本概念与基本理论，正确把握分析问题的方法，熟记作图、看图的基本步骤；计算机是主要的绘图工具，要在掌握 CAD 基本命令的前提下，加强上机练习，掌握计算机绘图的操作技巧，灵活运用各种命令进行绘图。无论是仪器绘图还是计算机绘图，都应正确运用正投影规律，遵循正确的作图方法和步骤，严格遵守国家标准的有关规定。

第1章 机械制图基本知识和基本技能

学习绘制和阅读工程图样，是本课程的主要任务。本章简要介绍国家标准《技术制图》、《机械制图》的基本规定，以及平面图形的绘图方法和尺规绘图的基本技能。

1.1 制图基本规定

机械图样是现代工业中的重要技术文件，是交流技术思想的语言。为了科学地进行生产和管理，必须对图样的内容、格式、表达方法等作出统一规定。国家标准《技术制图》和《机械制图》是工程技术人员在绘制和使用图样时必须严格遵守、认真执行的准则。《技术制图》国家标准是一项基础技术标准，在内容上具有统一性和通用性，它涵盖机械、电气、建筑等行业且在制图标准体系中处于最高层次。《机械制图》国家标准是机械类专业制图标准。

国家标准（简称国标）的代号是“GB”，以“GB”开头者为强制性标准，必须遵照执行，以“GB/T”开头者表示推荐性国标，在某些条件下可有选择性和适当的灵活性。与机械制图有关的标准基本上都是推荐性标准，例如 GB/T 4458.4—2003。标准代号中的数字分别表示标准顺序号和批准年号。

本节简要介绍制图国家标准中的图纸幅面、比例、图线、尺寸标注等内容。

1.1.1 图纸幅面及格式（GB/T 13361—2012、GB/T 14689—2008）

1.1.1.1 图纸幅面

绘制图样时，应优先采用表 1.1 规定的基本幅面尺寸。必要时也允许加长幅面，但应按基本幅面的短边整倍数增加。各种加长幅面参见图 1.1。图中粗实线所示为基本幅面，细实线和虚线所示为加长幅面。

表 1.1 图纸幅面 单位：mm

<table>
<tr><td colspan="2">幅面代号</td><td>A0</td><td>A1</td><td>A2</td><td>A3</td><td>A4</td></tr>
<tr><td colspan="2">尺寸 $B\times L$</td><td>841×1189</td><td>594×841</td><td>420×594</td><td>297×420</td><td>210×297</td></tr>
<tr><td rowspan="3">边框距离</td><td>c</td><td colspan="3">10</td><td colspan="2">5</td></tr>
<tr><td>a</td><td colspan="5">25</td></tr>
<tr><td>e</td><td colspan="2">20</td><td colspan="3">10</td></tr>
</table>

1.1.1.2 图框格式

在图纸上必须用粗实线画出图框线，其格式分为不留装订边和留有装订边两种。同一产

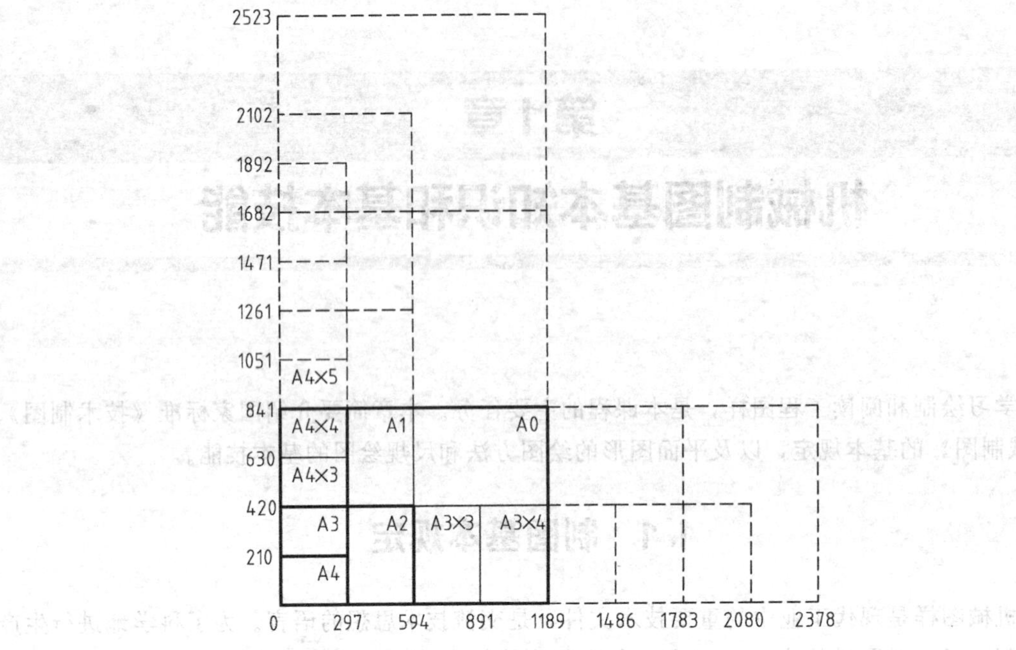

图 1.1　基本幅面与加长幅面尺寸

品的图样只能采用同一种格式。两种图框格式分别如图 1.2、图 1.3 所示。

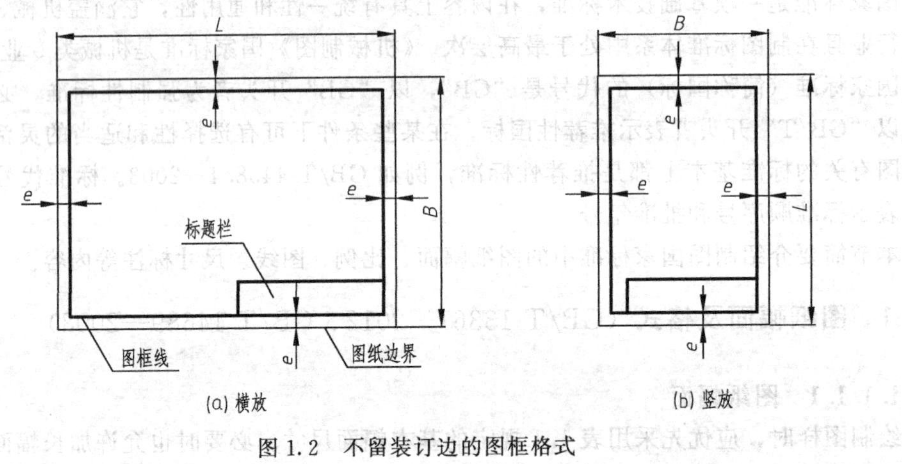

图 1.2　不留装订边的图框格式

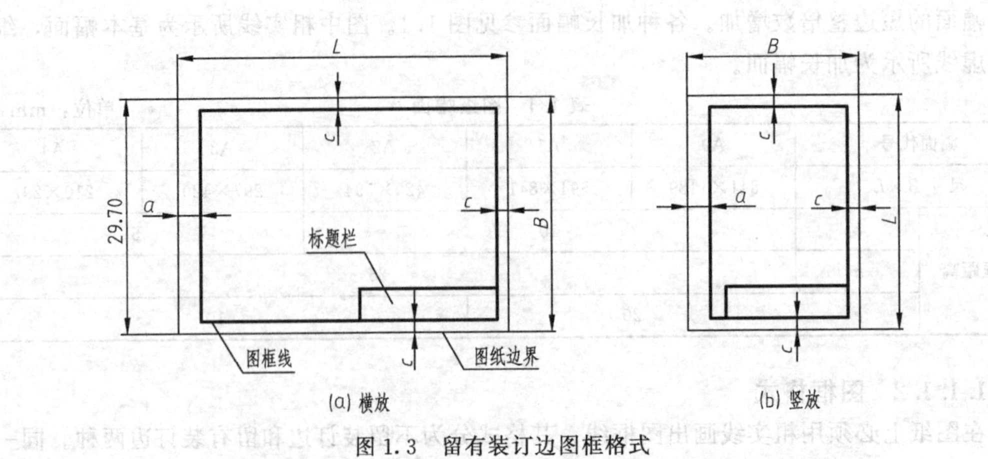

图 1.3　留有装订边图框格式

1.1.1.3 标题栏

每张图样上都必须画出标题栏。标题栏可提供绘图信息、图样所表达产品信息及图样管理的信息等，是图样不可缺少的内容。标题栏的格式和尺寸按 GB 10609.1—1989 规定，如图 1.4 所示。在校学生所绘作业图纸一般采用简化标题栏，如图 1.5 所示。

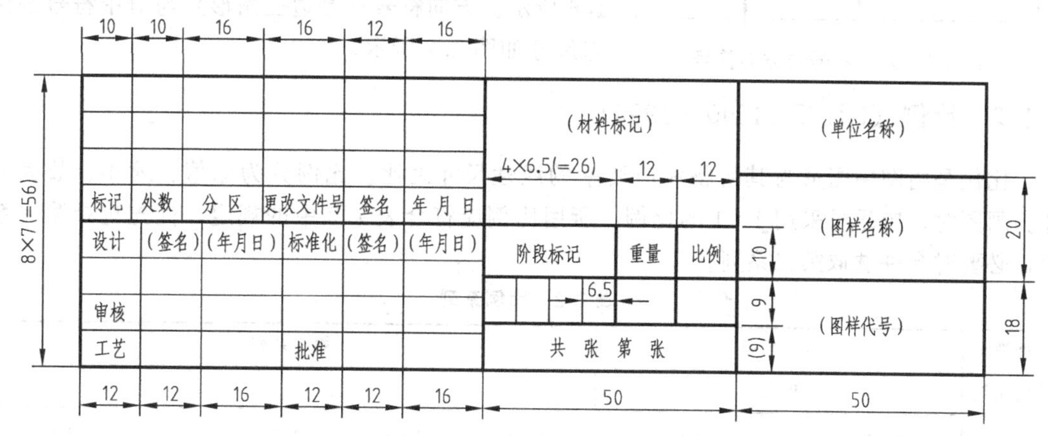

图 1.4 标题栏

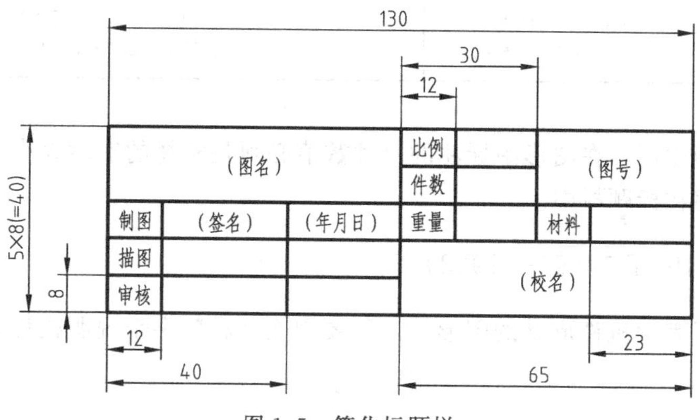

图 1.5 简化标题栏

标题栏的位置一般应位于图纸的右下角，看图方向与看标题栏的方向一致，如图 1.2、图 1.3 所示。为了利用预先印制好图框及标题栏格式的图纸，允许将标题栏按图 1.6 所示的方向配置。此时，看图方向与看标题栏的方向不一致，为了明确绘图和看图时的方向，需在

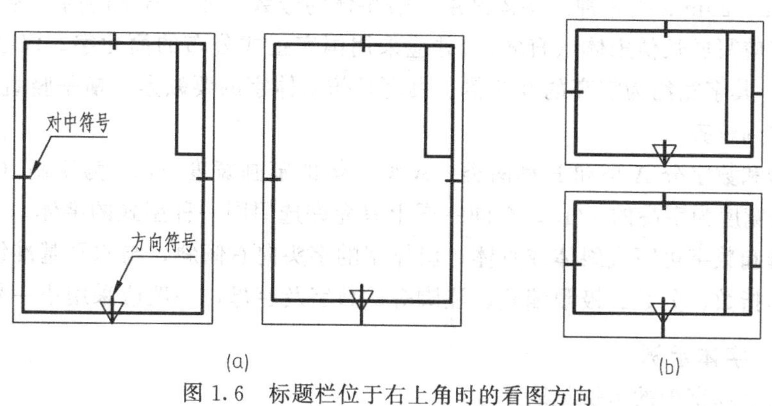

图 1.6 标题栏位于右上角时的看图方向

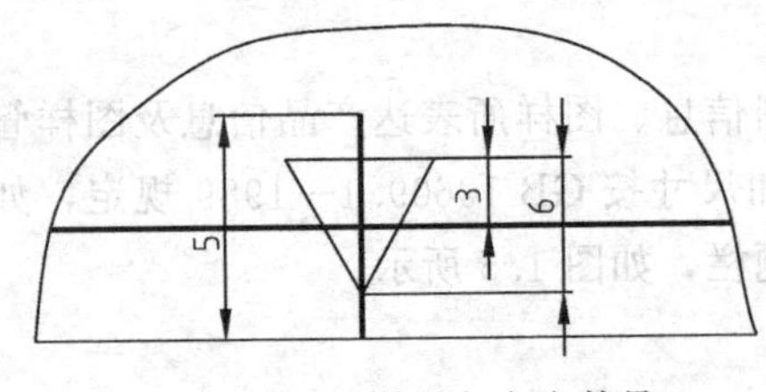

图 1.7　对中符号与方向符号

图纸下边对中处画出一个方向符号。当图样需要复制和缩微摄影时，为了便于定位，应在图纸各边的中点处分别画出对中符号，对中符号用粗实线绘制，长度为从纸边界开始至伸入图框线内约 5mm，如图 1.6 所示。方向符号（等边三角形）与对中符号画法与尺寸如图 1.7 所示。

1.1.2　比例（GB/T 14690—1993）

比例是指图中图形与其实物相应要素的线性尺寸之比。比例分为原值、缩小、放大三种。画图时，应尽量采用 1∶1 的比例。所用比例应符合表 1.2 中的规定，优先选择第一系列，必要时允许选取第二系列。

表 1.2　比例系列

种类	第一系列	第二系列
原值比例	1∶1	
缩小比例	1∶2　1∶5　1∶10 $1:2\times10^n$　$1:5\times10^n$　$1:1\times10^n$	1∶1.5　1∶2.5　1∶3　1∶4　1∶6 $1:1.5\times10^n$　$1:2.5\times10^n$　$1:3\times10^n$　$1:4\times10^n$　$1:6\times10^n$
放大比例	5∶1　2∶1　10∶1 $5\times10^n:1$　$2\times10^n:1$　$10^n:1$	4∶1　2.5∶1 $4\times10^n:1$　$2.5\times10^n:1$

注：n 为正整数。

不论采用何种比例，在图形中标注的尺寸数值必须是实物的实际大小，与比例无关。所采用比例必须填写在标题栏中。

1.1.3　字体（GB/T 14691—1993）

在图样上除了表示机件形状的图形外，还要用文字和数字来说明机件的大小、技术要求和其他内容。

1.1.3.1　基本要求

（1）在图样中书写的汉字、数字和字母必须做到：字体工整、笔画清楚、间隔均匀、排列整齐。

（2）字体高度（h）的公称尺寸系列为：1.8mm、2.5mm、3.5mm、5mm、7mm、10mm、14mm、20mm 共 8 种。字体高度代表字体的号数，如 7 号字的高度为 7mm。

（3）汉字应写成长仿宋体（直体），并应采用国家正式公布的简化字。汉字的高度不应小于 3.5mm，其字宽约为字高的 0.7 倍。书写长仿宋体字的要领是：横平竖直、注意起落、结构均匀、排列整齐。

（4）字母和数字分 A 型和 B 型两类。A 型字体的笔画宽度（d）为字高（h）的 1/14；B 型字的笔画宽度为字高的 1/10。在同一图上只允许选用同一种型式的字体。

（5）字母和数字可写成斜体或直体。斜体字的字头向右倾斜，与水平基准线成 75°角。

（6）用作指数、分数、极限偏差、注脚等的数字及字母，一般应采用小一号的字体。

1.1.3.2　字体示例

汉字、数字和字母的示例见表 1.3。

表 1.3 字体示例

字体		示　例
长仿宋体汉字	7号	字体工整　笔画清楚　横平竖直　间隔均匀　排列整齐
	5号	技术制图　机械电子 土木建筑 航空航天 工业设计 计算机技术
拉丁字母	大写斜体	*A B C D E F G H I J K L M N O P Q R S T U V W X*
	小写斜体	*a b c d e f g h i j k l m n o p q r s t u v w x y z*
阿拉伯数字	斜体	*0 1 2 3 4 5 6 7 8 9*
	正体	0 1 2 3 4 5 6 7 8 9
罗马数字	斜体	*I II III IV V VI VII VIII IX X*
	正体	I II III IV V VI VII VIII IX X

1.1.4 图线（GB/T 4457.4—2002)

1.1.4.1 线型

图样中的图形由各种不同形式的线条组成，《机械制图　图样画法　图线》（GB/T 4457.4—2002）规定了机械制图中各种线型的画法和规定，绘制机械图样时，必须按照标准的规定执行。

绘制机械图样常用的线型有八种，国家标准规定了它们的画法与应用，见表 1.4。表中图线宽度（d）因图形大小和复杂程度可选择不同数值，国家标准给出了图线宽度（d）的系列尺寸：0.13mm、0.18mm、0.25mm、0.35mm、0.5mm、0.7mm、1mm、1.4mm、2mm。机械制图中，粗实线的宽度一般取 0.5mm 或 0.7mm。

表 1.4 常用线型及其应用

图线名称	线型	线宽	图线用途
粗实线		d	可见轮廓线、交线、相贯线、图纸边框线等
细实线		$d/2$	尺寸线及尺寸界线、剖面线、过渡线、指引线等
虚线		$d/2$	不可见轮廓线，不可见交线
点画线		$d/2$	对称中心线、轴线等
波浪线		$d/2$	机件断裂处的边界线、视图与剖视图的分界线
双折线		$d/2$	断裂处的边界线
双点画线		$d/2$	相邻辅助零件的轮廓线、可动零件极限位置轮廓线等
粗点画线		d	限定范围表示线

1.1.4.2 图线应用实例

图 1.8 所示为常见图线应用的实例。

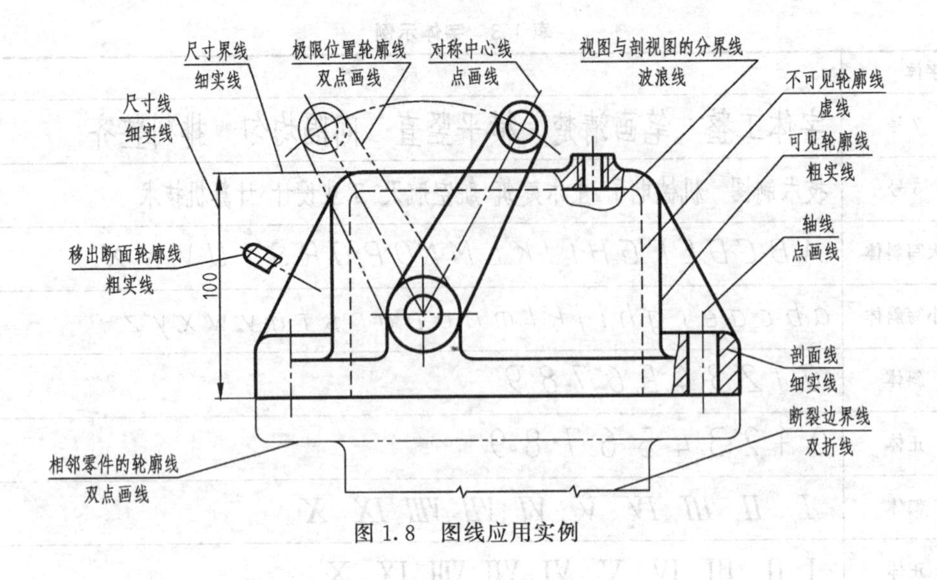

图 1.8 图线应用实例

1.1.4.3 图线绘制时的注意事项

(1) 同一图样中，同类图线的宽度应基本一致。虚线、点画线及双点画线的线段长度和间隔应当各自大致相等。

(2) 当图样上出现两条或两条以上的图线平行时，则两条图线之间的最小距离不应小于 0.7mm。

(3) 图线与图线相交时，交点应恰当地相交于“画”处。点画线和双点画线的首末两端是长画而不能是点。

常见虚线、点划线等不连续图线画法分析见表 1.5。

表 1.5 常用图线画法分析

要求	图例	
	正确	错误
点画线、双点画线的首末两端应是画，而不应是点		
点画线相交交点必须在长画上； 虚线相交交点必须在画上，而不能是间隔处		
虚线与粗实线共线或与粗实线相切时，虚线与粗实线之间应留出间隙		
点画线的两端应超出相应轮廓线 2～5mm； 在绘制较小图形时，其轴线、对称中心线允许用细实线画出	5　2	

1.1.5 尺寸注法（GB/T 4458.4—2003、GB/T 16675.2—1996）

尺寸是图样的重要内容之一。《机械制图　尺寸注法》（GB/T 4458.4—2003）对尺寸标注作了专门的规定，在绘制、阅读图样时必须严格遵守国家标准规定的原则和标注方法。

1.1.5.1 基本规则

（1）机件的真实大小应以图样上所注的尺寸数值为依据，与图形的大小及绘图的准确度无关。

（2）图样上的尺寸以毫米为单位时，不需标注单位的代号或名称。若应用其他计量单位时，必须注明相应计量单位的代号或名称。

（3）图样上标注的尺寸是机件的最后完工尺寸，否则应另加说明。

（4）机件的每个尺寸，一般只在反映该结构最清晰的图形上标注一次。

1.1.5.2 尺寸的组成

完整的尺寸一般有尺寸界线、尺寸线、尺寸线终端及尺寸数字组成，如图 1.9 所示。

（1）尺寸界线　尺寸界线用细实线绘制，用以表示所注尺寸的范围。尺寸界线由图形轮廓线、轴线或对称中心线引出，也可利用轮廓线、轴线或对称中心线作尺寸界线，尺寸界线一般应与尺寸线垂直，并超出尺寸线终端约 3～5mm，如图 1.9 所示。必要时也允许尺寸界线与尺寸线倾斜，此内容参见表 1.6。

表 1.6　常用尺寸的标注方法

项目	说　明	图　例
直径	标注圆的直径尺寸时，应在尺寸数字前加注直径符号“ϕ”；尺寸线应通过圆心	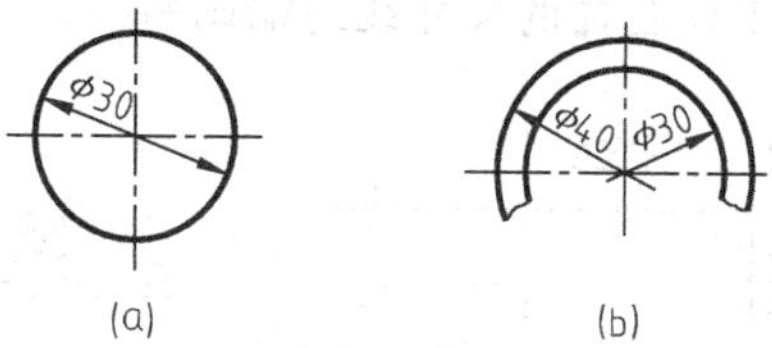
半径	标注半径尺寸时，应在尺寸数字前加注半径符号“R”，其尺寸线的终端应画成箭头，并按图(c)、图(d)的方法标注； 当圆弧的半径过大或在图纸范围内无法标注其圆心位置时，可按图(e)形式标注。若不需要标出其圆心位置时，可按图(f)的形式标注	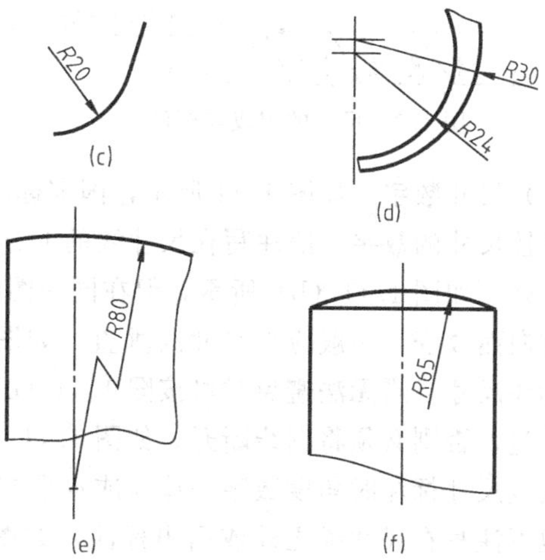

续表

项目	说明	图例
狭小空间尺寸的注法	在没有足够的位置画箭头或注写数字时，可按右图形式标出； 当位置不够无法画出箭头时，允许用圆点或斜线代替箭头	

(2) 尺寸线　尺寸线用细实线绘制，画在尺寸界线之间，与所测量轮廓线平行。尺寸线必须单独画出，不能用图上任何其他图线代替，也不能与其他图线重合或在其延长线上。尺寸线与轮廓线之间以及尺寸线与尺寸线之间的间隔应不小于 7mm，如图 1.9 所示。

(3) 尺寸线终端　尺寸线终端有箭头和斜线两种形式，如图 1.10 所示。箭头的形式适用于各种类型的图样。当尺寸线的终端采用斜线（细实线）的形式时，尺寸线与尺寸界线应相互垂直。同一张图样中只能采用一种尺寸线的终端形式。一般机械图样的尺寸线终端画箭头，土建工程图样的尺寸线终端画斜线。

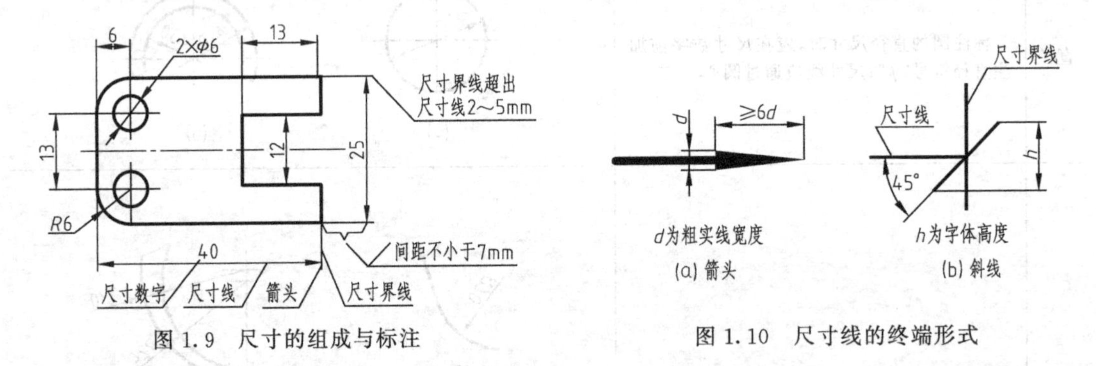

图 1.9　尺寸的组成与标注　　　　图 1.10　尺寸线的终端形式

(4) 尺寸数字　如图 1.11 所示，国家标准对尺寸数字标注的位置及方向均作了统一规定。线性尺寸的数字一般注写在尺寸线的上方，如图 1.11（a）所示，也允许注写在尺寸线的中断处，如图 1.11（b）所示，但在同一图样上应保持一致。线性尺寸数字的方向随尺寸线的方向而改变，一般应与尺寸线垂直，如图 1.11（c）所示，并尽可能避免在图示 30°范围内标注尺寸。当无法避免时可按图 1.11（d）所示几种方法标注。尺寸数字不可被任何图线所通过，否则必须将图线断开，如图 1.11（e）所示。

角度尺寸标注时角度数字一律写成水平方向。角度数字应注写在其尺寸线的中断处，必要时也可注写在尺寸线之外或引出标注，如图 1.12。角度尺寸的尺寸线应画成圆弧，其圆心是该角的顶点；尺寸界线必须沿径向引出（图 1.12）。

直径尺寸、半径尺寸以及狭小空间尺寸的标注方法见表 1.6 所示。

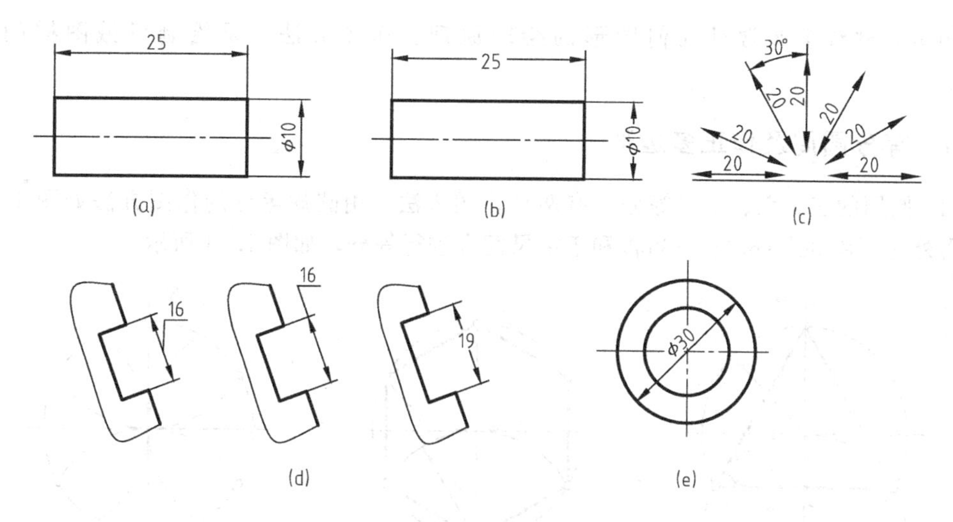

图 1.11　线性尺寸数字的标注方法

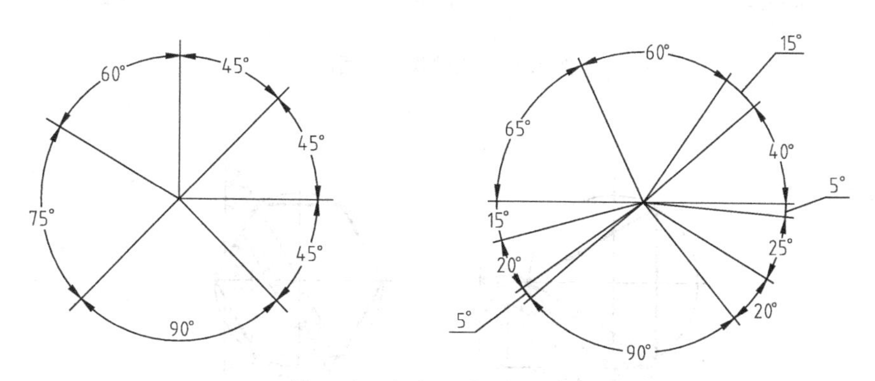

图 1.12　角度尺寸的标注方法

1.1.5.3　尺寸的简化注法

在不致引起误解和不会产生理解的多意性的前提下，在标注尺寸时，应尽可能使用符号或缩写词。常用的符号和缩写词见表 1.7。

表 1.7　常用符号和缩写词

名称	符号或缩写词	名称	符号或缩写词
直径	ϕ	45°倒角	C
半径	R	深度	↧
球直径	$S\phi$	沉孔或锪平	⌴
球半径	SR	埋头孔	∨
厚度	t	均布	EQS
正方形	□		

1.2　几何作图

机件的轮廓形状虽然各不相同，但分析起来，都是由直线、圆弧和其他一些非圆曲线所组成，熟练掌握常见几何图形的绘图原理、作图方法，是绘制机械图样的基本要求。

1.2.1 等分圆周及作正多边形

(1) 圆周的三、六、十二等分　有两种作图方法。用圆规等分的作图方法如图 1.13 所示。另外还可用 30°（60°）三角板和丁字尺配合进行等分，如图 1.14 所示。

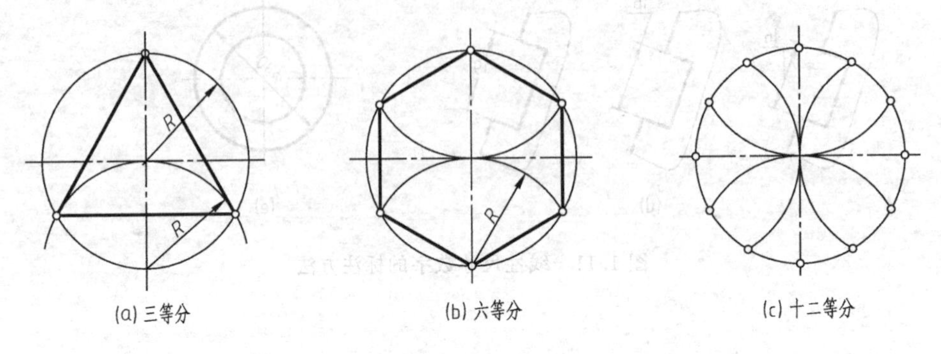

图 1.13　用圆规等分圆周

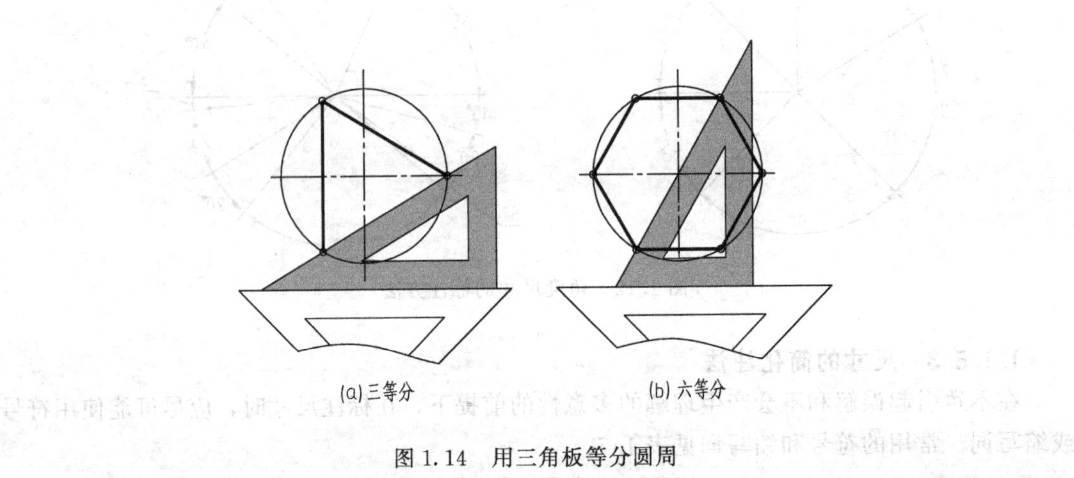

图 1.14　用三角板等分圆周

(2) 圆周的五等分　如图 1.15 所示，等分半径 OB 得点 M ［图 1.15（a）］，以点 M 为圆心，MC 长为半径画弧交 AO 于 N 点［图 1.15（b）］，以 CN 为五边形的边长等分圆周即可［图 1.15（c）］。

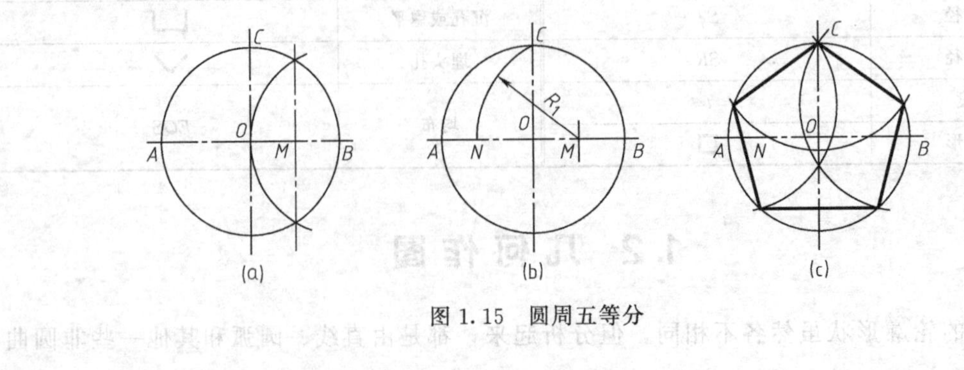

图 1.15　圆周五等分

1.2.2 斜度和锥度

1.2.2.1 斜度

斜度是指一直线（或平面）对另一直线（或平面）的倾斜程度，其大小用二者夹角的正切值来表示，并把比值转化为 1 ：n 的形式，即斜度$=\tan\alpha=H/L=1:n$。斜度的定义及表示符号如图 1.16 所示。斜度线的作图方法及标注如图 1.17 所示。

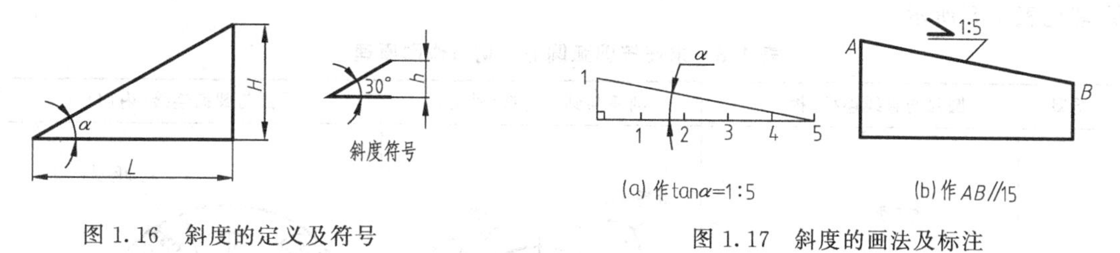

图 1.16　斜度的定义及符号　　图 1.17　斜度的画法及标注

1.2.2.2 锥度

锥度是指正圆锥体的底圆直径与其高度之比，若为圆台则为两底圆直径之差与台高之比。其比值常转化为 1：n 的形式，即锥度$=D/L=1:n$。锥度的定义及表示符号如图 1.18 所示。锥度的画法及标注如图 1.19 所示。

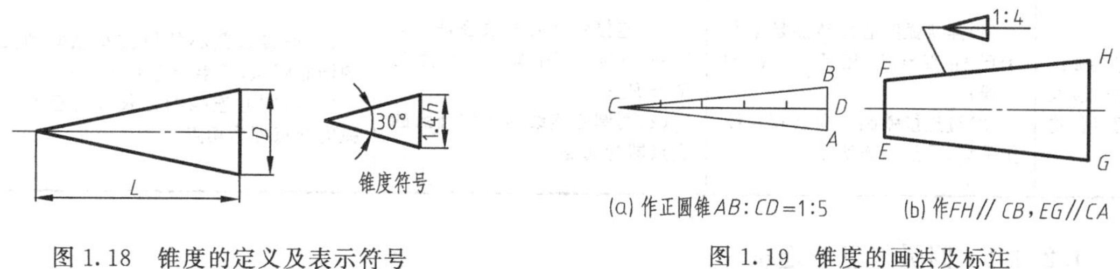

图 1.18　锥度的定义及表示符号　　图 1.19　锥度的画法及标注

1.2.3 椭圆的画法

已知椭圆的长、短轴 AB、CD，用四心圆法画椭圆。作图步骤如图 1.20 所示。①画长短轴，连接 AC，取 $CF=OA-OC$ [图 1.20（a）]；②作 AF 的中垂线，交长、短轴于 O_1、O_2两点，作出 O_1、O_2的对称点 O_3、O_4 [图 1.20（b）]；③分别以 O_1、O_2、O_3、O_4为圆心，以 O_1A、O_2C、O_3B、O_4D 为半径画圆弧，四段圆弧相切即得椭圆 [图 1.20（c）]。

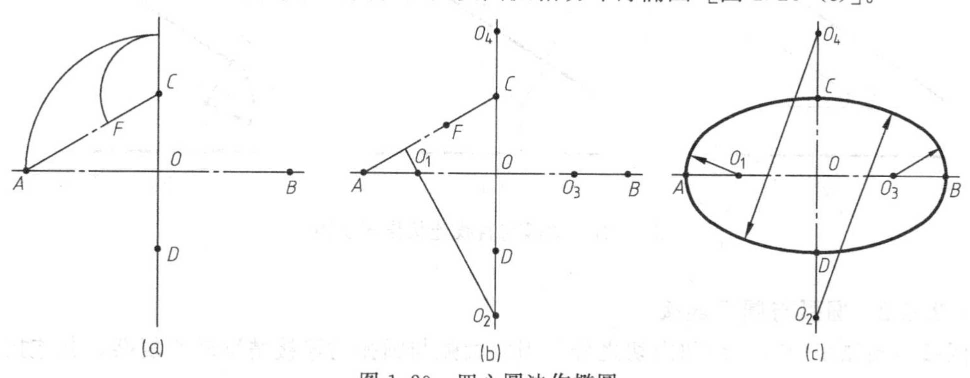

图 1.20　四心圆法作椭圆

1.2.4 圆弧连接

用一段圆弧光滑地连接两条已知线段（直线或圆弧）的作图方法，称为圆弧连接。绘制机件图样时，经常遇到圆弧与直线或圆弧与圆弧之间光滑连接的情况，正确把握圆弧连接的作图方法与步骤，是快速绘制工程图样的基础。光滑连接的实质就是相切连接，因此圆弧连接的关键，是求连接圆弧的圆心和圆弧与线段相切的切点。求连接弧圆心与切点位置的作图原理见表 1.8 所示。

表 1.8 求连接圆弧圆心、切点作图原理

类型	圆弧与直线连接（相切）	圆弧与圆弧连接（外切）	圆弧与圆弧连接（内切）
图例	连接圆弧 圆心轨迹 R O O′ R 已知直线 连接点（切点）	连接圆弧 圆心轨迹 R O R_1 R_1+R 已知圆弧 O_1 O′ 连接点（切点）	已知圆弧 圆心轨迹 R O R_1 R_1-R 连接圆弧 O_1 O′ 连接点（切点）
连接弧圆心轨迹及切点位置	(1)连接弧圆心的轨迹是平行于已知直线且相距为 R 的直线； (2)过连接弧圆心向已知直线作垂线，垂足即为切点	(1)连接弧圆心的轨迹是已知圆弧的同心圆弧，其半径为 R_1+R_2； (2)两圆心连线与已知圆弧的交点即为切点	(1)连接弧圆心的轨迹是已知圆弧的同心圆弧，其半径为 R_1-R； (2)两圆心连线的延长线与已知圆弧的交点即为切点

1.2.4.1 圆弧与直线连接

如图 1.21 所示为圆弧与直线连接的三种情况，已知圆弧半径为 R，其作图步骤如下。

(1) 求连接圆弧的圆心　作与已知两直线分别平行且相距为 R 的直线 L_1、L_2，其交点 O 即为圆弧的圆心。

(2) 求连接圆弧的切点　由圆心 O 分别向 L_1、L_2 作垂线，垂足 K_1、K_2 即为切点。

(3) 画圆弧　以 O 为圆心，以 R 为半径，在 K_1、K_2 之间作圆弧即可。

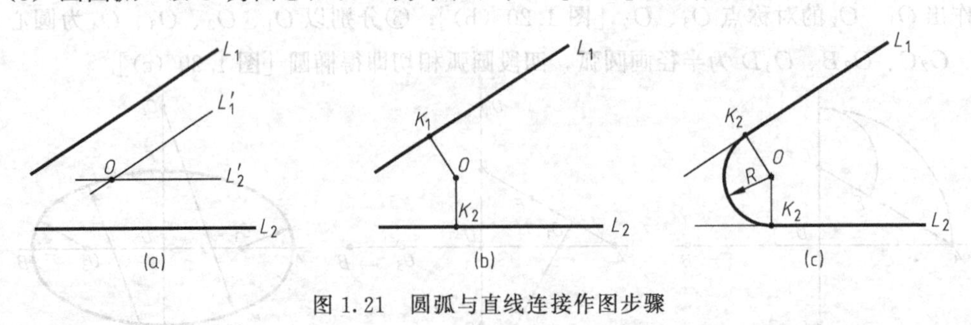

图 1.21　圆弧与直线连接作图步骤

1.2.4.2 圆弧与圆弧连接

圆弧与圆弧相切有外切和内切之分，因此圆弧与圆弧的连接情况较为复杂，其连接形式与作图步骤见表 1.9。

表 1.9 圆弧连接的作图方法

连接形式	已知条件	作图方法和步骤		
		1. 求连接圆弧圆心 O	2. 求连接点(切点)A、B	3. 画连接弧并描粗
圆弧外切连接两已知圆弧	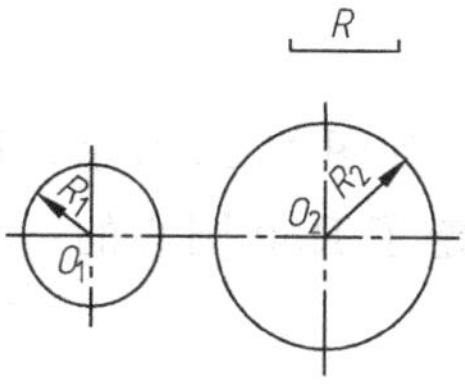	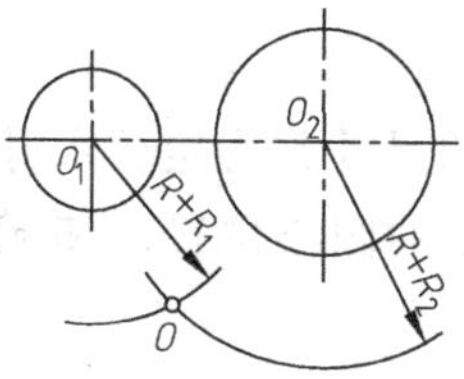	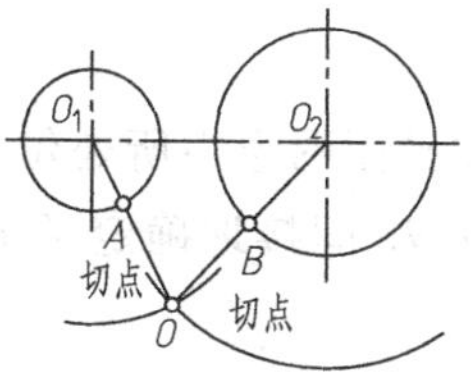	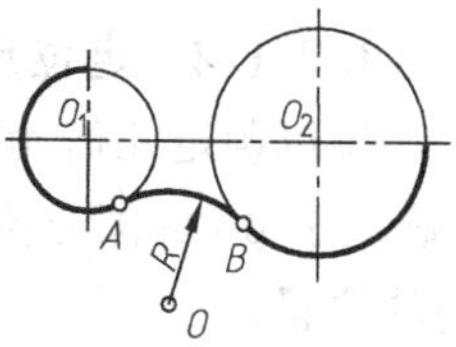
圆弧内切连接两已知圆弧	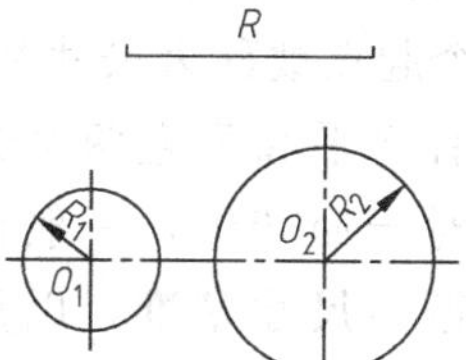	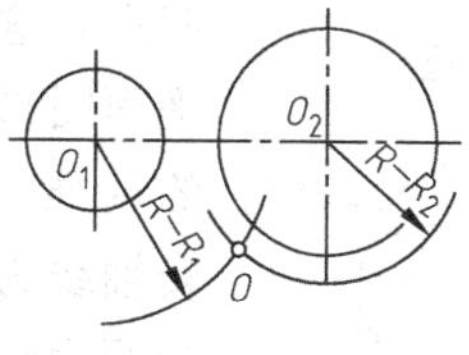	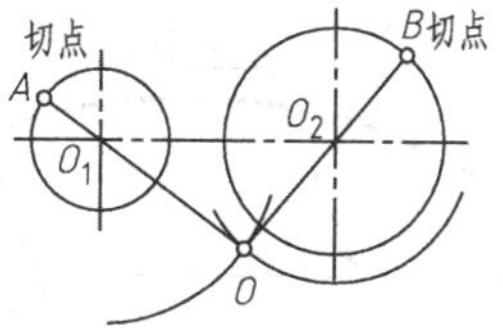	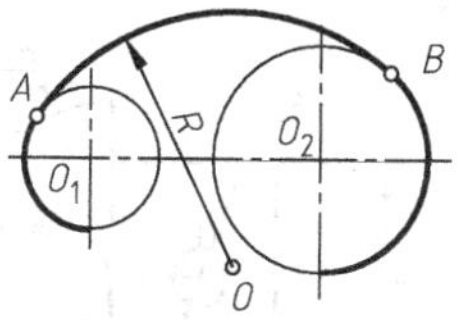
圆弧分别内外切连接两已知圆弧	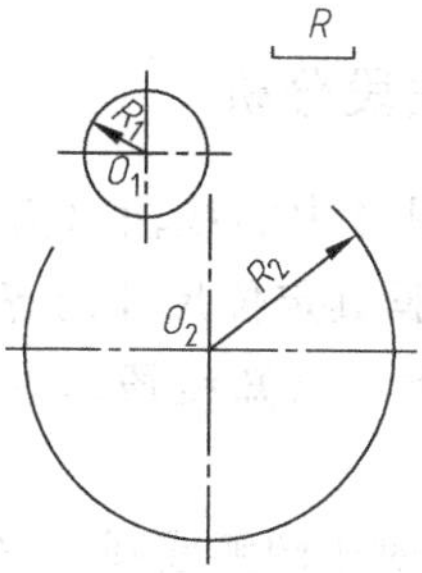	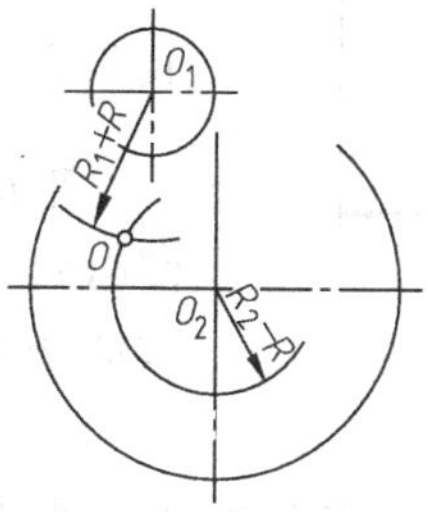	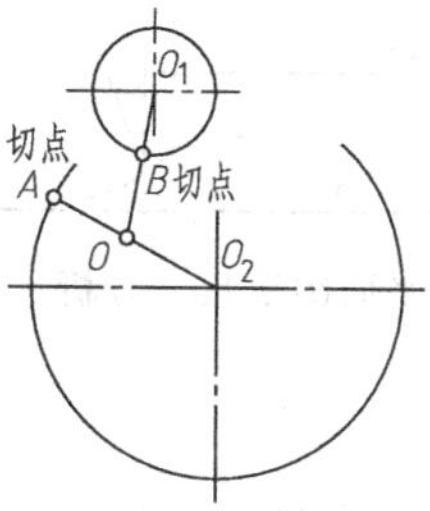	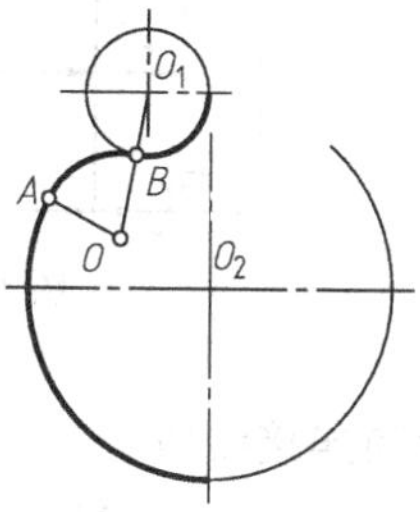
圆弧连接已知直线和圆弧	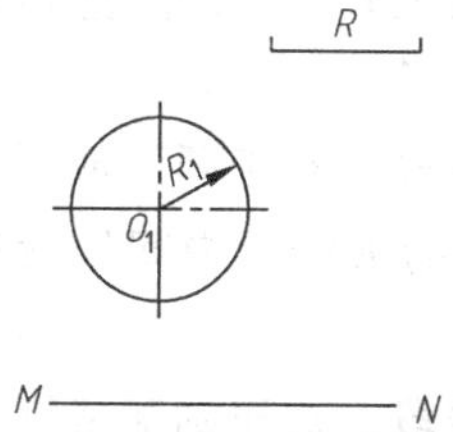	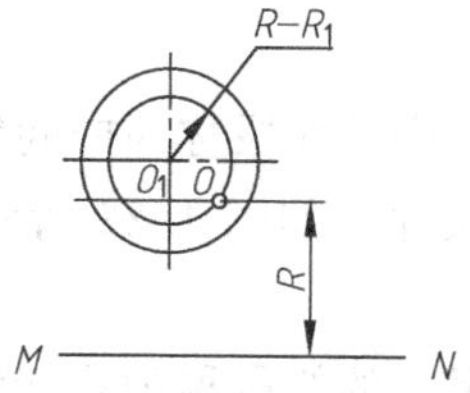	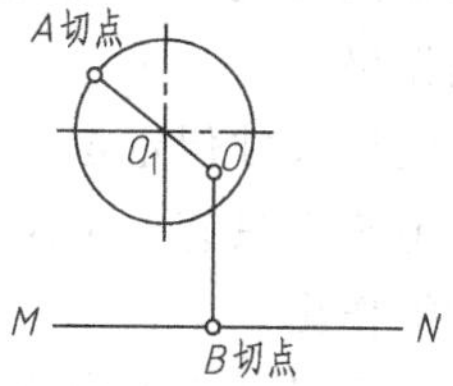	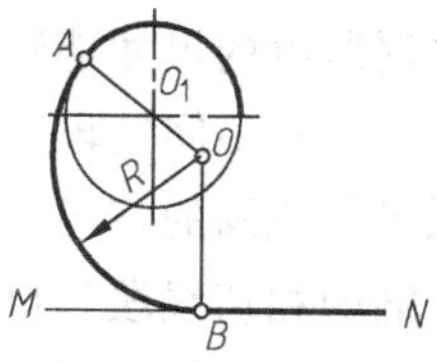

1.3 平面图形的画法

一般平面图形都是由若干直线或曲线连接而成，要正确绘制一个平面图形，必须对平面图形进行尺寸分析和线段分析，才能确定正确的绘图顺序，依次绘出各线段。同一个图形的尺寸注法不同，图线的绘制顺序也不同。

1.3.1 尺寸分析

平面图形中的尺寸，按其作用可分为两类。

1.3.1.1 定形尺寸

用以确定平面图形中各几何元素形状和大小的尺寸称为定形尺寸。如直线段的长度、圆的直径、圆弧半径以及角度大小等。如图 1.22 所示，尺寸 15、ϕ5、ϕ20、R10、R15、R12 均为定形尺寸。

1.3.1.2 定位尺寸

用以确定几何元素在平面图形中所处位置的尺寸称为定位尺寸。如图 1.22 所示，尺寸 8 确定了 ϕ5 的圆心位置；75 间接地确定了 R10 的圆心位置；45 确定了 R50 圆心的一个方向的位置。

1.3.1.3 尺寸基准

在平面图形中，定位尺寸通常选择图形的对称线、中心线或某一轮廓线作为标注尺寸的起点，这个起点被称为尺寸基准。平面图形有水平和垂直两个方向的基准。对于回转体，一般以回转轴线为径向尺寸基准，以重要端面为轴向尺寸基准，如图 1.22 所示。

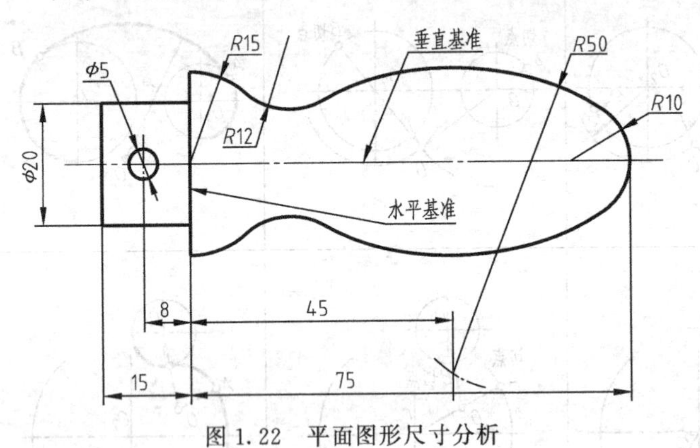

图 1.22 平面图形尺寸分析

1.3.2 线段分析

平面图形中的线段（直线或圆弧），根据其定位尺寸的齐全与否分为三类：已知线段、中间线段和连接线段。

（1）已知线段 定形尺寸和定位尺寸齐全的线段称为已知线段。对于圆弧或圆，它应具有圆弧半径或圆的直径以及圆心的两个定位尺寸，如图 1.22 所示的 R15、R10。已知线段根据所给的尺寸能够直接作出。

（2）中间线段 具有定形尺寸但定位尺寸不全的线段称为中间线段。对于圆弧或圆，圆弧半径或圆的直径已知，但圆心只有一个定位尺寸，如图 1.22 所示的 R50。中间线段需要一端的相切线段作出后才能作出。

（3）连接线段 只有定形尺寸而没有定位尺寸的线段称为连接线段。对于圆弧或圆，它只有圆弧半径或圆的直径，没有圆心的定位尺寸，如图 1.22 所示的 R12。连接线段需要依靠两端相切线段画出后才能作出。

1.3.3 平面图形的画图步骤

根据上述分析，画平面图形时，应先画已知线段，再画中间线段，最后画连接线段。在画图之前首先要对图形进行尺寸分析和线段分析，确定画图的顺序，然后作图。作图过程中应准确求出中间弧和连接弧的圆心和切点。

【例】 画出图 1.23 所示拖钩的平面图形。

经尺寸、线段分析知，矩形线框（长 67，宽 6）、圆弧 R16、R4 为已知线段；圆弧 R32、斜线 AB 为中间线段；圆弧 R26、直线 CD 为连接线段。

画图步骤如下：

（1）画基准线及已知线段的定位线，如图 1.24（a）所示；

（2）画已知线段，矩形线框（长 67，宽 6）、圆弧 $R16$、$R4$，如图 1.24（b）所示；

（3）画中间线段，圆弧 $R32$、斜线 AB 为中间线段，如图 1.24（c）所示；

（4）画连接线段，圆弧 $R26$、直线 CD，圆弧 $R26$ 需根据与圆弧 $R4$、$R32$ 的相切几何条件找到圆心位置后方能画出，如图 1.24（d）所示；

（5）检查、整理擦掉多余图线，按规定加深完成图形，如图 1.23 所示。

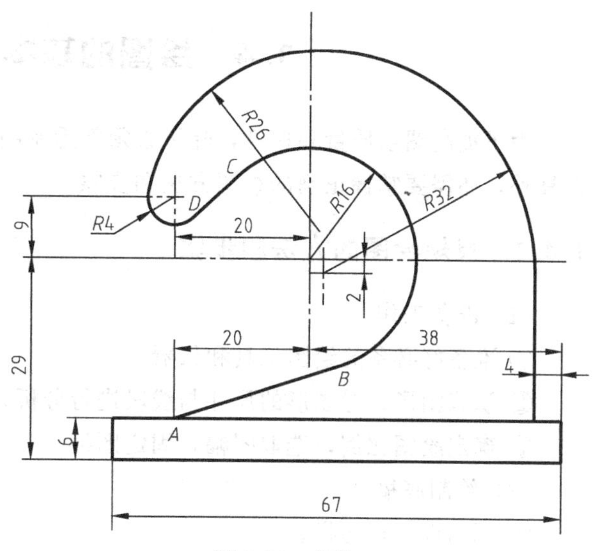

图 1.23　拖钩

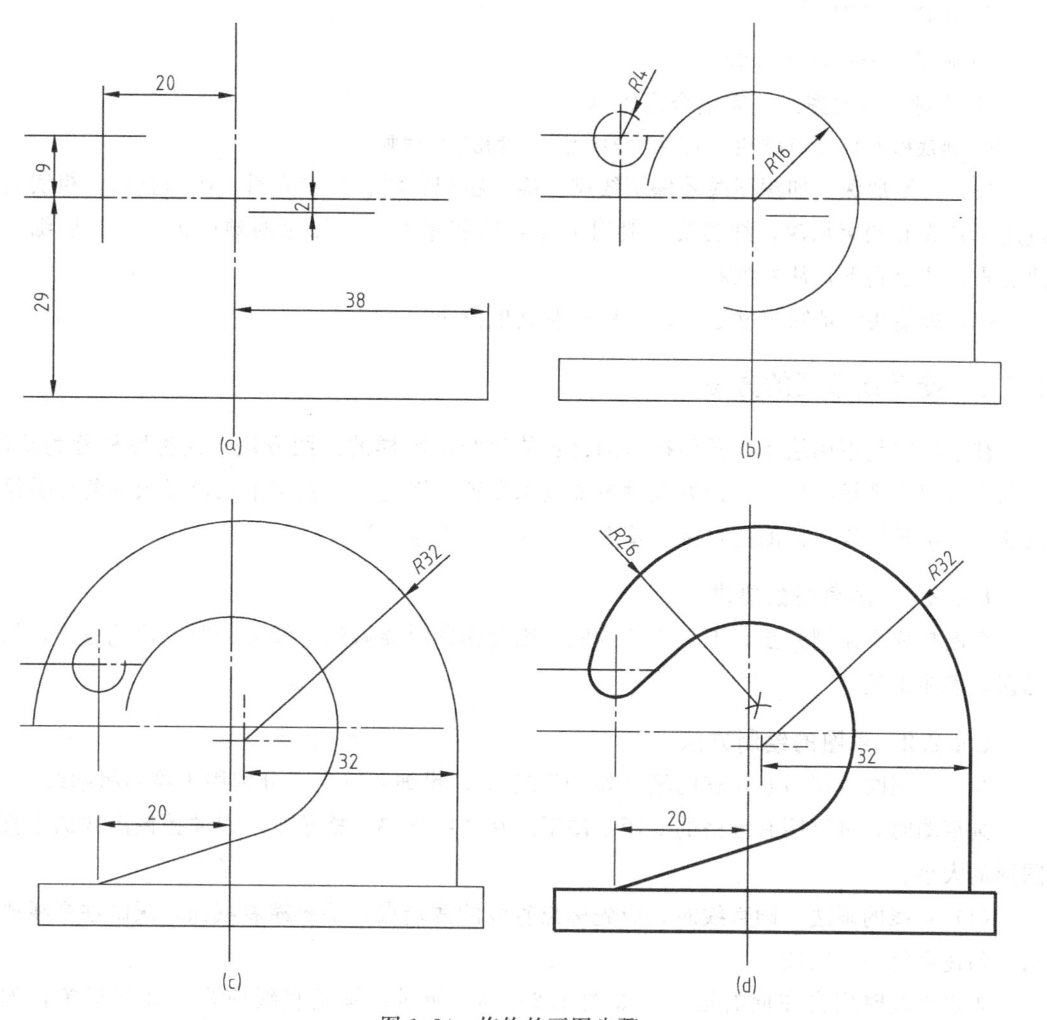

图 1.24　拖钩的画图步骤

1.4 绘图的基本方法与步骤

为了提高图绘质量和速度，除了必须熟悉制图标准，学会几何作图方法和正确使用绘图工具外，还需要掌握正确的绘图方法和步骤。

1.4.1 尺规绘图的方法和步骤

(1) 准备工作

① 准备好必备的绘图工具和仪器。

② 识读图形，对图形的尺寸与线段进行分析，拟定作图步骤。

③ 确定绘图比例，选取图幅，固定图纸。

(2) 绘制底稿

① 画图框和标题栏。

② 合理布图，画出作图基准线，确定图形位置。

③ 按顺序画图。

④ 画尺寸界线和尺寸线。

⑤ 校对、修改图形，完成全图底稿。

注：画底稿用 H 或 2H 铅笔，可暂不分线型，一律用细实线画出。

(3) 铅笔加深　加深图线要保证线型正确、粗细分明、连接光滑、图面整洁。粗实线一般用 HB 或 B 铅笔加深，细实线一般用 H 或 2H 铅笔加深。加深的顺序为：先粗后细，先曲后直，从上到下，从左到右。

(4) 画箭头、填写尺寸数字、标题栏及其他说明

1.4.2 徒手绘草图的方法

徒手绘图是不用绘图仪器而按目测比例徒手画出图样的绘图方法，这种图样称为草图。草图主要用于现场测绘、设计方案讨论或技术交流，因此，工程技术人员必须具备徒手绘图的能力。由于计算机绘图的普及、草图的应用也越来越广泛。

1.4.2.1 画草图的要求

草图是徒手绘制的图，不是潦草的图，因此作图时要做到：线形分明，比例适当，尺寸无误，字体工整。

1.4.2.2 草图的绘制方法

绘制草图时可用铅芯较软的笔（如 HB 或 B）。粗细各一支，分别用于绘制粗细线。

画草图时，可以用有方格的专用草图纸或在白纸下垫一格子纸，以便控制图线的平直和图形的大小。

(1) 直线的画法　画直线时，应先标出直线的两端点，手腕靠着纸面，眼睛注视线段终点，匀速运笔一气完成。

画水平线时应自左向右运笔，如图 1.25 (a) 所示；画垂直线应自上而下运笔，如图 1.25 (b) 所示；画斜线时，可以调整图纸位置，使其便于画线，如图 1.26 所示。

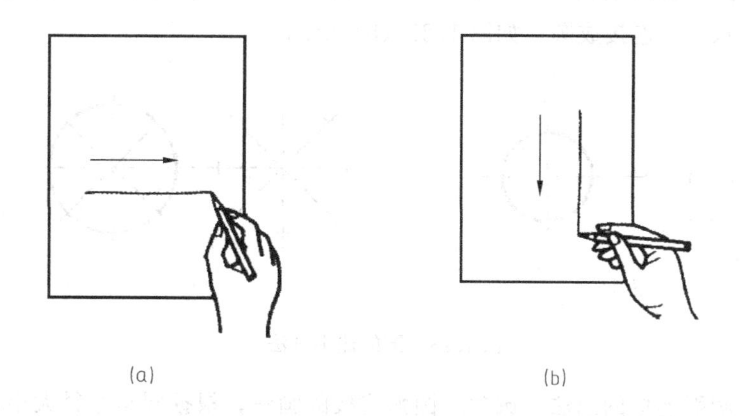

(a)　　　　(b)

图 1.25　直线的徒手画法

画斜线时，若斜线与水平线成锐角，应按左下至右上的方向画，如图 1.26（a）所示；若斜线水平线成钝角，应按左上至右下的方向画，如图 1.26（b）所示；有时为了运笔方便，可将图纸旋转以适当的角度，转化成水平线来绘制，如图 1.26（c）所示。

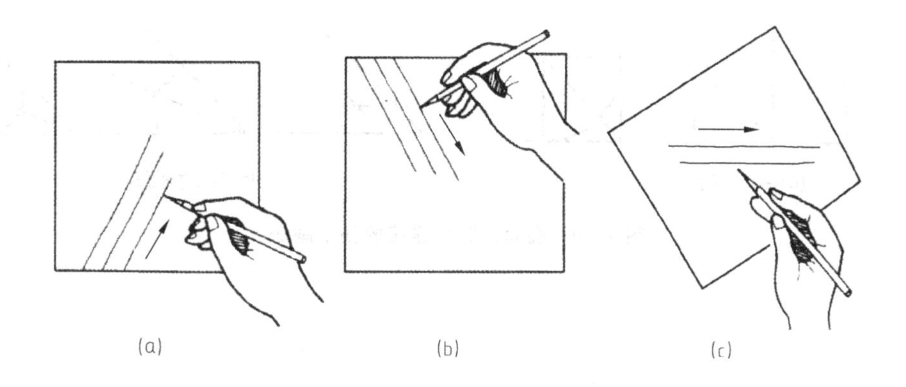

(a)　　　　(b)　　　　(c)

图 1.26　斜线的徒手画法

（2）常用角度的画法　画 30°、45°、60°等常用角度时，可根据两直角边的比例关系在两直角边上定出两端点后，徒手连成直线。如图 1.27 所示。

（3）圆的画法　画直径较小的圆时，先在中心线上按半径大小目测定出四点，然后徒手

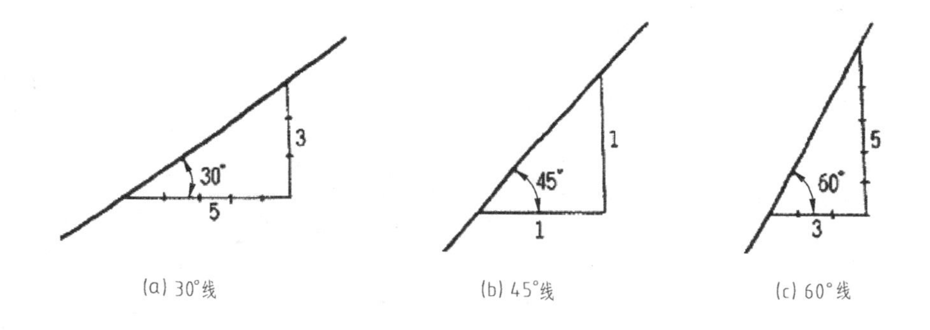

(a) 30°线　　　　(b) 45°线　　　　(c) 60°线

图 1.27　角度线的徒手画法

将这四点连接成圆，如图 1.28（a）所示；画较大圆时，可通过圆心加画两条 45°的斜线，按半径目测定出八点，连接成圆，如图 1.28（b）所示。

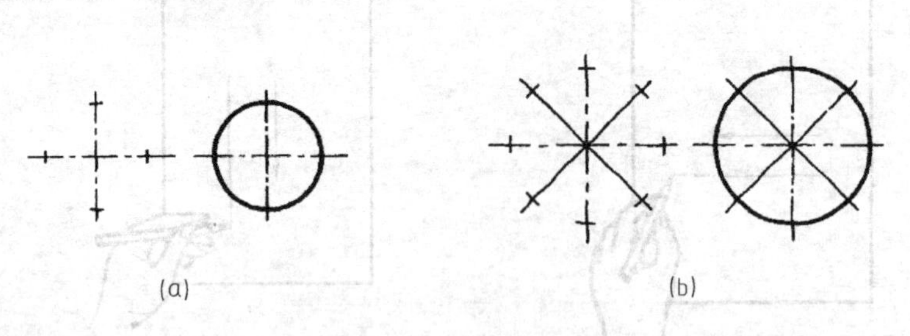

图 1.28　圆的徒手画法

（4）圆角、圆弧连接的画法　圆角、圆弧连接的画法，根据圆角半径大小，在分角线上定出圆心位置，从圆心向分角两边引垂线，定出圆弧的两连接点，并在分角线上定出圆弧上的点，然后过这三点作圆弧；也可以利用圆弧与正方形相切的特点画出圆角或圆弧，如图 1.29（a）所示。

分线上也定出圆弧上的一点，然后将三点连成圆弧，如图 1.29（b）所示。

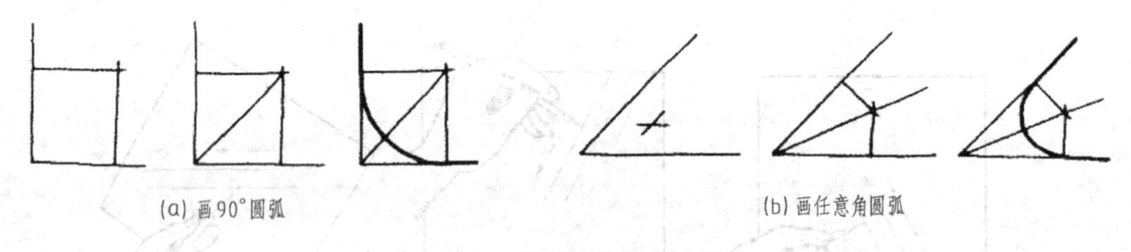

图 1.29　圆角、圆弧连接的徒手画法

第2章

投影法及其应用

本章主要介绍投影法的基本知识，点的投影及其规律，直线以及直线上的点的投影规律，平面投影的表示方法及投影规律，平面上的点和直线的投影规律。

2.1 投影法的基本知识

物体在阳光照射下，就会在墙面或地面上投下影子，这就是投射现象。投影法是将自然投射现象加以科学抽象而形成的图示空间物体的方法。投射线通过物体向选定的面投射，并在该面上得到图形的方法，称为投影法。

2.1.1 投影法分类

投影法分为中心投影法和平行投影法两种。

2.1.1.1 中心投影法

如图2.1（a）所示，设S为投射中心，所有投射线都从投射中心出发，在投影面上作出物体图形的方法叫做中心投影法。中心投影法常用来绘制建筑物或产品的立体图。

2.1.1.2 平行投影法

如果投射中心S在无限远，所有的投射线就相互平行。用相互平行的投射线，在投影面上作出物体图形的方法叫做平行投影法，如图2.1中（b）、（c）所示。

在平行投影法中，根据投射线是否垂直于投影面，又分为两种。

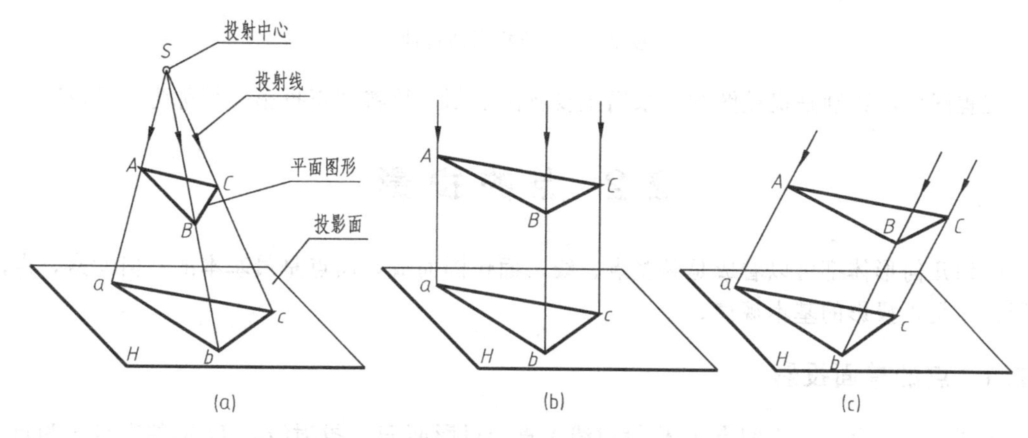

图2.1 投影法的分类

(1) 投射线垂直于投影面的投影法，叫正投影法，如图 2.1 (b) 所示。

(2) 投射线倾斜于投影面的投影法，叫斜投影法，如图 2.1 (c) 所示。

2.1.2 平行投影的特性

(1) 实形性　当线段或平面图形平行于投影面时，其投影反映实长或实形，如图 2.2 中 (a)、(b) 所示。

(2) 积聚性　当直线或平面垂直于投影面时，其投影积聚成点或直线，如图 2.2 (c) 所示。

(3) 类似性　一般情况下，直线的投影仍是直线，平面图形的投影是原图形的类似形，如图 2.2 中 (d)、(e) 所示。

(4) 定比性　直线上两线段长度之比，与其投影长度之比相等，如图 2.2 (d) 所示，$AC:CB=ac:cb$；两平行线段长度之比，与其投影长度之比相等，如图 2.2 (f) 所示，$AB:CD=ab:cd$。

(5) 从属性　直线上的点，或平面上的点和直线，其投影必在直线或平面的投影上，如图 2.2 中 (d)、(e) 所示。

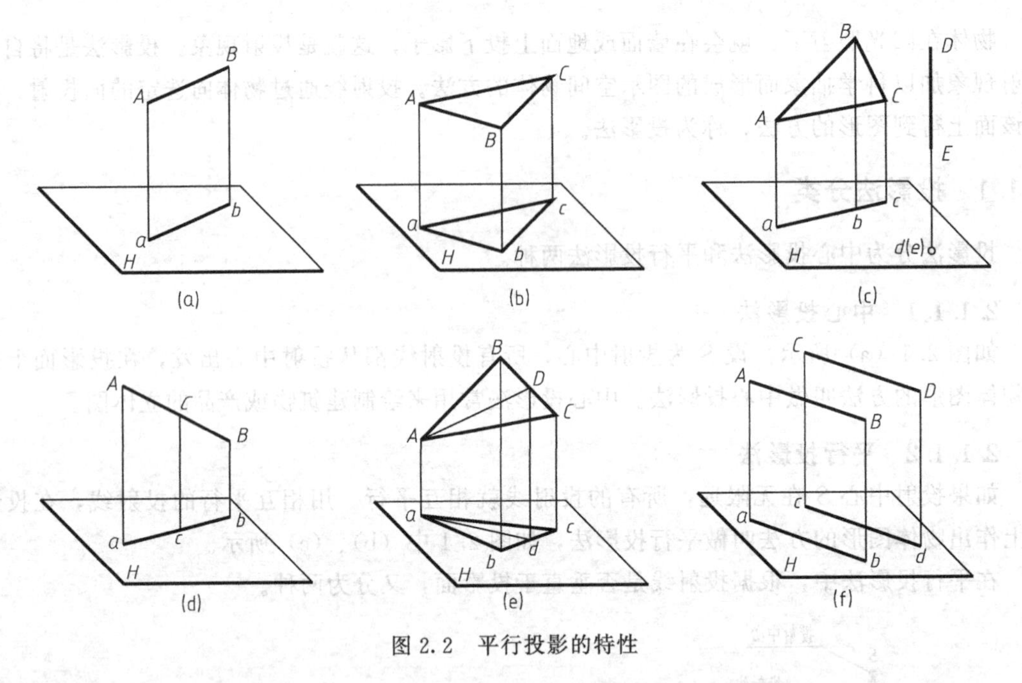

图 2.2　平行投影的特性

工程图样，特别是机械图样多采用正投影法绘制，故将“正投影”简称为“投影”。

2.2 点的投影

一切几何形体都可以看成是某些点、线、面包围而成，而点是最基本的几何元素，点的投影规律是正投影的基本规律。

2.2.1 点的单面投影

如图 2.3 所示，过空间点 A 作投射线垂直于投影面 H，投射线与 H 面的交点 a 为点 A

在 H 面上的投影。因为过 A 点的垂线上所有的点（如 A_1，A_2，A_3，…）的投影都是 a，所以，仅根据点 A 的一个投影无法唯一确定其空间位置。

2.2.2 点的三面投影及投影规律

由于点的一个投影不能唯一确定点的空间位置，要确定空间点的位置，必需增加投影面。如图 2.4 所示，建立相互垂直的三面投影体系，三个相互垂直的投影面，分别称为正投影面、水平投影面和侧投影面，用 V、H、W 表示；三投影面的交线 OX、OY、OZ 称为投影轴；三投影轴的交点为原点，记为 O。

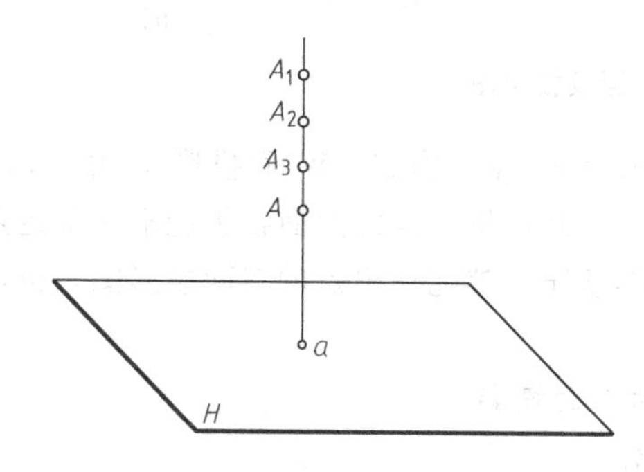

图 2.3 点的单面投影及特点

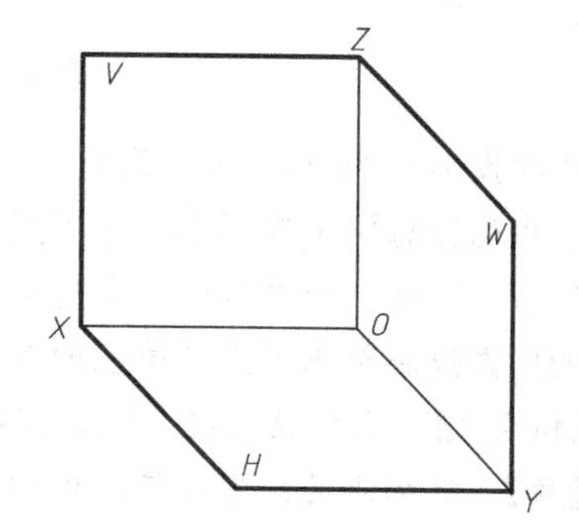

图 2.4 相互垂直的三投影面体系

如图 2.5（a）所示，将空间点 A 分别向 V、H、W 面投射（作垂线），即得点的三面投影。其中，V 面上的投影称为正面投影，记为 a'；H 面上的投影称为水平投影，记为 a；W 面上的投影称为侧面投影，记为 a''。

为把 A 点的三面投影表示在同一个平面上，先移去空间点 A，保持 V 面不动，将 H 面绕 OX 轴向下旋转 90°，W 面绕 OZ 轴向后旋转 90°，与 V 面共面，便得到 A 点的三面投影图，如图 2.5（b）所示。图中 OY 轴被假想地分为两条，随 H 面旋转的记为 OY_H 轴，随 W 面旋转的记为 OY_W 轴。因平面是无限延伸的，投影图中不必画出投影面的边界，所以 A 点的三面投影图简化为图 2.5（c）所示。

由图 2.5（a）可以证明，投射线 Aa 和 Aa' 构成的平面 $Aa a_x a'$ 垂直于 H 面和 V 面，那么该面也必垂直于 OX 轴，因而 $aa_x \perp OX$，$a'a_x \perp OX$。当 a 随 H 面绕 OX 轴旋转至与 V 面共面后，a、a_x、a'三点共线，且 $a'a \perp OX$ 轴，如图 2.5（b）所示。同理可得，点 A 的正面投影与侧面投影的连线垂直于 OZ 轴，即 $a'a'' \perp OZ$ 。

空间点 A 的水平投影到 OX 轴的距离和侧面投影到 OZ 轴的距离均反映该点的 y 坐标，即 $aa_x = a''a_z = y_A$，如图 2.5（c）所示。

综上所述，点的三面投影规律为：

（1）点的水平投影与正面投影的连线垂直于 OX 轴，$a'a \perp OX$；

（2）点的正面投影与侧面投影的连线垂直于 OZ 轴，$a'a'' \perp OZ$；

（3）点的水平投影到 OX 轴的距离与侧面投影到 OZ 轴的距离相等，$aa_x = a''a_z$。

2.2.3 点的投影与直角坐标的关系

如果把投影面体系看作直角坐标系，把投影轴看作坐标轴，则点 A 的直角坐标（x，y，z）便是点 A 分别到 W、V、H 面的距离。点的每一个投影都由其中的两个坐标所确

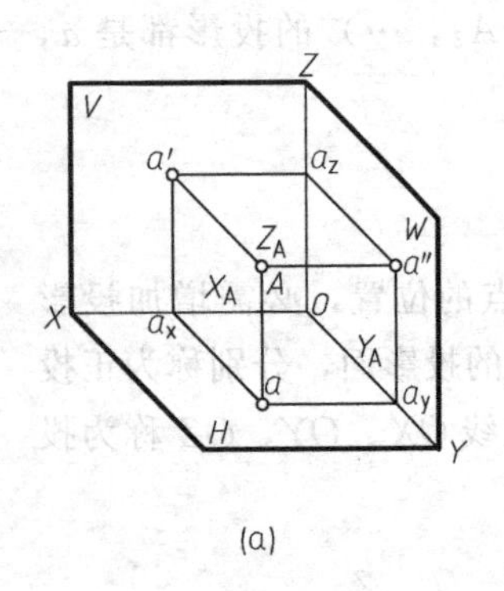

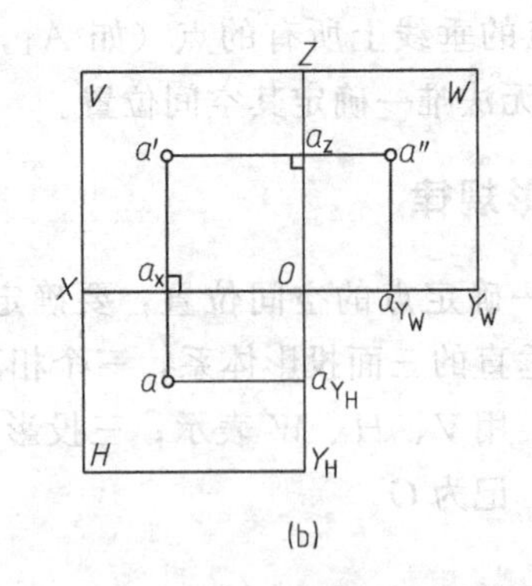

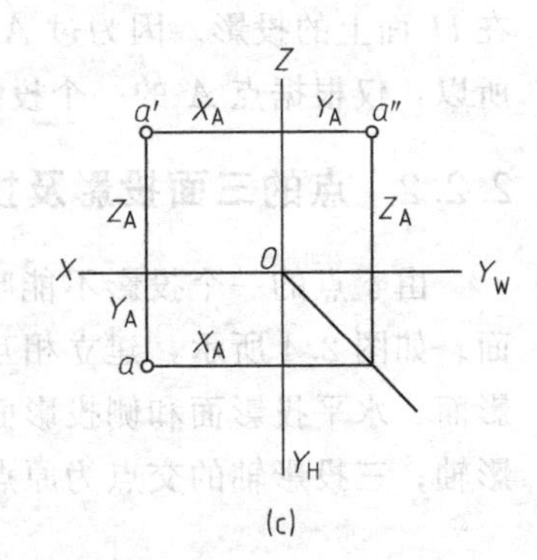

图 2.5 点的三面投影及投影图

定，V 面投影 a' 由（x，z）确定，H 面投影 a 由（x，y）确定，W 面投影 a'' 由（y，z）确定。点的任意两个投影都包含了点的三个坐标，由此可见，点的两面投影能唯一确定点的空间位置。因此，根据点的三个坐标值和点的投影规律，就能作出点的三面投影图，也可以由点的两面投影补画出点的第三面投影。

【例 2.1】 已知 A（20，15，24），求点 A 的三面投影。

【解】 根据点的投影规律，由四个步骤完成作图。

（1）画出投影轴 OX、OY_H、OY_W、OZ，分别在各轴上量取 $Oa_x=20$；$Oa_z=24$；$Oa_{Y_H}=15$［图 2.6（a）］。

（2）分别过 a_x、a_z、a_{Y_H} 作投影轴的垂线，垂线两两相交，V 面交点为 A 的正面投影 a'，H 面交点为 A 的水平投影 a，如图 2.6（b）所示。

（3）过原点作 $\angle Y_HOY_W$ 的平分线，如图 2.6（b）所示。

（4）延长 aa_{Y_H} 与平分线相交，由交点作 OY_W 轴的垂线，再延长 $a'a_z$，二者相交，交点即为 A 点的侧面投影 a''，如图 2.6（c）所示。

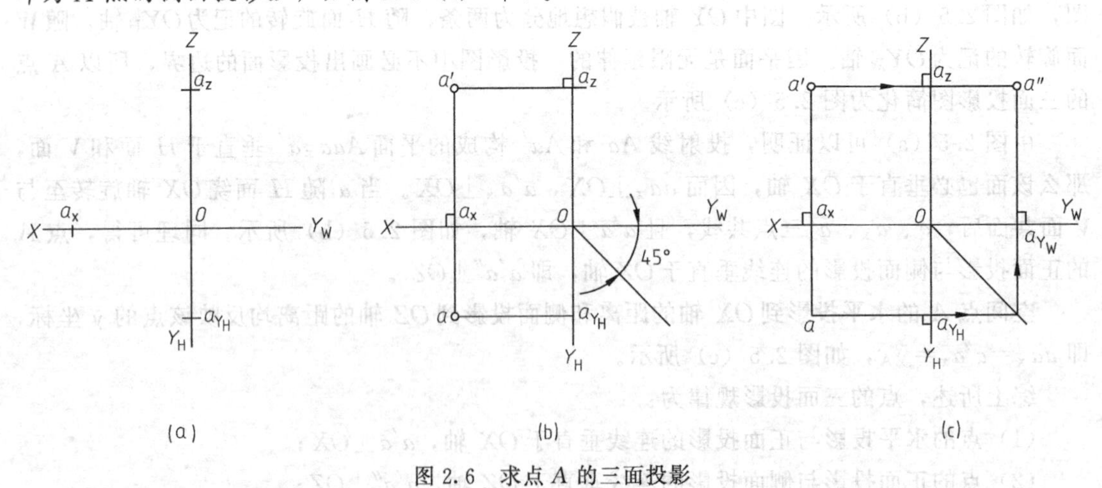

图 2.6 求点 A 的三面投影

2.2.4 两点的相对位置

两点的相对位置是指空间两点之间上下、前后、左右的关系。在投影体系中，根据两点的坐标，即可判断空间两点的相对位置。两点中 x 坐标大者在左，y 坐标大者在前，z 坐标大者在上。图 2.7（a）所示为空间两点 A、B 的投影，由投影图 2.7（b）可以看出 $x_A>$

x_B、$y_A>y_B$、$z_A>z_B$，所以可判断 A 点在 B 点的左方、前方和上方。

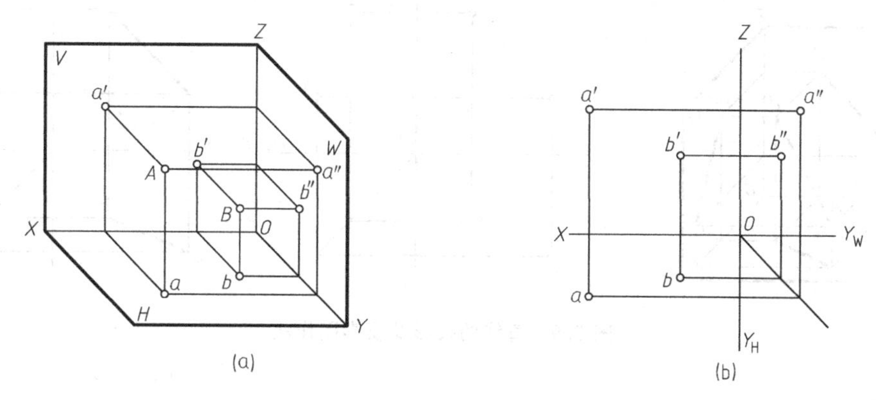

图 2.7　空间两点的位置关系

2.2.5　重影点及其可见性

如果空间两点有两个坐标相等，一个坐标不相等，则两点在一个投影面上的投影就重合为一点，此两点称为对该投影面的重影点。如图 2.8 所示，点 A 位于点 B 的正后方，即 $x_A=x_B$，$y_A<y_B$，$z_A=z_B$，两点在 V 面上的投影 a'、b' 重合为一点，则两点 A、B 即为对 V 面的重影点。

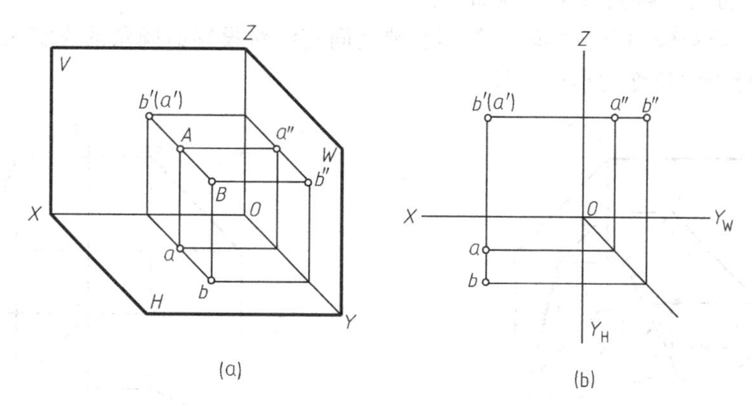

图 2.8　重影点及可见性

当空间两点在某投影面上的投影重合时，必有一点的投影被“遮盖”，这就出现了重影点的可见性问题。如图 2.8（b）所示，点 A、B 为对 V 面的重影点，由于 $y_A<y_B$，点 A 在点 B 的后方，故 b' 可见，a' 不可见，不可见投影加括号表示，如（a'）。

由此可见，判断重影点的可见性是根据它们不等的那个坐标值来确定的，即坐标值大的可见，坐标值小的不可见。

2.3　直线的投影

直线的投影可由属于该直线的两点的投影连线来确定。一般用直线段的投影表示直线的投影，即作出直线段两端点的投影，将两端点的同面投影连线即为直线在各投影面上的投影，如图 2.9 所示。

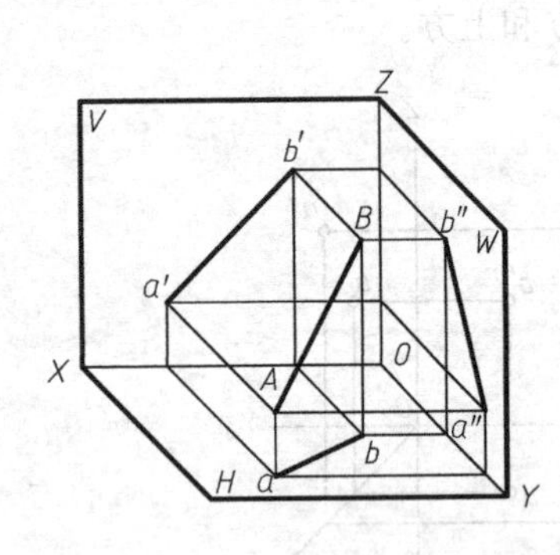

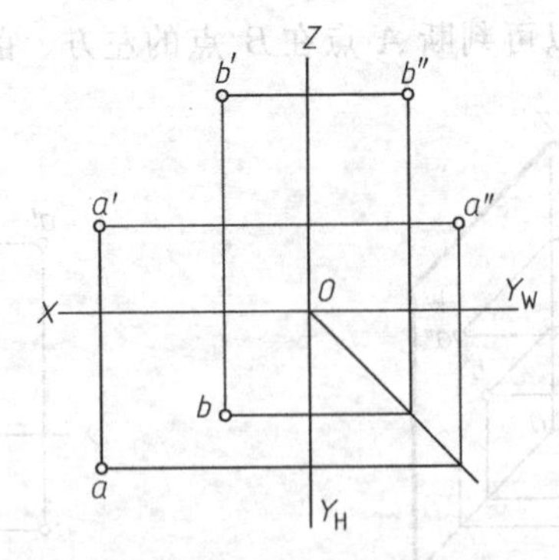

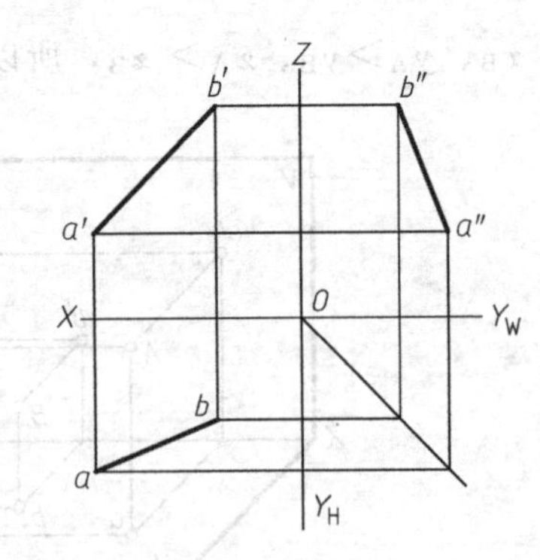

图 2.9 直线的投影及投影图作法

2.3.1 各种位置直线的投影特性

根据直线在投影面体系中对三个投影面相对位置的不同，可将直线分为一般位置直线、投影面平行线和投影面垂直线三类。其中，后两类直线统称为特殊位置直线。

规定直线对 V、H、W 面的倾角分别用 α、β、γ 来表示，如图 2.10（a）所示。

2.3.1.1 一般位置直线

与三个投影面都倾斜的直线称为一般位置直线。如图 2.10（b）所示，为一般位置直线 AB 的投影图，分析可得其投影特性如下：

（1）三面投影都倾斜于投影轴，但不反映空间直线对投影面倾角的真实大小；

（2）三面投影的长度均小于实长。

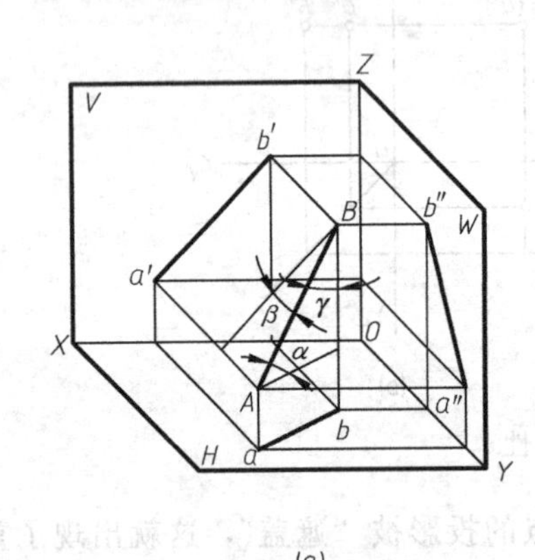

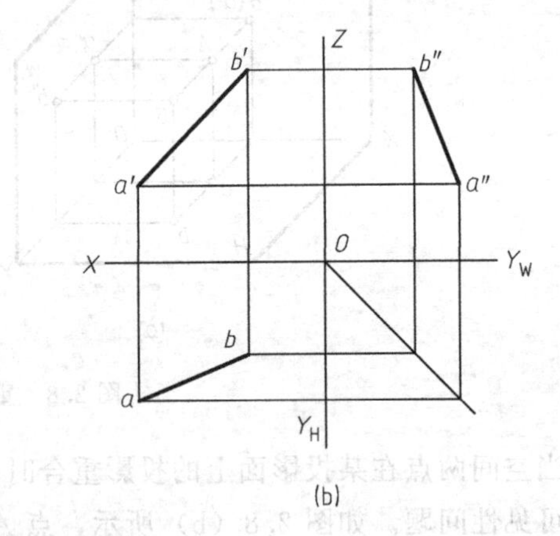

图 2.10 一般位置直线及投影

2.3.1.2 投影面平行线

平行于一个投影面，且倾斜于另外两个投影面的直线称为投影面平行线。投影面平行线分为三种，正平线（平行于 V 面）；水平线（平行于 H 面）；侧平线（平行于 W 面）。

如图 2.11 所示，为正平线 AB 的投影图，分析可得其投影特性如下：

（1）正面投影与直线等长，即 $a'b'=AB$；

（2）水平投影平行于 OX 轴，侧面投影平行于 OZ 轴，即 $ab /\!/ OX$ 、$a''b'' /\!/ OZ$ ；

（3）$a'b'$ 与 OX 轴的夹角即为 AB 对 H 面的倾角 α ，$a'b'$ 与 OZ 轴的夹角即为 AB 对 W 面的倾角 γ。

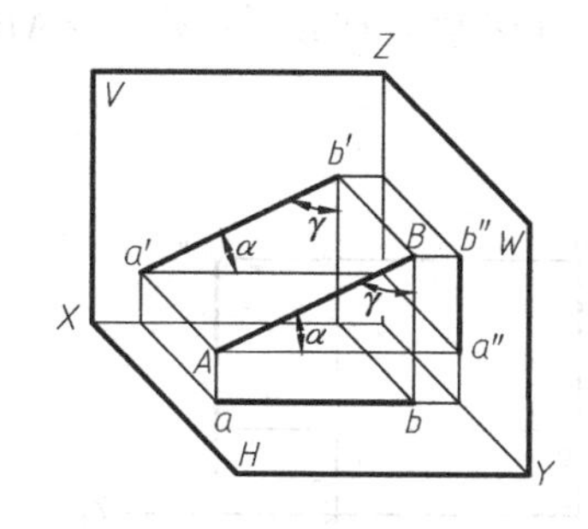

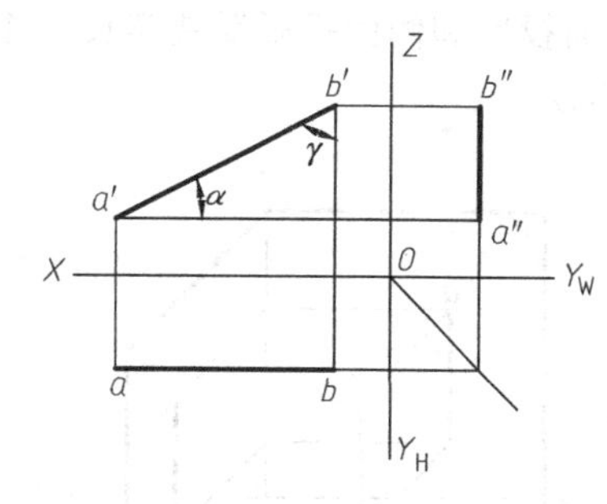

图 2.11 正平线的投影

同理可得其他投影面平行线的投影特性，见表 2.1。

表 2.1 投影面平行线的投影特性

名称	正平线	水平线	侧平线
轴测图	Z b' B b'' a' α γ W γ O X A α a'' a b H Y	Z c' d' c'' C γ β W d'' X O D c γ β H d Y	Z e' E e'' f' β β α W X O α f'' e F H f Y
投影图	Z b' b'' a' α γ a'' X O Y_W a b Y_H	Z c' d' c'' d'' X O Y_W c β γ d Y_H	Z e' e'' β f' α f'' X O Y_W e f Y_H
投影特性	1. $a'b'=AB$，反映 α、γ 角； 2. $ab \parallel OX$ 轴，$a''b'' \parallel OZ$ 轴，长度缩短	1. $cd=CD$，反映 β、γ 角； 2. $c'd' \parallel OX$ 轴，$c''d'' \parallel OY_W$ 轴，长度缩短	1. $e''f''=EF$，反映 α、β 角； 2. $e'f' \parallel OZ$ 轴，$ef \parallel OY_W$ 轴，长度缩短

概括表 2.1 得投影面平行线的投影特性为：

(1) 直线在与其平行的投影面上的投影，反映该直线的实长和对其他两个投影面的倾角；

(2) 直线在其他两投影面上的投影分别平行于相应的投影轴，且长度缩短。

2.3.1.3 投影面垂直线

垂直于一个投影面，平行于另外两个投影面的直线称为投影面垂直线。投影面垂直线也分为三种，铅垂线（垂直于 H 面）；正垂线（垂直于 V 面）；侧垂线（垂直于 W 面）。

如图 2.12 所示，为铅垂线 AB 的投影图，分析可得其投影特性如下：

(1) 水平投影积聚为一点 a (b)；

（2）正面投影和侧面投影反映实长，并且都平行于 OZ 轴，即 $a'b'=a''b''=AB$，$a'b' /\!/ OZ$，$a''b'' /\!/ OZ$。

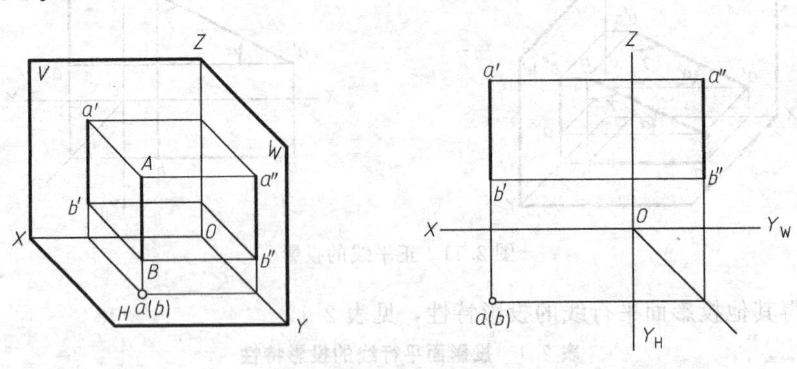

图 2.12　铅垂线的投影

同理可得其他投影面垂直线的投影特性，见表 2.2。

表 2.2　投影面垂直线的投影特性

名称	正垂线	铅垂线	侧垂线
轴测图			
投影图			
投影特性	1. $a'b'$ 积聚成一点； 2. $ab /\!/ OY_W$ 轴，$a''b'' /\!/ OY_W$ 轴，都反映实长	1. cd 积聚成一点； 2. $c'd' /\!/ OZ$ 轴，$c''d'' /\!/ OZ$ 轴，都反映实长	1. $e''f''$ 积聚成一点； 2. $e'f' /\!/ OX$ 轴，$ef /\!/ OX$ 轴，都反映实长

概括表 2.2 得投影面垂直线的投影特性为：

（1）直线在与其垂直的投影面上的投影积聚成一点；

（2）直线在其他两个投影面上的投影，均反映该直线的实长，且同时平行于一条投影轴。

2.3.2　点与直线、直线与直线的相对位置及其投影特性

2.3.2.1　直线上的点

根据平行投影的特性可知，直线上的一点，其投影必在直线的同面投影上，且符合点的

投影规律；点分割线段之比等于点的投影分割线段的投影之比。

如图 2.13 所示，点 C 在直线 AB 上，C 点的投影分别在直线 AB 的同面投影上，且有 $ac:cb=a'c':c'b'=a''c'':c''b''=AC:CB$ 成立。

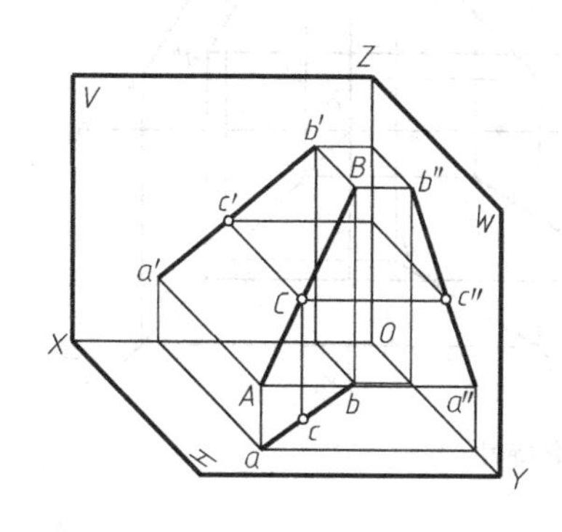

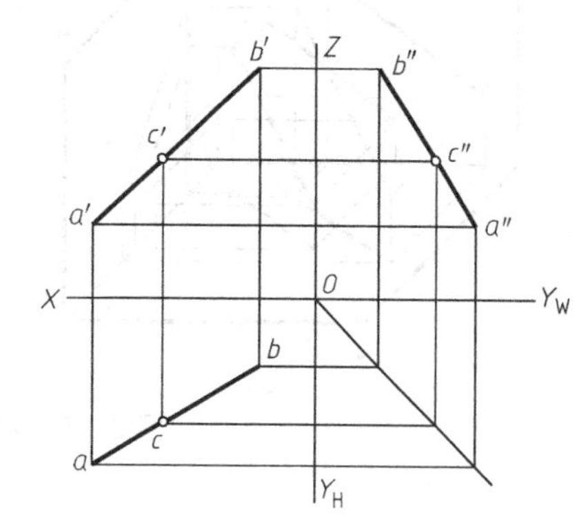

图 2.13　直线上的点的投影

【例 2.2】 如图 2.14（a）所示，作出分线段 AB 为 2：3 的点 C 的两面投影图 c'、c。

【解】 根据直线上点的投影特性，可将直线的任一投影分成 2：3，分割点即是 C 点的一个投影，然后再利用从属性求出点 C 的另一投影。

如图 2.14（b）所示，由三个步骤完成作图。

（1）过 a 点任意作一辅助直线，并在其上量取 5 个单位长度。

（2）连接 $5b$，过 2 分点作 $5b$ 的平行线，交 ab 于 c 点。

（3）过 c 点作直线垂直于 OX 轴，与 $a'b'$ 相交，交点即为 c'。

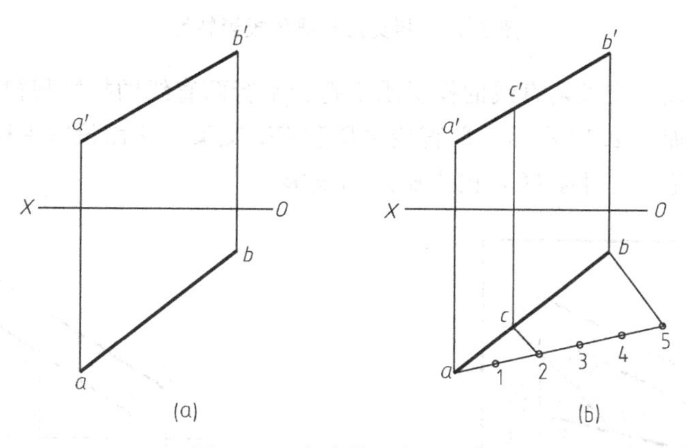

图 2.14　求直线上点的投影

2.3.2.2　两直线的相对位置

空间两直线的相对位置有三种，平行、相交、交叉。其中平行、相交的两直线称为共面直线，交叉直线称为异面直线。

（1）平行两直线　平行两直线的同面投影必定相互平行。如图 2.15 所示，$AB /\!/ CD$，则 $ab /\!/ cd$，$a'b' /\!/ c'd'$，$a''b'' /\!/ c''d''$。

（2）相交两直线　相交两直线的同面投影都相交，且交点符合点的投影规律。如图 2.16 所示，两直线 AB 和 CD 相交，水平投影 ab 与 cd 相交于 k，正面投影 $a'b'$ 与 $c'd'$ 相交于 k'，且 $kk' \perp OX$，侧面投影 $a''b''$ 与 $c''d''$ 相交于 k''，且 $k'k'' \perp OZ$。

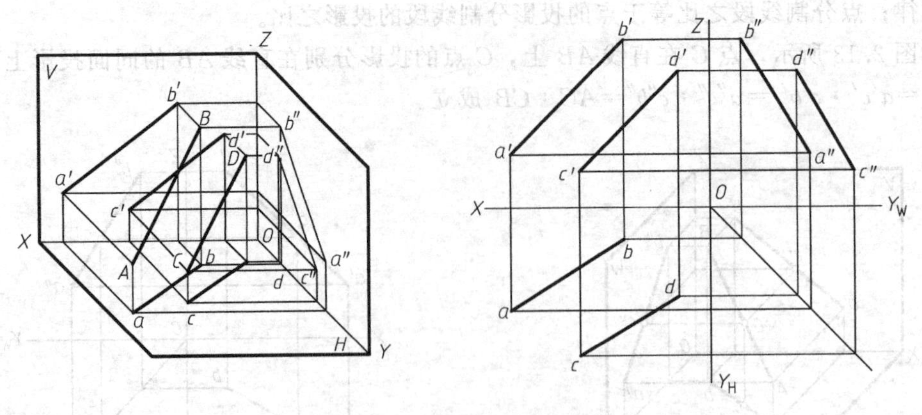

图 2.15　平行两直线的投影特性

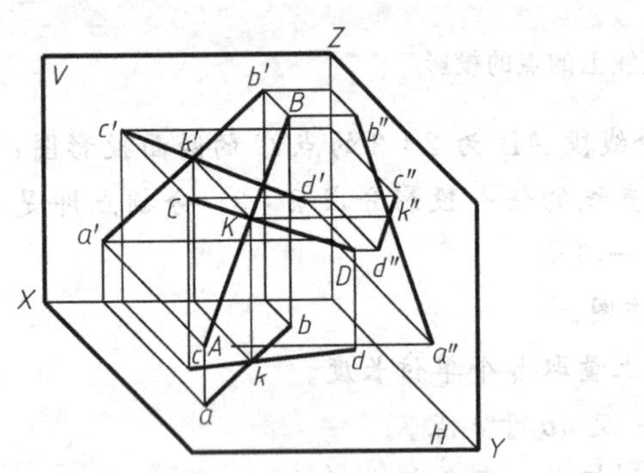

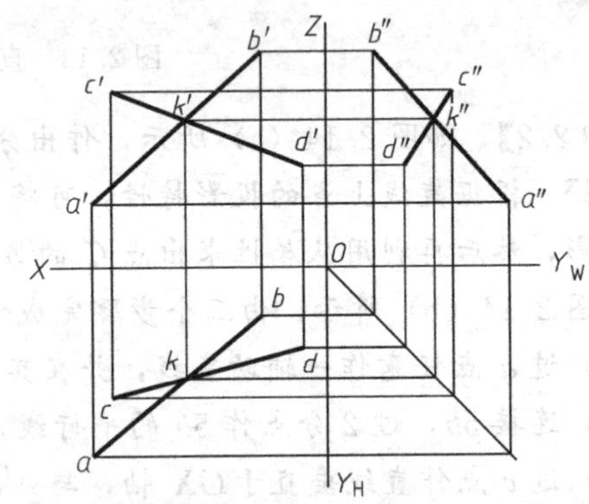

图 2.16　相交两直线的投影特性

(3) 交叉两直线　交叉两直线的投影既不符合平行两直线的投影规律，也不符合相交两直线的投影规律。如图 2.17 所示，两直线 AB 和 CD 交叉，正面投影平行，水平投影相交，交点 m (n) 是两直线上相对 H 面的重影点的投影。

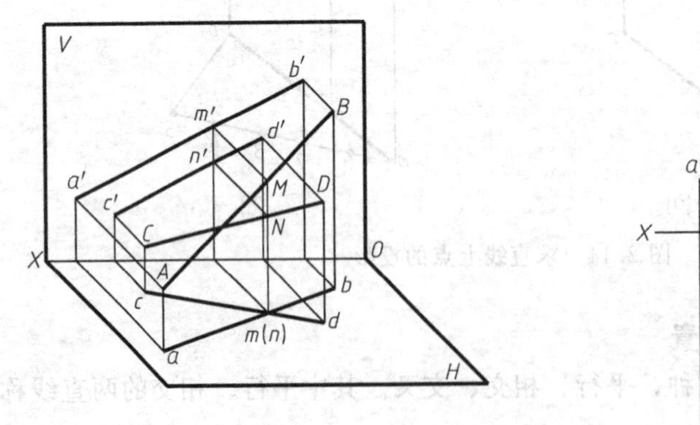

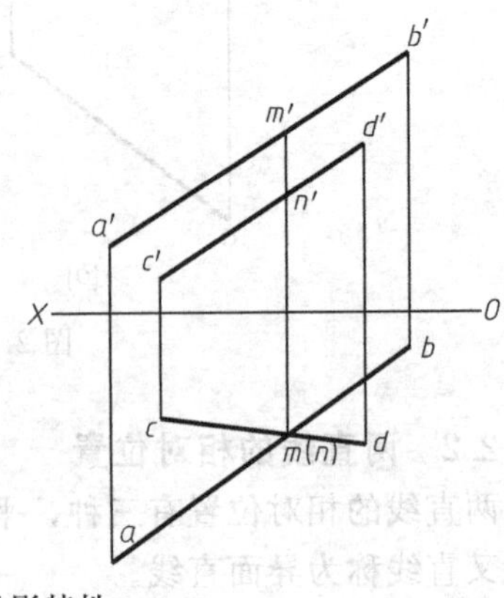

图 2.17　交叉两直线的投影特性

【例 2.3】　如图 2.18 (a) 所示，判断直线 AB 与 CD 是否平行。

【解】　由 AB、CD 的两面投影可知，AB、CD 都是侧平线，要判断其是否平行有两种方法。

方法一：补画出两直线的侧面投影。如图 2.18 (b) 所示，由于 $a''b''$ 与 $c''d''$ 不平行，

所以判断 AB 与 CD 不平行。

方法二：如果两直线同向，且满足定比性，两直线就平行。如图 2.18 (a) 所示，AB 与 CD 虽然同向，但 $ab:cd$ 不等于 $a'b':c'd'$，因此也可以判断 AB 与 CD 不平行。

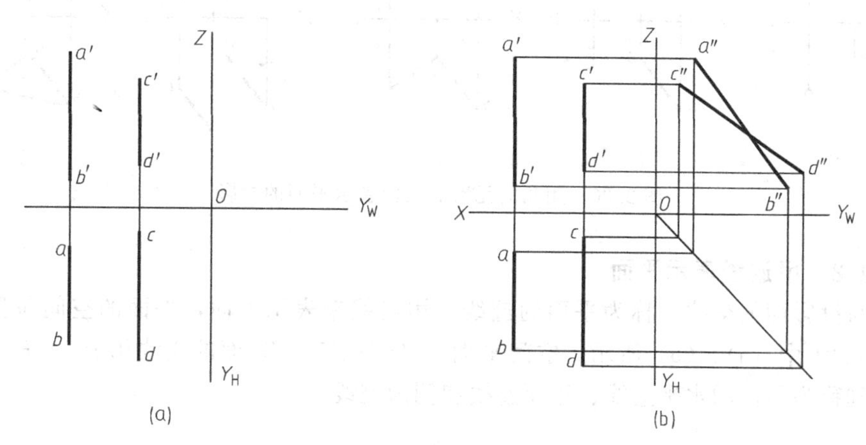

图 2.18 判断两直线是否平行

2.3.3 直角投影定理

如果空间两直线垂直（相交或交叉），当其中一条直线是某一投影面的平行线时，两直线在该投影面上的投影必垂直，直线的这种投影特性称为直角投影定理，如图 2.19 所示（读者可自行证明）。相反，如果两直线在某个投影面上的投影相垂直，且其中一条直线是该投影面的平行线，那么可判断两直线在空间是垂直关系。

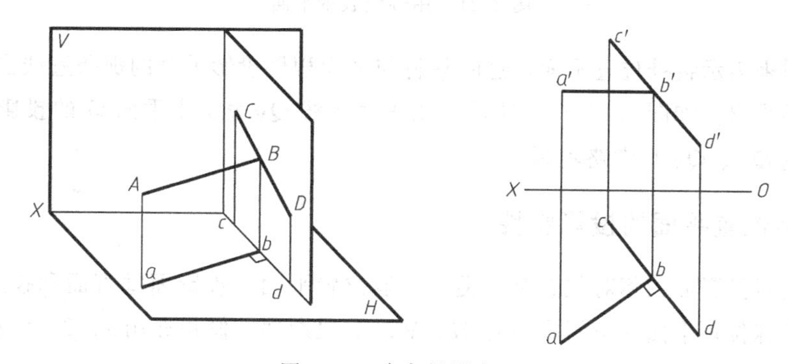

图 2.19 直角投影定理

2.4 平面的投影

2.4.1 平面的表示法

2.4.1.1 用几何元素表示平面

由几何学可知，平面的空间位置可由下列几何元素确定：不在一条直线上的三点，一条直线及直线外一点，两相交直线，两平行直线，任意的平面图形。那么，平面的投影亦可用确定平面的几何元素的投影来表示，如图 2.20 所示。

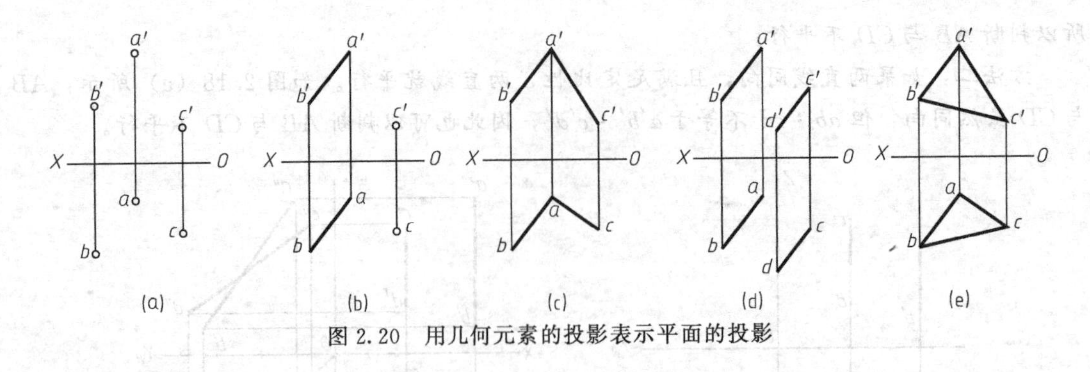

图 2.20 用几何元素的投影表示平面的投影

2.4.1.2 用迹线表示平面

平面与投影面的交线，称为平面的迹线。用迹线来表示平面，平面的空间位置比较明显。如图 2.21 中（a）、（b）所示，空间平面 P 与 H、V、W 面的交线用 P_H、P_V、P_W 来表示，分别称为平面的水平迹线、正面迹线和侧面迹线。

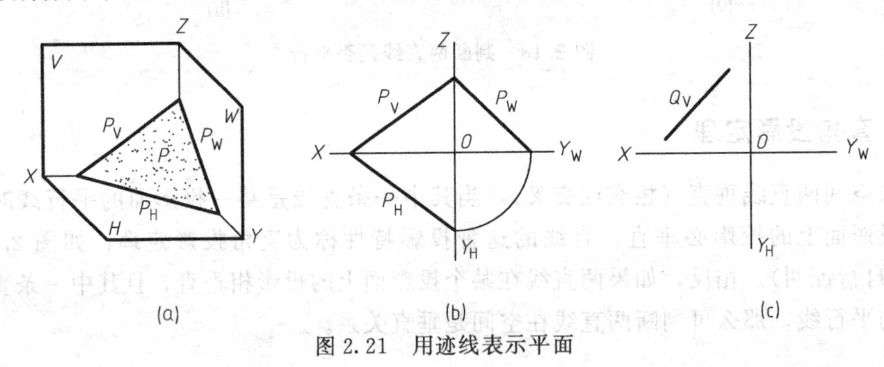

图 2.21 用迹线表示平面

迹线常用来表示特殊位置平面，这时只将与平面积聚投影重合的那条迹线画出来，另外两条迹线均不画出。如图 2.21（c）所示，用正面迹线 Q_V 表示正垂面 Q 的投影，其水平迹线和侧面迹线 Q_H、Q_W 均省略不画。

2.4.2 各种位置平面的投影特性

空间平面对投影面的相对位置有三类，一般位置平面、投影面垂直面和投影面平行面。后两种称为特殊位置平面。空间平面对 H、V、W 投影面的倾角亦用 α、β、γ 表示。

2.4.2.1 一般位置平面

对三个投影面都倾斜的平面称为一般位置平面。如图 2.22 所示，平面△ABC 对 V、H、W 面都倾斜，是一般位置平面，由图可见它的三个投影都是三角形，为原平面图形的类似形，面积均比△ABC 的小。

由此得出一般位置平面的投影特性：三个投影均为原平面图形的类似形，且面积缩小。

2.4.2.2 投影面垂直面

垂直于一个投影面，且与另外两个投影面倾斜的平面称为投影面垂直面。投影面垂直面又分为三种，正垂面（垂直于 V 面）；铅垂面（垂直于 H 面）；侧垂面（垂直于 W 面）。

图 2.23 所示，为铅垂面 ABC 的投影。由于△ABC 垂直于 H 面，倾斜于 V、W 面，因此其水平投影 abc 积聚成一条直线，V 面投影 $a'b'c'$ 和 W 面投影 $a''b''c''$ 均为面积缩小的三角形。

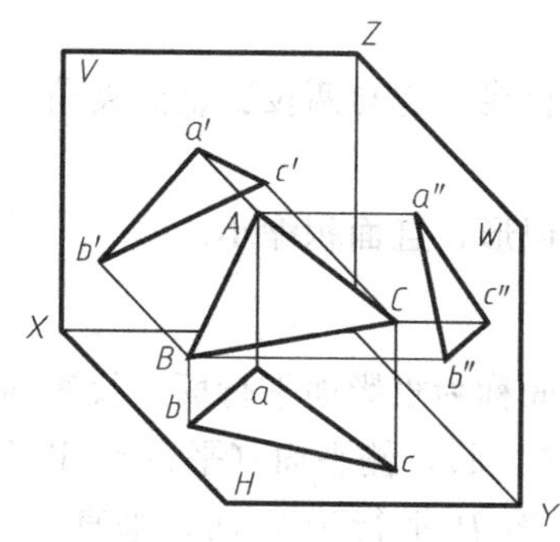

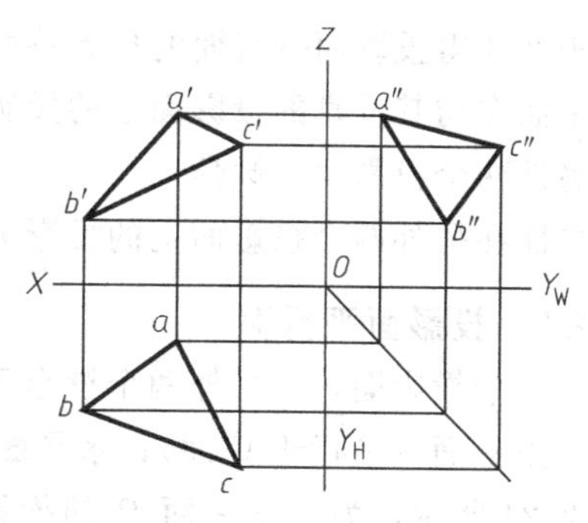

图 2.22 一般位置平面的投影

H 面投影 abc 与 OX 轴、OY 轴的夹角分别反映△ABC 平面对 V 面、W 面的倾角 β、γ。

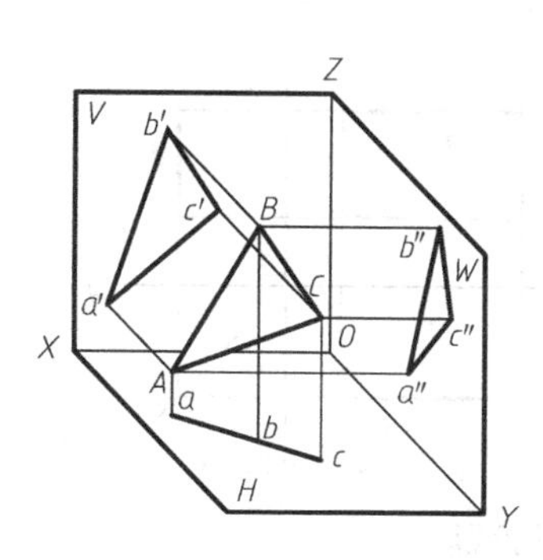

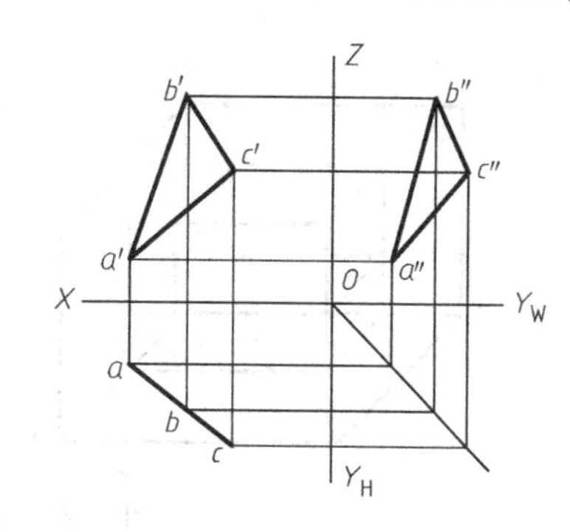

图 2.23 铅垂面的投影

同样分析可得其他投影面垂直面的投影特性，如表 2.3 所示。

表 2.3 投影面垂直面的投影特性

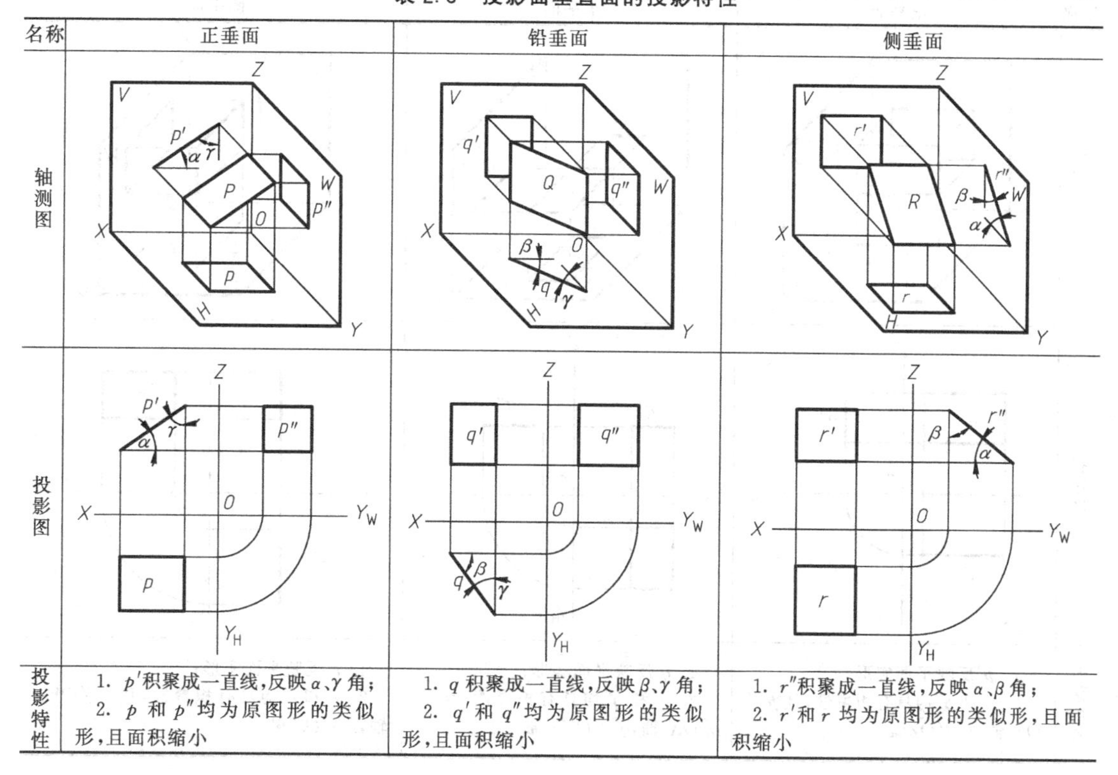

名称	正垂面	铅垂面	侧垂面
轴测图			
投影图			
投影特性	1. p'积聚成一直线，反映 α、γ 角； 2. p 和 p''均为原图形的类似形，且面积缩小	1. q 积聚成一直线，反映 β、γ 角； 2. q'和 q''均为原图形的类似形，且面积缩小	1. r''积聚成一直线，反映 α、β 角； 2. r'和 r 均为原图形的类似形，且面积缩小

概括表 2.3 得投影面垂直面的投影特性如下：

(1) 平面在与其垂直的投影面上的投影积聚成一直线，它与两投影轴的夹角，分别反映该平面对另外两个投影面的倾角；

(2) 平面在另外两个投影面上的投影为平面的类似形，且面积缩小。

2.4.2.3 投影面平行面

平行于一个投影面，与另外两个投影面垂直的平面称为投影面平行面。投影面平行面又分为三种，正平面（平行于 V 面）；水平面（平行于 H 面）；侧平面（平行于 W 面）。

如图 2.24 所示，为一正平面 P 的投影。由于平面 P 平行于 V 面，垂直于 H 面、W 面，因此，其 V 面投影 p' 反映实形，H 面投影 p 和 W 面投影 p'' 均积聚成直线，且 $p /\!/ OX$ 轴，$p'' /\!/ OZ$ 轴。

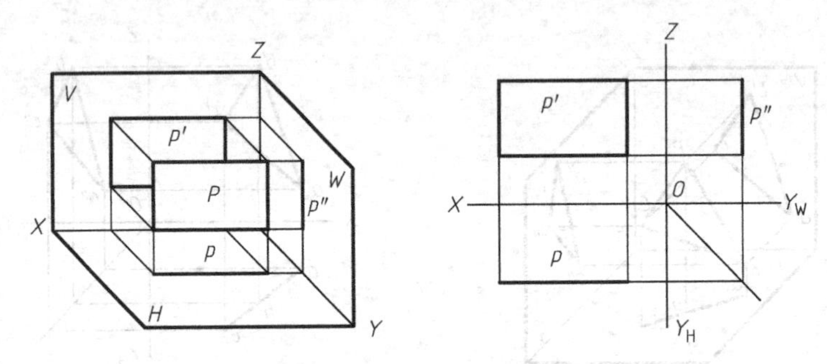

图 2.24 正平面的投影

同样分析可得其他投影面平行面的投影特性，见表 2.4 所示。

表 2.4 投影面平行面的投影特性

名称	正平面	水平面	侧平面
轴测图	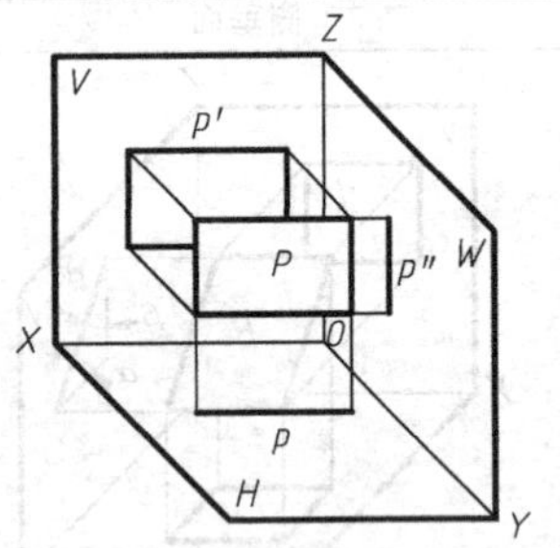	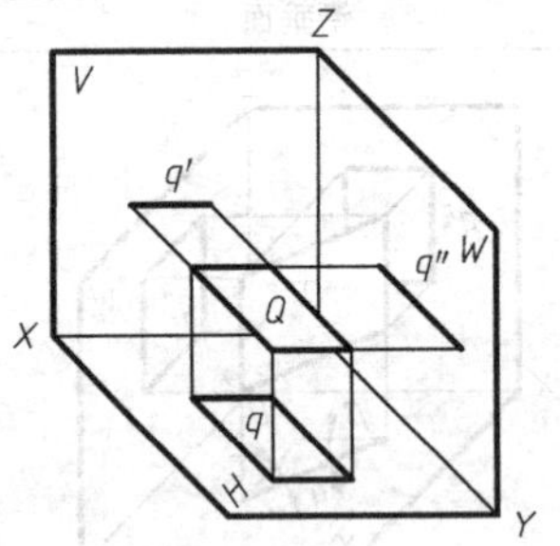	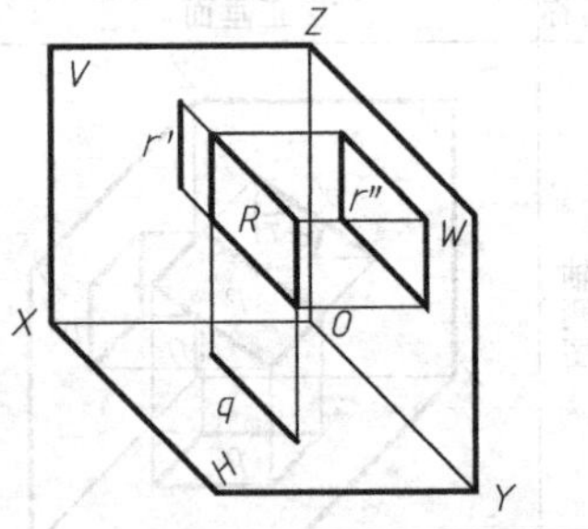
投影图	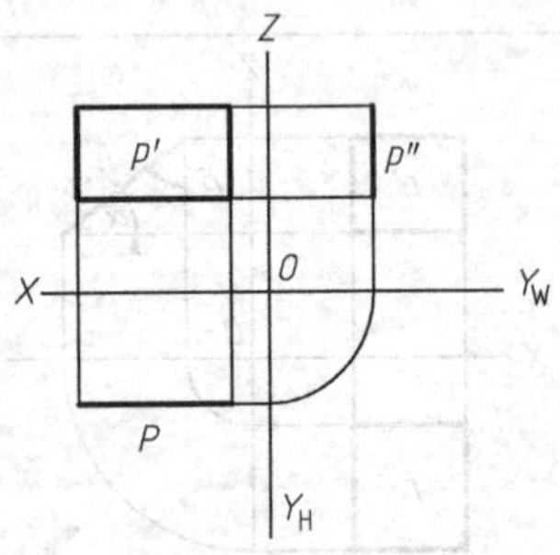	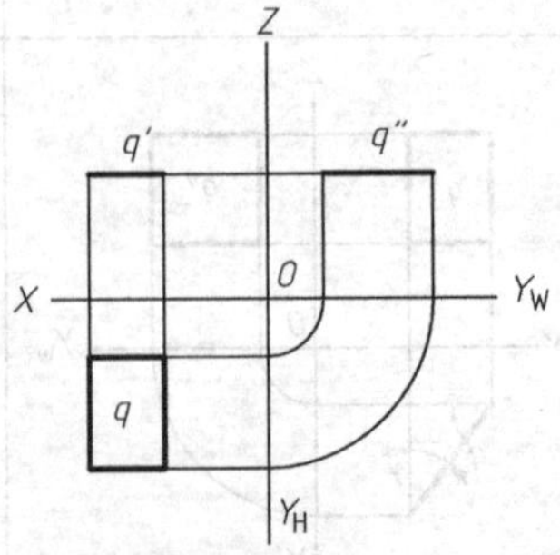	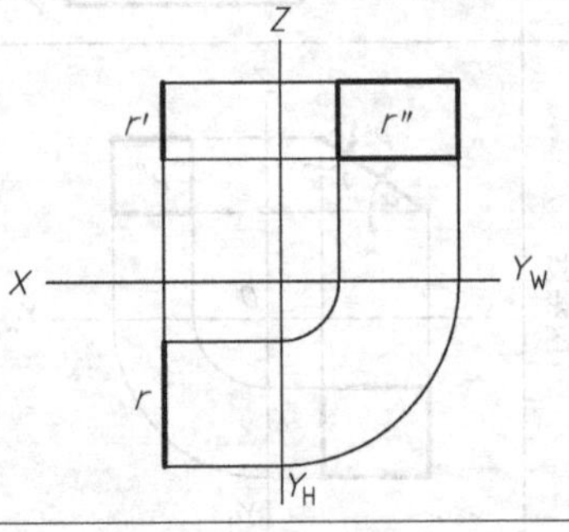
投影特性	1. p' 反映平面实形； 2. p 和 p'' 均具有积聚性，且 $p /\!/ OX$ 轴，$p'' /\!/ OZ$ 轴	1. q 反映平面实形； 2. q' 和 q'' 均具有积聚性，且 $q' /\!/ OX$ 轴，$q'' /\!/ OY_W$ 轴	1. r'' 反映平面实形； 2. r 和 r' 均具有积聚性，且 $r /\!/ OY_W$ 轴，$r' /\!/ OZ$ 轴

概括表 2.4 得出投影面平行面的投影特性如下：

(1) 平面在与其平行的投影面上的投影，反映平面的实形；

(2) 平面在另外两个投影面上的投影均积聚成直线，且平行于相应的投影轴。

2.4.3 平面上的点和直线

从几何学可知，点和直线在平面内的几何条件是：

(1) 点在平面内的任一条直线上，点就在平面内，如图 2.25 (a) 所示；

(2) 直线通过平面内的两个点，或通过平面内的一个点且平行该平面内的一条直线，直线就在平面内，如图 2.25 中 (b)、(c) 所示。

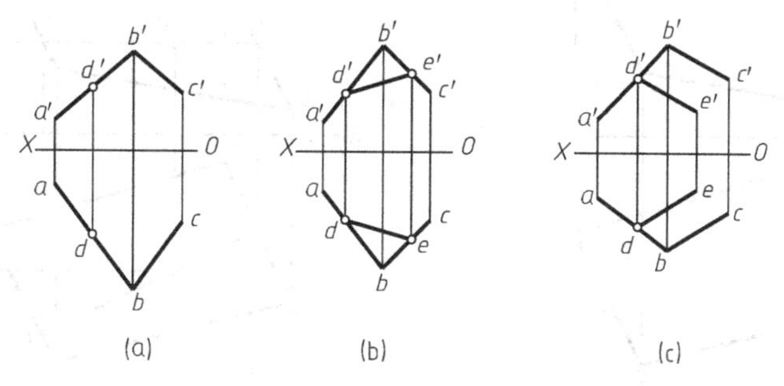

图 2.25　点和直线从属于平面的投影图

【例 2.4】 如图 2.26 (a) 所示，判断点 D 是否在△ABC 平面内。

【解】 若点 D 能位于△ABC 的一条直线上，则点 D 在△ABC 内；否则，就不在△ABC 内。

作图步骤如下：

(1) 连接 A、D 的同面投影 ad 及 $a'd'$，并延长至与 BC 的同面投影相交，交点分别为 e、e'，如图 2.26 (b) 所示；

(2) 如图 2.26 (b) 所示，连接 e 与 e'，测得 $ee' \perp OX$，所以判断 e、e' 为直线 BC 上一点 E 的投影，AE 属于△ABC，点 D 在△ABC 内。

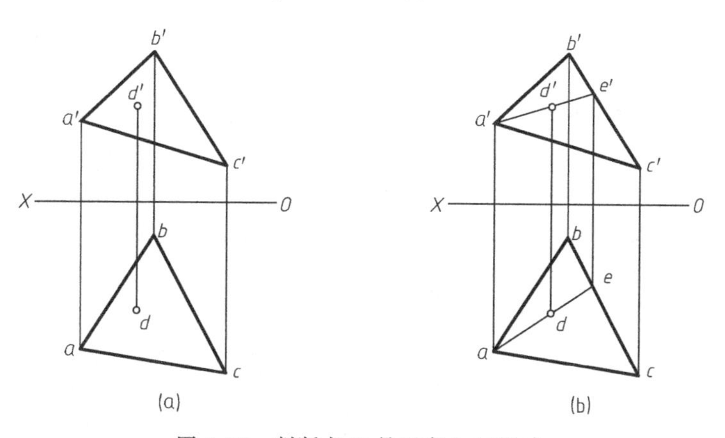

图 2.26　判断点 D 是否在△ABC 内

【例 2.5】 如图 2.27 (a) 所示，已知四边形 $ABCD$ 的两面投影，在其上取一点 K，使点 K 在 H 面之上 10mm，在 V 面之前 15mm。

【解】 可在四边形$ABCD$内取位于H面之上10mm的水平线EF，再在EF上取位于V面之前15mm的点K。

作图步骤如下：

(1) 在OX轴上方10mm处作直线$e'f' /\!/ OX$，再由$e'f'$作出ef，如图2.27 (b) 所示；

(2) 在ef上取位于OX之前15mm的点k，即为所求点K的水平投影。再由k作出k'即可。如图2.27 (b) 所示。

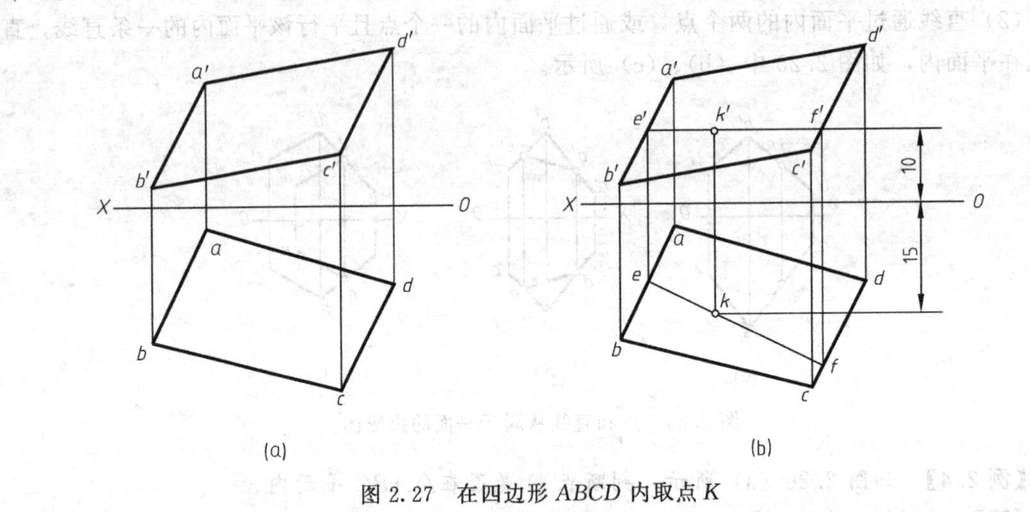

图2.27 在四边形$ABCD$内取点K

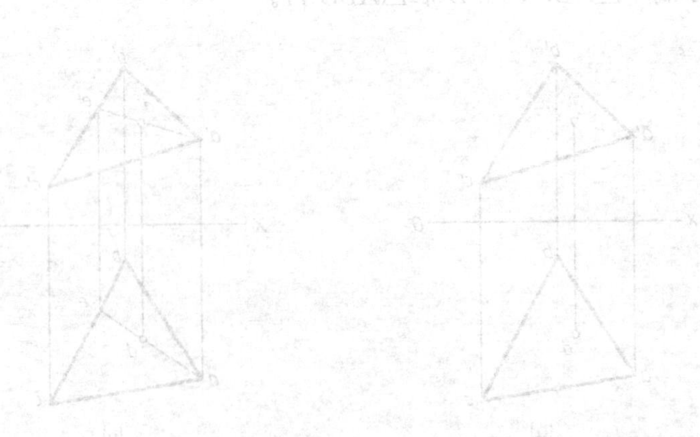

第3章

立体的投影

本章学习三视图的形成过程和投影规律，常见平面立体和曲面立体的投影特性、视图特征及其表面取点、取线的作图方法，常见几何体截交线和相贯线的性质和作图的方法。

3.1 三视图的形成及投影规律

3.1.1 三视图的形成

在绘制机械图样时，将物体向投影面作正投影所得的图形称为视图。三视图是立体向三投影面体系中 V 面、H 面和 W 面投影所得视图的总称，其中 V 面投影称为主视图，H 面投影称为俯视图，W 面投影称为左视图，如图 3.1（a）所示。将立体移去、投影面展开得立体的三视图如图 3.1 中（b）、(c) 所示。在工程图样上，视图主要用来表达物体的形状与结构，而不需表达物体与投影面间的距离，因此在绘制三视图时不必再画出投影轴，如图 3.1（d）所示。

如图 3.1 所示，视图中物体的可见轮廓用粗实线表示，不可见轮廓用虚线表示；为了使图形清晰，三视图之间不再画出投影间的连线；三个视图的相对位置是固定的，因此三个视图的名称均不必标注。

3.1.2 三视图与物体的对应关系和投影规律

物体有长、宽、高三个方向的尺寸，在三视图上，一般将 X 方向定义为物体的“长”，Y 方向定义为物体的“宽”，Z 方向定义为物体的“高”，如图 3.2（a）所示。主视图和俯视图都能反映物体的长，主视图和左视图都能反映物体的高，俯视图和左视图都能反映物体的宽。因此，三视图之间的投影规律可归纳为：主、俯视图长对正，主、左视图高平齐，俯、左视图宽相等，如图 3.2（b）所示。“长对正、高平齐、宽相等”是画图和看图必须遵循的基本投影规律，不仅整个物体的投影要符合这个规律，物体局部结构的投影亦必须符合这一规律。

物体有上、下、左、右、前、后六个方位，主视图能反映物体的左右和上下关系，左视图能反映物体的上下和前后关系，俯视图能反映物体的左右和前后关系。物体的三视图不仅要符合“长对正、高平齐、宽相等”的规律，而且要保证其方位关系的正确对应，如图 3.2（b）所示。

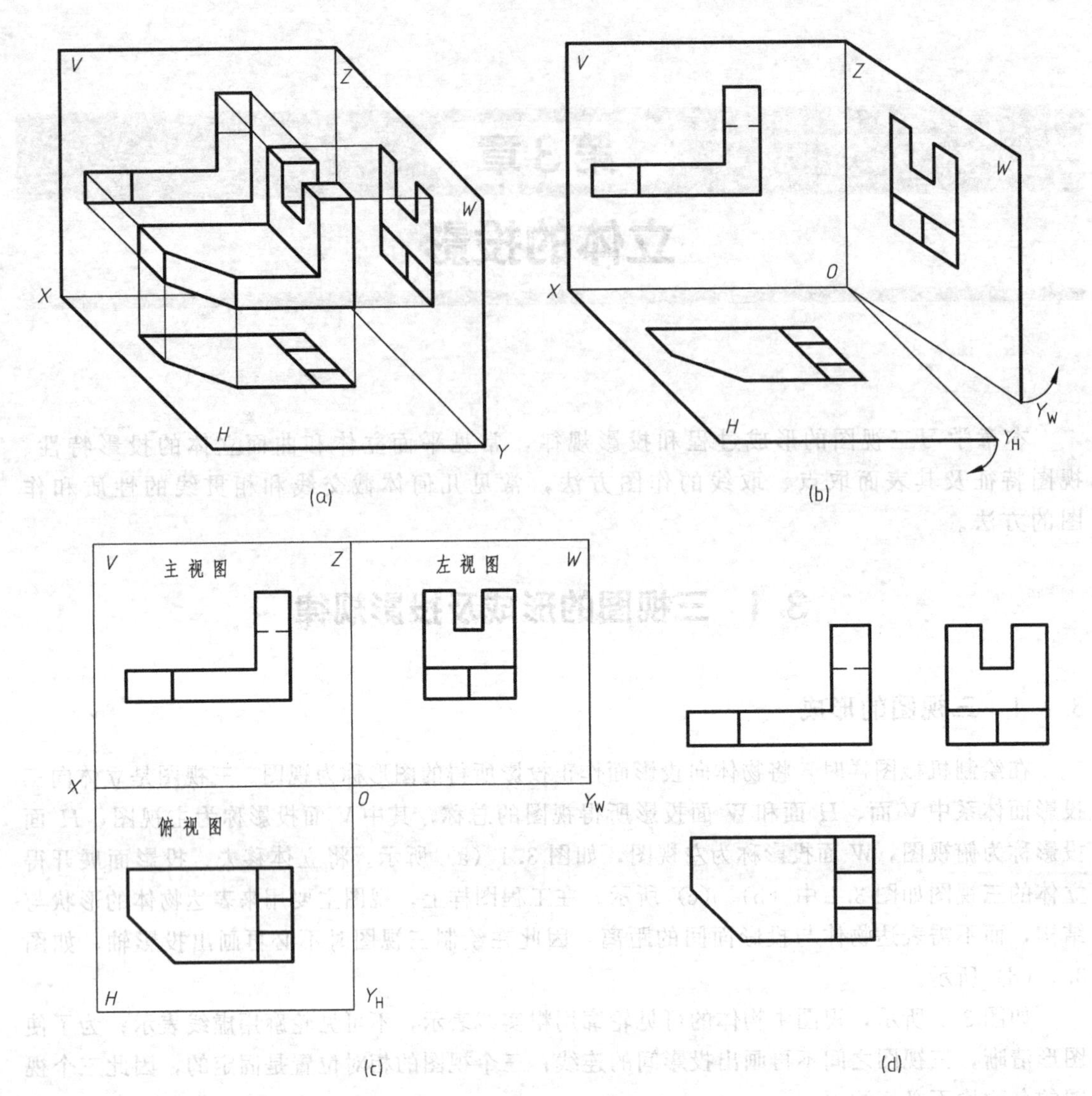

图 3.1　三视图的形成

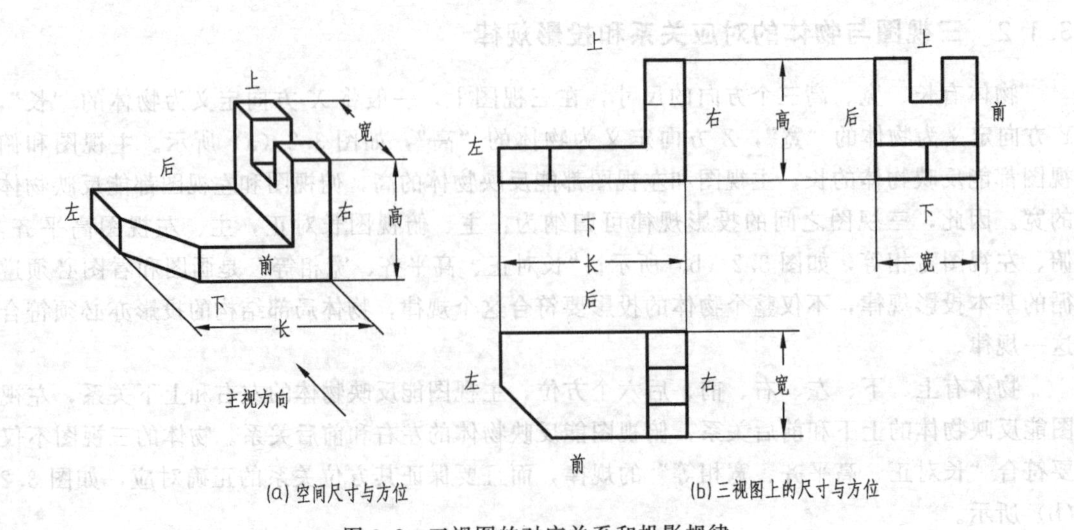

(a) 空间尺寸与方位　　(b) 三视图上的尺寸与方位

图 3.2　三视图的对应关系和投影规律

3.2　平面立体的三视图及表面取点

立体是由其表面所围成的，在投影图上表示一个立体，就是把这些围成立体的所有表面以及表面上的点与线表达在投影面上，从而形成视图的过程。

表面均为平面的立体称为平面立体，平面与平面的交线称为棱线，棱线与棱线的交点称为顶点。平面立体按棱线间的相对关系分为棱柱和棱锥。

3.2.1　棱柱

3.2.1.1　棱柱的三视图

图 3.3 (a) 为一正六棱柱的三视图及形成过程。该六棱柱的顶面、底面均为水平面，其水平投影反映实形（正六边形），其正面投影和侧面投影积聚为直线；六个侧棱面均为矩形，其中前后两侧棱面为正平面，正面投影反映实形，水平投影和侧面投影积聚为直线；其余侧棱面为铅垂面，水平投影均积聚为直线，正面投影和侧面投影均为矩形的类似形，见图 3.3 (b) 所示。

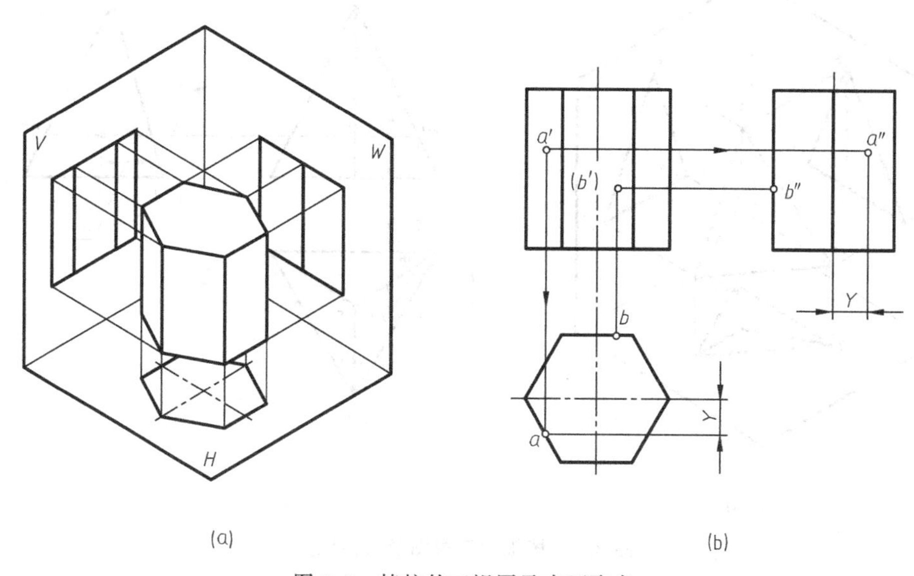

图 3.3　棱柱的三视图及表面取点

由以上分析可知，当棱柱的底面为水平面时，其俯视图为反映底面实形的多边形，主、左两视图分别为一组矩形。作图时可先画棱柱的俯视图——实形多边形，再根据三视图间的投影规律作出其他两个视图。

3.2.1.2　棱柱表面取点

在平面立体表面上取点，其原理和方法与平面上取点相同。对棱柱而言，其所有表面均可置于特殊位置面，如图 3.3 (a) 所示。因此在棱柱表面上取点均可利用积聚性原理作图。对于立体表面上点的投影的可见性，作如下规定：表面可见点可见；表面被遮挡，其上点的投影亦不可见，点的不可见投影加括号表示；当表面投影具有积聚性时，其上点的投影视为可见。以下各类立体同理，不再重述。

【例 3.1】 如图 3.3（b）所示，已知点 A、B 的正面投影 a'、b'，求它们的另外两投影。

【解】 分析点 a' 的位置及可见性可知，点 A 必在棱柱的左前棱面上，该棱面是铅垂面，其水平投影积聚成直线，在该积聚投影上可直接求得点 A 的水平投影 a，然后由 a' 和 a 即可求得侧面投影 a''，a'' 可见，如图 3.3（b）所示。点 b' 不可见，因此，点 B 必在棱柱的正后面，该面为正平面，其水平投影、侧面投影均积聚为直线，利用积聚性可直接求出 b、b'' 如图 3.3（b）所示。

3.2.2 棱锥

3.2.2.1 棱锥的三视图

图 3.4（a）为一正三棱锥的三视图及形成过程。该棱锥的锥顶为 S，底面△ABC 为水平面，其 H 面投影反映实形，正面投影和侧面投影积聚为一直线；棱面△SAB、△SBC 为一般位置面，它们的各个投影均为类似形（三角形）；棱面△SAC 为侧垂面，其 W 面投影积聚为一条直线，另两投影为类似形（三角形），见图 3.4（b）所示。

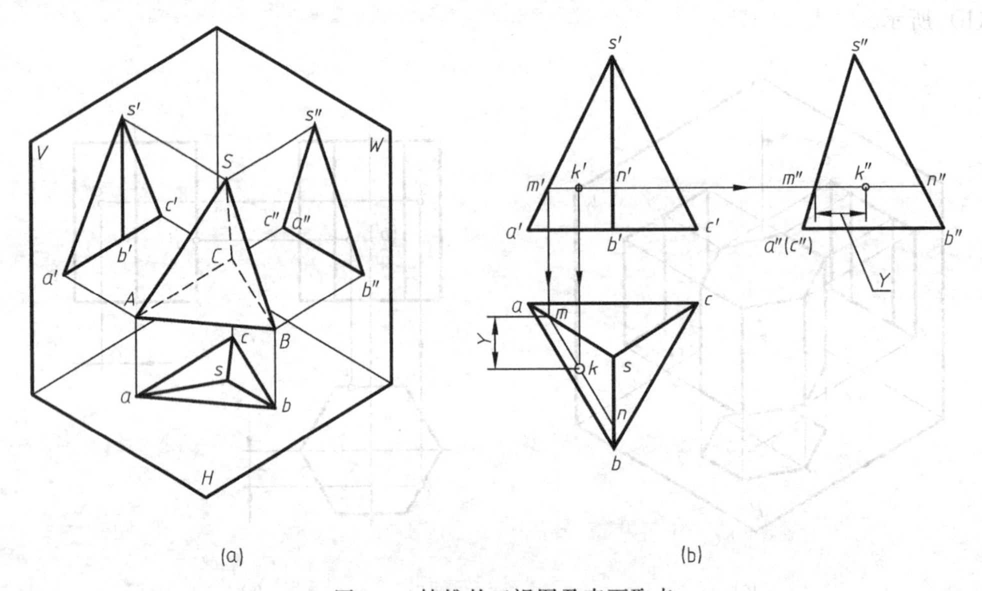

图 3.4 棱锥的三视图及表面取点

由以上分析可知，当棱锥的底面为水平面时，其俯视图外形为反映底面实形的多边形、内部为一组三角形，主、左两视图分别为一组三角形。作图时可先画底面多边形的各投影，再作出锥顶 S 的各个投影，然后连接各棱线即得棱锥的三视图。

3.2.2.2 棱锥表面取点

在棱锥表面上取点，首先要确定点所在的平面，再分析该平面的投影特性。当该平面为一般位置平面时，可采用辅助直线法求出点的投影。

【例 3.2】 如图 3.4（b）所示，已知点 K 的正面投影 k'，求点 K 的其他两投影 k、k''。

【解】 分析 k' 投影及可见性可知，点 K 在棱面 SAB 上。SAB 为一般位置平面，需用辅助直线法求点。①过点 k' 作一直线 $m'n' /\!/ a'b'$，由 $m'n'$ 求出水平投影 mn；②根据点与直线的从属关系，在直线 mn 上由 k' 求出水平投影 k；③由 k'、k 求出侧面投影 k''，如图 3.4

(b) 所示。

3.3 曲面立体的三视图及表面取点

表面为曲面或曲面与平面的立体称为曲面立体。在机械工程中，用得最多的曲面立体是回转体，如圆柱、圆锥、圆球等。在投影图上表示回转体就是把围成立体的回转面或平面表示出来，并判别每一部分的可见性。

3.3.1 圆柱

3.3.1.1 圆柱的三视图

圆柱表面由圆柱面和上、下底面组成。其中圆柱面是由一直线母线绕与之平行的轴线回转而成。母线在圆柱面（回转面）上的任意位置叫素线，回转面可视为所有素线的集合。

图 3.5 (a) 为圆柱的三视图及形成过程。该圆柱的轴线为铅垂线，上、下底面为水平面，其水平投影反映实形（圆），正面投影和侧面投影积聚为一直线；由于圆柱的轴线垂直于 H 面，所以圆柱面上所有素线都垂直于 H 面，故圆柱面的水平投影积聚为圆，正面投影和侧面投影均为矩形，如图 3.5 (b) 所示。其中，正面投影是前、后两半圆柱面的重合投影，矩形的两条竖线分别是圆柱的最左、最右素线的投影，也是前、后两半圆柱面投影的分界线，又称为圆柱正面投影的转向轮廓线；侧面投影是左、右两半圆柱面的重合投影，矩形的两条竖线分别是圆柱的最前、最后素线的投影，也是左、右两半圆柱面投影的分界线，又称为圆柱侧面投影的转向轮廓线。柱面可见性问题请读者自行分析。

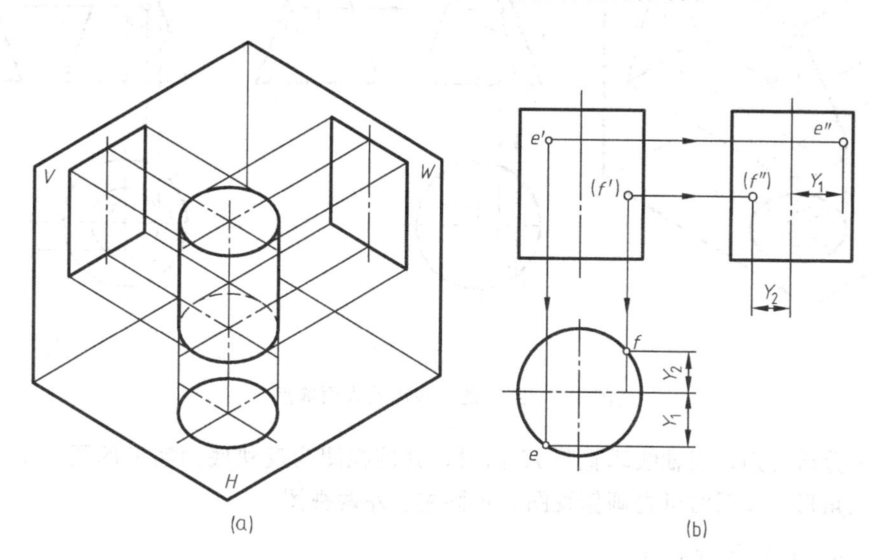

图 3.5 圆柱的三视图及表面取点

由以上分析可知，当圆柱的轴线垂直于 H 面时，其俯视图为反映底面实形的圆，主、左两视图为矩形。作图时可先画俯视图，再画主、左两视图。

3.3.1.2 圆柱表面取点

【例 3.3】 如图 3.5 (b) 所示，已知圆柱表面上点 E 和点 F 的正面投影 e' 和 (f')，求

E、F 的其他两投影。

【解】 分析正面投影 e'、(f') 可知，点 E 在左前半圆柱面上，F 在右后半圆柱面上。根据点与面的从属性，作图步骤如下：①由 e' 向下作投影连线与前半圆周的交点即为 e；②由e'、e 求得e''，e''为可见，如图 3.5（b）所示。同理，可作出 F 点的另外两投影，作图过程见图 3.5（b）所示。

3.3.2 圆锥

3.3.2.1 圆锥的三视图

圆锥表面由圆锥面和底面圆组成。圆锥面是由一直线母线绕与它相交的轴线回转而成。

图 3.6（a）为圆锥的三视图及形成过程。该圆锥的轴线为铅垂线，底面圆为水平面，其水平投影反映实形。圆锥的正面投影和侧面投影均为等腰三角形，如图 3.6（b）所示。与圆柱相类似，正面投影是前、后两半圆锥面的重合投影，三角形的两腰分别是圆锥的最左、最右素线的投影，也是前、后两半圆锥面投影的分界线，又称为圆锥正面投影的转向轮廓线；侧面投影是左、右两半圆锥面的重合投影，三角形的两腰分别是圆锥的最前、最后素线的投影，也是左、右两半圆锥面投影的分界线，又称为圆锥侧面投影的转向轮廓线。

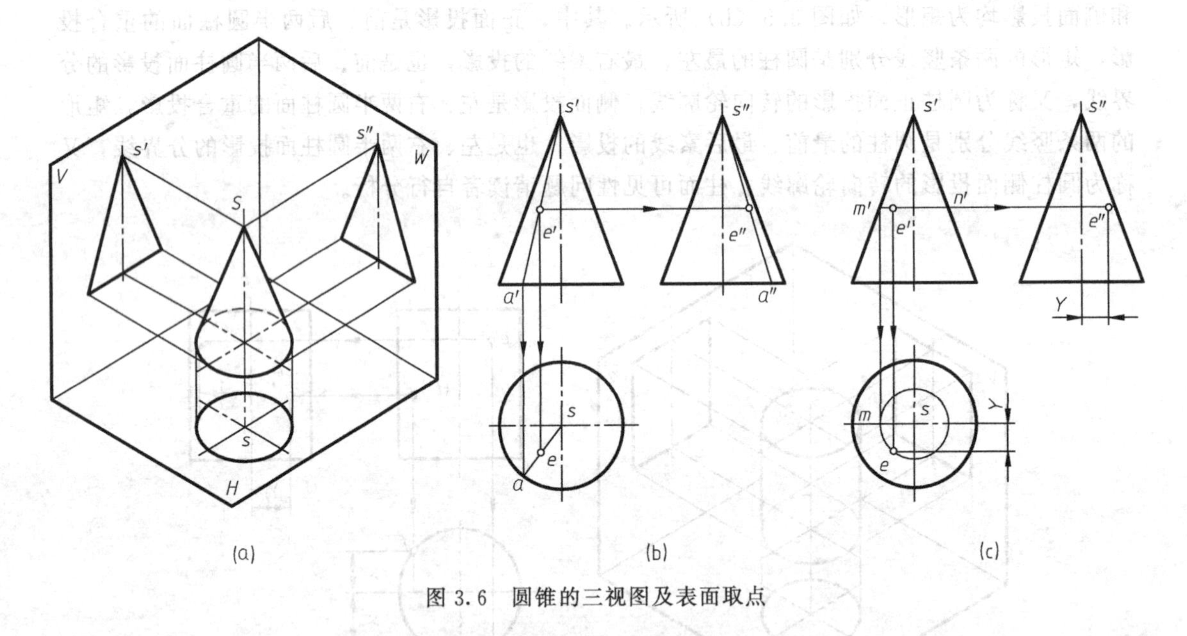

图 3.6 圆锥的三视图及表面取点

由以上分析可知，当轴线垂直于 H 面时，其俯视图为反映底面实形的圆，主、左两视图为等腰三角形。作图时可先画俯视图，再画主、左两视图。

3.3.2.2 圆锥表面取点

【例 3.4】 如图 3.6（b）所示，已知圆锥表面上点 E 的正面投影 e'，求作点 E 的其他两投影。

【解】 分析 e'可知，点 E 在左前半个圆锥面上，具体作图可采用下列两种方法。

① 辅助素线法。过锥顶 s'和点 e'作一辅助直线 $s'a'$，由 $s'a'$ 求出水平投影 sa 和侧面投影 $s''a''$，再根据点在直线上的投影性质，由 e'求出 e 和 e''，如图 3.6（b）所示。

② 辅助圆法。过 e'点作一直线 $m'n'$ 平行于底边，该直线为过 E 点垂直于回转轴线的水

平圆的投影，由 $m'n'$ 作该圆水平投影（圆），e 必在此圆周上，由 e' 求得 e，再由 e'、e 求出 e''，如图 3.6（c）所示。

3.3.3 球

3.3.3.1 球体的三视图

球体的表面是球面。球面是由一条圆母线绕通过其圆心且在同一平面上的轴线回转而成。球面可分为前、后两半球面或左、右两半球面或上、下两半球面。

图 3.7（a）为球体的三视图及形成过程。球的正面、水平和侧面投影均为圆，且圆的直径均与球的直径相等，如图 3.7（b）所示。正面投影圆为前半球面和后半球面的重和投影，也是前、后半球面投影的分界线；水平投影圆为上半球面和下半球面的重合投影，也是上、下半球面投影的分界线；侧面投影圆为左半球面和右半球面的重合投影，也是左、右半球面投影的分界线。与圆柱的投影类似，三个投影圆是球面三个方向的转向轮廓线。球面在各投影上的可见性问题读者可自行分析。

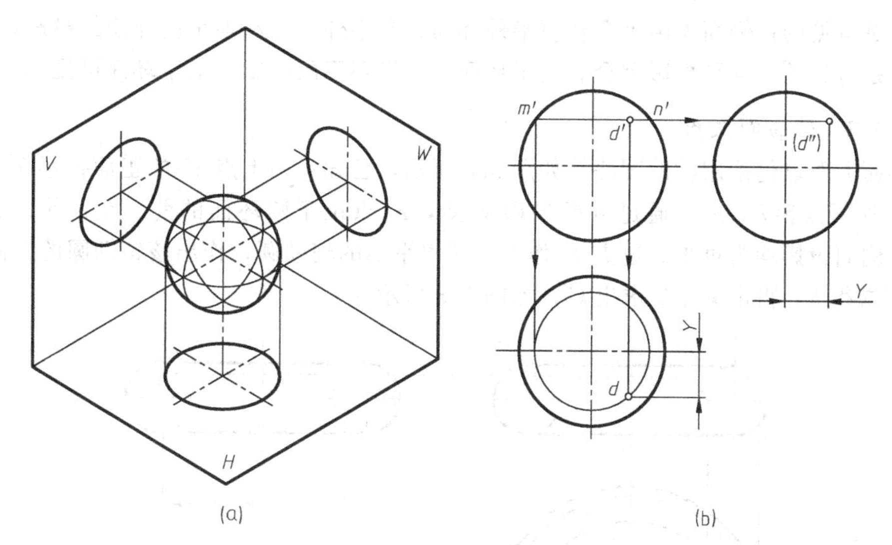

图 3.7 球体的三视图及表面取点

由以上分析可知，不论在任何位置，球体的三视图都是圆，直径等于球直径。作图时先给出球心的三面投影，再画三个圆。

3.3.3.2 球表面取点

球面的三个投影均没有积聚性，且球面上也不存在直线，所以必须采用辅助圆法求作其表面上点的投影。

【例 3.5】 如图 3.7（b）所示，已知球面上点 D 的正面投影 d'，求作点 D 的其他两投影。

【解】 分析 d' 可知，点 D 在球面的前、右、上半部分，所以投影 d 可见、d' 不可见。过球面上一点可作出三个特殊位置的圆——正平圆、侧平圆、水平圆，其中任意一圆均可作为求点的未知投影的辅助线。求 d、d'' 的作图步骤如下。

① 过 d' 作直线 $m'n'$，以 $m'n'$ 为直径在水平面上作圆；②由 d' 作投影连线与圆相交即得 d；③由 d、d' 求出 d''，如图 3.7（b）所示。

3.3.4 环

3.3.4.1 环体的三视图

环的表面是由环面围成的。环面是由一圆母线绕不通过其圆心但在同一平面上的轴线回转而成。靠近轴线的半个母线圆形成的环面为内环面，远离轴线的半个母线圆形成的环面为外环面。

图 3.8 是一个轴线垂直于 H 面的圆环的三视图及形成过程。主视图上左、右两个圆是环面上平行于 V 面的两个素线圆的投影，其中外环面的转向轮廓线（外半圆）为实线，内环面的转向轮廓线（内半圆）为虚线，它们是前半个环面和后半个环面的分界线，上、下两条切线是内外环面分界圆的投影，也是圆环面上最高、最低圆的投影。左视图的分析与主视图完全相同，读者可自行分析。俯视图上最大、最小圆为区分上半环面和下半环面的分界线的投影，点画线圆表示母线圆心轨迹的投影，如图 3.8 所示。与其他回转体不同，圆环的可见性问题比较复杂。正面投影重合着前半外环面、后半外环面和整个内环面的投影，只有前半外环面是可见的；侧面投影重合着左半外环面、右半外环面和整个内环面的投影，只有左半外环面是可见的；水平投影重合着上半环面、下半环面的投影，上半环面可见。

3.3.4.2 环表面取点

在环面上取点仍采用辅助圆法。如图 3.8 所示，已知环面上点 K 的正面投影 k'，求作 K 点的另外两投影 k、k''。通过分析投影 k' 知，K 点位于圆环面的前、左、外、上部分，其水平、侧面投影均为可见。过点 K 作平行于水平面的辅助圆，作出该辅助圆的三面投影，即可由 k' 求得 k，再由 k'、k 求出 k''，如图 3.8 所示。

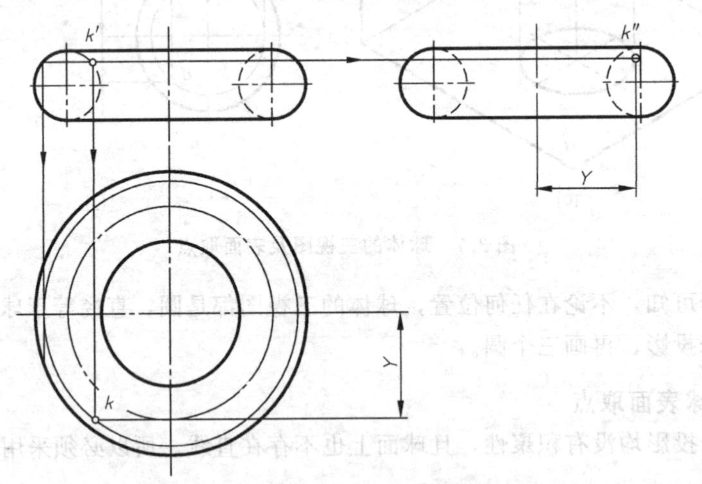

图 3.8 环体的三视图及表面取点

3.4 平面与立体相交

在零件表面上常有平面与立体相交而成的交线，画图时，为了清楚地表达零件的形状，必须正确地画出其交线的投影。平面与立体相交，可以认为是立体被平面截切，该平面称为截平面，截平面与立体的交线称为截交线，如图 3.9 所示。

截交线的性质如下。

(1) 共有性　截交线既在截平面上，又在立体表面上，因此截交线是截平面与立体表面的共有线，截交线上的点是截平面与立体表面的共有点。

(2) 封闭性　由于立体表面是封闭的，因此截交线一定是封闭的线框。

(3) 相对性　截交线的形状取决于立体表面的形状和截平面与立体的相对位置。

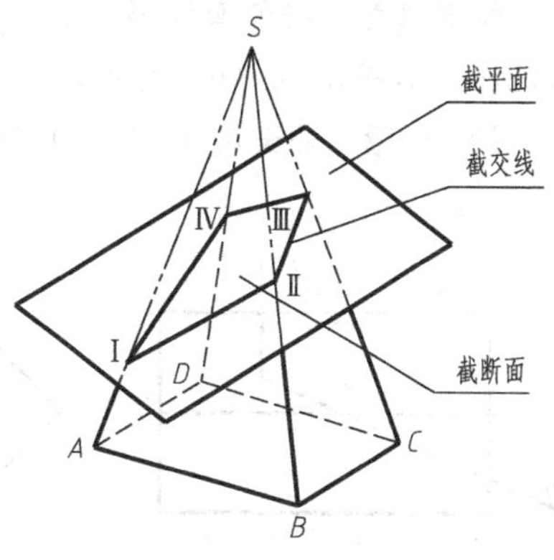

图 3.9　立体被平面截切

3.4.1　平面立体的截交线

平面立体被截平面截切后所得的截交线为封闭的平面多边形。多边形的各边是立体表面与截平面的交线，而多边形的各顶点是立体各棱线与截平面的交点。根据截交线的性质，求截交线可归结为求截平面与立体表面共有点、共有线的问题。

下面举例说明求平面立体截交线的方法和步骤。

【例 3.6】　如图 3.10 (a) 所示，试求出正垂面 P（用 P_V表示）与四棱锥的截交线，并画出四棱锥截切后的三视图。

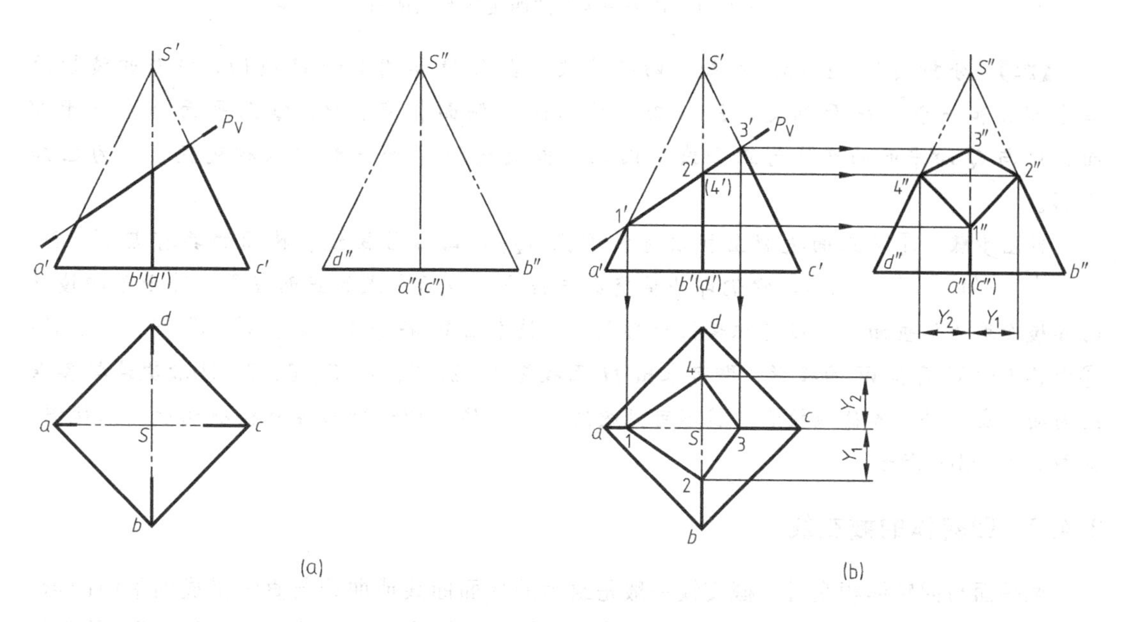

图 3.10　求四棱锥的截交线

【解】　分析图 3.10 (a) 可知，截平面 P 与四棱锥的四个侧面都相交，所以截交线为封闭的平面四边形。四边形的四个顶点为四棱锥的四条棱线与截平面 P 的交点。由于截平面是正垂面，故截交线的 V 面投影（积聚直线）为已知投影。

作图步骤：①在正面投影上找出迹线 P_V与四棱锥棱线的交点 1′、2′、3′、4′，它们即为截平面 P 与各棱线交点的正面投影；②根据直线上取点的方法直接求出其侧面投影 1″、2″、3″、4″和水平投影 1、2、3、4；③顺次连接各点的同面投影，即得到截交线的 H 面与 W 面投影 1 2 3 4 和 1″2″3″4″，它们都是四边形的类似形；④判断可见性，补全各棱线的投影。特别注意，将侧面投影中棱线 $s''c''$ 的被遮挡部分 $1''3''$ 画成虚线，即完成四棱锥截切后的三视图，如图 3.10 (b) 所示。

【例 3.7】 补全图 3.11 (a) 所示四棱柱被 P、Q 两平面切去一角后的三视图。

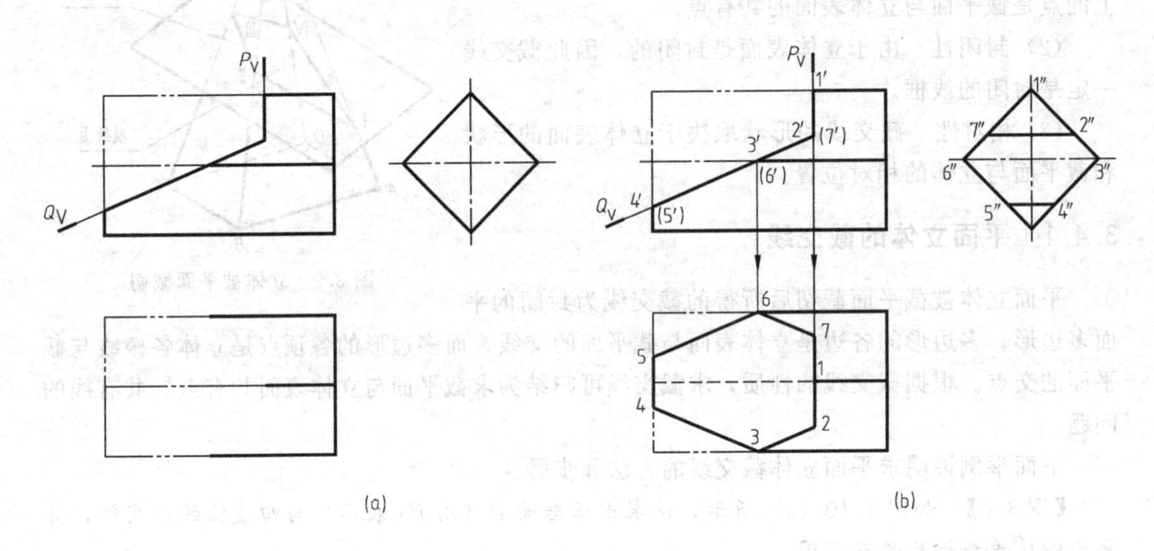

图 3.11 切去一角后的四棱柱的三视图

【解】 分析图 3.11 (a) 可知，四棱柱被正垂面 Q 和侧平面 P 截切，Q 与四棱柱的四个侧面和一个左端面相交，P 与四棱柱的两个侧面相交。P、Q 两平面都垂直于 V 面，P 与 Q 两平面的交线为正垂线，因此，截交线的 V 面投影（两相交直线）为已知投影。

作图步骤：①在正面投影上找出迹线 P_V、Q_V 与四棱柱棱线、棱面的共有点 $1'$、$2'$、$3'$、$4'$、$(5')$、$(6')$、$(7')$，它们即为截交线与棱线、棱面交点的正面投影；②由于四棱柱的各棱面均为侧垂面，可在其积聚性投影上，直接求出 W 投影 $1''$、$2''$、$3''$、$4''$、$5''$、$6''$、$7''$；③由各点的 V 面和 W 面投影，即可求出 H 面投影 1、2、3、4、5、6、7；④顺次连接各点的同面投影，补全各棱线投影，将不可见棱线画成虚线，即得到四棱柱被截切后的三视图，如图 3.11 (b) 所示。

3.4.2 回转体的截交线

截平面与回转体相交时，截交线一般是封闭的平面曲线或曲线与直线围成的平面图形。作图时，首先分析截平面与回转体的相对位置，从而了解截交线的形状。当截平面为特殊位置平面时，截交线的投影就重合在截平面具有积聚性的投影上，成为已知投影，再根据曲面立体表面取点的方法作出截交线的其他投影。一般情况下，先求特殊位置点（大多在回转体的转向轮廓线上），再求一般位置点，最后将这些点光滑地连接成曲线，并判断其可见性，即得截交线的投影。

3.4.2.1 圆柱的截交线

当截平面与圆柱的轴线平行、垂直和倾斜时，所产生的截交线分别是矩形、圆和椭圆，如表 3.1 所示。

表 3.1　平面与圆柱的截交线

截平面的位置	平行于轴线	垂直于轴线	倾斜于轴线
截交线的形状	矩形	圆	椭圆
轴测图	P	P	P
投影图			

下面举例说明求圆柱截交线的三视图的方法和步骤。

【例 3.8】 如图 3.12（a）所示，补全圆柱被正垂面截切后的三视图。

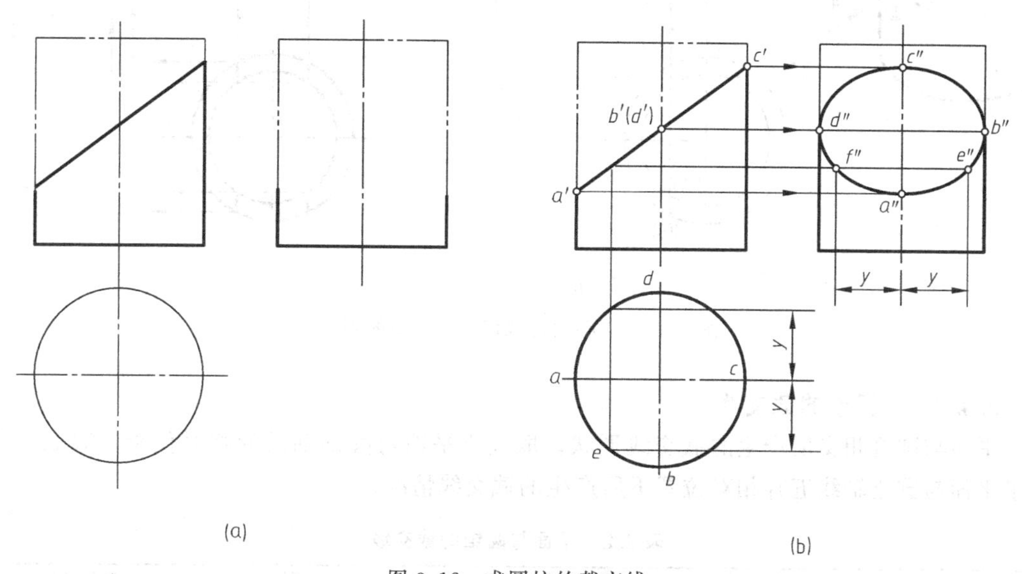

图 3.12　求圆柱的截交线

【解】 分析图 3.12（a）可知，截平面与圆柱轴线倾斜，截交线应为椭圆。截交线的正面投影（积聚直线）为已知投影。圆柱面的水平投影具有积聚性，故截交线的水平投影应与之重合，侧面投影可根据圆柱表面上取点的方法求出。

作图步骤：①先求特殊点，在正面投影上找出截交线上的特殊点 a'、b'、c'、d'，它们是截交线的最高、最低、最前、最后点的投影，也是椭圆长短轴的四个端点的投影。利用其所在位置的特殊性，直接作出其水平投影 a、b、c、d 和侧面投影 a''、b''、c''、d''；②再求一般点，为使作图准确，还须作出若干个一般点。如图 3.12（b）所示，在 H 面投影上任取对称于中心线的点 e、f，在 V 面积聚投影上求得 e'、f'，由 e、f 和 e'、f' 即可得侧面投影 e''、f''。用同样的方法还可作出其他若干点，这里不再赘述；③将这些点的侧面投影依次光滑连接，即得截交线的侧面投影；④擦掉多余图线，将可见轮廓线描深即完成圆柱截切后的三视图，如图 3.12（b）所示。

【例 3.9】 试画出图 3.13（a）所示立体的三视图。

【解】 分析图 3.13（a）可知，直立空心圆柱被三个平面切割出一贯穿槽，两直立面关于轴线对称。选择主视图时，应尽可能使圆柱轴线和切割面均处于特殊位置。

作图步骤：①取箭头 A 方向为主视图投影方向［见图 3.13（a）］，作主视图及俯、左视图轮廓线［见图 3.13（b）］；②在主视图上确定方槽截断面Ⅰ Ⅱ Ⅲ Ⅳ的正面投影 $1'$（$2'$）$3'$（$4'$），然后作出其在俯视图上的投影 1（3）2（4）［见图 3.13（b）］；③同理，作出方槽其他截断面的投影，然后根据正面投影和水平投影作出其左视图上的投影，如图 3.13（c）所示；④去掉多余的轮廓线，加深即可。

这里要注意的是，内、外圆柱面在 W 面上的转向轮廓线，在方槽内已被切去。

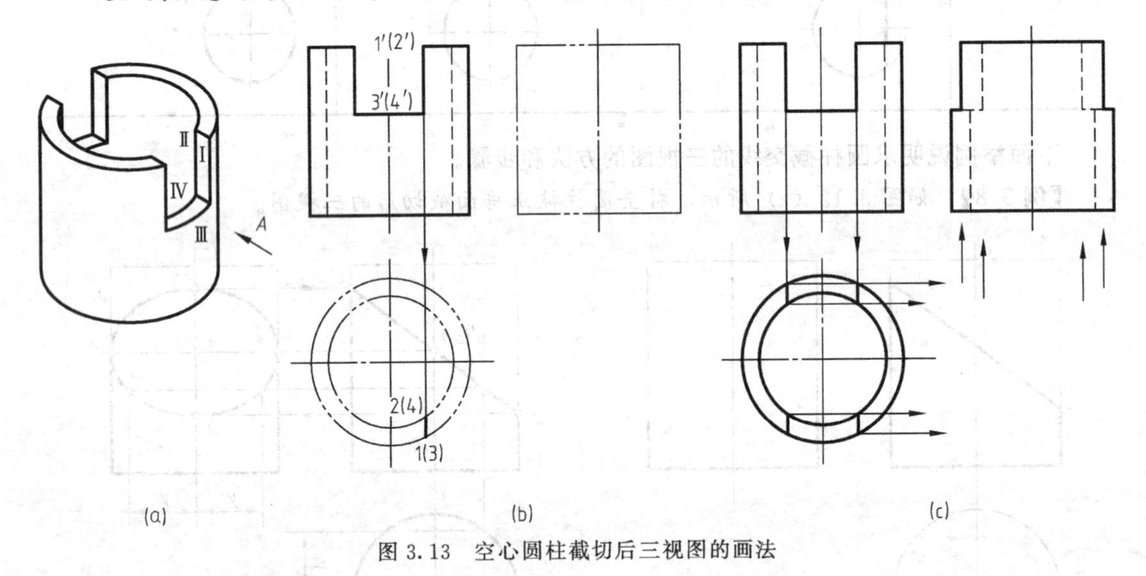

图 3.13　空心圆柱截切后三视图的画法

3.4.2.2　圆锥的截交线

平面与圆锥相交所产生的截交线形状，取决于平面与圆锥轴线的相对位置。表 3.2 列出了平面与圆锥轴线五种相对位置下所产生的截交线情况。

表 3.2　平面与圆锥的截交线

截平面的位置	与轴线垂直	过锥顶	倾斜 $\theta>\phi$	倾斜 $\theta=\phi$	倾斜 $\theta<\phi$
截交线的形状	圆	三角形	椭圆	抛物线	双曲线
轴测图					

续表

截平面的位置	与轴线垂直	过锥顶	倾斜 $\theta>\phi$	倾斜 $\theta=\phi$	倾斜 $\theta<\phi$
截交线的形状	圆	三角形	椭圆	抛物线	双曲线
投影图					

截交线形状不同，其作图方法也不一样，截交线为直线时，只需求出直线上两点的投影，连线即可。截交线为圆时，应找出圆心和半径，画出圆的投影。截交线为椭圆、抛物线和双曲线时，需作出截交线上一系列点的投影并光滑连接。

【例 3.10】 如图 3.14（a）所示，一直立圆锥被正垂面截切，补全截切后的立体三视图。

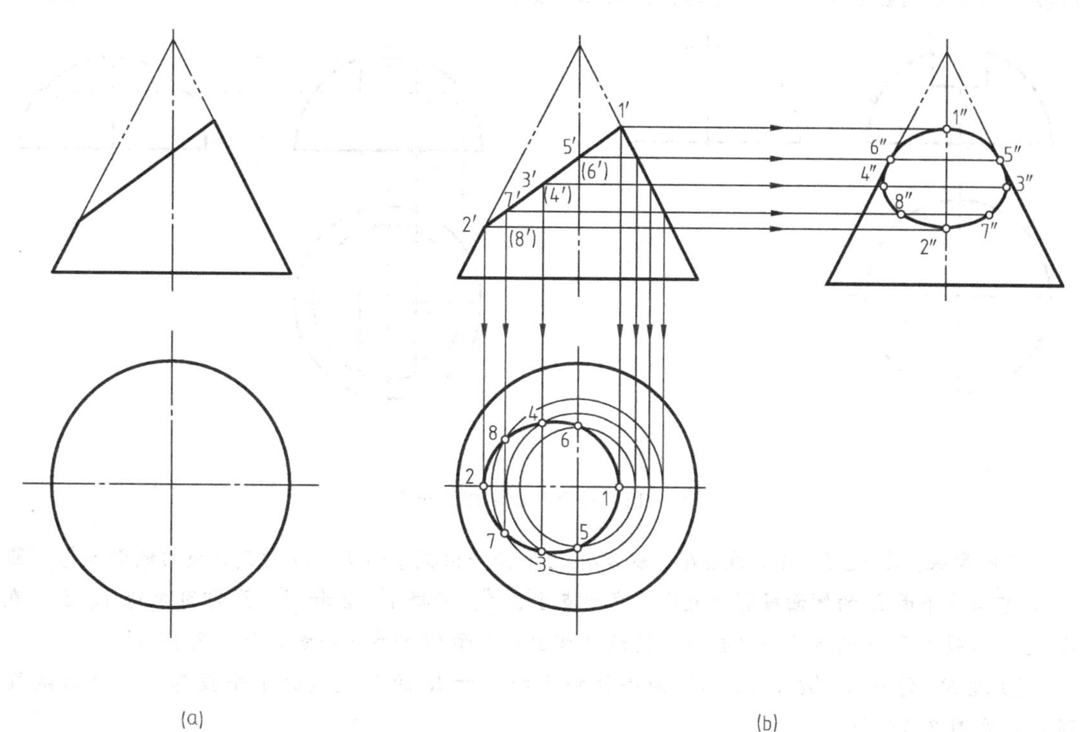

图 3.14 求圆锥的截交线

【解】 分析图 3.14（a）并对照表 3.2 可知，此截交线为一椭圆。由于圆锥前后对称，所以此椭圆也一定前后对称。截交线的正面投影积聚成一直线，水平投影和侧面投影均为椭圆。

作图步骤：①求特殊点。先在正面投影上找出椭圆的最低、最高点1′、2′，然后由1′、2′直接求得1″、2″和1、2；再找出最前、最后点5′、(6′)（在正面投影的轴线上)，根据5′、(6′)作出侧面投影5″、6″，再由5′、(6′)和5″、6″求得水平投影5、6（5、6点亦可用辅助圆法求得)，如图3.14（b）所示。

② 求一般点。为了准确作图，需在特殊点之间作出适当数量的一般点。在正面投影上定出3′、(4′）点和7′、(8′）点（都是截交线上任意点的正面投影)，根据圆锥表面取点的方法——辅助圆法，分别过3′、(4′）和7′、(8′）点作直线，依此在水平投影上画圆，在圆上求出3、4点和7、8点，然后由正面投影和水平两投影求出侧面投影3″、4″和7″、8″，如图3.14（b）所示。

③ 依次光滑连接各点同面投影即得截切后的圆锥体的三视图，如图3.14（b）所示。

3.4.2.3 球的截交线

圆球被截平面截切后所得的截交线都是圆。如果截平面是投影面平行面，截交线在该面上的投影为圆的实形，其他两投影积聚成直线，长度等于截交线圆的直径。如果截平面是投影面垂直面，则截交线在该投影面上的投影为一直线，其他两投影均为椭圆。

【例3.11】 如图3.15（a）所示，补全开槽半球的水平投影和侧面投影。

【解】 分析图3.15（a）知，球表面的开槽由两个侧平面P、Q和一个水平面R切割而成，截平面P、Q各截得一段平行于侧面的圆弧，其侧面投影重合；而截平面R则截得前后各一段水平圆弧；截平面之间的交线为正垂线。

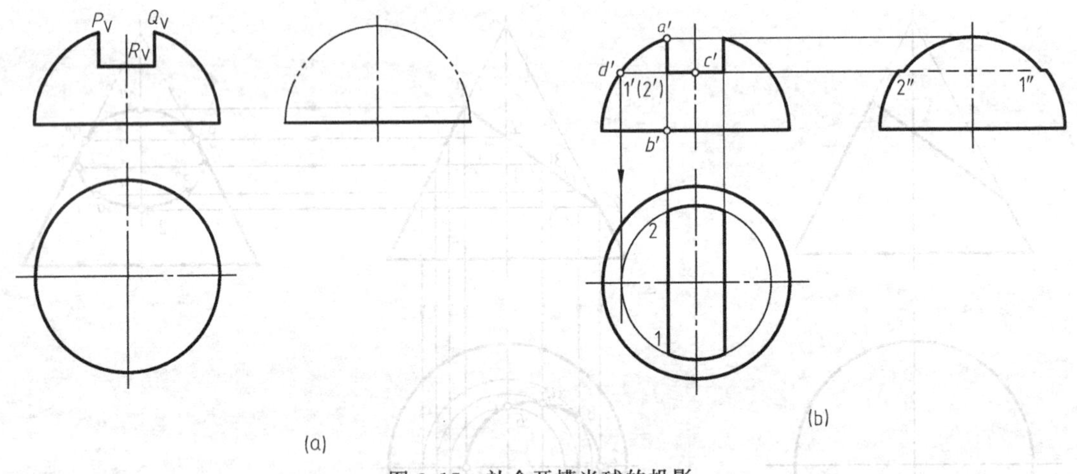

图3.15　补全开槽半球的投影

作图步骤：① 过P_V作直线$a'b'$，以$a'b'$为半径作出截平面P、Q的截交线的侧面投影（圆弧)，它与截平面R的侧面投影（直线）交于点1″、2″。根据1′、2′和1″、2″即可求得1、2，直线12即为截平面P的水平积聚投影。同理可作出截平面Q的水平投影，见图3.15（b)。

② 过R_V作直线$c'd'$，以$c'd'$为半径作出截平面R的截交线的水平投影——前后两段圆弧，见图3.15（b)。

③ 整理轮廓线，判断可见性。球体侧面投影的转向轮廓线在截平面R以上的部分被截切，不再画出。截平面R的侧面投影处在1″、2″之间的部分被左半球面所挡，故画虚线。

3.4.2.4 组合回转体的截交线

组合回转体是由若干个基本回转体组成的，作图时首先要分析各部分曲面的性质，然后按照它们的几何特性和截平面位置确定其截交线的形状，再分别作出其投影。

图 3.16 (a) 为一连杆头，它由轴线重合的圆柱、圆锥和球组成。图 3.16 (b) 所示为连杆头的不完全三视图，轴线为侧垂线，其前后被正平面截切，圆柱部分未切到，球面部分的截交线为圆，圆锥部分的截交线为双曲线，其水平投影、侧面投影积聚为直线，只有正面投影待求。作图时先要在图上确定球面与圆锥的分界线。从球心正面投影 o' 作圆锥正面转向轮廓线的垂线，得交点 a'、b'，连接 $a'b'$ 即为球面与圆锥面投影的分界线。然后以水平投影上的 $k3$ 为半径作正平圆，即为球面的截交线。该圆与直线 $a'b'$ 交于 $1'$、$2'$ 两点，该两点为截交线上圆与双曲线的接点。然后用表面取点法求出双曲线上一系列点的投影，光滑连线即可，结合图 3.16 (c)，请读者自行分析。

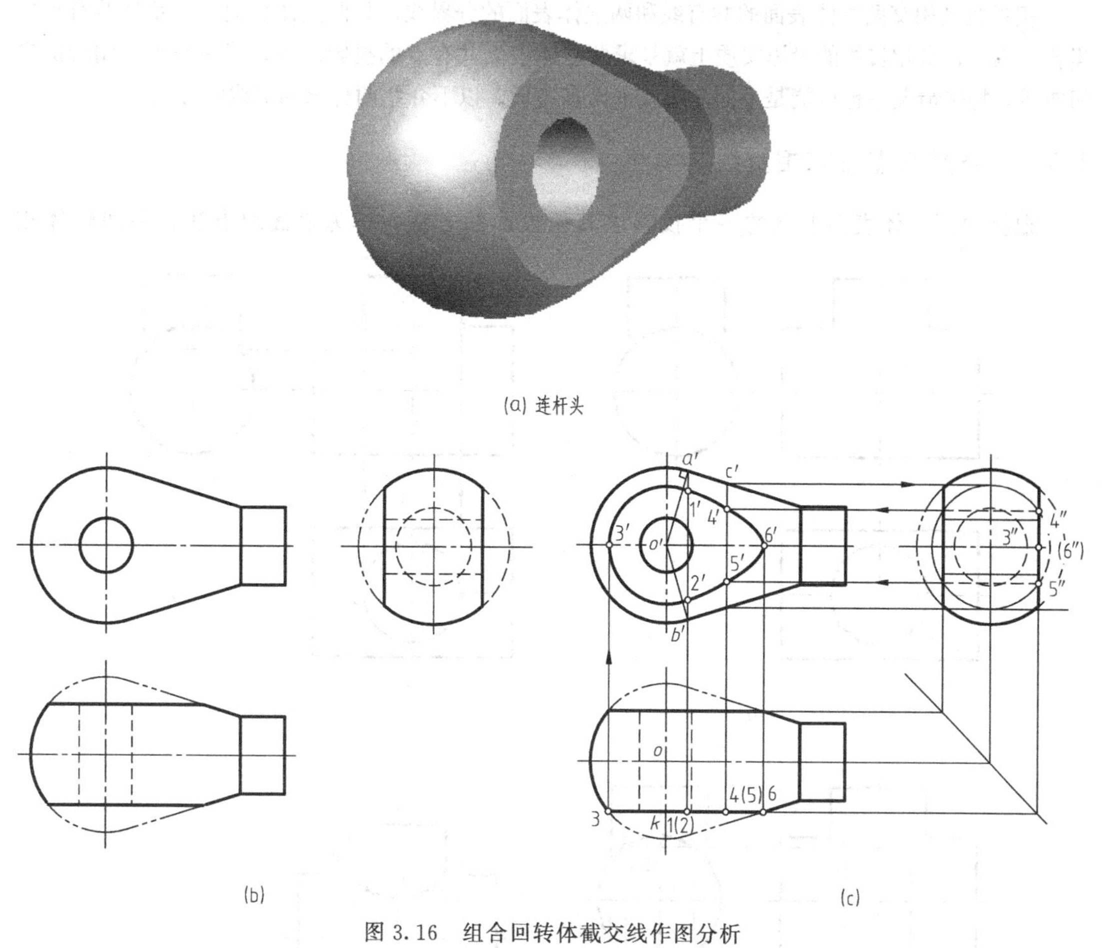

图 3.16　组合回转体截交线作图分析

3.5　两立体表面相交

两相交的立体称为相贯体，两相贯体相交时它们表面所产生的交线称为相贯线。其中立体的外表面与外表面相交，称为实实相贯；立体的外表面与内表面相交，称为实虚相贯；立体的内表面与内表面相交，称为虚虚相贯，如图 3.17 所示。机件上常见的相贯线，大多数是回转体相交而成，因此，本节主要介绍两回转体表面相贯时相贯线的性质及其画法。

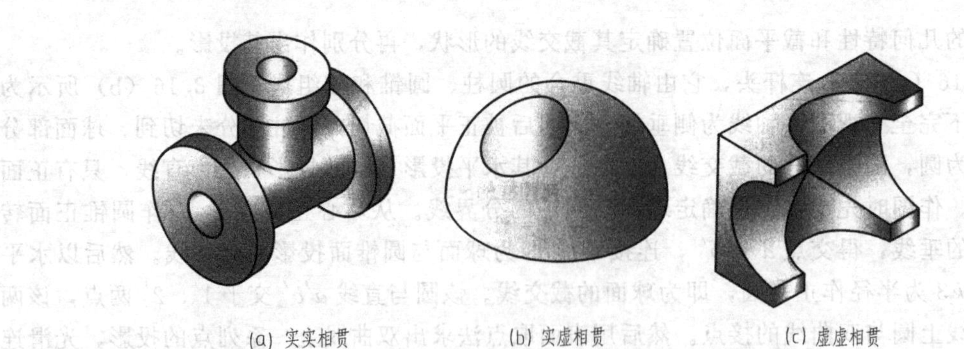

图 3.17 机件上常见的相贯线

相贯线是相交两立体表面的共有线和两立体表面的分界线，是两立体表面上一系列共有点的集合。因此，求相贯线的投影实质上就是求两立体表面共有点的投影。相贯线一般为一闭合的空间曲线，特殊情况下也可能是平面曲线或平面多边形。以下介绍两种求相贯线的方法。

3.5.1 表面取点法求相贯线

根据曲面立体表面上点的一个投影求其他投影的方法，称为表面取点法。两回转体相

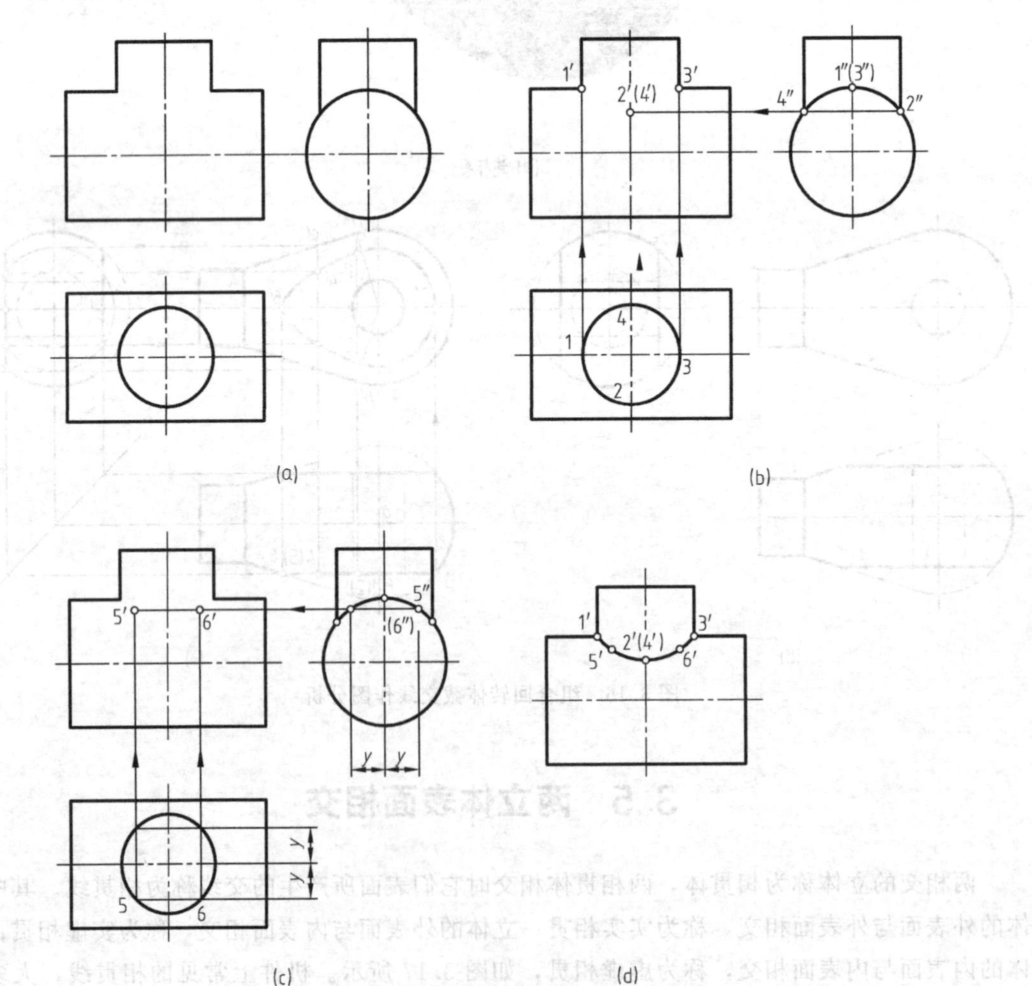

图 3.18 两圆柱的相贯线

交，如果其中至少有一个回转体是轴线垂直于投影面的圆柱，则相贯线在该投影面上的投影就重合在圆柱面的积聚投影上，成为已知投影，这样就可以在相贯线的已知投影上确定一些点，按回转体表面取点的方法作出相贯线的其他投影。

【例 3.12】 如图 3.18 (a) 所示，已知两圆柱垂直相交，分析并完成其相贯线的三面投影。

【解】 分析图 3.18 (a) 可知，本例中两圆柱的相贯线应为前后左右对称的空间曲线。由于大圆柱的轴线垂直于 W 面，小圆柱的轴线垂直 H 面，所以，相贯线的 W 面、H 面投影均重合在积聚性投影上，只有 V 面投影待求。

作图步骤：① 求特殊点。相贯线的 H 面投影为一圆、W 投影为一圆弧，在 H 投影上定出相贯线的最左、最右、最前、最后点 1、2、3、4，再对应 W 面投影（圆弧）求出 $1''$、$2''$、$3''$、$4''$点；最后由 1、2、3、4 和 $1''$、$2''$、$3''$、$4''$求出正面投影 $1'$、$2'$、$3'$、$4'$，如图 3.18 (b) 所示。

② 求一般点。在相贯线的 W 面投影上任取一重影点 $5''$ ($6''$)，以此求出 H 面投影 5、6，然后由 5、6 和 $5''$ ($6''$) 求出 V 面投影 $5'$、$6'$，如图 3.18 (c) 所示。

③ 光滑连接各点。因相贯线前后对称，所以 V 面投影不可见投影与可见投影重合，只需按顺序光滑连接前面的可见点投影，即可完成作图，如图 3.18 (d) 所示。

两轴线垂直相交的圆柱，在零件上是最常见的，它们的相贯线一般有如图 3.19 所示的三种形式。这三种情况的相贯线的形状和作图方法相同。

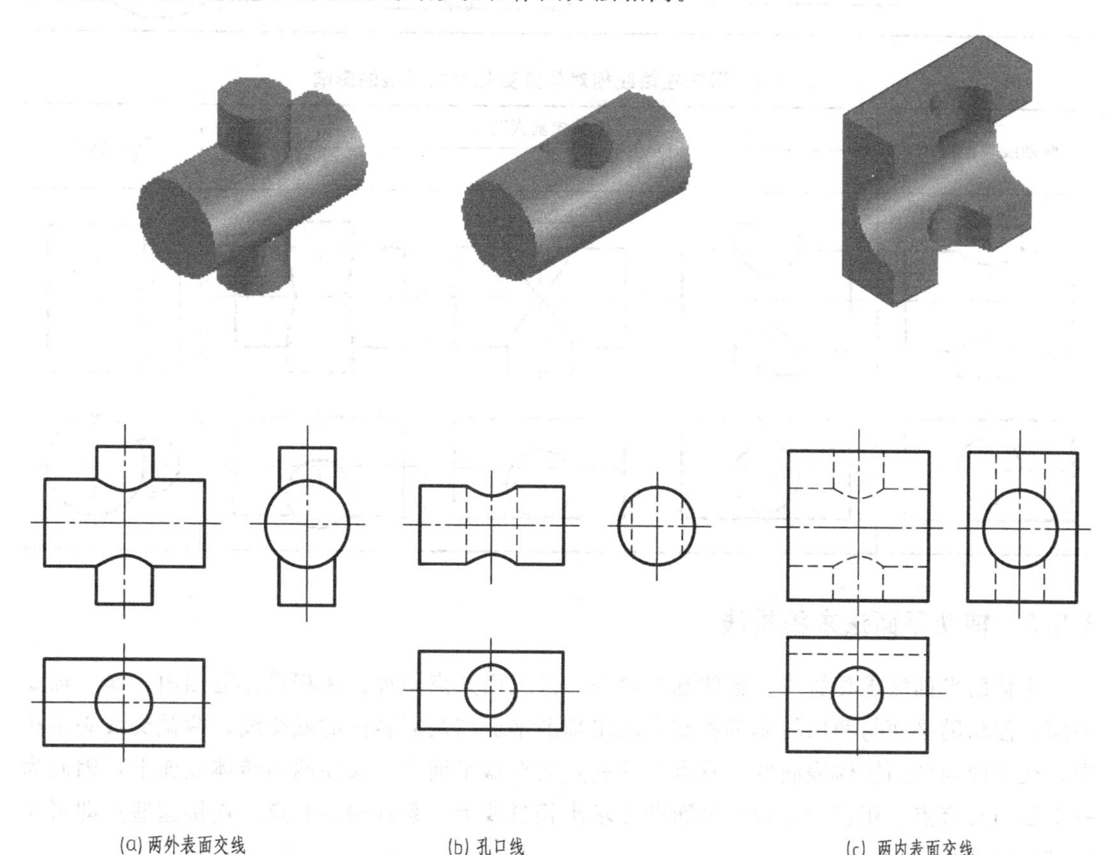

(a) 两外表面交线　　(b) 孔口线　　(c) 两内表面交线

图 3.19 两圆柱相交的三种形式

两圆柱相交时，相贯线的形状和位置不仅与它们直径的相对大小有关，还与轴线之间的相对位置有关。表 3.3 列出了垂直相交两圆柱直径变化时对相贯线的影响。这里特别指出，当相贯（也可不垂直）的两圆柱直径相等时，相贯线是互相垂直的两椭圆，且椭圆所在的平面垂直于两条轴线所确定的平面。表 3.4 列出了两圆柱轴线的相对位置变化时对相贯线的影响。

表 3.3　垂直相交两圆柱直径相对变化对相贯线的影响

直径的特点	水平圆柱较大 $\phi>D$	两圆柱直径相等 $\phi=D$	水平圆柱较小 $\phi<D$
相贯线特点	上下两条空间曲线	两个相互垂直的椭圆	左右两条空间曲线
投影图	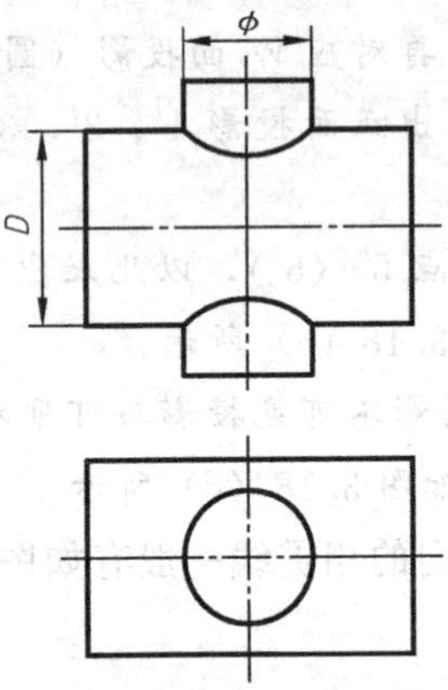	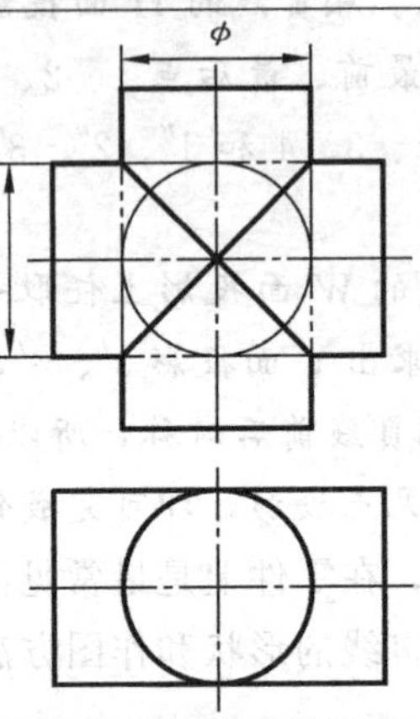	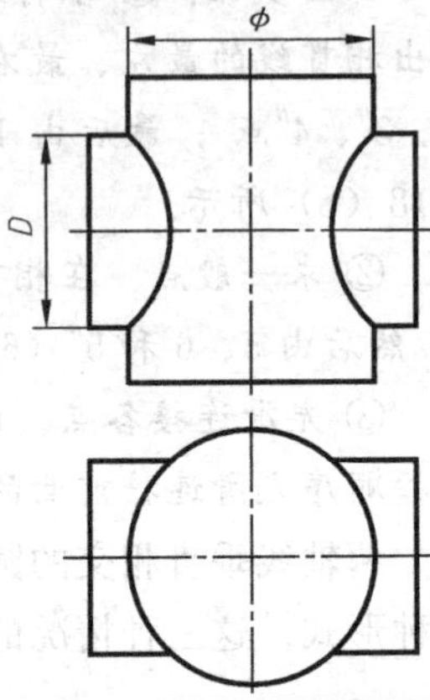

表 3.4　两圆柱轴线相对位置变化对相贯线的影响

两轴线垂直相交	两轴线垂直交叉			两轴线平行
	全贯		互贯	
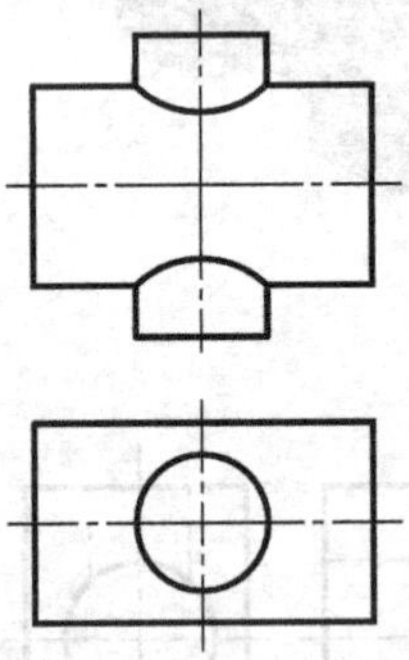	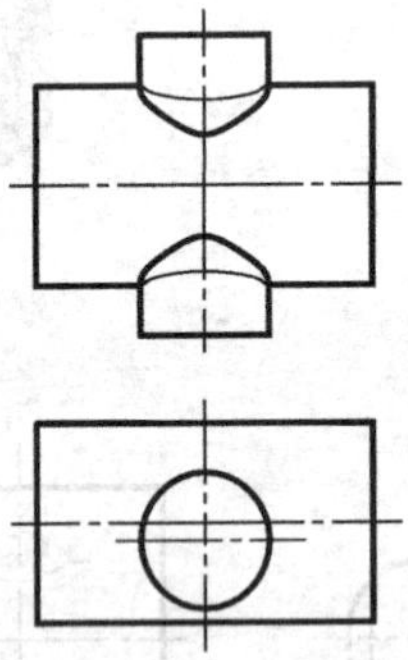	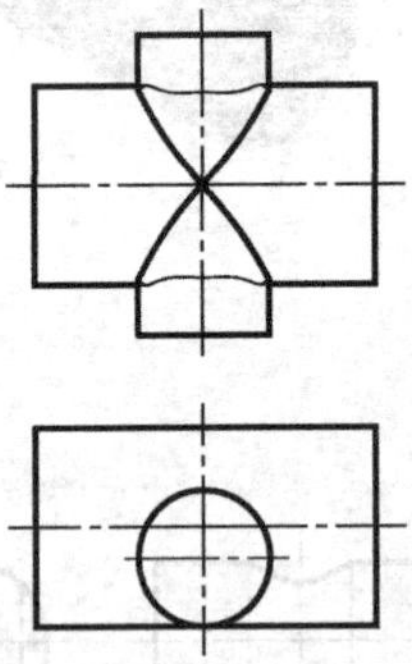	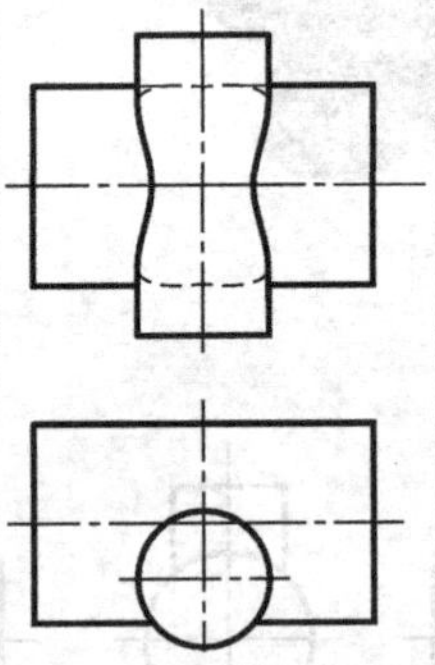	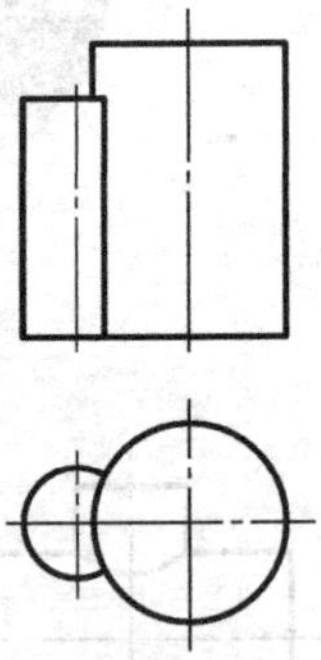

3.5.2　辅助平面法求相贯线

用辅助平面法求相贯线投影的基本原理，是三面共点原理。在相贯体范围内，作一辅助平面，使辅助平面与两回转体都相交，求出辅助平面与两回转体的截交线，两截交线必定相交，交点即为两回转体表面的共有点。这些点既在截平面上，又在两回转体表面上，因此为三个面的共有点。用若干个辅助平面即可求出相贯线上一系列的共有点，连接这些点即可得相贯线的投影。

为了简化作图，辅助平面一般选择特殊位置平面，使其与两相交立体表面所产生的截交线为简单易画的圆或直线，且其投影反映实形。如图 3.20 所示，一辅助面为水平面且与圆台轴线垂直，此面与圆台和球的交线都为圆，且 H 面投影反映实形。另一辅助面为侧平面，且过圆台中心线，此面与圆台和球的交线分别为直线和圆，且 W 面投影反映实形。

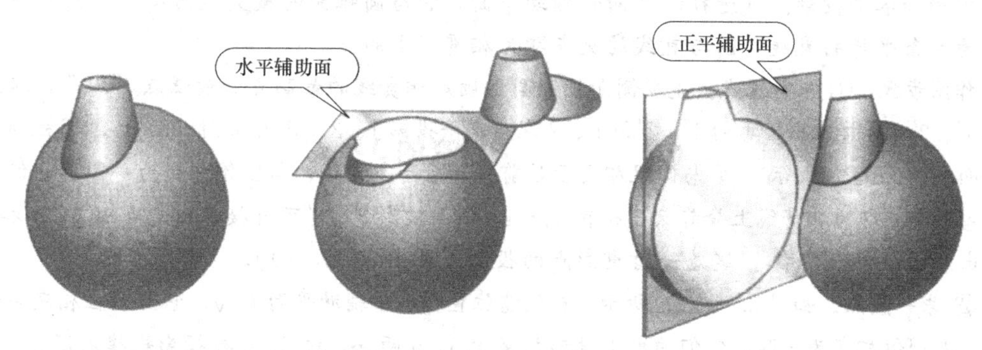

图 3.20　辅助平面与两立体表面相交

【例 3.13】 如图 3.21 所示，求圆柱与圆锥相贯线的投影。

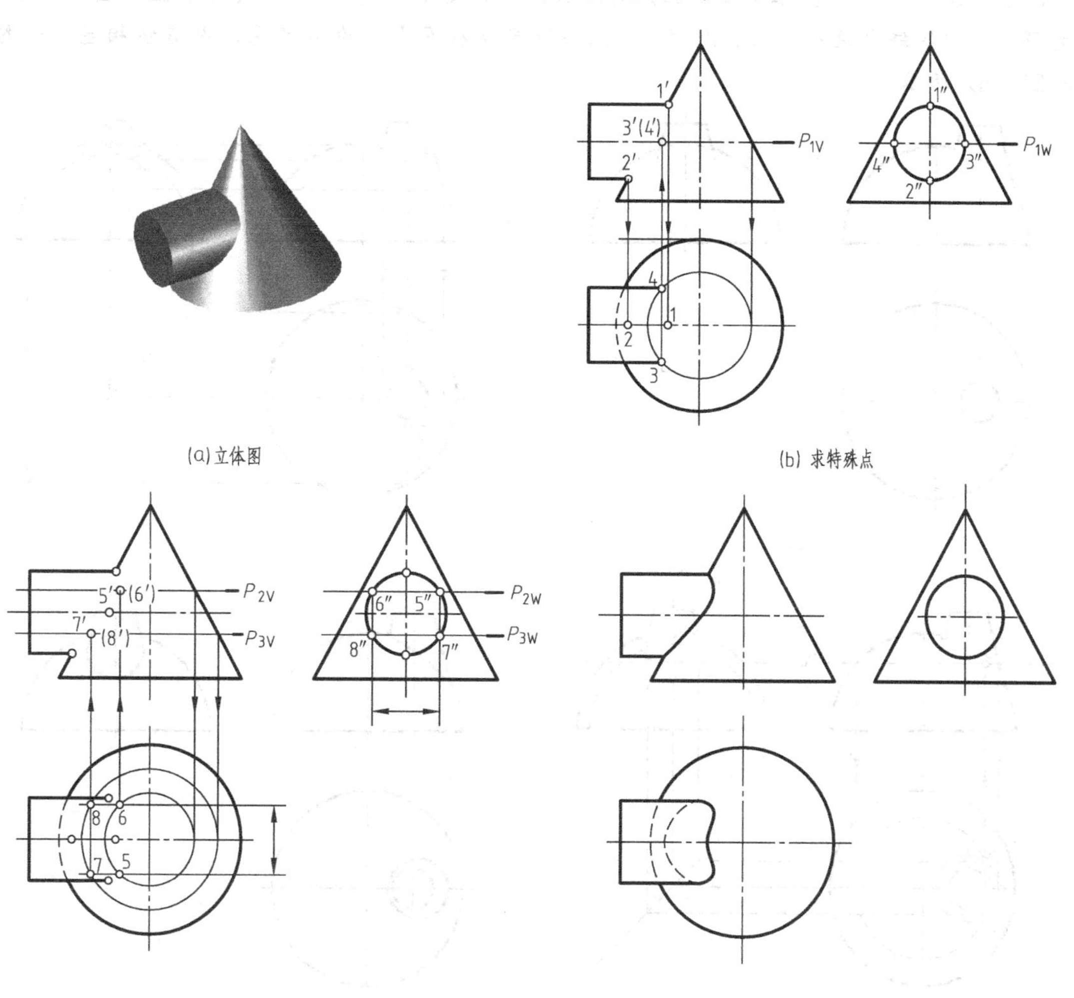

图 3.21　求圆柱与圆锥的相贯线的投影

【解】 由图 3.21 (a) 可见，圆柱与圆锥的轴线垂直相交，圆柱完全穿进左半圆锥，相贯线为封闭的空间曲线。由于这两个立体前后对称，因此相贯线也前后对称。因圆柱的侧面投影积聚，相贯线的侧面投影也必然重和在这个圆上，成为已知投影。需要求的是相贯线的正面投影和水平投影。可选择水平面作辅助平面，它与圆锥面的截交线为圆，与圆柱面的截交线为两条平行的直线，圆与直线的交点即为相贯线上的点。

作图步骤：① 求特殊点。先在侧面投影圆上确定相贯线的最高点和最低点 1″、2″，其正面投影 1′、2′可直接求出，再由 1″、2″和 1′、2′求出水平投影 1、2 [见图 3.21 (b)]。过圆柱轴线作水平面 P_1 (用 P_{1V}表示)，它与圆柱相交于最前、最后两条素线，与圆锥相交为一圆，它们的水平投影的交点即为相贯线上最前点 3 和最后点 4，侧面投影 3″、4″可直接求出，再由 3、4 和 3″、4″求出正面投影 3′、4′，这是一对重影点的投影 [见图 3.21 (b)]。

② 求一般点。如图 3.21 (c) 所示，在任意位置作水平辅助平面 P_{2V}，它与圆柱相交为两条直线，与圆锥相交为一圆，它们的水平投影相交于 5、6 两点，由 5、6 按投影规律求得 5′、6′及 5″、6″。同理，再作另一辅助平面 P_{3V}，可求出相贯线上另两点的投影 7、8 和 7′ (8′)。

③ 光滑连接各点。根据可见性判别原则，水平投影中 3、5、1、6、4 在上半圆柱面上，为可见，用实线相连；3、7、2、8、4 点在下半圆柱面上，为不可见，用虚线相连，如图 3.21 (d) 所示。

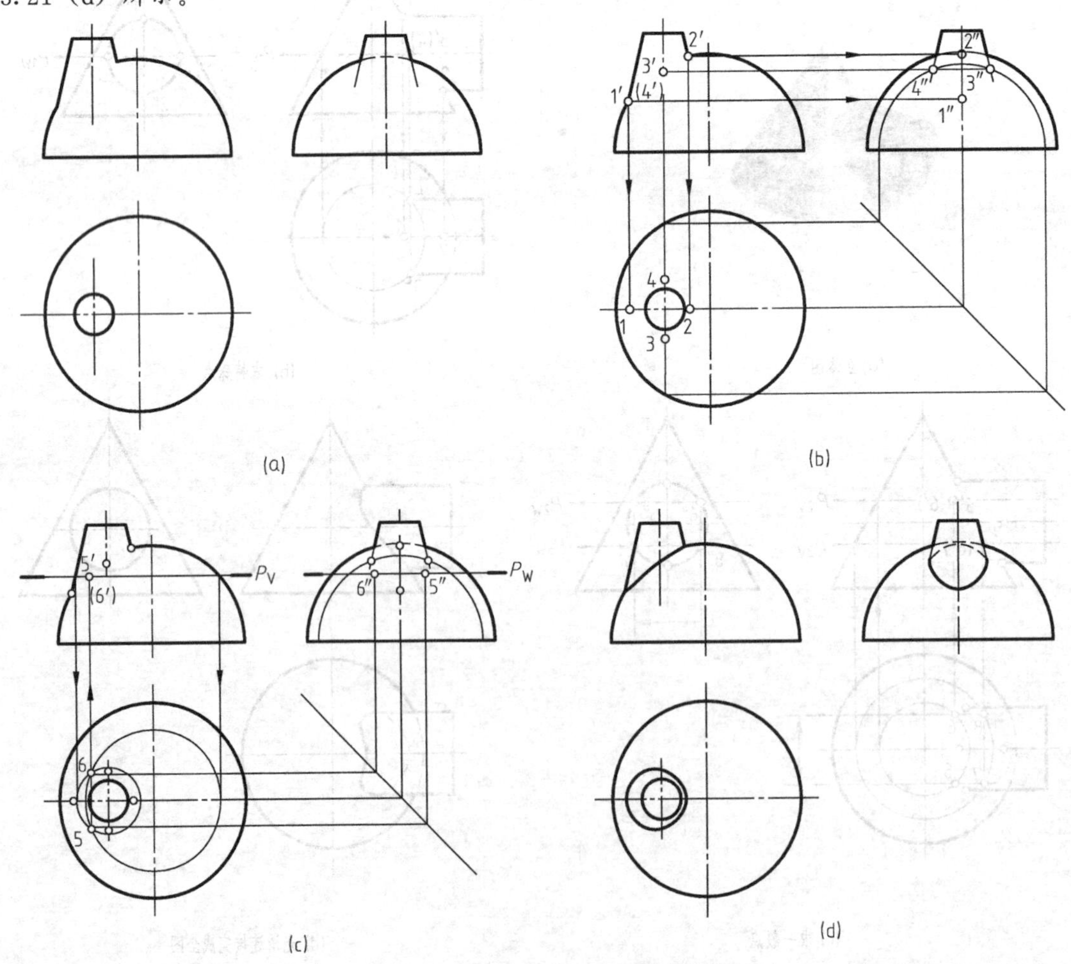

图 3.22 求圆台与半球相贯线的投影

【例 3.14】 如图 3.22（a）所示，求圆台与半球相贯线的投影。

【解】 由图 3.22（a）可知，圆台的轴线不通过球心，但圆台和球有公共的前后对称面，圆台从球的左上方完全穿进球体，因此相贯线是一条前后对称的闭合空间曲线。由于两立体的三面投影均无积聚性，所以不能用表面取点法求作相贯线的投影，应采用辅助平面法求得。

作图步骤：① 求特殊点。从投影图可以看出，圆台的 V 面转向轮廓线和球的 V 面转向线彼此相交，因此，交点 $1'$、$2'$ 即是相贯线上最低、最高点的投影，由 $1'$、$2'$ 可直接求出其 H 面投影 1、2 和 W 面投影 $1''$、$2''$，如图 3.22（b）所示。另外，选择过圆锥轴线的侧平面为辅助平面，它与圆台表面相交于最前、最后两条素线，与球面相交于一侧平圆，作出它们侧面投影的交点 $3''$、$4''$，即为相贯线上最前、最后点的投影。由 $3''$、$4''$ 可直接求出 $3'$、$4'$ 和 3、4，如图 3.22（b）所示。

② 求一般点。在特殊点之间的适当位置上作一水平面 P_V 为辅助面，它与圆台和球各交于一水平圆，作出两圆水平投影，其交点 5、6 即为相贯线上两个一般点的水平投影，根据投影规律，由 5、6 求出其 V 面投影 $5'$、$6'$ 和 W 面投影 $5''$、$6''$，如图 3.22（c）所示。

③ 光滑连接各点的同面投影。当两回转体表面都可见时，其上的交线才可见。按此原则，相贯线的 V 面投影前后对称，相贯线的不可见投影与可见投影重合，只需按顺序光滑连接前面可见部分各点的投影即可。相贯线的 H 面投影全部可见，用实线光滑连接各点即可。相贯线的 W 面投影以两点 $3''$、$4''$ 为分界点，分界点以下的可见，用粗实线光滑连接；分界点以上不可见，用虚线光滑连接，如图 3.22（d）所示。

3.5.3 相贯线的特殊情况

在一般情况下，两回转体的相贯线是空间曲线，但在某些特殊情况下，也可能是平面曲线或直线。

（1）两回转体轴线相交，且平行于同一投影面，若它们能公切于一个球面，则相贯线是两个垂直于该投影面的椭圆，如图 3.23 所示（图中双点划线圆代表公切的球）。

（2）两个同轴回转体的相贯线是两个垂直于轴线的圆，如图 3.24 所示。

（3）轴线平行的两圆柱的相贯线是两条平行的素线，如图 3.25 所示。

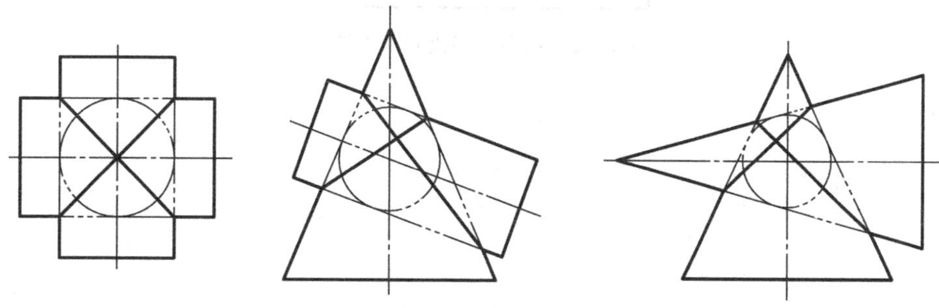

图 3.23 公切于一个球面的两回转体的相贯线

3.5.4 相贯线的简化画法

在不致引起误解时，图形中的相贯线可以简化成圆弧或直线。

如图 3.26 所示，轴线正交且平行于 V 面的两圆柱相贯，相贯线的 V 面投影可以用与大圆柱半径相等的圆弧来代替，圆弧的圆心在小圆柱的轴线上，圆弧凸向大圆柱的轴线，如图3.26所示。

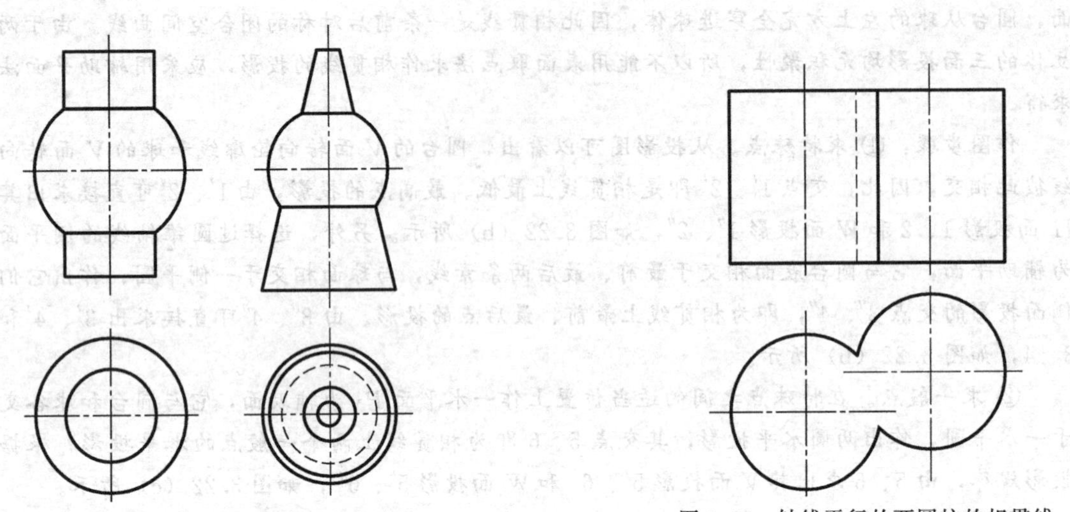

图3.24　两个同轴回转体的相贯线

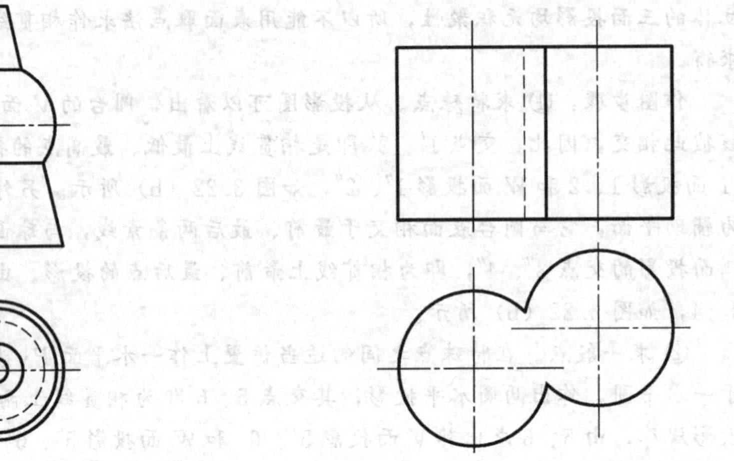

图3.25　轴线平行的两圆柱的相贯线

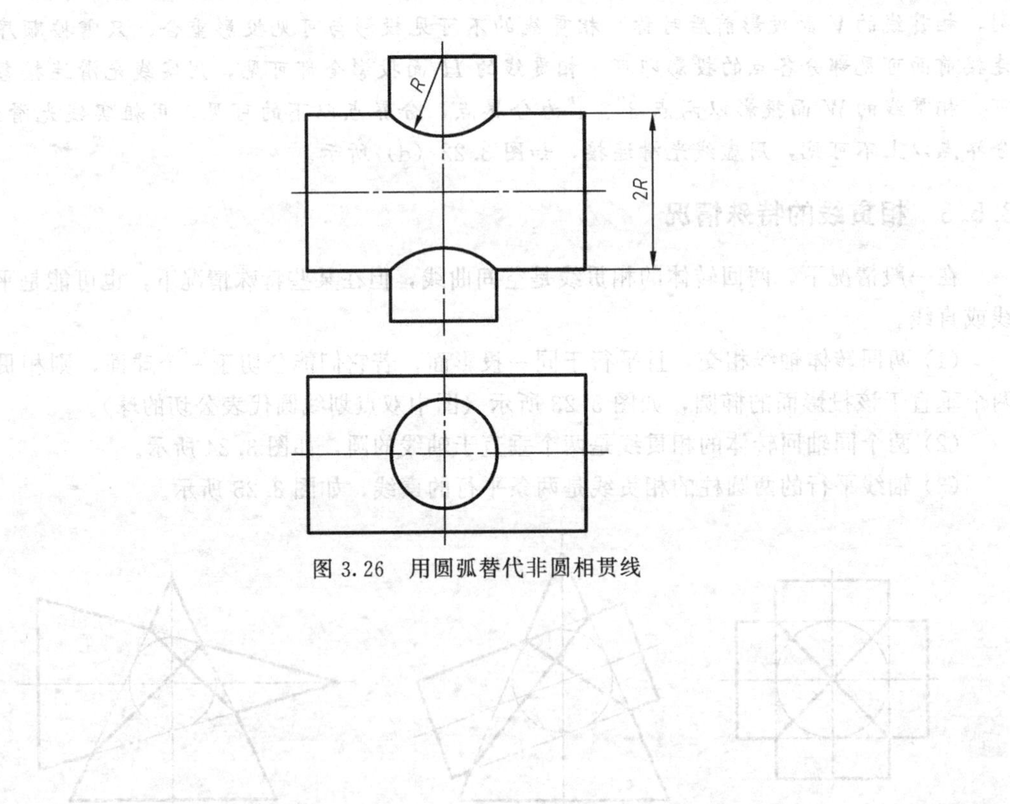

图3.26　用圆弧替代非圆相贯线

第4章

组合体与三视图

本章在学习了基本形体投影知识的基础上，进一步研究复杂形体的画图和看图方法，形体分析法和线面分析法是本章介绍看图、画图和标注尺寸的基本方法。

4.1 组合体的组成方式

4.1.1 组合体的概念

组合体是机器零件简化了工艺结构以后的几何模型，它们大多数可以看成是由一些基本几何体按照一定的连接关系组合而成。这些基本形体包括棱柱、棱锥、圆柱、圆锥、球和圆环等。由基本几何体组成的复杂形体称为组合体。

4.1.2 组合体的组成方式

组合体的组成方式一般有叠加和切割两种形式。其中叠加又包括平齐叠加、不平齐叠加和同轴叠加，如图 4.1 所示。切割是在基本形体上切掉一些实体而保留的部分，如图 4.2 所示。而一些较为复杂的形体常常是由叠加和切割两种方式结合而成，如图 4.3 所示。

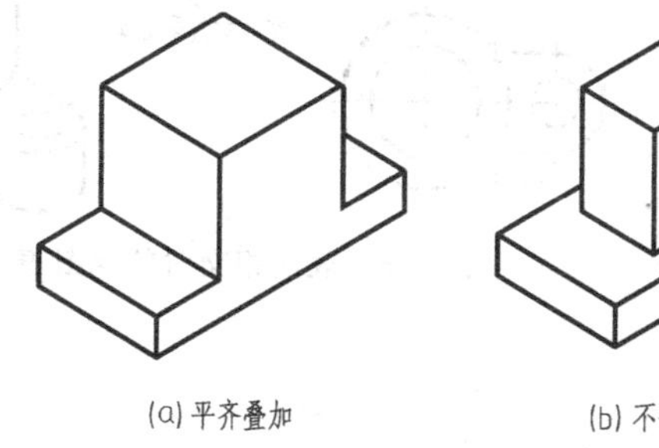

(a) 平齐叠加　　(b) 不平齐叠加

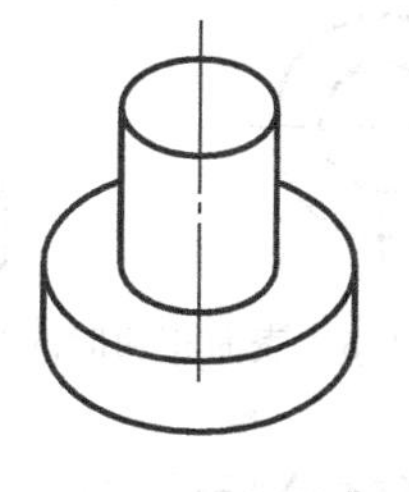

(c) 同轴叠加

图 4.1　叠加式组合体

无论以何种方式构成组合体，其基本形体的相邻表面之间都存在一定的连接关系，一般将其分为三种，平行、相切和相交。下面说明各种表面关系在视图上的表达方式。

(1) 平行　所谓平行是指两基本体相邻两平面平行的一种关系，平行又分为共面平行和错位平行两种情况。共面平行时，视图上两基本体之间不画界线，如图 4.4 (a) 所示；错位平行时，视图上两基本体之间必须画出界线，如图 4.4 (b) 所示。

(2) 相切　相切是指基本形体之间平面与曲面或曲面与曲面光滑过渡的一种连接关系，在视图中两表面之间相切处不画线，如图 4.5 所示。

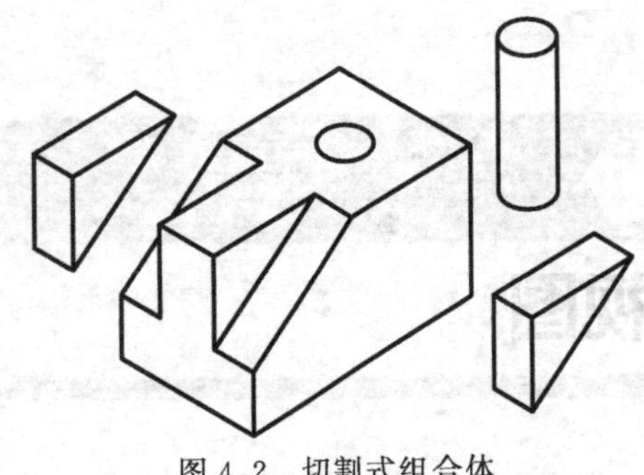

图 4.2　切割式组合体

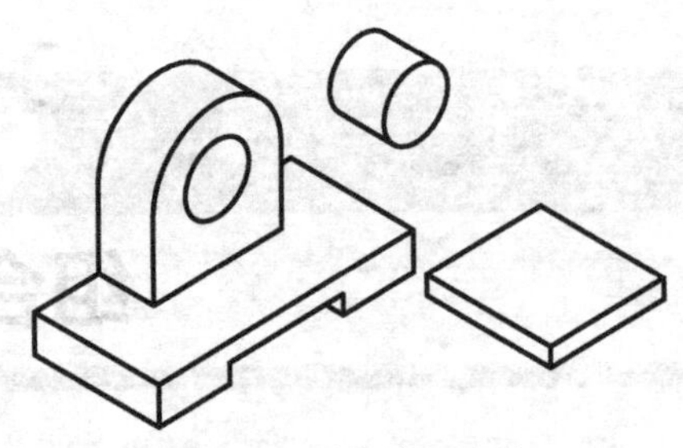

图 4.3　混合式组合体

(3) 相交　当两基本形体的表面相交时，相交处会产生不同形式的交线，在视图中应画出这些交线的投影，如图 4.6 所示。

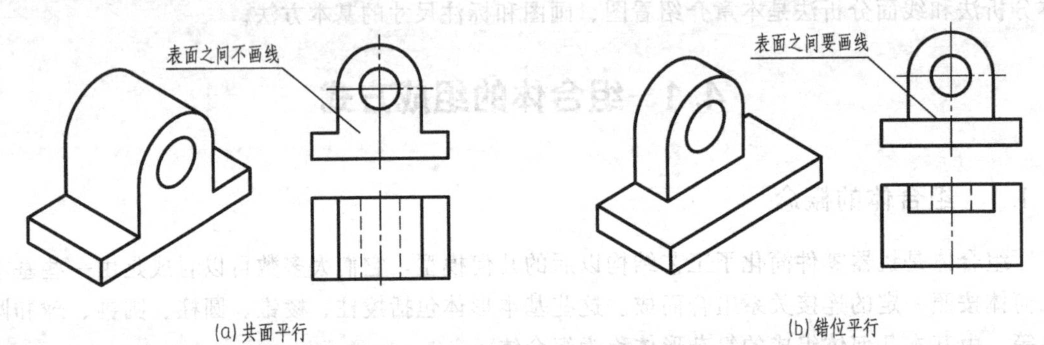

图 4.4　表面平行时的视图表达

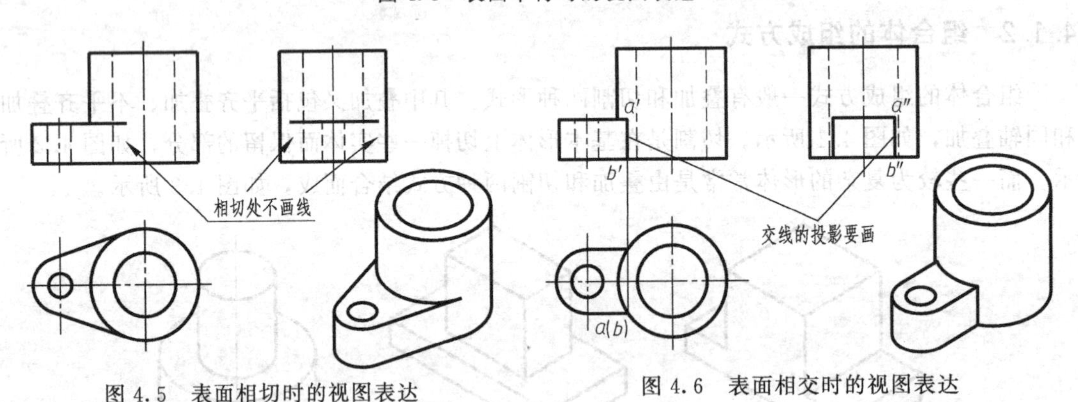

图 4.5　表面相切时的视图表达

图 4.6　表面相交时的视图表达

4.1.3　形体分析法

形体分析法是解决组合体问题的基本方法。所谓形体分析就是将组合体按其组成方式假想分解成若干基本形体、并确定各基本体的形状、各基本体间的相对位置和表面间的关系，从而达到了解组合体的目的。形体分析法是组合体画图、看图和标注尺寸过程中最常用的方法。

4.2　组合体三视图的画法

下面以图 4.7 所示的轴承座为例，学习画组合体三视图的一般步骤。

图 4.7 轴承座的形体分析

(1) 形体分析　分析图 4.7 (a) 可以认为，轴承座为切割与叠加结合形成的组合体。轴承座上的四个圆孔，可以看成是切掉图 4.7 (b) 所示四个圆柱而成。实体部分可以看成由五部分叠加而成：凸台圆筒Ⅰ、轴承圆筒Ⅱ、支撑板Ⅲ、肋板Ⅳ及底板Ⅴ，如图 4.7 (c) 所示。再分析图 4.7 (a) 可见，凸台与轴承两圆筒轴线垂直相交，其内外表面都有交线(相贯线)。支撑板、肋板和底板分别是不同形状的平板。支撑板左、右侧面都与轴承圆筒的外圆柱面相切，画图时应注意相切处不画线。肋板的左、右侧面与轴承圆筒的外圆柱面相交，交线为两条素线。底板、支撑板、肋板相互叠加，并且底板与支承板的后表面平齐。

(2) 视图选择　在三视图中，主视图是主要视图，因此，主视图的选择最为重要。选择主视图时通常将物体放正，使组合体的主要表面（或轴线）平行或垂直于投影面，并以最能反映该组合体各部分形状和位置特征的方向作为主视图的方向。在图 4.7 (a) 中，我们按 A、B、C、D 四个方向进行投射，所得视图如图 4.8 所示。对四个视图比较不难发现，B 向视图作为主视图最好。该视图最能反映轴承座的形状特征和各组成部分的相对位置，所以确定 B 向作为主视图的投射方向。主视图确定后，俯视图和左视图的投影方向则随之确定。

另外，在选择主视图时还应注意：①尽量减少其他两个视图上的虚线；②尽量使物体的长大于宽。选择 B 向视图为主视图，恰恰也满足了上述要求。

(3) 画底稿

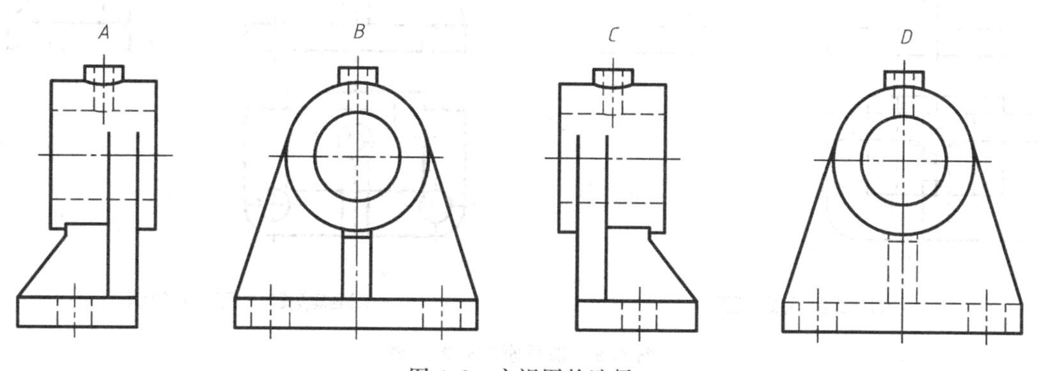

图 4.8 主视图的选择

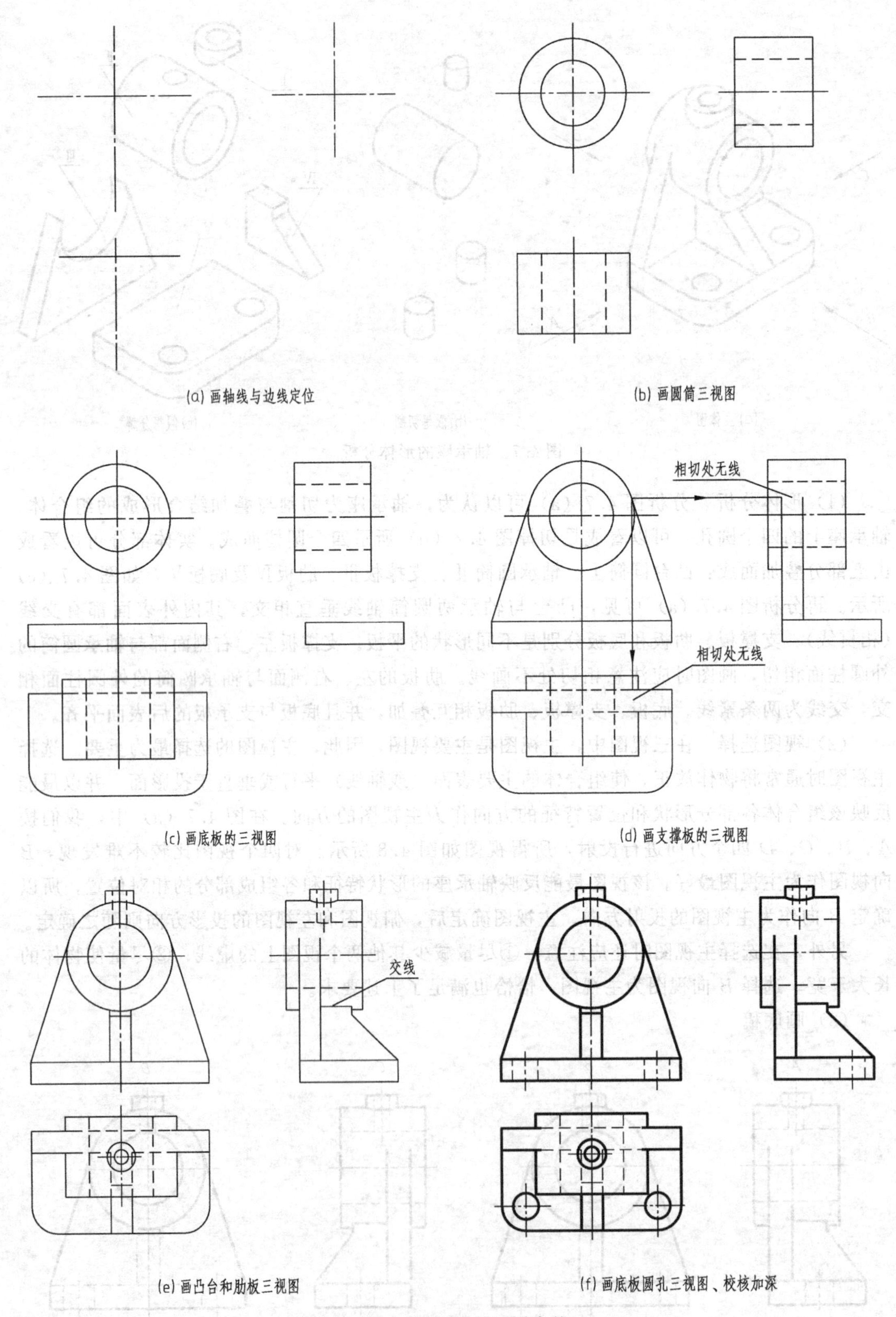

(a) 画轴线与边线定位
(b) 画圆筒三视图
(c) 画底板的三视图
(d) 画支撑板的三视图
(e) 画凸台和肋板三视图
(f) 画底板圆孔三视图、校核加深

图 4.9　轴承座的画图步骤

① 根据组合体的大小和复杂程度，选择适当的比例和图纸幅面。

② 为了在图纸上均匀布置视图的位置，根据缩放后组合体的总长、总宽、总高首先画出各视图的定位线。一般选择组合体的底面、重要端面、对称面或主要轴线的投影作定位线，如图 4.9（a）所示。

③ 按形体分析的内容，从主要形体入手，逐个画出每一个形体的投影。一般顺序是先画主要结构与大形体，再画次要结构和小形体，先外后内，先实后虚。画各个形体的视图时，应从反映该形体形状特征的那个视图画起。例如圆柱，通常先画圆视图，再画其他视图。在图 4.9（b）中，应先画主视图，再画俯、左视图。图 4.9 表示了轴承座的画图过程和步骤，请读者按图学习。

（4）检查描深

完成底稿后，必须仔细检查，修改错误或不妥之处，擦去多余的图线，然后按规定线型描深［见图 4.9（f）］。

4.3 组合体的尺寸标注

视图只能表达组合体的形状与结构，而组合体的大小则要由视图上标注的尺寸来确定。组合体尺寸标注的基本要求如下：

（1）尺寸标注要符合国家标准；

（2）尺寸标注要完整，即所注尺寸不多余、不重复、不遗漏；

（3）尺寸布置要整齐、清晰，标注在视图适当的位置，便于读图；

（4）尺寸标注要合理（关于这一点将在后续章节中进一步学习）。

4.3.1 基本体的尺寸标注

常见基本几何体的尺寸注法，如图 4.10 所示。一般平面立体要标注长、宽、高三个方

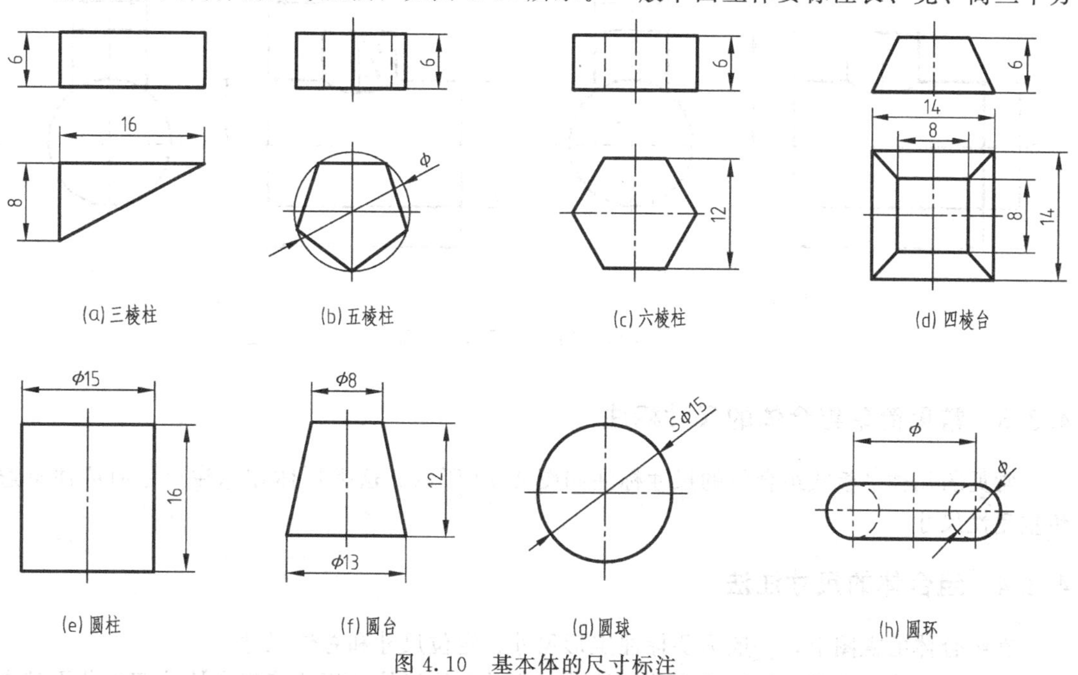

图 4.10 基本体的尺寸标注

向的尺寸；回转体要标注径向和轴向两个方向的尺寸，并加上尺寸符号，如 R、ϕ、$S\phi$ 等。对圆柱、圆锥、圆环等回转体，一般将直径尺寸和轴向尺寸同时标注在非圆视图上，这样只要用一个视图就能确定它们的形状和大小，其余视图可省略不画，如图 4.10 中（e）、（f）所示。标注球体的尺寸时，需在直径“ϕ”或半径“R”符号前加“S”，如图 4.10（g）所示。

4.3.2 切割体和相贯体的尺寸标注

基本几何体被切割后的尺寸注法，如图 4.11 所示。对这类形体，除了要标注基本几何体的尺寸外，还要注出确定截平面位置的尺寸，而不能标注表示截交线形状大小的尺寸。

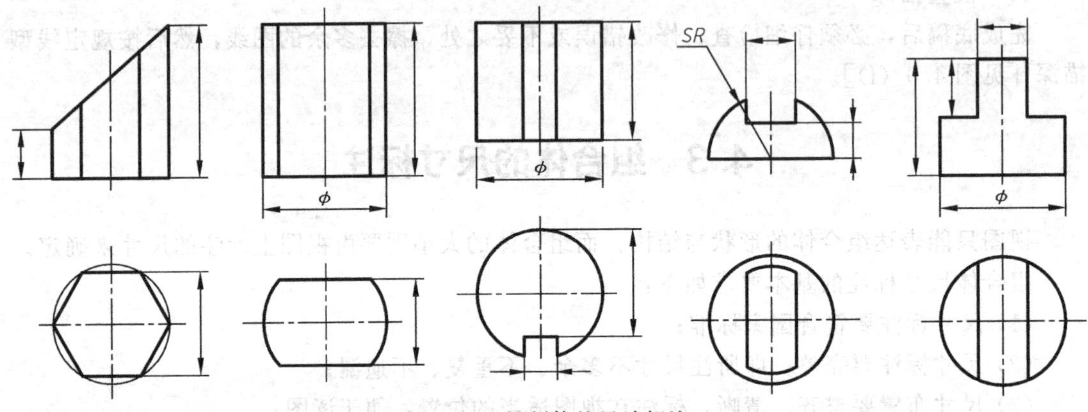

图 4.11 切割体的尺寸标注

两基本体相贯时，应标注两立体的定形尺寸和表示其相对位置的定位尺寸，而不应标注相贯线的尺寸，如图 4.12 所示。

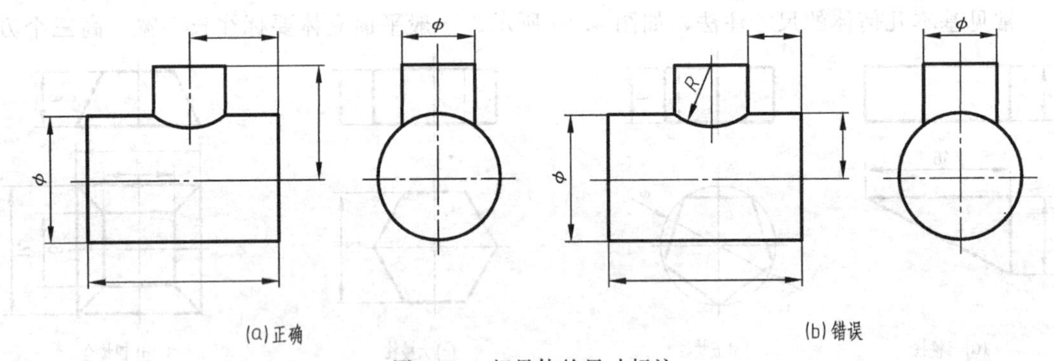

图 4.12 相贯体的尺寸标注

4.3.3 常见简单组合体的尺寸标注

常见的几种平板式组合体的尺寸标注如图 4.13 所示。这类形体在标注尺寸时应注意避免重复性尺寸。

4.3.4 组合体的尺寸注法

在组合体的视图上，一般需要标注定形尺寸、定位尺寸和总体尺寸。

要达到正确、完整地标注组合体的尺寸，应首先按形体分析法将组合体分解为若干基本

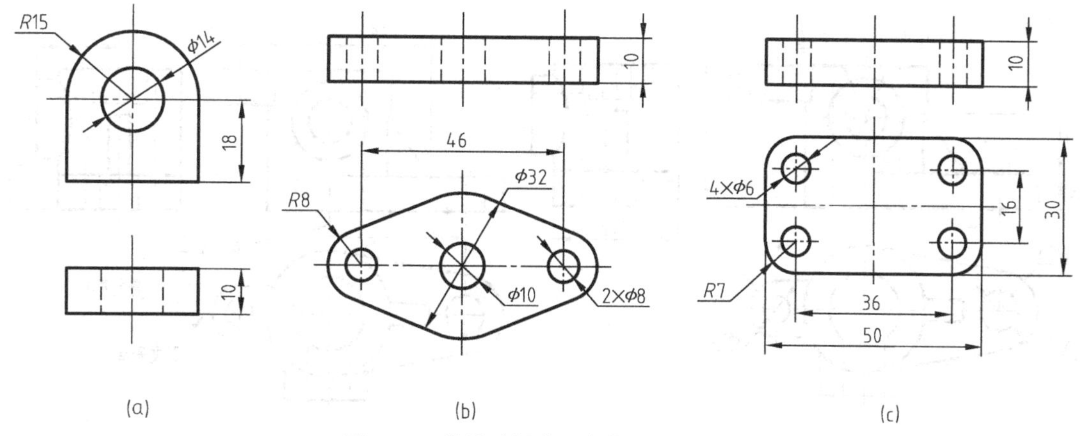

图 4.13　常见平板式组合体的尺寸标注

体，然后逐一标注表示各个基本体大小的尺寸（定形尺寸）和确定各基本体之间位置的尺寸（定位尺寸），最后标注总体尺寸。按照这样的分析方法去标注尺寸，就比较容易做到既不漏标尺寸，也不会重复标注尺寸。

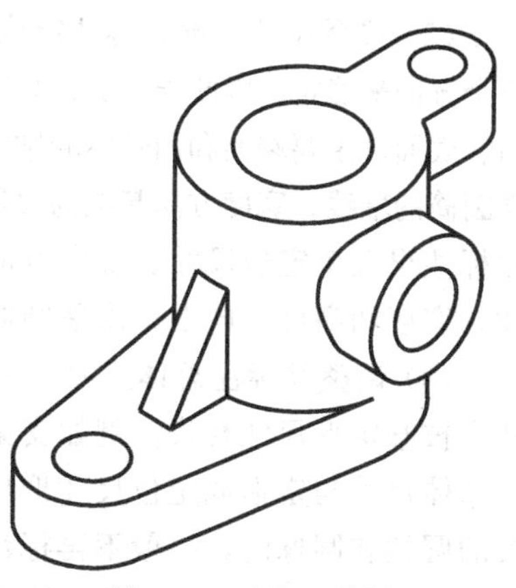

图 4.14　支架立体图

4.3.4.1　组合体尺寸标注的步骤和方法

下面以图 4.14 所示的支架为例说明。

(1) 形体分析，标注定形尺寸　分析图 4.14 所示支架，可将其分解成六个组成部分，如图 4.15 所示。显然，六个组成部分都不是严格意义上的基本体，因此无法完整地给出他们的定形尺寸，只能分析可以确定的尺寸。例如直立圆筒的定形尺寸 $\phi72$、$\phi40$、80，底板的定形尺寸 $R22$、$\phi22$、20，肋板的定形尺寸 34、12，搭子的定形尺寸 $R16$、$\phi16$、20，水平圆筒的定形尺寸 $\phi44$、$\phi24$。将以上分析结果标注在适当的视图上，如图 4.16 所示。

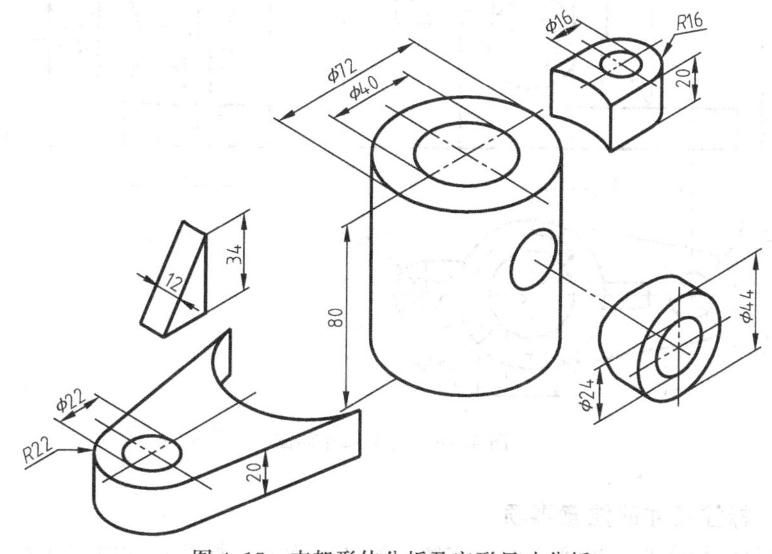

图 4.15　支架形体分析及定形尺寸分析

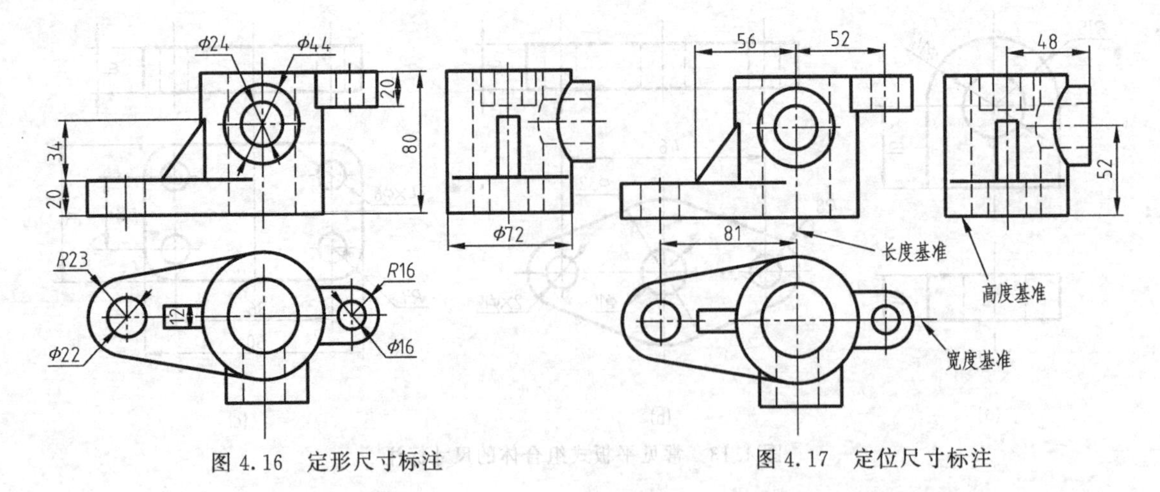

图 4.16　定形尺寸标注　　　　图 4.17　定位尺寸标注

(2) 选择尺寸基准，标注定位尺寸　组合体各组成部分之间的相对位置必须从长、宽、高三个方向来确定。因此长、宽、高三个方向至少要各有一个尺寸基准。通常选择组合体的对称面、底面、主要端面和回转体的轴线作为尺寸基准。如图 4.17 所示，支架长度方向的基准定为直立圆筒的轴线，宽度方向基准为过圆筒轴线的正平面，高度方向基准为组合体的底面。然后依此标注出五个定位尺寸。长度方向上，直立圆筒与底板、肋、搭子之间的定位尺寸 81、56、52，宽度和高度方向上，水平圆筒与直立圆筒之间的定位尺寸 48 和 52，如图图 4.17 所示。

(3) 调整并标注总体尺寸　一般组合体要标出它的总长、总宽和总高，但是有时总体尺寸会被某定形尺寸替代，例如支架的总高度 81 被直立圆筒高度 81 替代，不必重新标注。有时总体尺寸与定形或定位尺寸形成封闭尺寸链，必须重新调整。另外，当物体的端部为同轴线的圆柱和圆球时，一般不再标注总体尺寸，例如支架宽度方向上，标注了定位尺寸 48 及圆柱直径 $\phi 72$ 后（图 4.17），就不再需要标注支架的总宽尺寸；长度方向与此相同，故也不再标注总长尺寸。调整后的结果如图 4.18 所示。

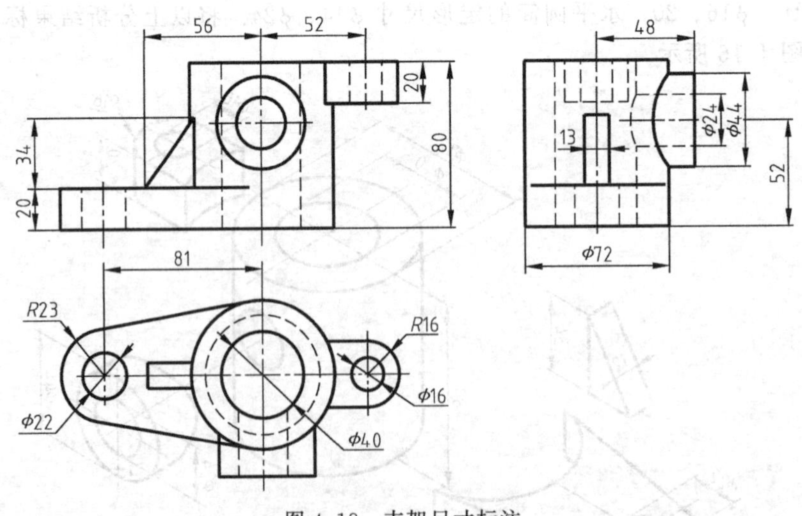

图 4.18　支架尺寸标注

4.3.4.2　标注尺寸的注意事项

组合体的尺寸标注必须做到正确、完整、清晰。为此，标注尺寸时应注意以下几点。

(1) 尺寸应尽量标注在反映形体特征最明显的视图上。如图 4.18 所示，肋的高度尺寸 34，注在主视图上比注在左视图上为好；水平圆筒的高度定位尺寸 52，注在左视图上为好；而底板的定形尺寸 $R23$ 和 $\phi22$ 则应注在表示该部分形状最明显的俯视图上。

(2) 同一基本形体的定形尺寸及相关联的定位尺寸应尽量集中标注。如图 4.18 中，水平圆筒的定形尺 $\phi24$、$\phi44$ 从原来的主视图上移至左视图上，这样便与它的定位尺寸 52、48 集中在一起，表达更为清晰，尺寸更易查找。

(3) 尺寸应尽量注在视图的外侧，排列要整齐，且应使小尺寸在里（靠近图形），大尺寸在外，以避免尺寸线和尺寸界线相交。如图 4.18 中的主视图，左侧尺寸 20、34，上方尺寸 56、52，右侧尺寸 20、80 等，均符合此项要求。

(4) 同轴回转体的直径尺寸，应尽量注在非圆视图上；而圆弧的半径尺寸则必须注在投影为圆弧的视图上。如图 4.18 中直立圆筒的直径 $\phi72$ 注在左视图上，而底板及搭子上的圆弧半径 $R22$、$R16$ 则必须注在俯视图上。

(5) 为保持图形清晰，应尽量避免在虚线上标注尺寸。

(6) 内形尺寸与外形尺寸最好分别注在视图的两侧。

4.4 读组合体视图的方法

画图和读图是工程技术人员的两项基本技能。画图是把空间物体用正投影法表示在图面上，是将三维形体向二维形体的转换。读图则是运用正投影法知识，由视图想象出空间物体结构形状的过程，是将二维形体向三维形体的转换。要正确、迅速地读懂视图，必须掌握读图的基本方法和规律，并不断培养和提高自身的空间想象能力。

4.4.1 读图的基本知识

4.4.1.1 一个视图不能反映物体的确切形状

组合体的形状是通过几个视图来表达的，每个视图只能反映其一个方向的形状。因此，仅有一个视图或两个视图往往不能确切地表达组合体的形状。如图 4.19 所示的三组视图，它们的主视图都相同，但实际上是三种不同形状的物体。所以，读图时，应从反映组合体形状特征的主视图入手，把几个视图联系起来看，才能弄清物体的形状结构。

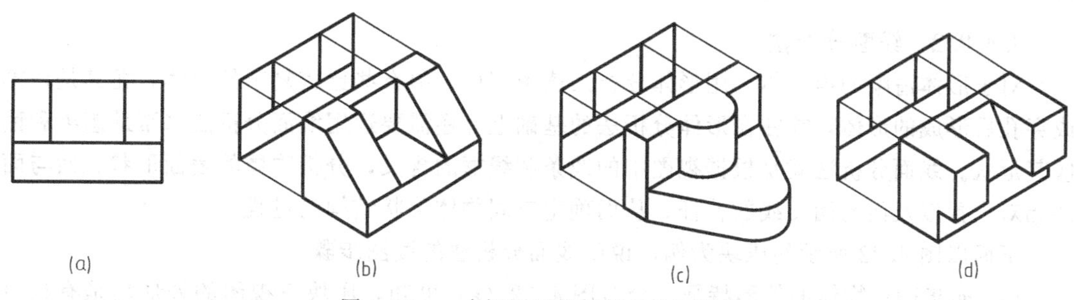

图 4.19 一个视图不能判断立体的形状

4.4.1.2 视图中的线框和图线的含义

了解视图中线和线框的含义，是看图的必要基础。视图中的每一封闭线框，可以是形体上不同位置的平面或曲面的投影，也可以是孔的投影。如图 4.20 所示，A、B 和 D 线框为

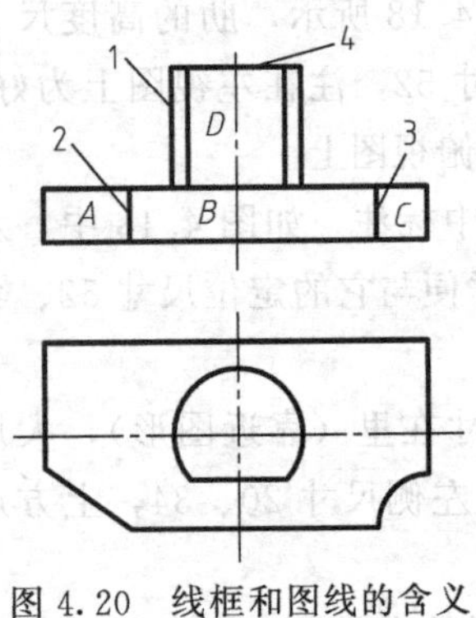

图 4.20　线框和图线的含义

平面的投影，线框 C 为曲面的投影。视图中的每一条线，可以是面的积聚投影，如图中直线 4；也可以是两表面的交线的投影，如图中直线 2（平面与平面的交线）、直线 3（平面与曲面的交线）；还可以是曲面的转向轮廓线的投影，如图中直线 1 是圆柱的转向轮廓线的投影。

任何相邻的两个封闭线框，应是物体上相交的两个面的投影，或是同向错位的两个面的投影。如图 4.20 中的 A 和 B、B 和 C 都是相交两表面的投影，B 和 D 则是前后平行两表面的投影。

4.4.2　读图的基本方法

与画图一样，读图常用的方法也是形体分析法，但读图时也会应用到线面分析法，两种方法在阅读图样中相辅相成互为补充。

4.4.2.1　形体分析法

画图是在三维空间对组合体进行形体分析，而读图则是在平面视图上进行形体分析。根据视图分析出该物体是由哪些基本形体组成，表面是什么连接关系，各基本形体的具体形状和它们的相对位置如何，最后综合所有信息想象出物体的整体形状。

下面以图 4.2 的轴承座为例，说明用形体分析法读图的步骤。

(1) 看视图，分线框　从主视图入手，将主视图分为 1、2、3、3 四个线框，其中线框 3 为左右两个完全相同的三角形。每个线框各代表一个组成部分，如图 4.21 (a) 所示。

(2) 对投影，识形体　根据视图三等规律看出，线框 1 的主、俯两视图是矩形，左视图是 L 型，可以想象出该形体是一个直角弯板，板上钻有两个圆孔，如图 4.21 (b) 所示。线框 2 的俯视图是一个中间带有两条直线的矩形，其左视图也是一个矩形，矩形的中间有一条虚线，可以想象出它的形状是在一个长方体的中部挖了一个半圆孔，如图 4.21 (c) 所示。线框 3 的俯、左两视图都是矩形，因此它们是两块三棱柱对称地分布在轴承座的左右两侧，如图 4.21 (d) 所示。

(3) 定位置，想整体　根据三视图综合分析，直角弯板在下，四棱柱在上、居中靠后，两三棱柱对称分布于两侧 [见图 4.21 (e)]，其整体形状如图 4.21 (f) 所示。

4.4.2.2　线面分析法

对于形体清晰的组合体，用形体分析法读图即可，但有些比较复杂的形体，尤其是切割或穿孔后形成的形体，往往在形体分析法的基础上，还需要运用线面分析法来帮助想象和读懂其形状。线面分析法就是根据视图中的线条和线框的含义，分析物体的表面形状、面与面的相对位置以及面与面交线的特征，从而确定空间物体形状结构的过程。

下面以图 4.22 所示的压块为例，说明线面分析法的读图步骤。

(1) 初步确定物体的外形特征　分析图 4.22 (a) 可知，压块三视图的外形均是有缺口的矩形，可以初步认定该物体是由长方体切割而成，其中间带有一个阶梯圆柱通孔。

(2) 确定切割面的形状和位置　由图 4.22 (b) 可知，在俯视图中有梯形线框 a，而在主视图中可找出与它对应的斜线 a'，由此可见 A 面是正垂面、梯形。长方体的左上角由 A 面切割而成，平面 A 对 W 面和 H 面都处于倾斜位置，所以它们的侧面投影 a'' 和水平投影

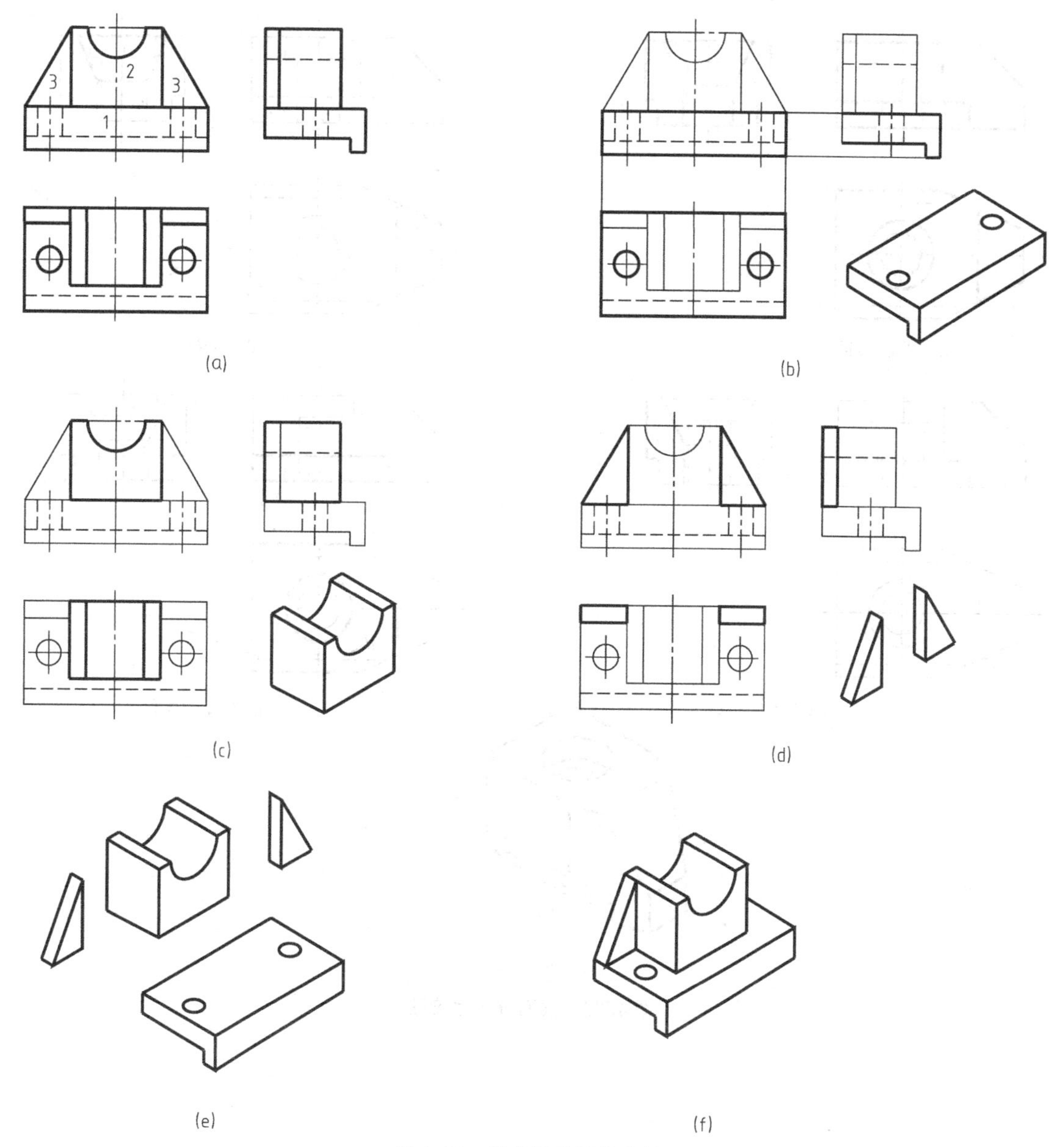

图 4.21　轴承座的读图方法

a 是类似图形，不反映 A 面的真实形状。

由图 4.22（c）可知，在主视图上有七边形线框 b'，而在俯视图中可找到与它对应的斜线 b，由此可见 B 面是铅垂面、七边形。长方体的左端就是由这样的两个平面切割而成的。平面 B 对 V 面和 W 面都处于倾斜位置，因而侧面投影 b'' 也是类似的七边形线框。

由图 4.22（d）可知，从主视图上的长方形线框 d' 入手，可找到 D 面的另两个投影 d、d''。由俯视图的四边形线框 c 入手，可找到 C 面的其他投影 c'、c''。从投影中可知 D 面为正平面，C 面为水平面。长方体的前后两边就是由这样两个平面切割而成的。

（3）综合想像其整体形状　清楚了各截切面的空间位置和形状后，根据基本形体形状、各截切面与基本形体的相对位置，并进一步分析视图中线、线框的含义，可以综合想象出整体形状，如图 4.22（e）所示。

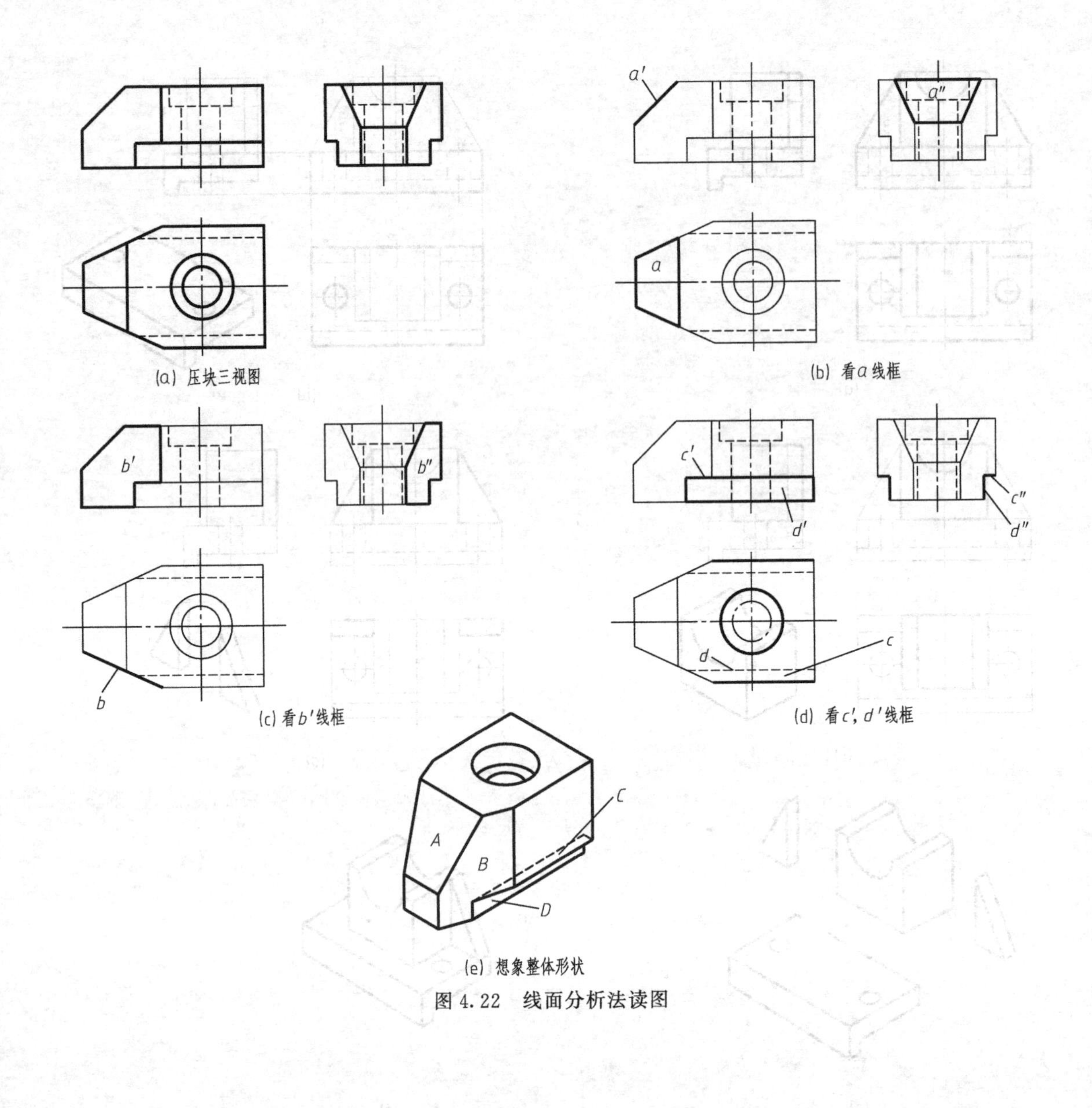

(a) 压块三视图

(b) 看a线框

(c) 看b′线框

(d) 看c′, d′线框

(e) 想象整体形状

图 4.22 线面分析法读图

第5章
轴　测　图

本章介绍轴测图的形成原理与投影方法，重点学习正等轴测图、斜二等轴测图的投影特点及图形画法等。

5.1　轴测图的基本知识

5.1.1　基本概念

5.1.1.1　轴测图的形成

如图 5.1 (a) 所示，将物体连同其所在直角坐标系，沿不平行于任何一个坐标平面的方向，用平行投影法将其投影在单一投影面上形成的图形，称为轴测投影，简称轴测图。轴测投影为单面投影（见图 5.1 投影面 P），只有一个投射方向（图中 S）。轴测投影为平行投影，具有平行投影的所有特性。

与三视图相比，轴测图直观性好，立体感强，容易看懂立体的结构形状 [见图 5.1 (b)]；但轴测图不能反映立体的真实尺寸，一般用作工程中的辅助图样。

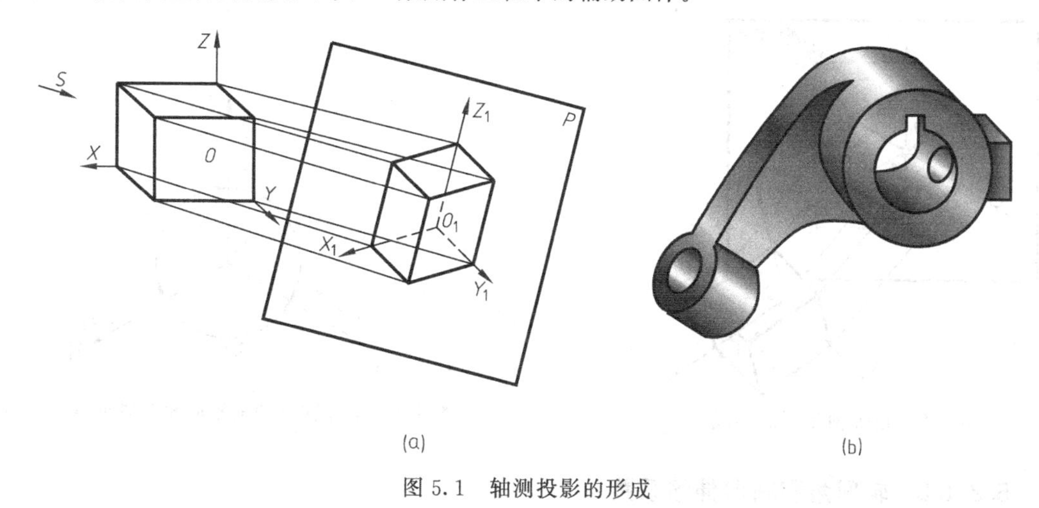

图 5.1　轴测投影的形成

5.1.1.2　轴测图的基本术语

(1) 轴测轴　空间直角坐标系中的三根坐标轴 OX、OY 和 OZ 在轴测投影面上的投影 O_1X_1、O_1Y_1 和 O_1Z_1 称为轴测轴 [见图 5.1 (a)]。

(2) 轴间角　轴测投影中，任意两根直角坐标轴在轴测投影面上的投影之间的夹角，称为轴间角。

(3) 轴向伸缩系数　直角坐标轴的轴测投影的单位长度与相应直角坐标轴上的单位长度的比值。OX 轴、OY 轴、OZ 轴上轴向伸缩系数分别用 p_1、q_1、r_1 表示。为了便于画图，常把轴向伸缩系数简化，分别用 p、q、r 表示。

5.1.1.3　轴测图的分类

轴测投影分为正轴测投影和斜轴测投影两大类：用正投影法得到的轴测投影称为正轴测图；用斜投影法得到的轴测投影称为斜轴测图。正轴测图与斜轴测图又各包含三类，读者可查看相关手册。本章只介绍工程中常用的正等轴测图和斜二等轴测图。

5.1.2　轴测投影的特性

(1) 平行性　物体上相互平行的线段，其轴测投影也相互平行；与坐标轴平行的线段，其轴测投影必平行于相应的轴测轴。

(2) 定比性　物体上平行于坐标轴的线段，其轴测投影与相应的轴测轴有着相同的轴向伸缩系数。

5.2　正等轴测图

5.2.1　正等轴测图的形成及投影特点

5.2.1.1　正等轴测图的形成

使物体上直角坐标系的三个坐标轴与轴测投影面的倾角都相等，投射方向垂直于轴测投影面，这样得到的轴测图叫正等轴测图，简称正等侧，如图 5.2 所示。

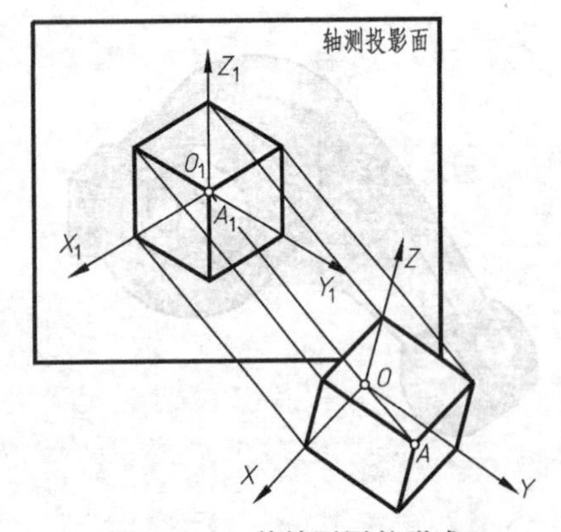

图 5.2　正等轴测图的形成

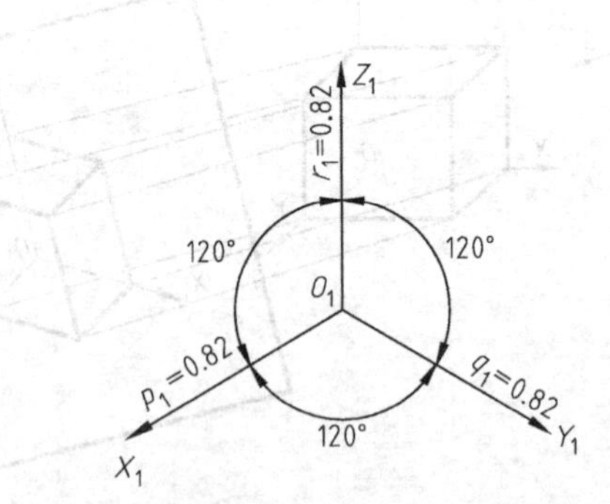

图 5.3　正等轴测图的轴间角与轴向伸缩系数

5.2.1.2　轴间角和轴向伸缩系数

正等轴测图的轴间角为 120°，一般将 O_1Z_1 轴画成垂直位置，O_1X_1 和 O_1Y_1 轴与 O_1Z_1 轴夹角各为 120°，如图 5.3 所示。

由于物体上三个坐标轴与轴测投影面的倾角相同，因此，其轴向伸缩系数也相等。若用 p、q、r 分别表示 X、Y、Z 三个轴向变形系数，则有 $p=q=r=0.82$。为了作图方便，常把三个轴向变形系数简化为1，即 $p=q=r=1$。那么，所有与坐标轴平行的线段（包括坐标轴上的线段），作图时均按实际长度量取。这样画出的图形，其轴向尺寸均为原来的1.22（≈1/0.82）倍，但形状不变，如图5.4中（b）、（c）所示。

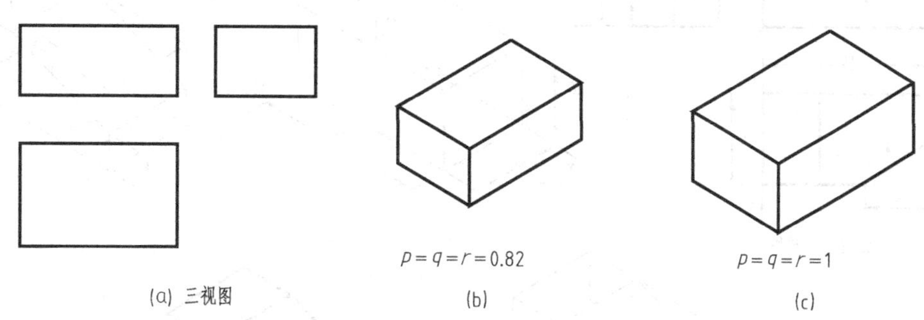

图5.4　不同伸缩系数的正等轴测图的比较

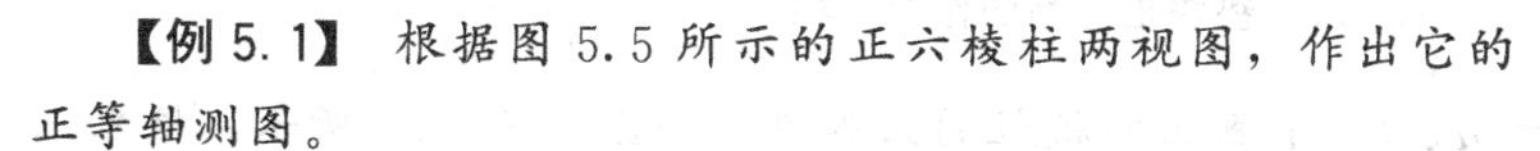

5.2.2　平面立体的正等轴测图的画法

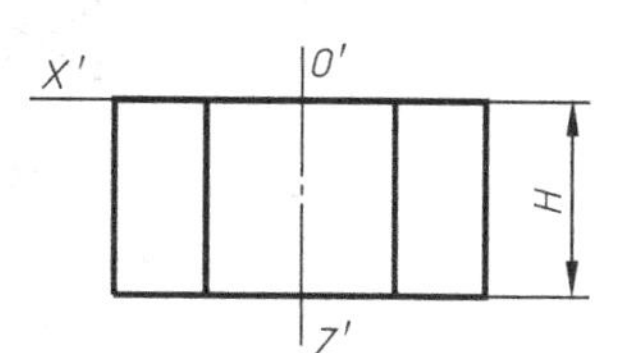

画轴测图常用的方法有坐标法、切割法、堆积法和综合法。其中坐标法是最基本的方法。

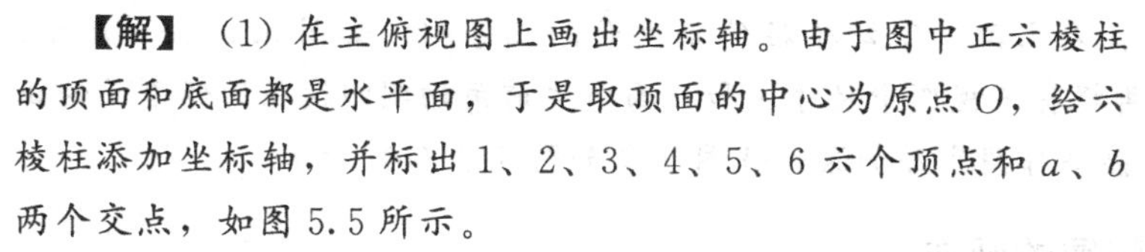

【例5.1】 根据图5.5所示的正六棱柱两视图，作出它的正等轴测图。

【解】（1）在主俯视图上画出坐标轴。由于图中正六棱柱的顶面和底面都是水平面，于是取顶面的中心为原点 O，给六棱柱添加坐标轴，并标出1、2、3、4、5、6六个顶点和 a、b 两个交点，如图5.5所示。

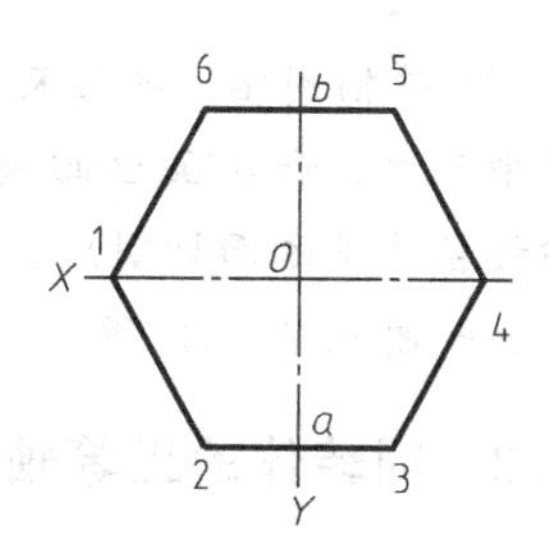

图5.5　正六棱柱的两视图

（2）作轴测轴，并在轴上1∶1量得 1_1、4_1 和 a_1、b_1 四个点，如图5.6（a）所示。过 a_1、b_1 作 X_1 轴的平行线，量得 2_1、3_1 和 5_1、6_1 四个点，将六点顺次连接，得顶面轴测图，如图5.6（b）所示。由点 6_1、1_1、2_1、3_1 沿 Z_1 轴量 H 高度，得 7_1、8_1、9_1、10_1，如图5.6（c）所示。连接 7_1、8_1、9_1、10_1，擦去作图线，加深，即得正六棱柱的正等测，如图5.6（d）所示。

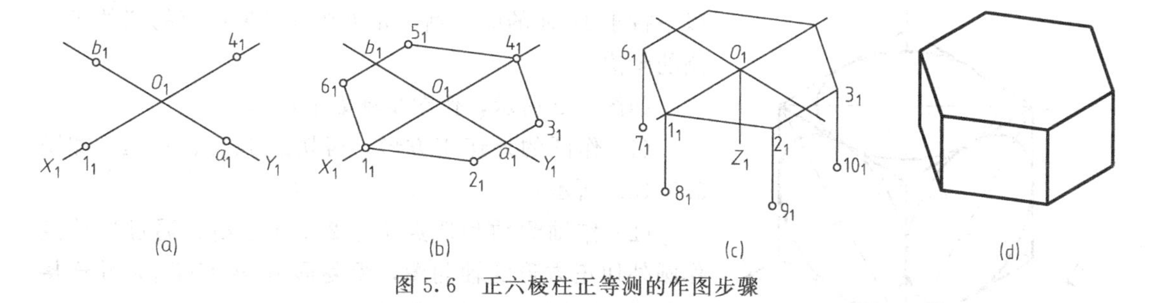

图5.6　正六棱柱正等测的作图步骤

【例5.2】 作出图5.7（a）所示垫块的正等轴测图。

【解】（1）形体分析，确定坐标轴。图5.7（a）所示的垫块，是由四棱柱被一个正垂面和一个铅垂面切割而成的，所以可先画出四棱柱的正等测，然后用切割法，把四棱柱上需要切割的部分逐个切去，即可完成垫块的正等测。画出坐标轴如图5.7（a）所示。

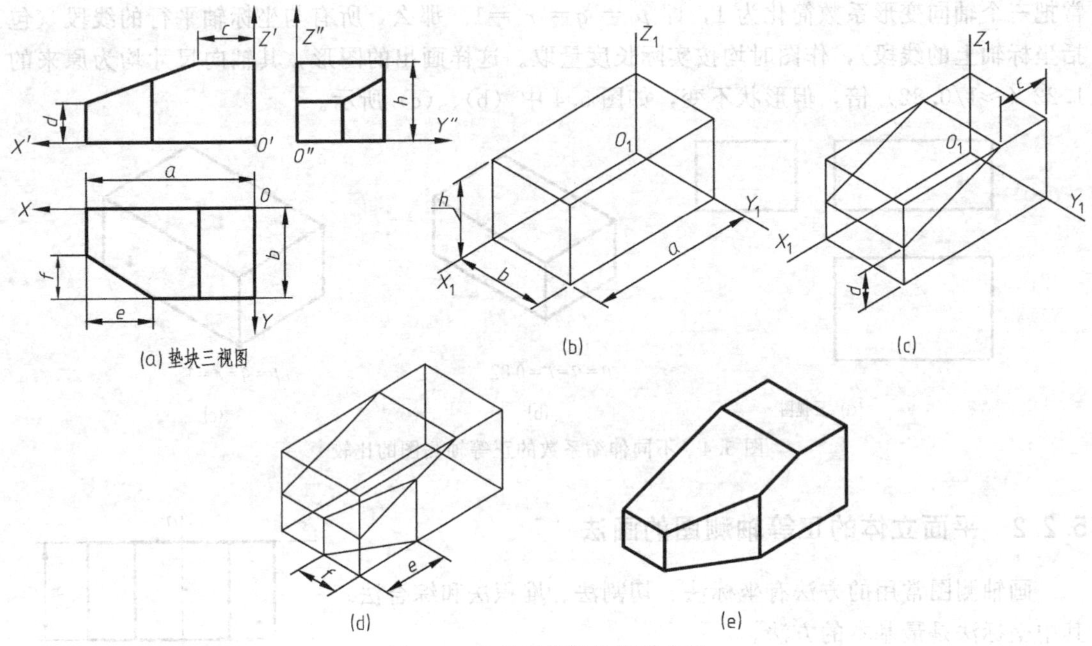

图 5.7　垫块正等测的作图步骤

(2) 作轴测轴，并按尺寸 a、b、h 画出四棱柱的正等测，如图 5.7 (b) 所示。根据三视图中尺寸 c 和 d 画出四棱柱左上角切割四棱柱的正垂面的正等测，如图 5.7 (c) 所示。在四棱柱被正垂面切割后，再根据三视图中尺寸 e 和 f 画出左前角切割四棱柱的铅垂面的正等测，如图 5.7 (d) 所示。擦去作图线并加深，作图结果如图 5.7 (e) 所示。

5.2.3　回转体的正等轴测图的画法

5.2.3.1　圆的正等轴测图的画法

平行于坐标面的圆的正等轴测图为椭圆。图 5.8 所示为平行于三个不同坐标面的圆的正等轴测图。它们的形状和大小完全相同，但方向不同。椭圆的长轴与菱形的长对角线重合，短轴与菱形的短对角线重合。

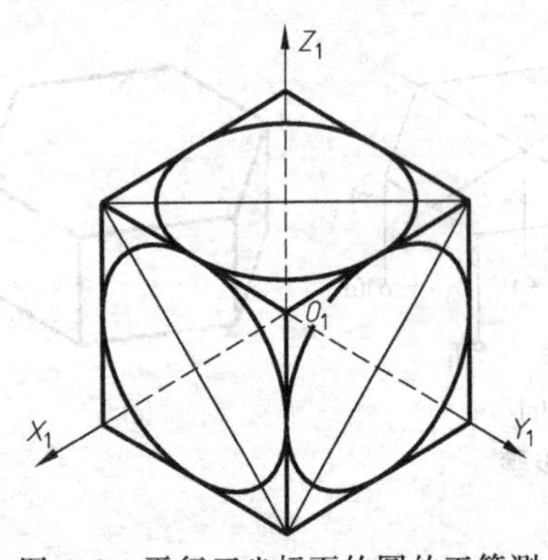

图 5.8　平行于坐标面的圆的正等测

正等轴测图中的椭圆，通常采用近似画法作图。现以平行于 H 面的圆为例，介绍平行于坐标面的圆的正等测的画法。

如图 5.9 所示，作图步骤如下：

(1) 作圆的外切正方形，得切点 1、2、3、4，如图 5.9 (a) 所示；

(2) 作轴测轴和切点 1_1、2_1、3_1、4_1，通过这些点作圆外切正方形的轴测图，得菱形 $A_1B_1C_1D_1$，并连接对角线，如图 5.9 (b) 所示；

(3) 连接 A_1、1_1 和 B_1、4_1 得 E_1 点，连接 A_1、2_1 和 B_1、3_1 得 F_1 点，如图 5.9 (c) 所示；

(4) 以 A_1、B_1 为圆心，以 A_11_1 为半径，作弧 1_12_1、弧 3_14_1；以 E_1、F_1 为圆心，以 E_11_1 为半径，作弧 1_14_1、弧 2_13_1，连成近似圆并加深，如图 5.9 (d) 所示。

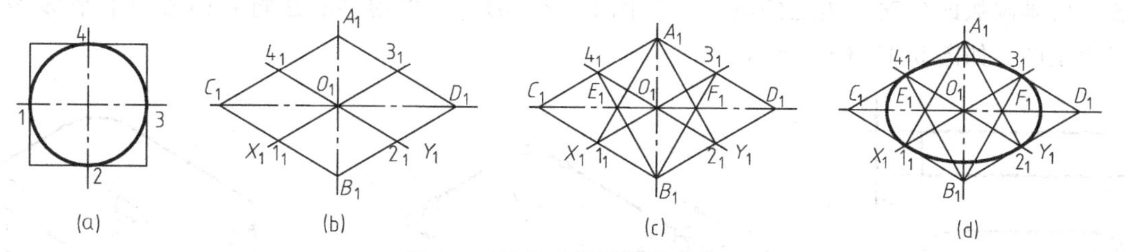

图 5.9　圆的正等测画图步骤

5.2.3.2　圆柱的正等轴测图

因圆柱的上下两圆平行，其正等测均为椭圆。因此将顶面和底面的椭圆画好，再作椭圆两侧公切线即为圆柱的正等测。作图步骤如图 5.10 所示。

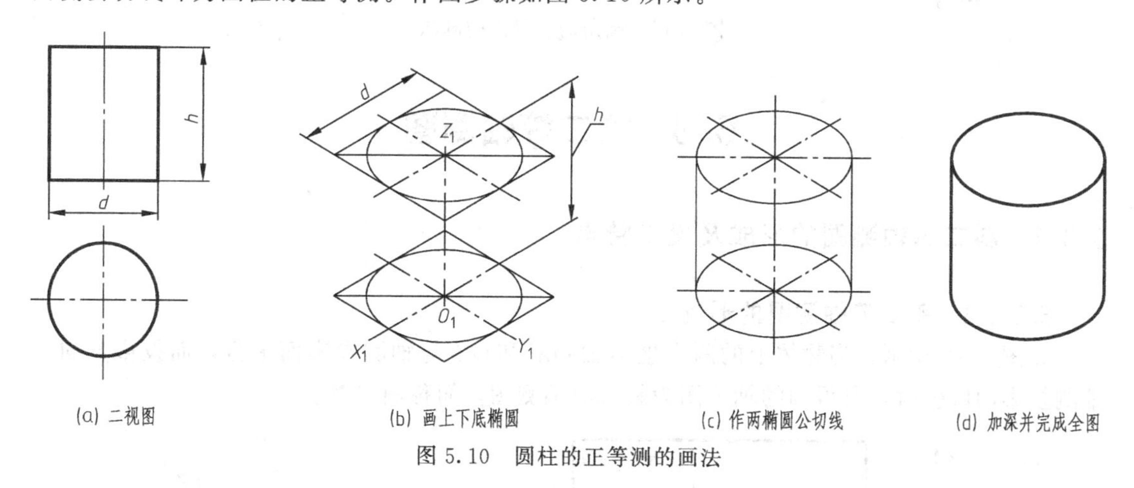

图 5.10　圆柱的正等测的画法

5.2.3.3　圆锥台的正等轴测图

横放的圆锥台，其顶面和底面的轴测投影为两侧立的椭圆，圆锥台曲面轮廓为两椭圆的外公切线。作图步骤如图 5.11 所示。

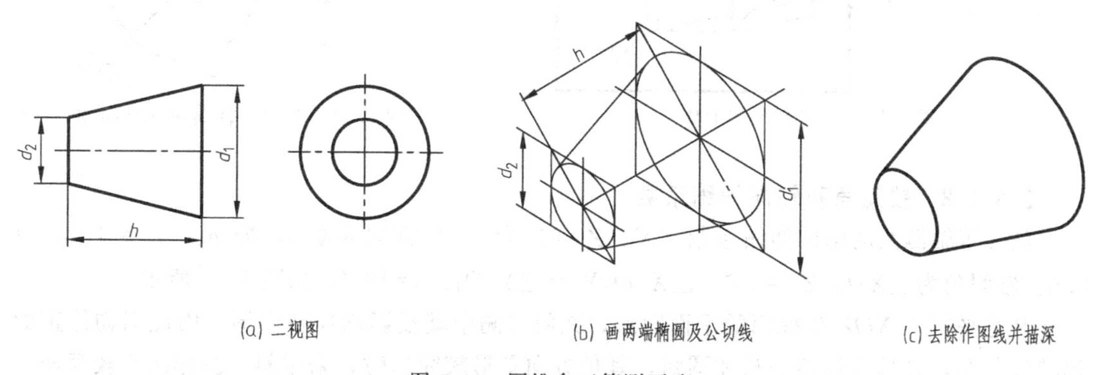

图 5.11　圆锥台正等测画法

5.2.3.4　圆角的正等轴测图

如图 5.12 (a) 所示，圆角可看成是圆的四分之一弧，因此，其正等测是椭圆的四分之一。画圆角的正等测通常采用简化画法。在作圆角的边上量取圆角半径 R [见图 5.12 (b)]，从量得的点作边线的垂线，以两垂线的交点为圆心，以圆心到切点的距离为半径画弧，所画圆弧即为轴测图上的圆角［见图 5.12（b）］。再用移心法将各圆心向下平移 H，完成全图，如图 5.12（c）所示。

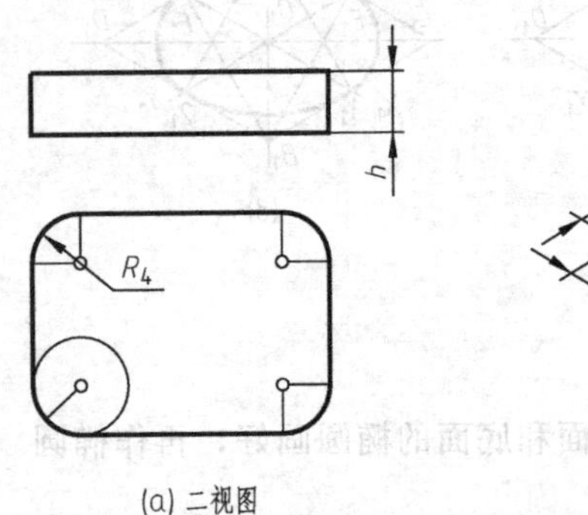

(a) 二视图

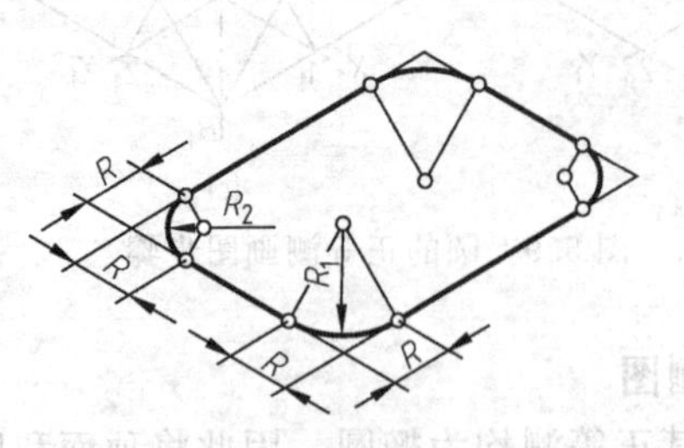

(b) 作矩形、再作圆角

(c) 用移心法画底圆圆角

图 5.12　圆角的正等测的画法

5.3　斜二等轴测图

5.3.1　斜二等轴测图的形成及投影特点

5.3.1.1　斜二等轴测图的形成

如图 5.13 所示，当物体上的两个坐标轴 OX 和 OZ 与轴测投影面平行，而投影方向与轴测投影面倾斜时，所得到的轴测图为斜二等轴测图，简称斜二测。

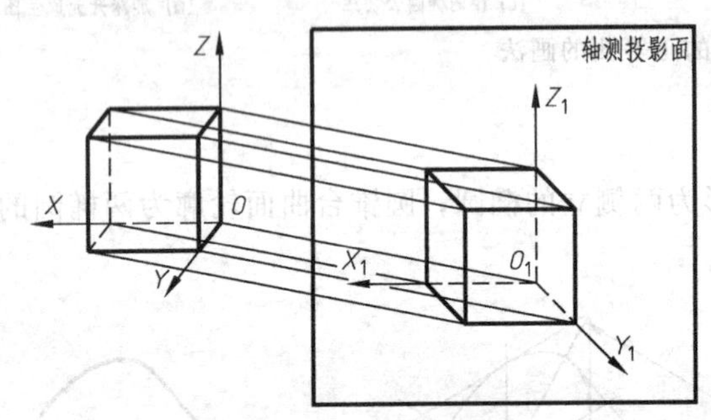

图 5.13　斜二测图的形成

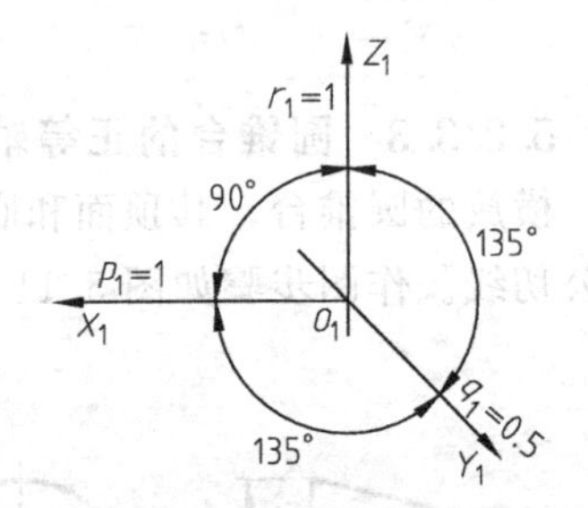

图 5.14　斜二测轴间角和轴向伸缩系数

5.3.1.2　轴间角和轴向伸缩系数

斜二等轴测图的轴向伸缩系数，X、Z 方向为 1，Y 方向为 0.5，即 $p_1=r_1=1$，$q_1=0.5$。轴间角为$\angle X_1O_1Z_1=90°$，$\angle X_1O_1Y_1=\angle Y_1O_1Z_1=135°$，如图 5.14 所示。

凡是平行于 XOZ 坐标面的平面图形，在斜二测中其投影均反映实形。因此当物体正面形状较复杂，且具有较多的圆和圆弧，其他方向图形较简单时，采用斜二测作图比较简便。

5.3.2　斜二轴测图的画法

5.3.2.1　平面体的斜二测画法

【例 5.3】 作图 5.15（a）所示的正四棱台的斜二测。

【解】（1）在视图上选好坐标轴，如图 5.15（a）所示。

(2) 画轴测轴，作底面的轴测图，如图 5.15 (b) 所示。

(3) 在底面上量取锥台高度 h，作顶面轴测图，如图 5.15 (c) 所示。

(4) 连线描深 [见图 5.15 (d)]。

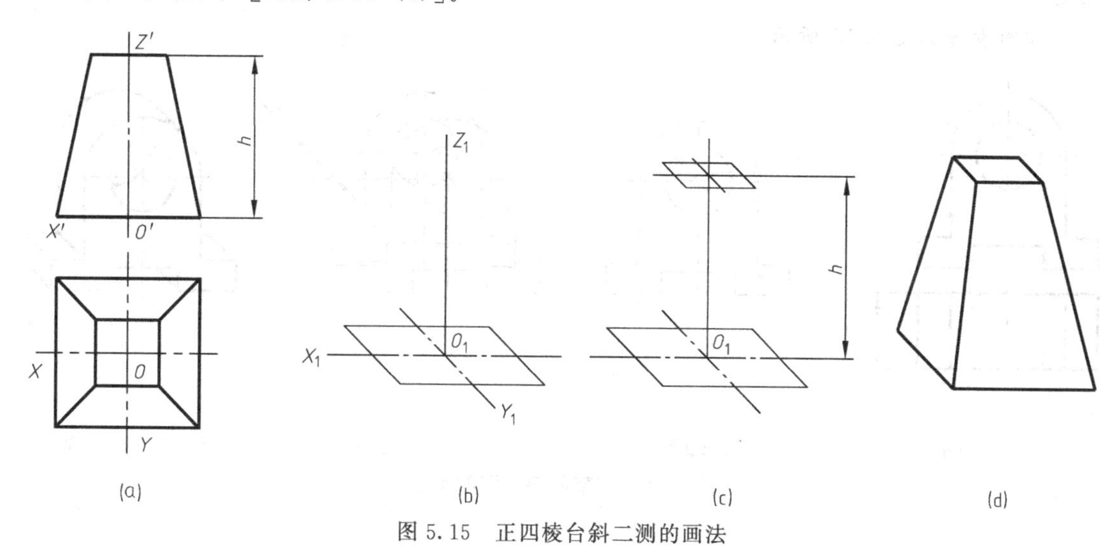

图 5.15 正四棱台斜二测的画法

5.3.2.2 回转体的斜二测的画法

(1) 平行于正面的圆的斜二测仍是圆。而平行于水平面和侧面的圆的斜二测均为椭圆，如图 5.16 所示。水平面上的椭圆长轴对 X_1 轴偏转 7°；侧平面上的椭圆长轴对 Z_1 轴偏转 7°。椭圆的长轴≈$1.06d$，短轴≈$0.33d$。

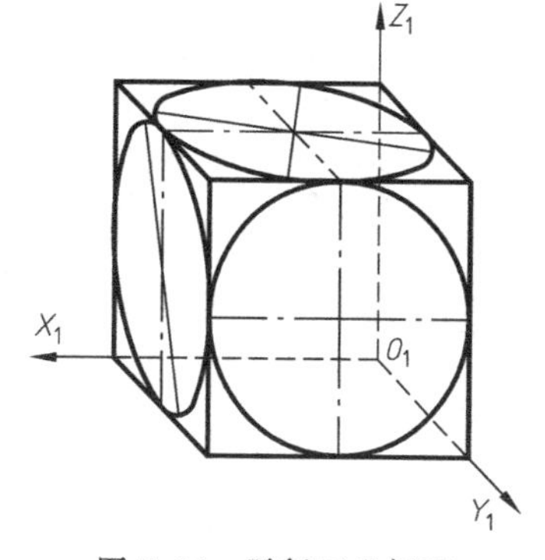

图 5.16 平行于坐标面的圆的斜二测

由于侧平面和顶面上的椭圆画法较麻烦，所以当物体的三个或两个坐标面上有圆时，应尽量不选用斜二轴测图，而当物体只有一个坐标面上有圆时，采用斜二测较简便。

(2) 回转体的斜二测画法，以图例说明。

【例 5.4】 作图 5.17 (a) 所示的圆台的斜二测。

【解】 在图 5.17 (a) 中，圆台的两个端面都平行于侧面，其斜二测均为椭圆。为了方便画图，可将 X 轴当作 Y 轴。这样绘制的图形，只是方向不同，形状并不改变，但大大简化了作图过程。

作图步骤如图 5.17 中 (b)、(c) 所示。

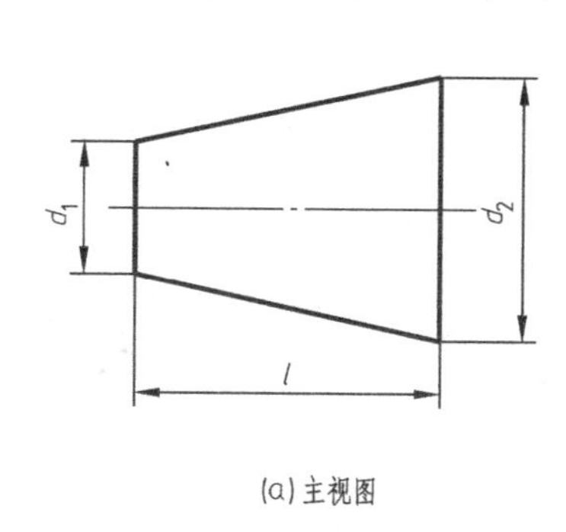

(a) 主视图

(b) 画轴测轴及前后圆

(c) 作两圆公切线、描深

图 5.17 圆锥台的斜二测的画法

【例 5.5】 作图 5.18（a）所示支架的斜二测。

【解】 该支架的正面形状较复杂，且有两个半径不等的圆，因此选择正面平行于轴测投影面。

作图步骤如图 5.18 所示。

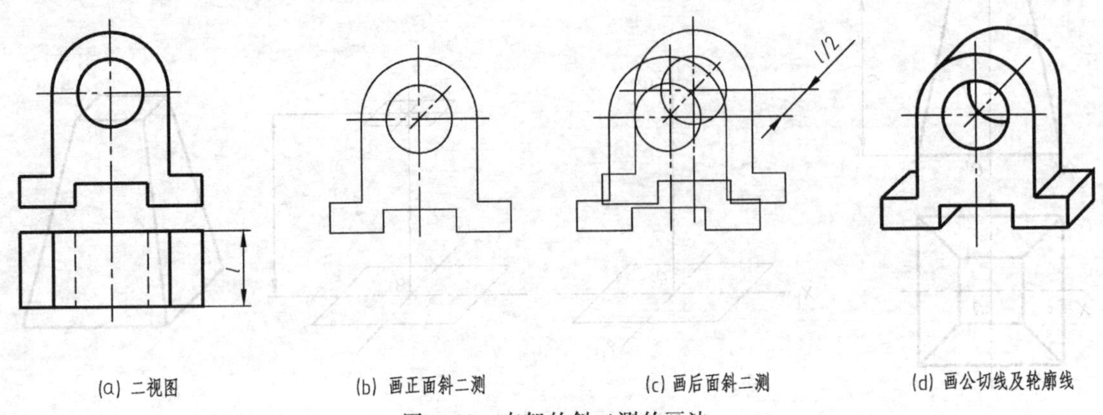

(a) 二视图　(b) 画正面斜二测　(c) 画后面斜二测　(d) 画公切线及轮廓线

图 5.18 支架的斜二测的画法

第6章 机件常用的表达方法

在生产实际中，物体的形状和结构是比较复杂的，为了正确、完整、清晰、规范地将物体的内外结构形状表达出来，国家标准《技术制图》、《机械制图》中规定了各种画法。本章介绍机件常用的各种表达方法，如基本视图、局部视图、斜视图的画法，剖视图的画法，断面图的画法，局部放大图以及简化画法、规定画法等。

6.1 视　　图

6.1.1 基本视图

在原来三个投影面的基础上，再增加三个投影面，构成一个正六面体。这六个面称为基本投影面。机件向基本投影面投影所得到的视图，称为基本视图，如图 6.1 所示。除主视图、俯视图、左视图外，新增加的三个视图为：

右视图——自右向左投射；

仰视图——自下向上投射；

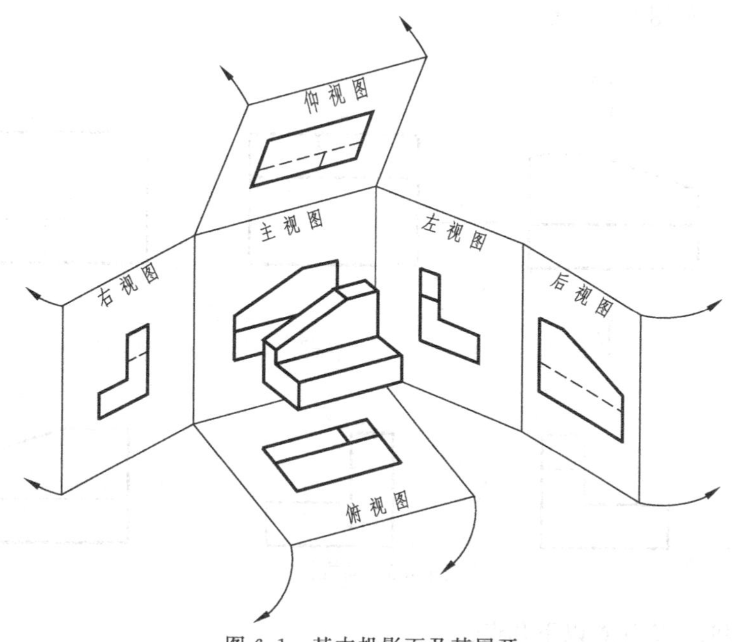

图 6.1　基本投影面及其展开

后视图——自后向前投射。

各投影面按图 6.1 所示展开后，六个基本视图的配置关系如图 6.2 所示。

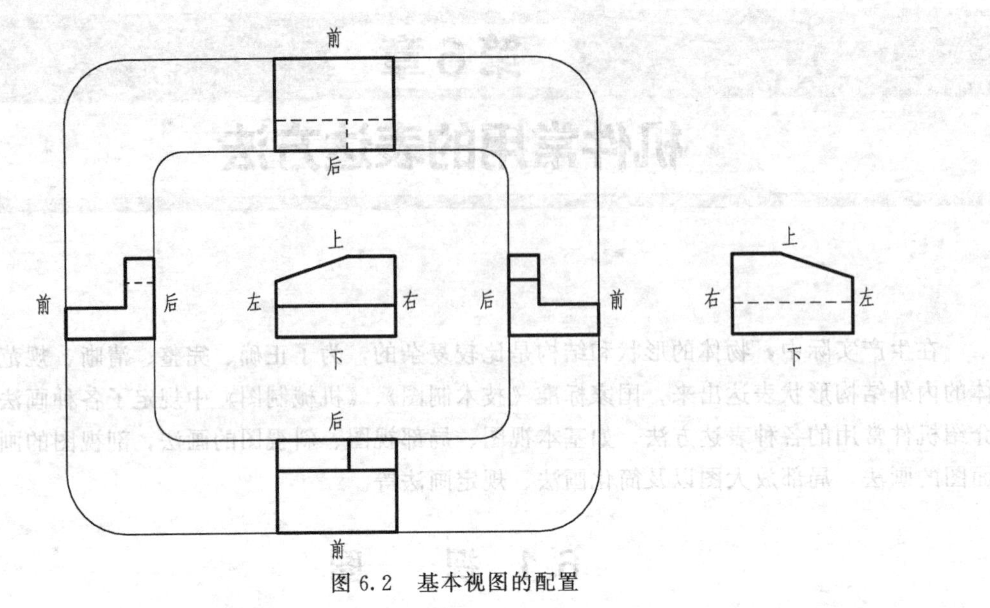

图 6.2　基本视图的配置

在同一张图样内按上述关系配置的基本视图，不需标注视图名称。实际画图时，一般不必画六个基本视图，而是根据机件形状的特点和复杂程度，按实际需要选择其中几个基本视图，从而完整、清晰、简明地表达出该机件的结构形状。六个基本视图之间仍符合长对正、高平齐、宽相等的投影规律。从视图中还可以看出机件前后、左右、上下的方位关系。

6.1.2　向视图

向视图是可自由配置的基本视图。为了合理利用图纸，如不能按图 6.2 所示配置视图时，可自由配置，如图 6.3 所示。

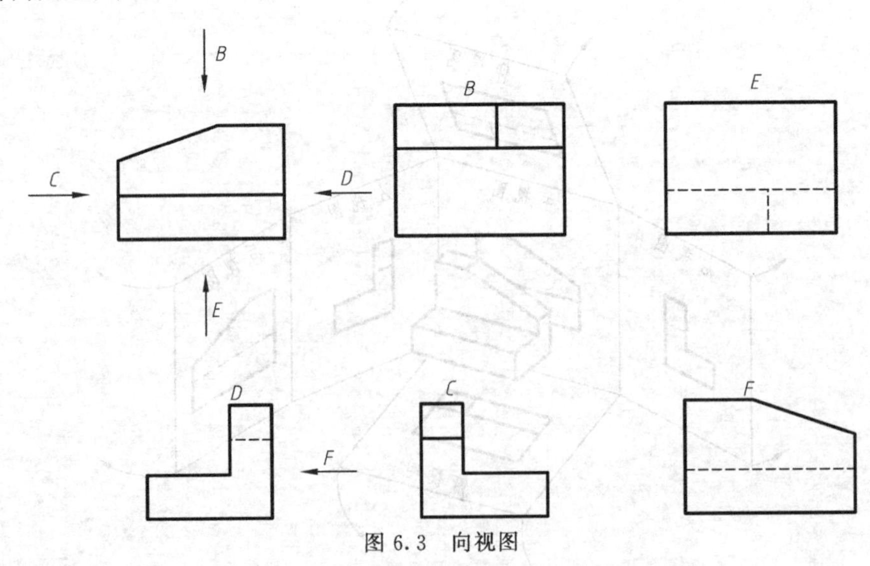

图 6.3　向视图

在实际应用时，应注意以下几点：

(1) 绘图时应在向视图上方标注“×”(“×”为大写拉丁字母)，在相应视图的附近用箭头指明投射方向，并标注相同的字母。

(2) 向视图的视图名称“×”为大写拉丁字母，无论是箭头旁的字母，还是视图上方的字母，均应与正常的读图方向一致。

(3) 由于向视图是基本视图的另一种配置形式，所以表示投射方向的箭头应尽可能配置在主视图上。在绘制以向视图方式配置的后视图时，最好将表示投射方向的箭头配置在左视图或右视图上，以便所获视图与基本视图一致。

6.1.3 局部视图

当机件的某一部分形状未表达清楚，又没有必要画出整个基本视图时，可以只将机件的该部分向基本投影面投射，这种将物体的某一部分向基本投影面投射所得到的视图称为局部视图。

如图 6.4 所示，机件左侧凸台在主、俯视图中均不反映实形，但没有必要画出完整的左视图，可用局部视图表示凸台形状。局部视图的断裂边界用波浪线或双折线表示。当局部视图表示的局部结构完整，且外轮廓线又呈封闭的独立结构形状时，波浪线可省略不画。如图中的局部视图 *B*。

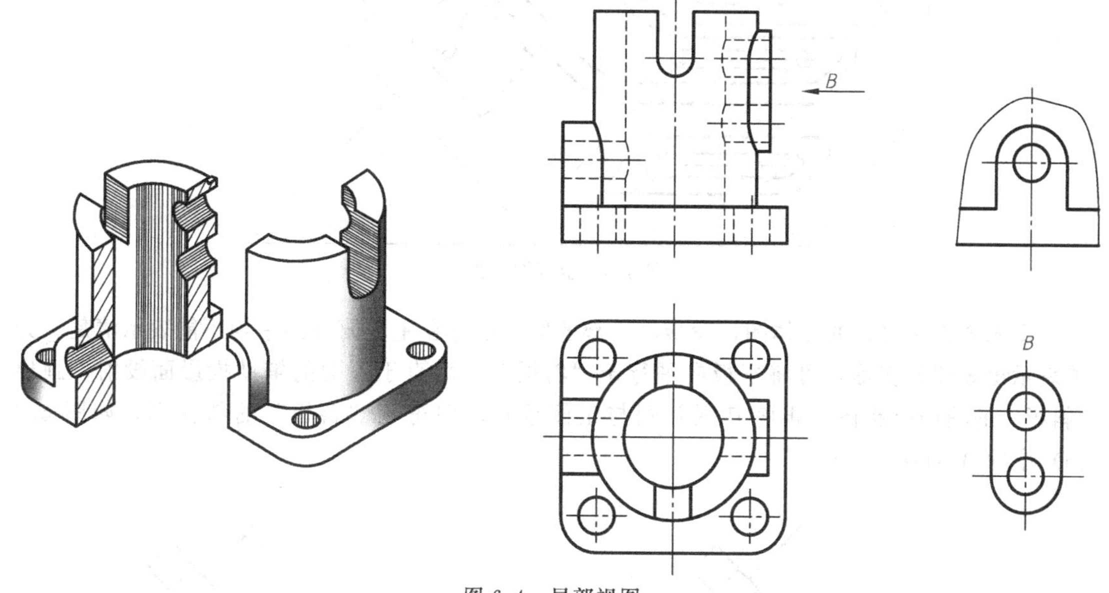

图 6.4 局部视图

用波浪线作为断裂分界线时，波浪线不应超过机件的轮廓线，应画在机件的实体上，不可画在机件的中空处，如图 6.5 所示。

通常在局部视图上方标出视图名称“×”，在相应的视图附近用箭头指明投射方向，并注上相同的字母。当局部视图按基本视图配置，中间又无其他视图隔开时，可不必标注。

6.1.4 斜视图

斜视图是机件向不平行于基本投影面的平面投射所得到的视图。

当机件上有不平行于基本投影面的倾斜部分时，基本视图就不能反映该部分的实形。为

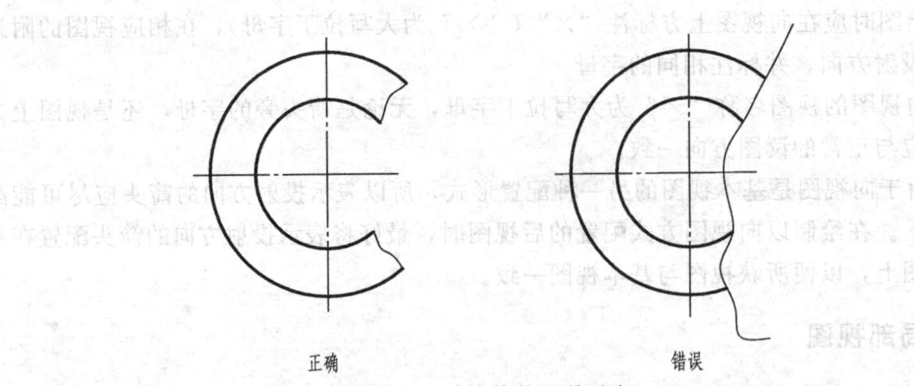

图 6.5　波浪线的正误画法

了表示倾斜部分的实形，可用辅助投影（变换投影面）的方法，增加一个平行于该倾斜表面，且垂直某一基本投影面的辅助投影面，然后将倾斜部分向该辅助投影面投射，即可得到反映其实形的斜视图。

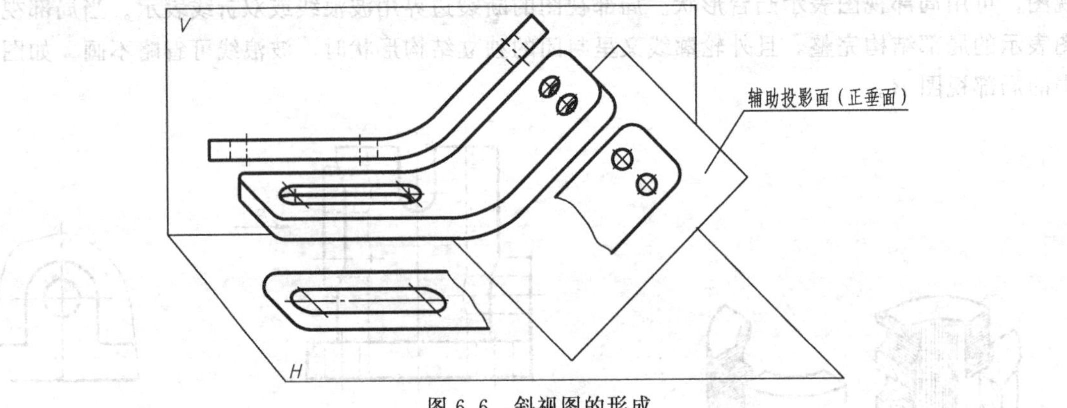

图 6.6　斜视图的形成

图 6.6 为一弯板的立体图，弯板右上部的倾斜部分在主、俯视图中均不能表示清楚。为了表示出该部分实形，可将弯板向平行于“斜板”且垂直于正面的辅助投影面投射，画出“斜板”的辅助投影图，再将其展开到与正面重合，即得到“斜板”的斜视图，如图 6.7（a）中的 *A* 向视图。

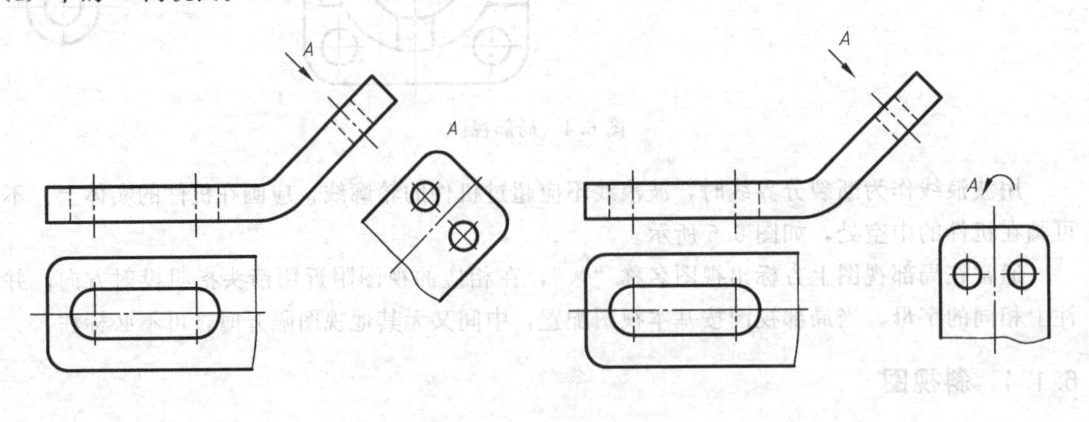

图 6.7　斜视图

斜视图主要用来反映机件上倾斜部分的实形，而原来平行于基本投影面的一些结构通常省略不画。斜视图一般按向视图的配置形式配置并标注，必要时还可将图形旋转，使图形的主要轮廓线（或中心线）成水平或铅垂位置，如图 6.7（b）中的 A 向视图。

斜视图旋转配置时，应加注旋转符号，旋转符号是以字高为半径的半圆弧，箭头方向与实际视图旋转方向一致，表示斜视图名称的大写拉丁字母应靠近旋转符号的箭头端，如"⌒A"或"A⌒"。必要时，也允许将旋转角度注在字母之后。斜视图的旋转角度可根据具体情况确定，通常以不大于 90°为宜。

6.2 剖 视 图

6.2.1 剖视图的概念

视图主要是表达机件的外部结构形状，而机件内部的结构形状，在前述视图中是用虚线表示的。当机件内部结构比较复杂时，视图中就会出现较多的虚线，它既影响图形的清晰程度，又不利于看图和标注尺寸。画剖视图的目的主要是表达物体内部的空与实的关系，更明显地反映结构形状。

6.2.1.1 剖视图的基本概念

假想用一个剖切面把机件剖开，将处于观察者和剖切面之间的部分移去，余下的部分向投影面投射所得的图形，称为剖视图，简称剖视，如图 6.8 所示。

6.2.1.2 画剖视图时应注意的几个问题

（1）画剖视图时，在剖切平面后的可见轮廓线应用粗实线绘出，如图 6.9 所示的空腔中线、面的投影。

（2）剖切面一般应通过所需表达的机件内部结构的对称平面或轴线，且使其平行或垂直于某一投影面，如图 6.9 中的剖切面是通过机件的对称平面。

（3）因为剖切是假想的，虽然机件的某个视图画成剖视图，而机件仍是完整的。所以其他图形的表达方案仍应按完整的机件考虑（如图 6.9）。将图 6.9 中的俯视图画成图 6.10 所示，是初学者常犯的错误。

（4）在剖视图中，对于已表达清楚的结构，虚线一般省略不画；在没有剖开的其他视图上，表达内外结构的虚线也按同样原则处理。对尚未表达清楚的结构，也可用虚线表达，如图 6.11 所示。

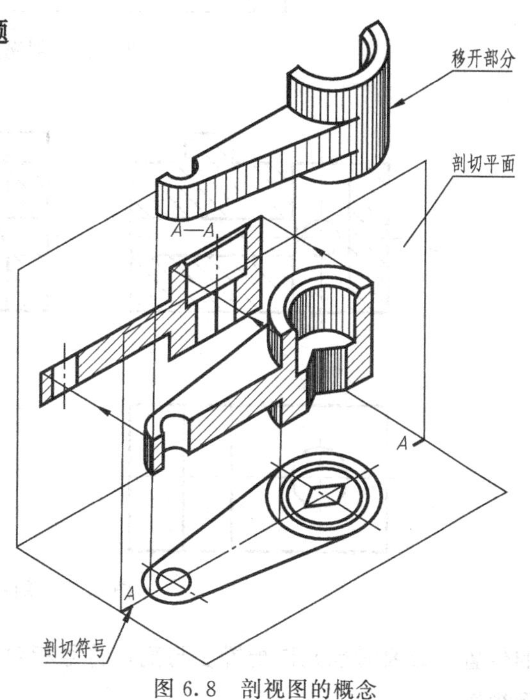

图 6.8 剖视图的概念

（5）未剖开的孔的轴线应在剖视图中画出，如图 6.12 中的主视图。

（6）基本视图配置的规定同样适合于剖视图，即剖视图既可按投影关系配置在基本视图

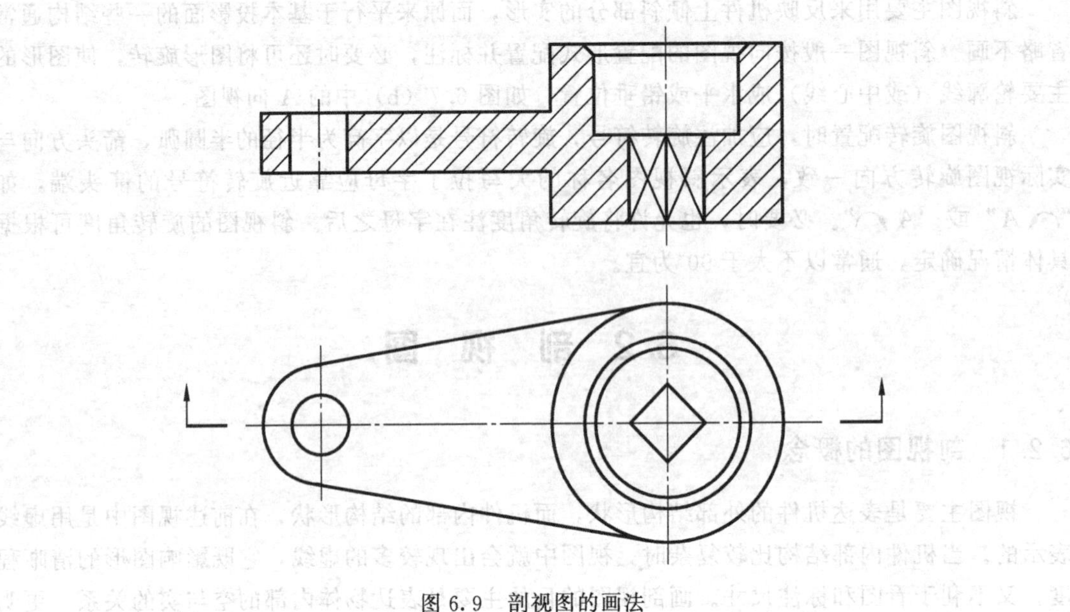

图 6.9　剖视图的画法

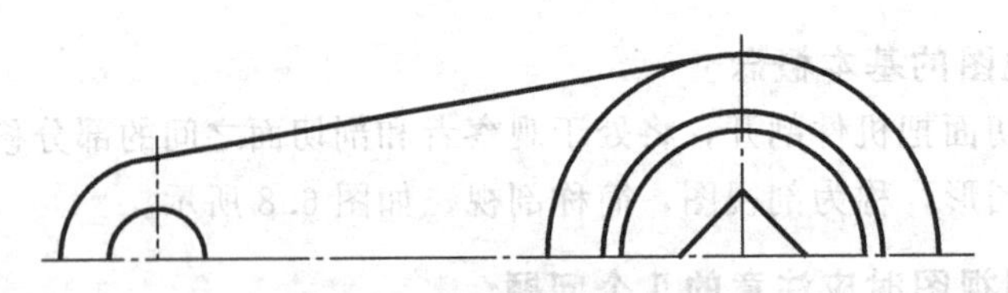

图 6.10　剖视图的常见错误

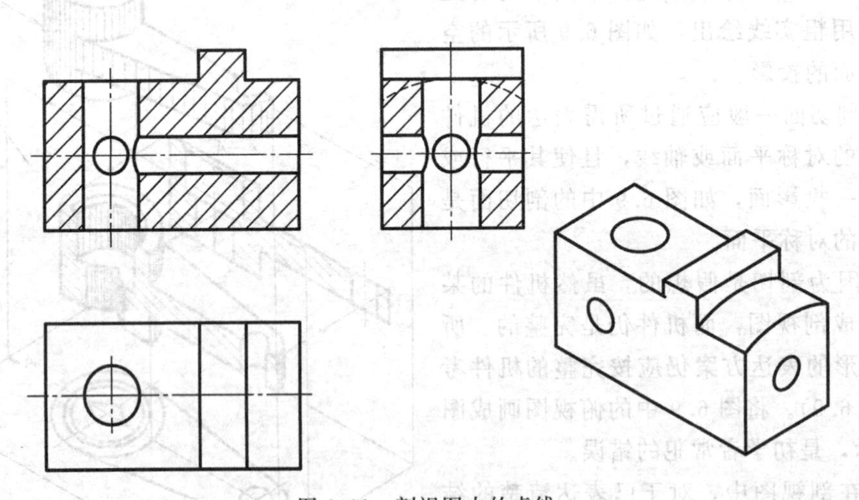

图 6.11　剖视图中的虚线

的位置，必要时也允许配置在与剖切符号相对应的其他适当位置，如图 6.13 中的“B—B”剖视图。

6.2.1.3　剖面符号

剖视图在剖切面与机件相交的实体剖面区域应画出剖面符号。因机件材料的不同，剖面符号也不同。常见材料的剖面符号见表 6.1。

表 6.1　剖面符号

材料名称	剖面符号	材料名称	剖面符号
金属材料(已有规定剖面符号者除外)		木材横剖面	
线圈绕组元件		木制胶合板	
转子、电枢、变压器和电抗器等的叠钢片		基础周围的泥土	
非金属材料(已有规定剖面符号者除外)		混凝土	
型砂、填砂、粉末冶金、砂轮、陶瓷刀片、硬质合金刀片等		钢筋混凝土	
玻璃及供观察用的其他透明材料		砖	
木材纵剖面		格网	
		液体	

对金属材料制成的机件的剖面符号，一般应画成与主要轮廓线或剖面区域的对称线成45°的一组平行且间隔相等的细实线；在同一张图纸中，同一机件的各个剖面区域其剖面线画法应一致。当图形主要轮廓线或剖面区域的对称线与水平线夹角成45°或接近45°时，该图形的剖面线可画成与主要轮廓线或剖面区域的对称线成30°或60°的平行线，其倾斜方向仍与其他图形的剖面线方向一致，如图6.12所示。

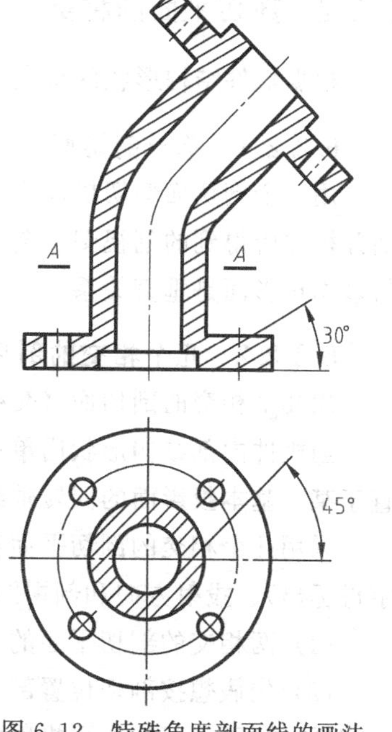

图6.12　特殊角度剖面线的画法

6.2.1.4　剖视图的标注

在必要时，应同时标注剖切位置、投射方向和剖视图名称，如图6.13所示。

(1) 剖视图名称　在剖视图的上方用大写拉丁字母“×”注出剖视图的名称“×—×”。

(2) 剖切位置　用剖切符号来表示剖切平面位置。剖切符号是画在剖切平面迹线的两端和转折处，且不与机件轮廓线相交的两段粗实线（线宽1～1.5d，长约5～10mm）。在剖切符号的起、止和转折处应注写与剖视图名称相同的字母“×”。此处，剖切平面迹线简称剖切线，它指明了剖切平面的位置，用细点画线表示，也可省略不画。

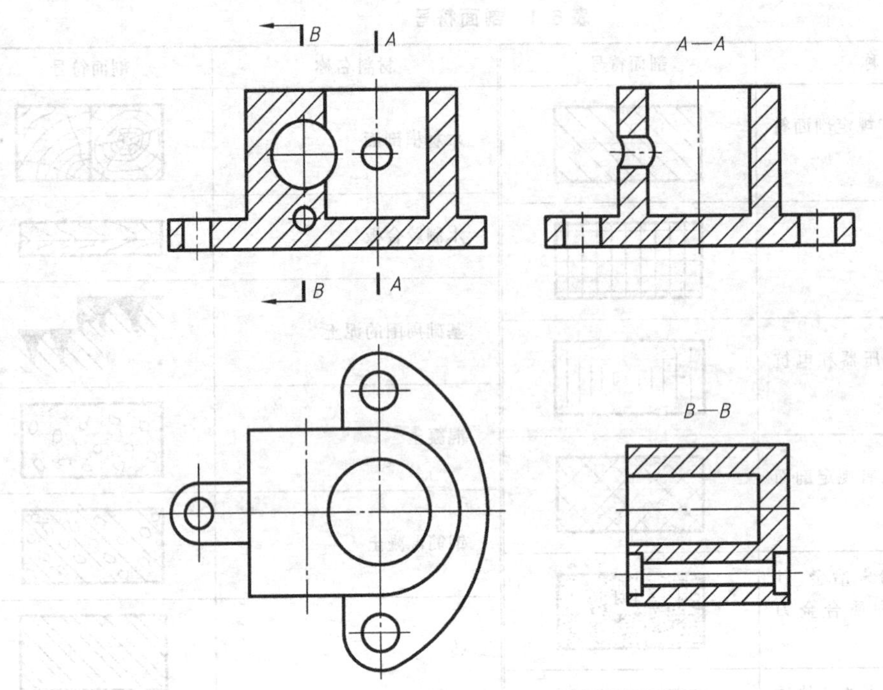

图 6.13　剖视图的标注

(3) 投射方向　在剖切符号两端画上箭头指明投射方向。

剖视图在下列情况下可以简化或省略标注：

(1) 当剖视图按投影关系配置，中间又没有其他图形隔开时，可省略箭头。

(2) 当剖切平面通过机件的对称面或基本对称面，且剖视图按投影关系配置，中间又没有其他图形隔开时，可以省略标注。图 6.13 中的主视图符合省略标注条件。

6.2.2　剖切平面的种类

根据机件结构形状的特点，用来假想剖切机件的剖切面可有下列几种。

6.2.2.1　单一剖切面

用一个剖切面剖切机件后所画的剖视图，如上述所讲到的剖视图，都是用单一剖切平面剖开机件所得到的剖视图。图 6.14 中所用的单一剖切平面 $B—B$ 与基本投影面不平行，但与基本投影面是垂直关系。

6.2.2.2　几个相交的剖切面

用几个相交的剖切面（交线垂直于某一投影面）剖开机件后画剖视图。

当机件内部结构形状用单一剖切平面剖切不能完全表达，而这个机件在整体上又具有垂直于某一基本投影面的回转轴线时，可采用几个相交的剖切平面剖切，如图 6.15 所示。

采用几个相交的剖切平面获得的剖视图必须标出剖切位置（在它的起讫和转折处用相同字母标出）、投射方向和剖视图名称。画图时应注意以下几点：

(1) 两相交的剖切平面的交线应与机件上垂直于某一基本投影面的回转轴线重合；

(2) 先假想按剖切位置剖开机件，然后将被剖切平面剖开的结构及其有关部分旋转到与选定的投影面平行后，再投射画出，以反映被剖切结构的实形，但在剖切平面以后的其他结

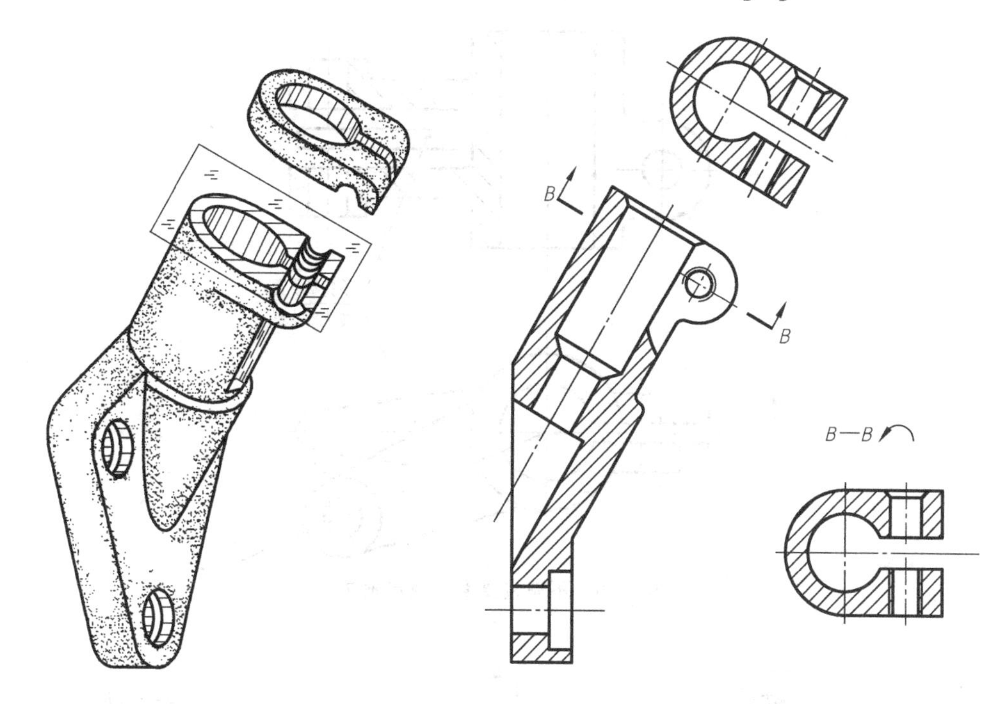

图 6.14　用单一剖切平面剖切

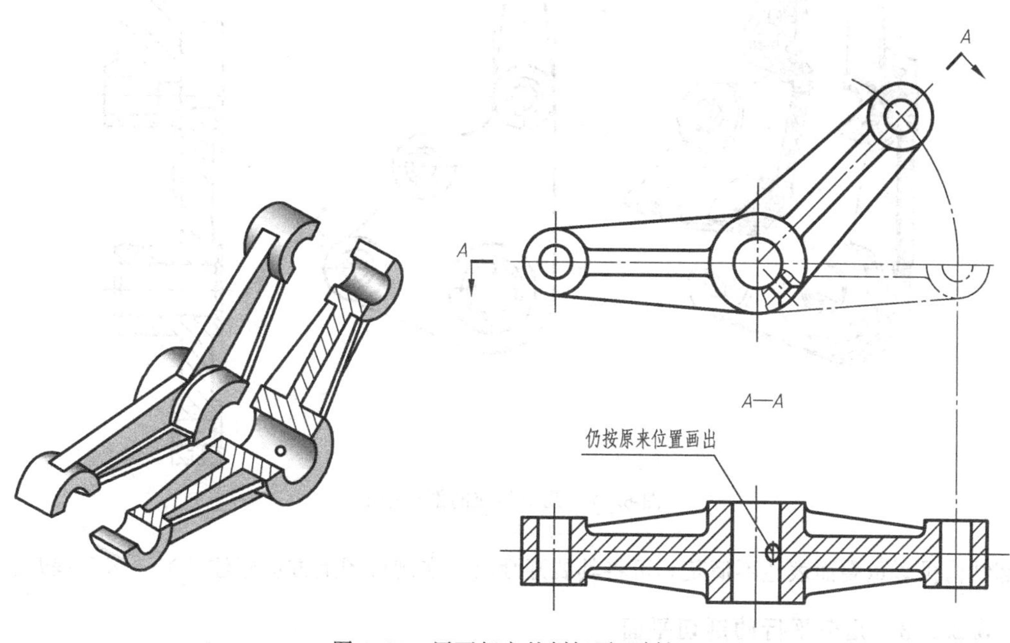

图 6.15　用两相交的剖切平面剖切

构一般仍按原来位置投射画出；

（3）当两相交的剖切平面剖到机件上的结构产生不完整要素时，应将此部分结构按不剖绘制，如图 6.16 所示。

图 6.17 中，是用四个相交的剖切平面画出了挂轮架的剖视图。此时，若遇到机件的某些

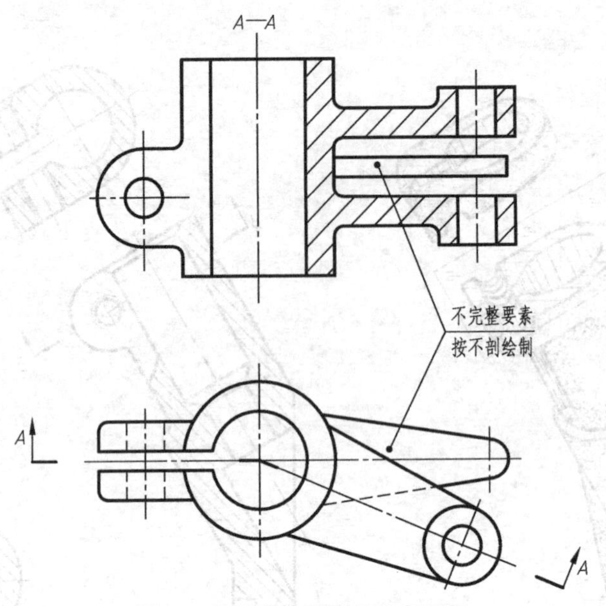

图 6.16　不完整要素的规定画法

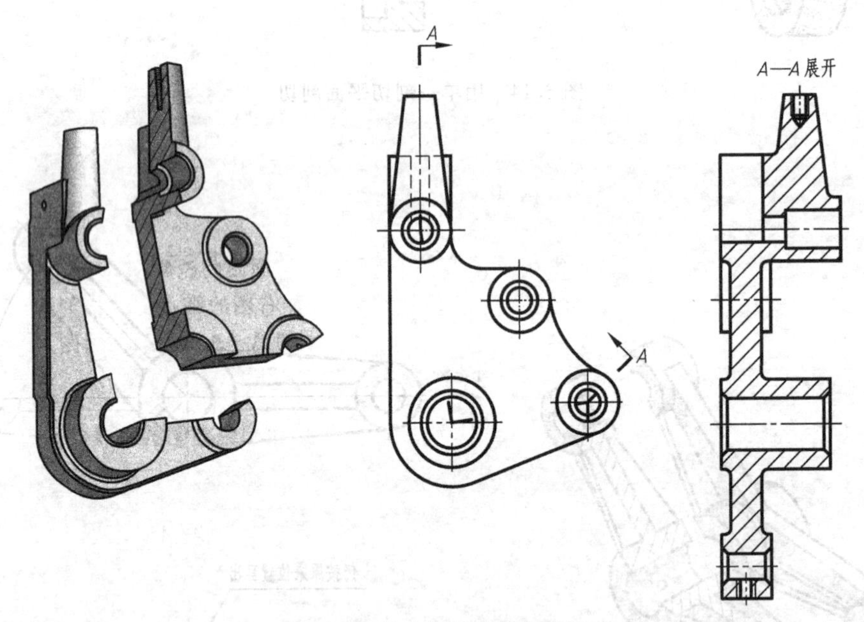

图 6.17　几个相交的剖切平面

内部结构投影重叠而表达不清楚，可将其展开画出，在剖视图上方应标注“×—×”展开。

6.2.2.3　几个平行的剖切平面

用两个或者多个平行的剖切平面剖开机件后画剖视图。有些机件的内形层次较多，用一个剖切平面不能全部表示出来，在这种情况下，可用几个互相平行的剖切平面依次把它们切开，如图 6.18 所示。

采用几个平行的剖切平面获得的剖视图必须标注剖切位置，在两个剖切面的分界处，剖切符号应对齐；当转折处地方有限又不致引起误解时，允许省略字母；剖视图按基本视图配

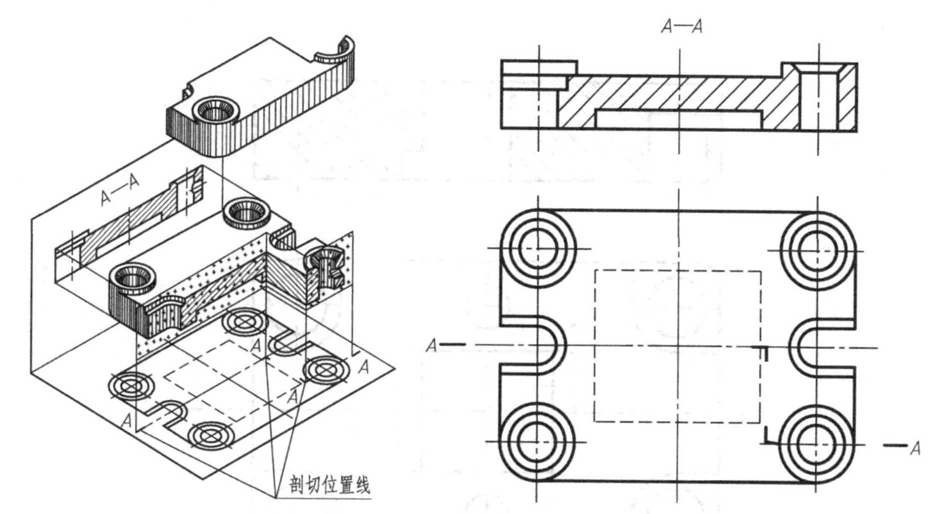

图 6.18　用两平行的剖切平面剖切

置，中间又无其他视图隔开时可省略剖视图名称和投射方向。

画图时应注意以下几个问题。

（1）在剖视图上，不要画出两个剖切平面转折处的投影，如图 6.19（a）所示。

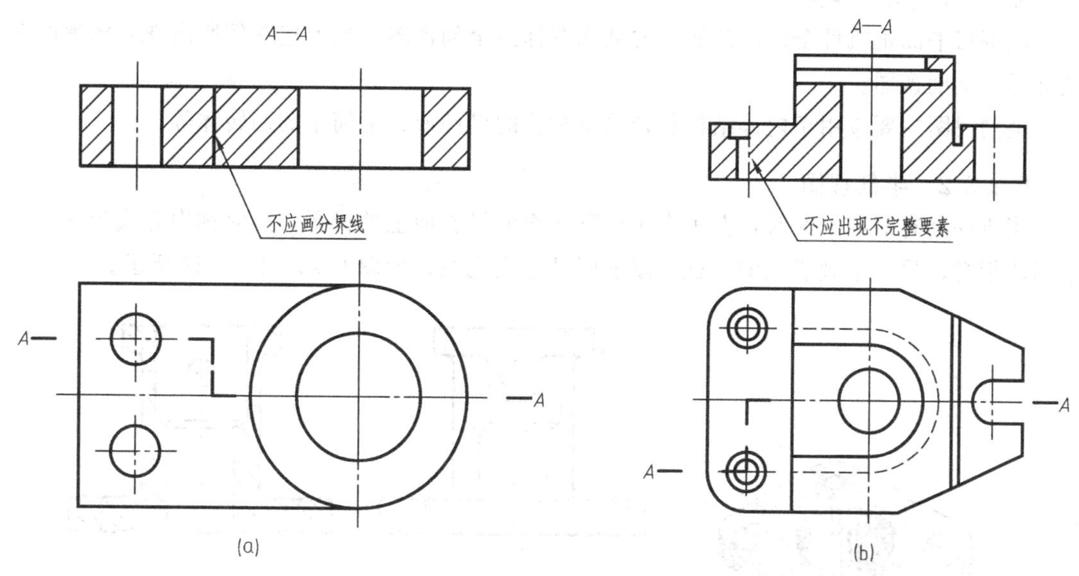

图 6.19　几个平行的剖切平面剖切时的常见错误

（2）剖视图上，不应出现不完整要素，如图 6.19（b）所示。只有当两个要素在图形上具有公共对称中心线时才允许各画一半，此时，应以中心线或轴线为界，如图 6.20 所示。

（3）剖切符号的转折处不应与图上的轮廓线重合。

上述三类剖切面，既可单独应用，也可结合起来使用。

6.2.3　剖视图的种类

按剖切的范围分，剖视图可分为全剖视图、半剖视图和局部剖视图三类。

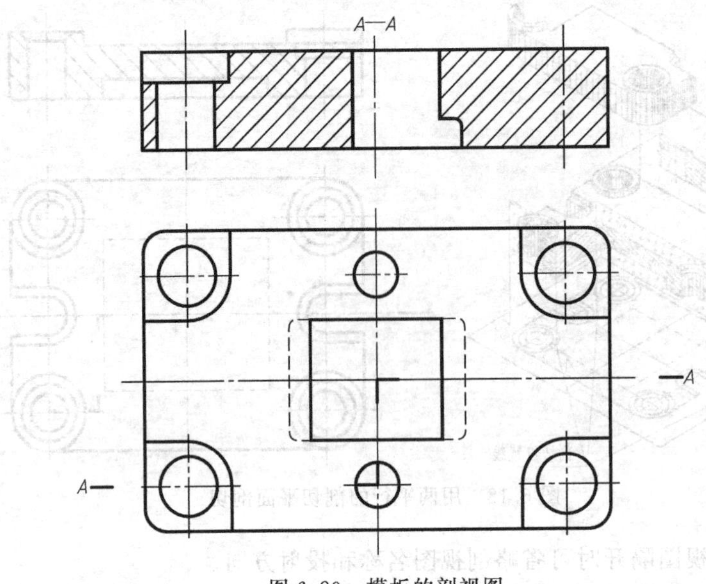

图 6.20　模板的剖视图

6.2.3.1　全剖视图

用剖切平面把机件全部剖开所得的剖视图称为全剖视图，如前述图例所出现的剖视图多数都属于全剖视图。

全剖视图主要应用于内部结构复杂的不对称的机件或外形简单的回转体等。

6.2.3.2　半剖视图

当机件具有对称平面时，在垂直于对称平面的投影面上的投影，以对称中心线为界，一半画成剖视，另一半画成视图，这种图形叫做半剖视图，如图 6.21、图 6.22 所示。

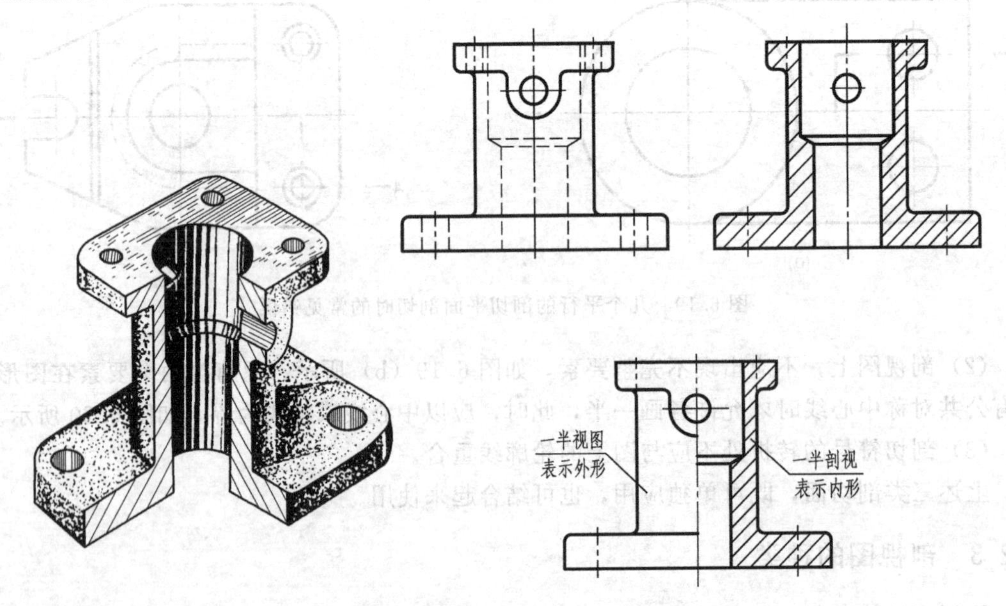

图 6.21　半剖视图的形成

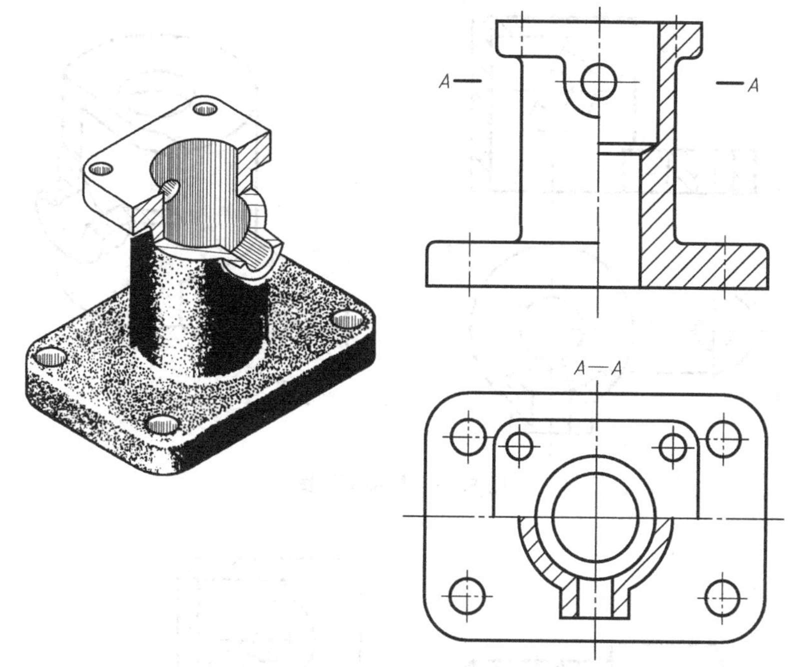

图 6.22　半剖视图

半剖视图可在一个图形上同时反映机件的内、外部结构形状，所以，当机件的内、外结构都需要表达，同时该机件对称或接近于对称，而其不对称部分已在其他视图中表达清楚时，可以采用半剖视图。如图 6.23 所示的机件属基本对称机件。

在半剖视图中，由于机件的内部结构已在剖视图中表达清楚，所以，在视图的那一半中，表示内部结构的虚线省略不画；剖视图和视图必须以细点画线作为分界线，在分界线处不能出现轮廓线（粗实线或虚线），如果在分界线处存在轮廓线，则应避免使用半剖视图。

半剖视图的标注符合剖视图的标注规则。

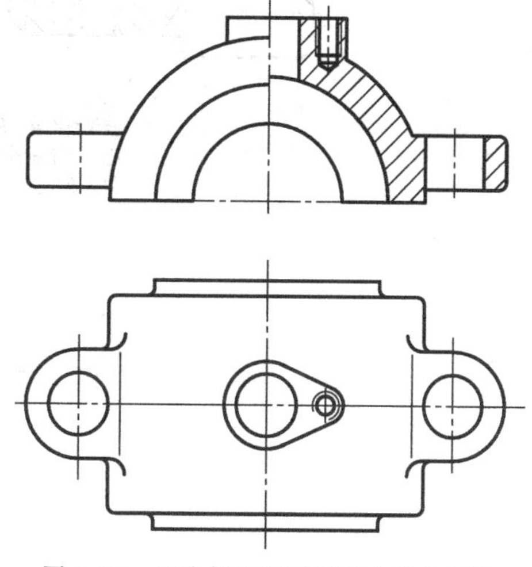

图 6.23　用半剖视图表达基本对称机件

6.2.3.3　局部剖视图

用剖切面局部地剖开机件所得的剖视图，称为局部剖视图，如图 6.24 所示。

画局部剖视图时，应注意以下几点。

（1）在局部剖视图中，用波浪线或双折线作为剖开与未剖部分的分界线。波浪线不要与图形中其他的图线重合，也不要画在其他图线的延长线上，遇孔、槽等空洞结构时，波浪线应断开，如图 6.25 所示。

（2）当被剖结构为回转体时，允许将该结构的中心线作为局部剖视与视图的分界线，如图 6.26 所示。

（3）局部剖视图的标注，符合剖视图的标注原则，在不致引起误解时，可省略标注。

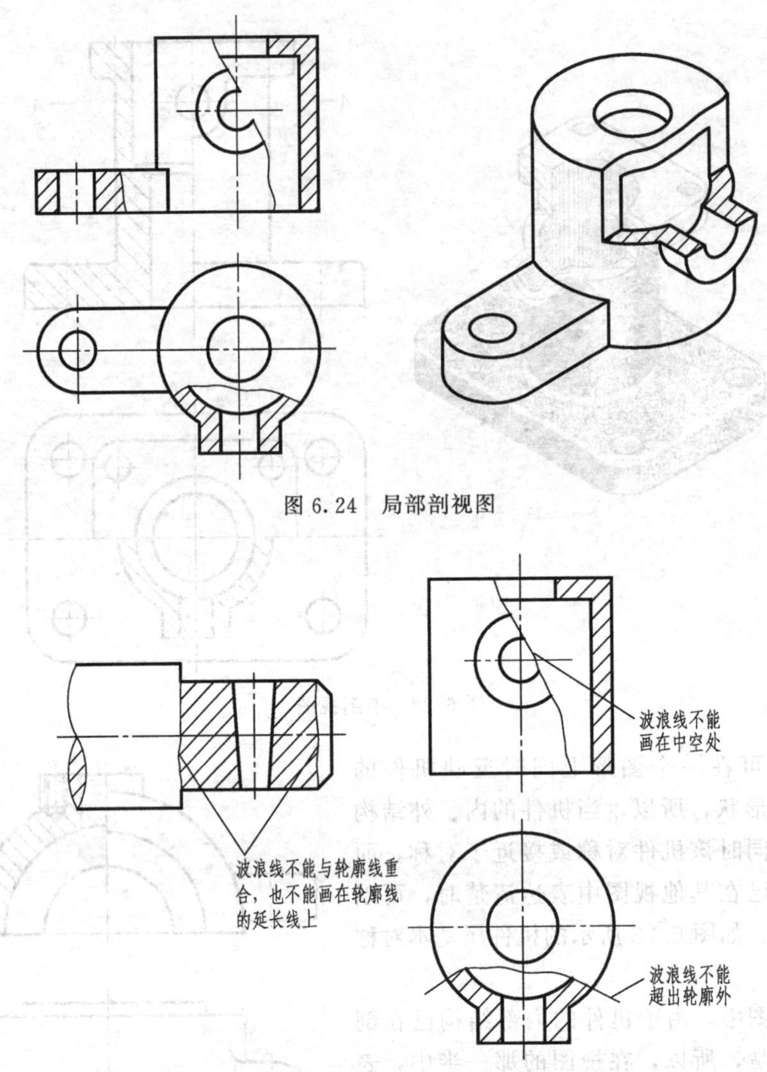

图 6.24　局部剖视图

图 6.25　波浪线的错误画法

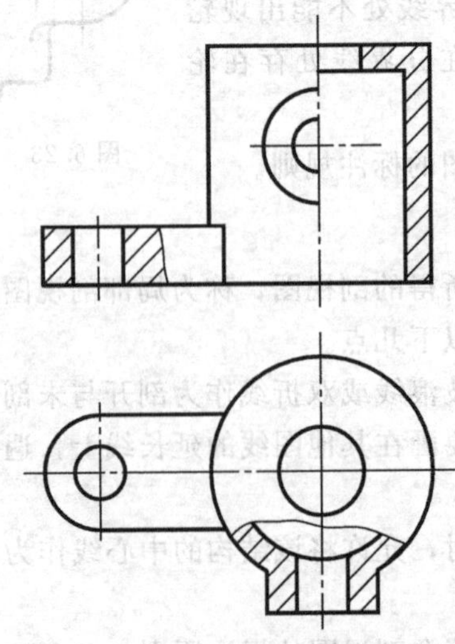

图 6.26　中心线代替局部剖视和视图的分界线

6.3 断　面　图

6.3.1　断面图的概念

假想用一个剖切平面将机件某处切断，仅画出该剖切面与机件接触部分的图形，称为断面图，简称断面，如图 6.27（b）所示。

断面图与剖视图的主要区别在于：断面图只画出机件的断面形状，而剖视图除了画出断面形状以外，还要画出机件剖切断面之后的所有可见部分的投影，如图 6.27（a）所示。

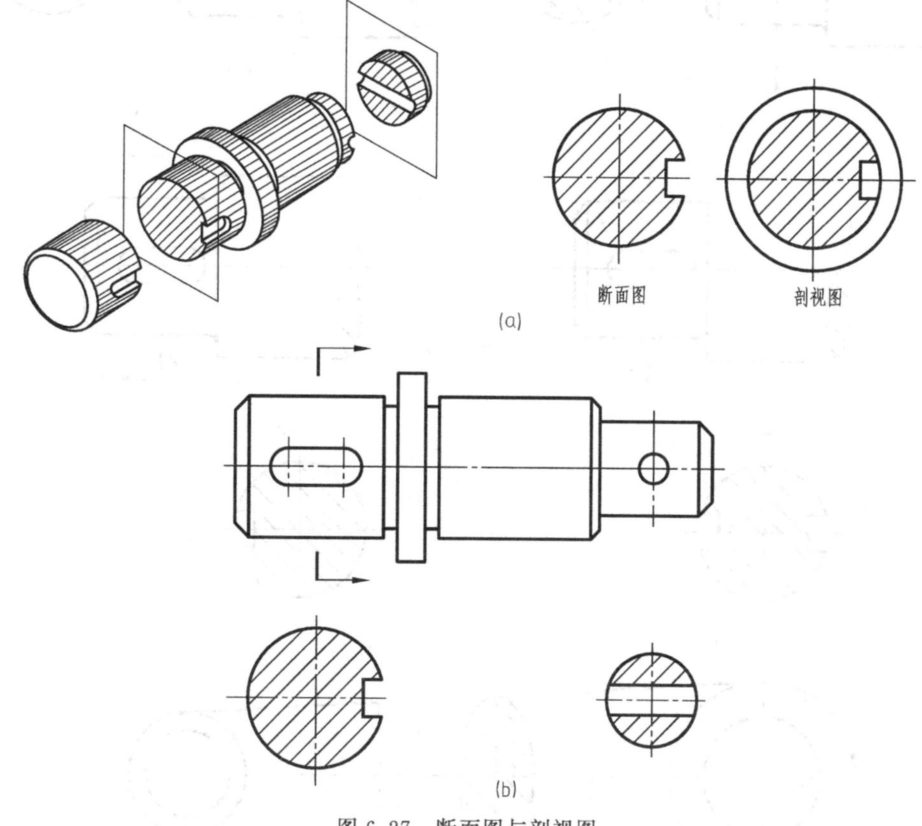

图 6.27　断面图与剖视图

断面图主要用于表达机件某一部位的断面的形状，如机件上的肋板、轮辐、键槽及型材的断面等。

6.3.2　断面图的种类

根据断面图在绘制时所配置的位置不同，断面图可分为移出断面图和重合断面图。

6.3.2.1　移出断面图

画在视图之外的断面图，称为移出断面图。

（1）移出断面图的画法

① 移出断面图的轮廓线用粗实线绘制，并在断面上画上剖面符号，如图 6.28（b）

所示。

② 移出断面图一般配置在剖切线的延长线上，如图 6.28（b）所示。必要时也可画在其他适当位置，如图 6.28 中的 A—A 断面。当移出断面对称时，也可画在视图的中断处，如图 6.28（e）所示。

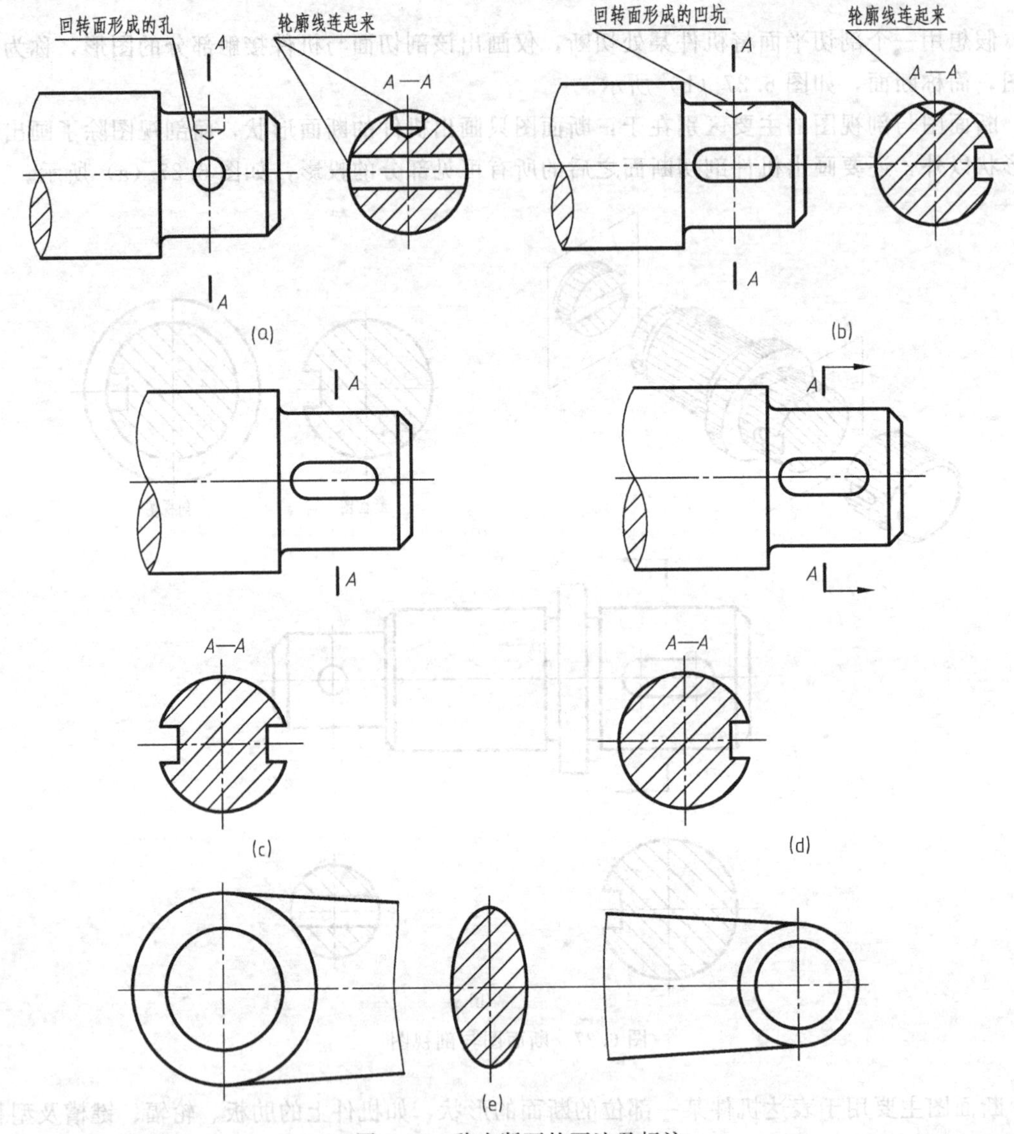

图 6.28　移出断面的画法及标注

③ 当剖切平面通过由回转面形成的孔或凹坑的轴线时，这些结构的断面图应按剖视图的规则绘制，如图 6.28 中（a）、（b）中的 A—A 断面。当剖切平面通过非回转面，使断面图变成完全分离的两个图形时，则该结构亦按剖视图绘制，如图 6.29 所示。必须指出，这里的“按剖视图绘制”是指被剖切到的结构，并不包括剖切平面后的其他结构。

④ 剖切平面应与被剖切部位的主要轮廓线垂直。若用两个或多个相交的剖切平面分别垂直于机件轮廓线剖切，其断面图形的中间应用波浪线断开，如图 6.30 所示。

（2）移出断面的标注　移出断面的标注与剖视图基本相同，一般也用剖切符号表示剖切

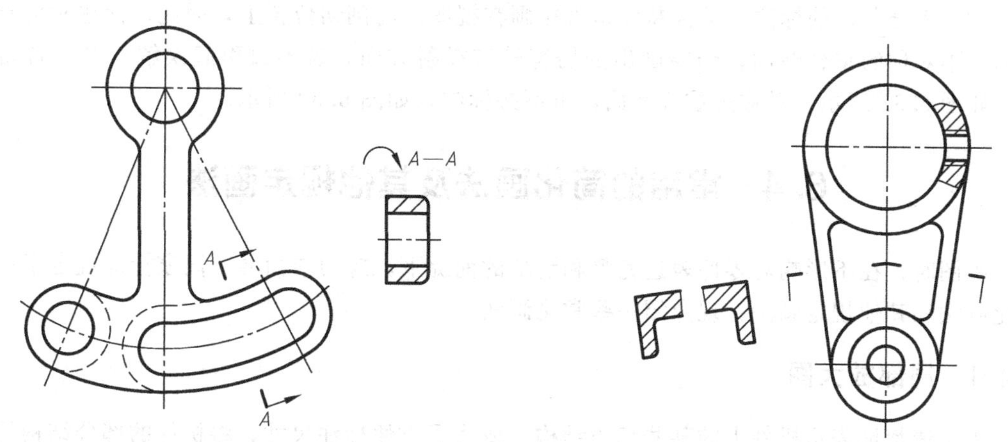

图 6.29 按剖视图绘制的非圆孔断面图

图 6.30 用两个相交平面剖切出的断面图

位置，箭头表示剖切后的投射方向，并注上字母，在相应的断面图上方正中位置用同样字母标注出其名称“×—×”。

移出断面可根据其配置情况省略标注。

① 省略字母。配置在剖切符号的延长线上的不对称移出断面，可省略字母。

② 省略箭头。按投影关系配置的不对称移出断面及不配置在剖切延长线上的对称移出断面，可省略箭头。

③ 省略标注。配置在剖切符号（此时也可由剖切线画出）延长线上的对称移出断面和配置在视图中断处的对称移出断面以及按投影关系配置的对称移出断面，可省略标注。

6.3.2.2 重合断面图

在不影响图形清晰的条件下，断面图也可画在视图里面。画在视图之内的断面图，称为重合断面图。

（1）重合断面图的画法　重合断面图的轮廓线用细实线绘制。当重合断面图的轮廓线与视图中轮廓线重叠时，视图的轮廓线仍应连续画出，不可间断，如图 6.31 所示。

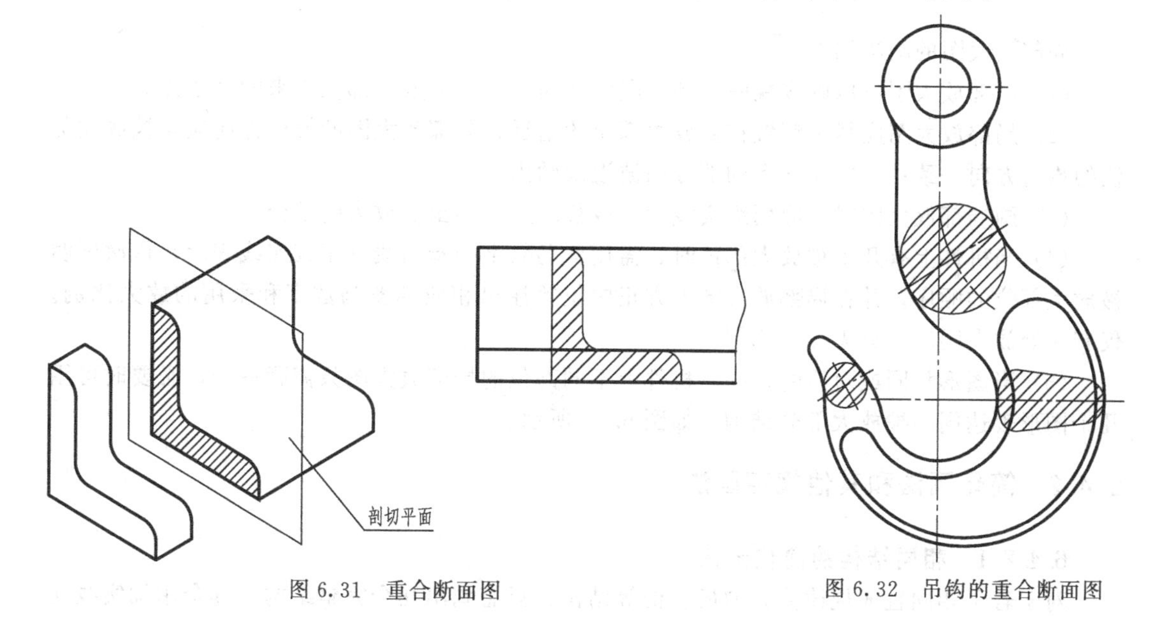

图 6.31 重合断面图

图 6.32 吊钩的重合断面图

（2）重合断面的标注　重合断面是直接画在视图内的剖切位置上，因此，标注时可省略字母。不对称的重合断面，仍要画出剖切符号和投射方向，若不致引起误解，也可省略标注，如图 6.31 所示。对称的重合断面，可不必标注，如图 6.32 所示。

6.4　常用的简化画法及其他规定画法

画图时，在不影响对零件表达完整和清晰的前提下，应力求简便。国家标准规定了一些简化画法和其他规定画法，现介绍一些常见画法。

6.4.1　局部放大图

为了清楚地表示机件上的某些细小结构，或为了方便标注尺寸，将机件的部分结构用大于原图形的比例画出，这种图称为局部放大图，如图 6.33 所示。

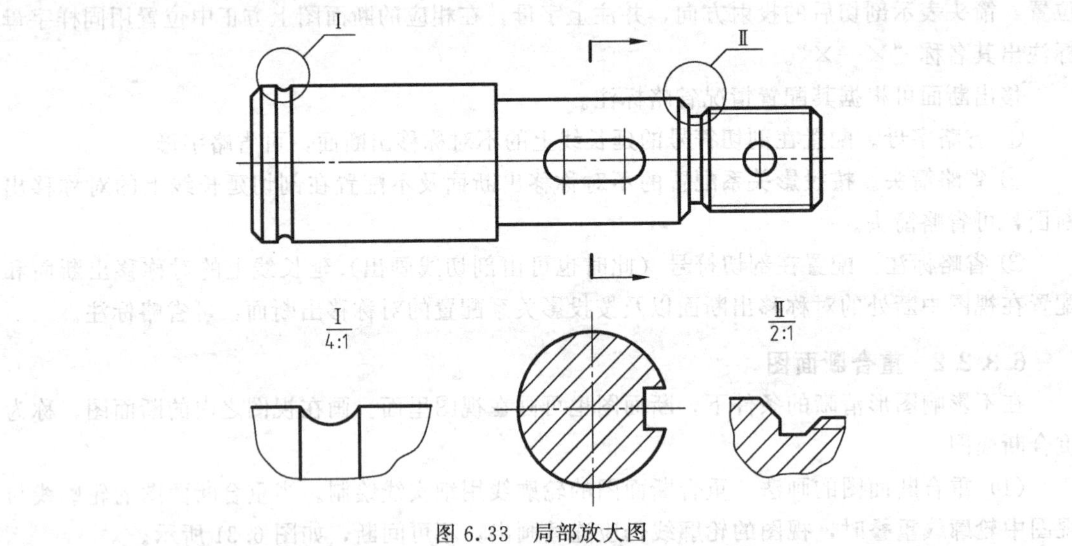

图 6.33　局部放大图

局部放大图的画法如下。

（1）局部放大图可以画成视图、剖视图和断面图，与被放大部位原来的画法无关。

（2）局部放大图应尽量配置在被放大部位的附近；局部放大图的投射方向应与被放大部位的投射方向一致；与整体联系的部分用波浪线画出。

（3）画局部放大图时，应用细实线圆（或长圆形）圈出被放大的部分。

（4）当机件上有几个被放大部位时，需用罗马数字和指引线（用细实线表示）依次标明被放大部位的顺序，并在局部放大图上方正中位置注出相应的罗马数字和采用的放大比例。仅有一处放大图时，只需标注比例。

（5）当图形相同或对称时，同一机件上不同部位的局部放大图只需画一个，必要时可用几个图形表达同一被放大部分结构，如图 6.34 所示。

6.4.2　简化画法和其他规定画法

6.4.2.1　相同结构的简化画法

对于若干相同且成规律分布的齿、槽等结构，只需画出几个完整结构，其余用细实线连

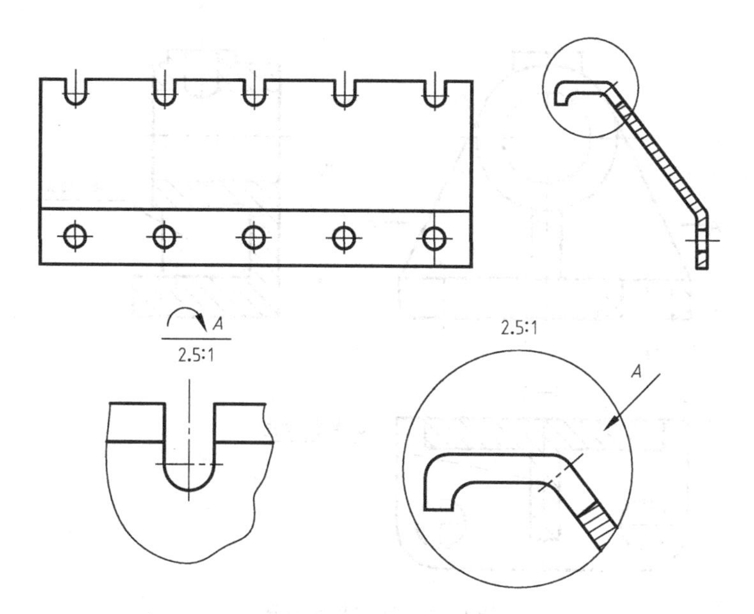

图 6.34　用几个图形表达同一被放大部分的结构

接，在零件图中注明该结构的总数，如图 6.35（a）所示。

若干相同且成规律分布的孔（圆孔、螺纹孔、沉孔等），可以只画出一个或几个，其余用细点画线表示其中心位置，在零件图中注明孔的总数，如图 6.35（b）所示。

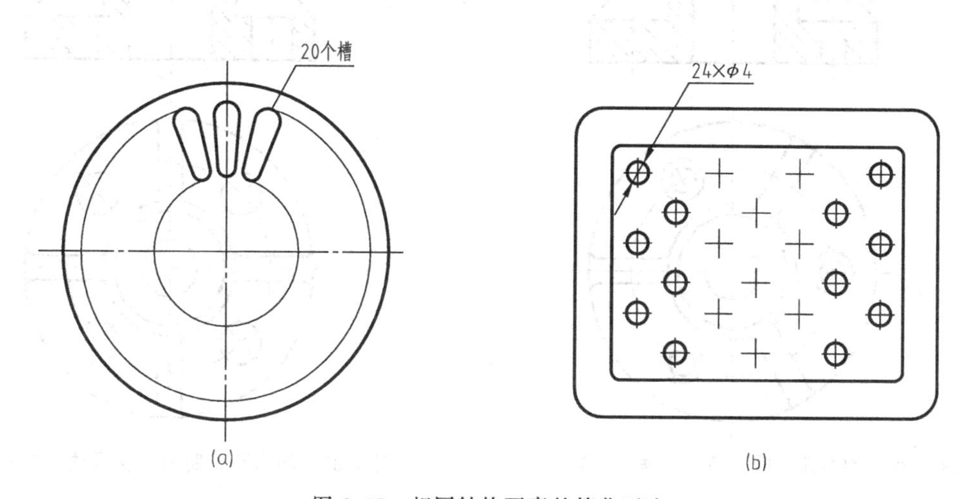

图 6.35　相同结构要素的简化画法

6.4.2.2　肋、轮辐及薄壁的简化画法

对于机件上的肋、轮辐及薄壁等，如按纵向剖切，这些结构都不画剖面符号，而用粗实线将它与其邻接部分分开，如图 6.36 所示。

当回转体上均匀分布的肋、轮辐、孔等结构不处于剖切平面上时，可将这些结构旋转到剖切平面上画出，如图 6.37、图 6.38 所示。

6.4.2.3　较小结构、较小斜度的简化画法

（1）机件上的较小结构，如在一个图形中已表示清楚时，其他图形可简化或省略不画，

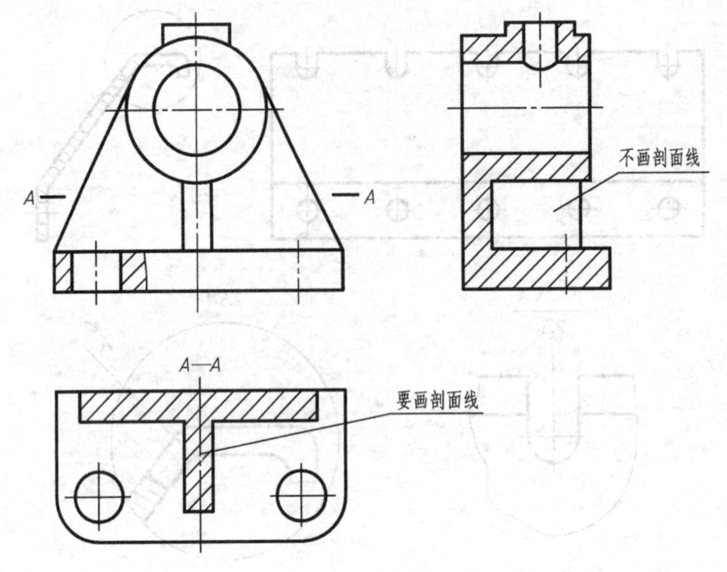

图 6.36 肋的规定画法

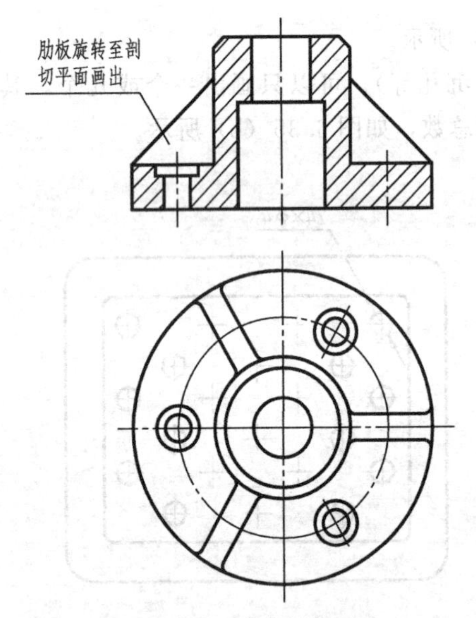

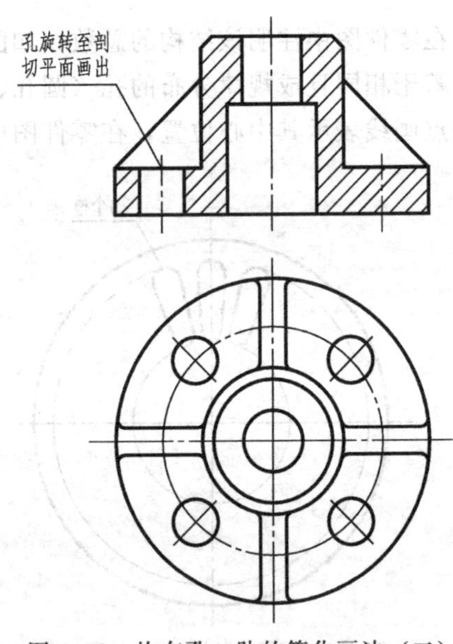

图 6.37 均布孔、肋的简化画法（一）

图 6.38 均布孔、肋的简化画法（二）

如图 6.39 中主视图中相贯线的简化和俯视图中圆的省略。

(2) 与投影面倾斜角度小于或等于 30°的圆或圆弧，其投影可用圆或圆弧代替，如图 6.40 所示。

(3) 在不致引起误解时，零件图中的小圆角、锐边的小圆角或 45°小倒角允许省略不画，但必须标注尺寸或在技术要求中加以说明，如图 6.41 所示。

6.4.2.4 长机件的简化画法

较长的机件（如轴、杆、型材、连杆等），沿长度方向形状一致或按一定规律变化时，可断开后缩短画出，但要按实际长度标注尺寸，如图 6.42 所示。

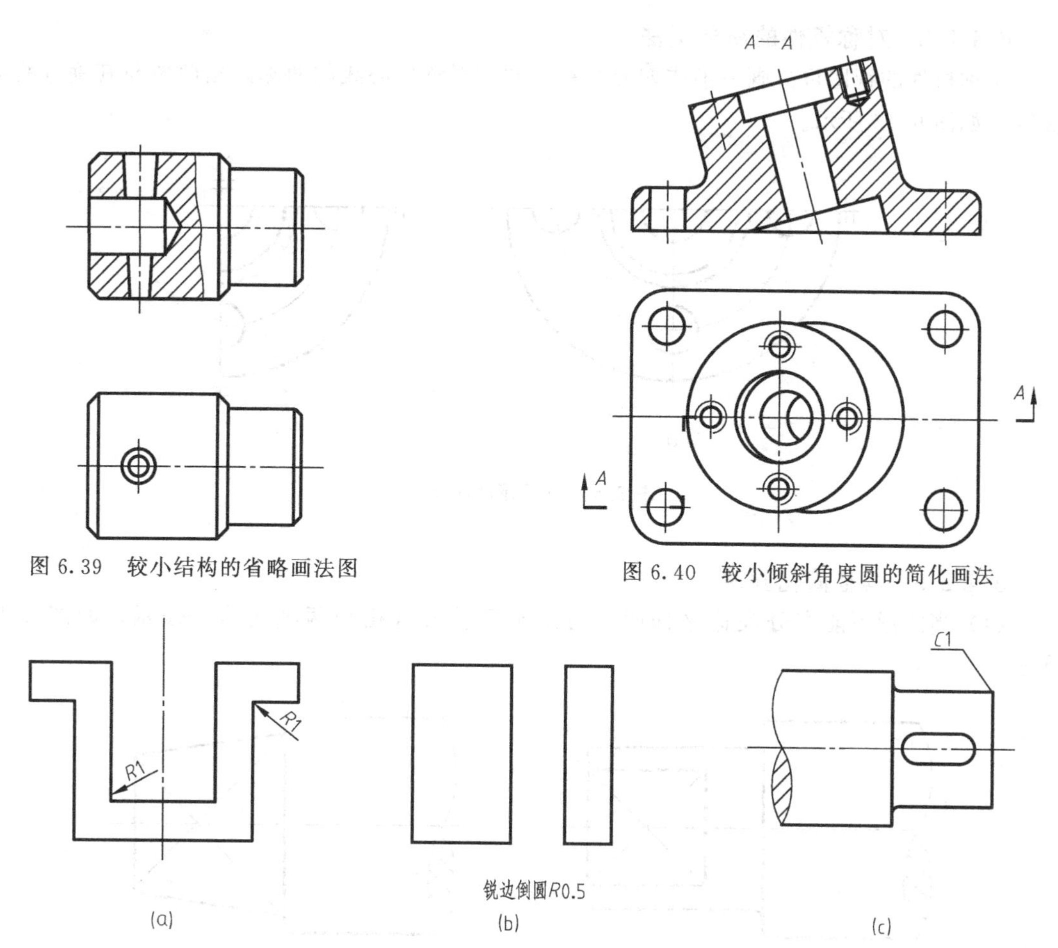

图 6.39　较小结构的省略画法图

图 6.40　较小倾斜角度圆的简化画法

图 6.41　小圆角、倒角的简化画法

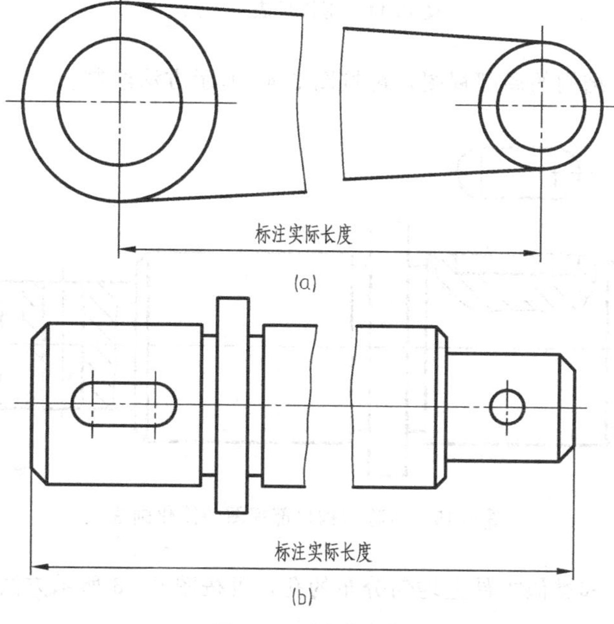

图 6.42　断开画法

6.4.2.5 对称机件的简化画法

对称机件的视图可只画一半或四分之一，并在对称中心线的两端画出两条与其垂直的细实线，如图 6.43 所示。

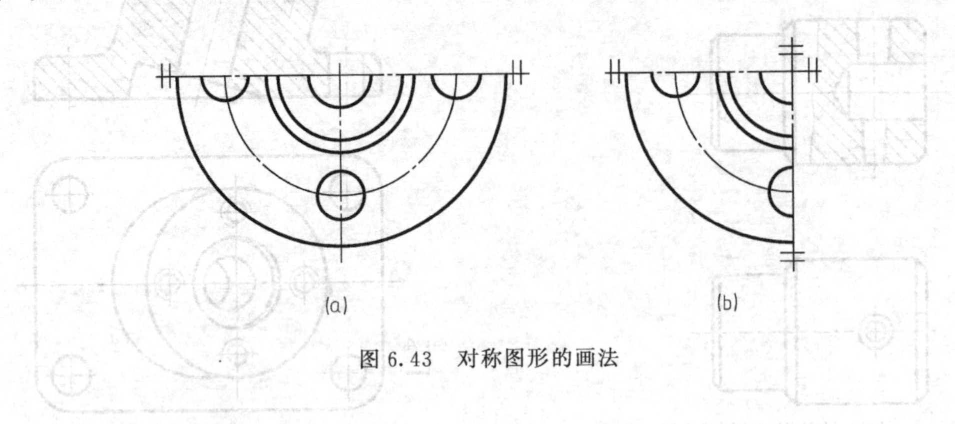

图 6.43 对称图形的画法

6.4.2.6 其他简化画法

(1) 当图形不能充分表达平面时，可用平面符号（相交两细实线）表示，如图 6.44 所示。

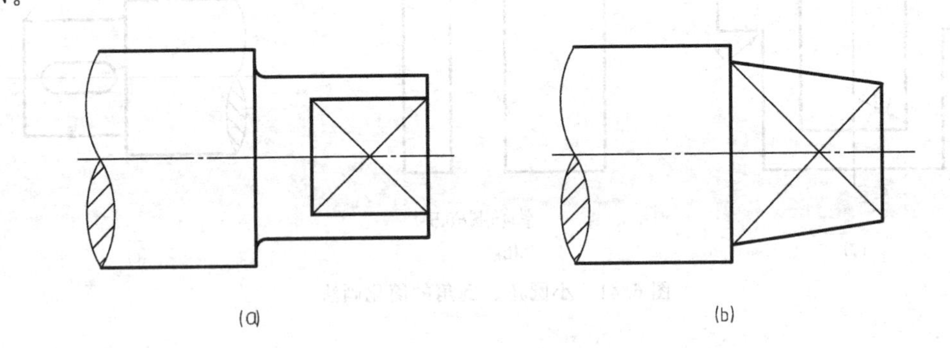

图 6.44 用符号表示平面

(2) 零件上对称结构的局部视图，可按图 6.45 所示方法绘制。

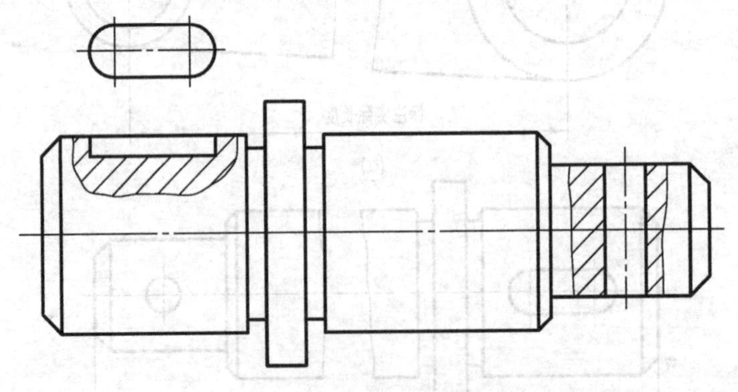

图 6.45 对称结构局部视图的简化画法

(3) 圆柱形法兰和类似零件上均匀分布的孔，可按图 6.46 所示方法绘制。

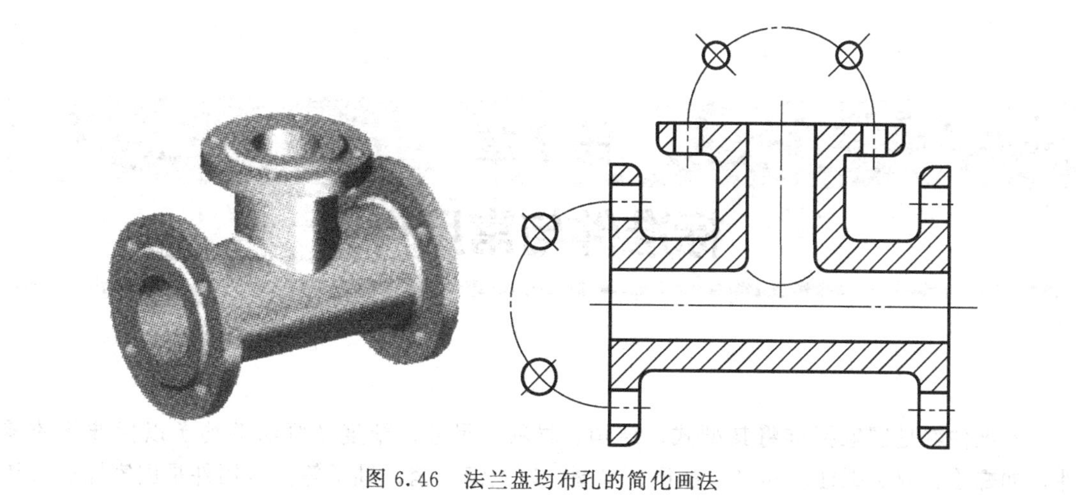

图 6.46　法兰盘均布孔的简化画法

第7章

标准件与常用件

标准件就是国家标准将其型式、结构、材料、尺寸、精度及画法等均予以标准化的零件，如螺栓、双头螺柱、螺钉、螺母、垫圈，以及键、销、轴承等。常用件是国家标准对其部分结构及尺寸参数进行了标准化的零件，如齿轮、弹簧等。本章主要介绍螺纹、螺纹紧固件、键、销、滚动轴承等标准件和齿轮等常用件的基本知识、画法和标记方法。

7.1 螺纹及螺纹紧固件

7.1.1 螺纹

7.1.1.1 螺纹的形成

在圆柱（或圆锥）表面上，沿着螺旋线所形成的具有规定牙型的连续凸起和沟槽，称为螺纹。螺纹的凸起部分称为牙顶，沟槽部分称为牙底。制在零件外表面上的螺纹称为外螺纹，制在内表面上的螺纹称为内螺纹。

7.1.1.2 螺纹的基本要素

（1）牙型　在通过螺纹轴线的断面上，螺纹的轮廓形状称为螺纹牙型。相邻两牙侧间的夹角为牙型角。常见的螺纹牙型有三角形、梯形、锯齿形和矩形等多种。如图 7.1 所示为普通螺纹的牙型。

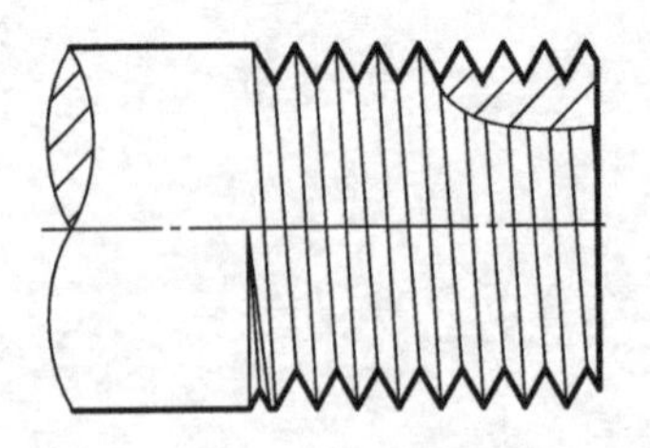

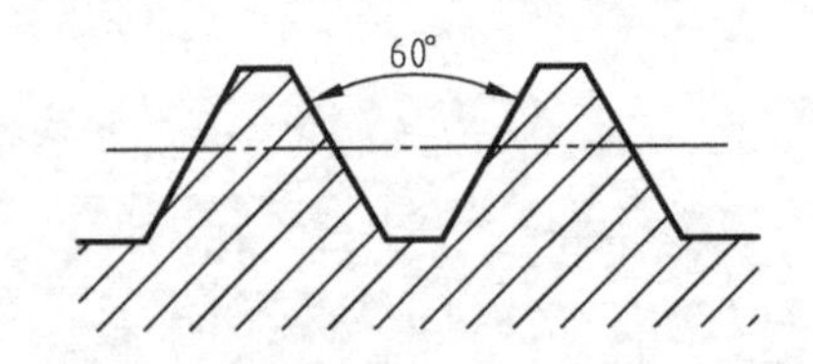

图 7.1　普通螺纹的牙型

（2）直径　螺纹的直径有大径、小径和中径之分，如图 7.2 所示。与外螺纹牙顶或内螺纹牙底相切的假想圆柱或圆锥直径，称为大径，用 d（外螺纹）或 D（内螺纹）表示；与外螺纹牙底或内螺纹牙顶相切的假想圆柱或圆锥直径，称为小径，用 d_1（外螺纹）或 D_1（内螺纹）表示。代表螺纹规格尺寸的直径称为公称直径，一般指螺纹大径的基本尺寸。在大径与小径之间有一假想圆柱或圆锥，在其母线上牙型的沟槽和凸起宽度相等，此假想圆柱或圆锥的直径称为中径，用 d_2（外螺纹）或 D_2（内螺纹）表示。

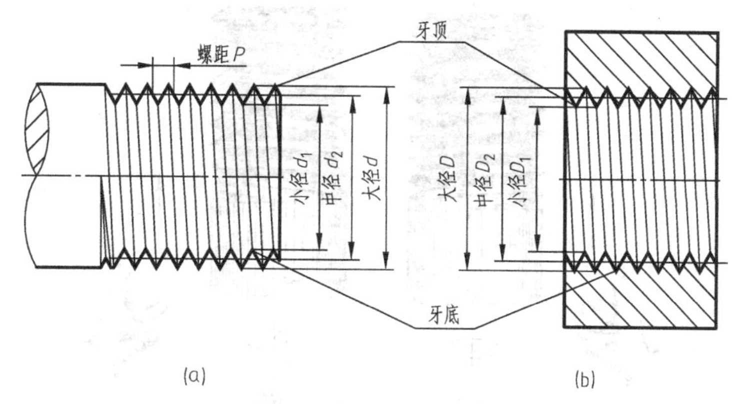

图 7.2 螺纹各部分名称

（3）线数 形成螺纹的螺旋线条数称为线数。螺纹有单线和多线之分。沿一条螺旋线形成的螺纹，称为单线螺纹，如图 7.3（a）所示；沿两条或两条以上在轴向等距分布的螺旋线所形成的螺纹称为多线螺纹，如图 7.3（b）所示。线数用 n 表示。

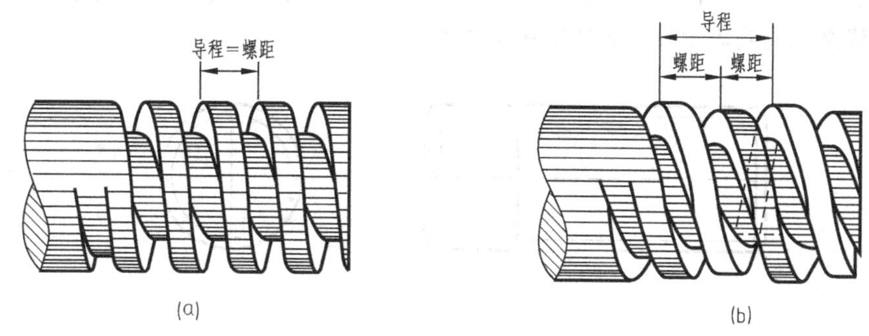

图 7.3 单线螺纹和双线螺纹

（4）螺距和导程 螺纹相邻两牙在中径线上对应两点间的轴向距离，称为螺距，用 P 表示。同一条螺旋线上的相邻两牙在中径线上对应两点间的轴向距离，称为导程，用 P_n 表示，如图 7.3 所示。对于单线螺纹，导程与螺距相等，即 $P_n=P$；对于多线螺纹 $P_n=nP$。

（5）旋向 螺纹的旋向有左旋和右旋之分。沿轴线方向看，顺时针旋转时旋入的螺纹是右旋螺纹；逆时针旋转时旋入的螺纹是左旋螺纹，如图 7.4 所示。工程上常用右旋螺纹。

内、外螺纹连接时，以上要素须全部相同，才可旋合在一起。

7.1.1.3 螺纹的分类

国家标准对上述五项要素中的牙型、公称直径和螺距做了规定。三要素均符合规定的螺纹称为标准螺纹，只有牙型符合标准的螺纹称为特殊螺纹，其他的称为非标准螺纹（如方牙螺纹）。

螺纹按用途不同又可分为连接螺纹和传动螺纹两类，普通螺纹为常用的连接螺纹，梯形螺纹为常见的传动螺纹。

7.1.1.4 螺纹的规定画法

（1）外螺纹的规定画法（如图 7.5 所示） 外螺纹不论其牙型如何，螺纹牙顶的投影用粗实线表示；牙底的投影用细实线表示，牙底的细实线应画入螺杆的倒角或倒圆。画图时小

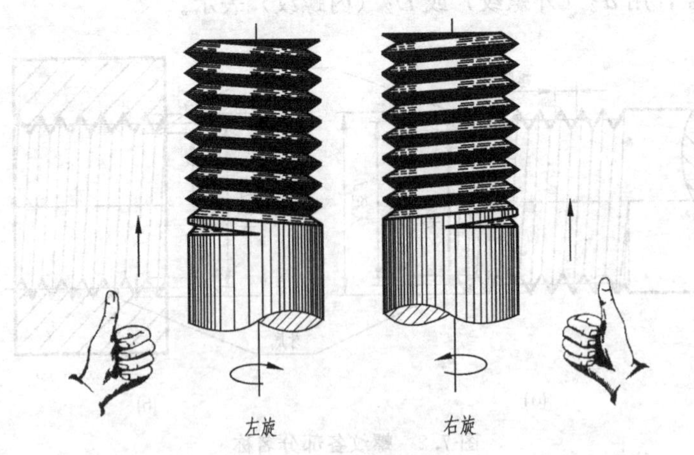

图 7.4　螺纹的旋向

径尺寸可近似地取 $d_1 \approx 0.85d$。螺尾部分一般不必画出，当需要表示时，该部分用与轴线成 30°的细实线画出，如图 7.5（b）所示。有效螺纹的终止界线（简称螺纹终止线）在视图中用粗实线表示；在剖视图中则按图 7.5（c）的画法（即终止线只画螺纹牙型高度的一小段），剖面线必须画到表示牙顶投影的粗实线为止。

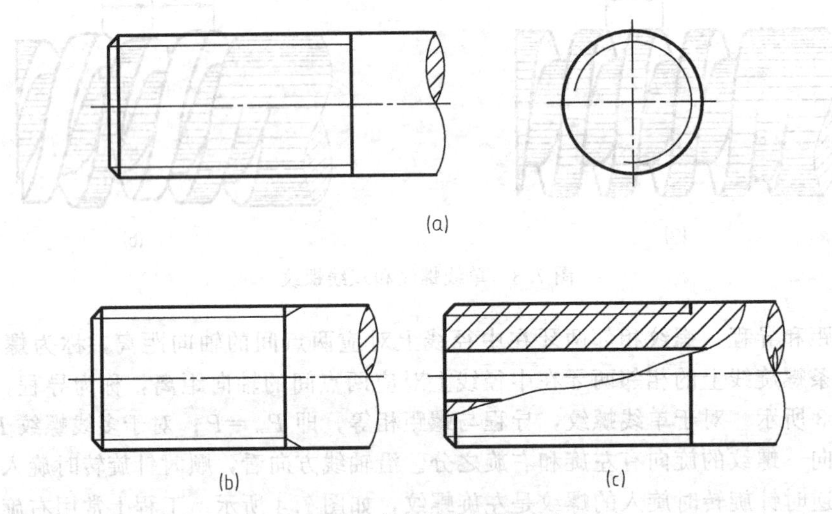

图 7.5　外螺纹的规定画法

在垂直于螺纹轴线的投影面的视图（即投影为圆的视图）中，表示牙底圆的细实线只画约 3/4 圈（空出约 1/4 圈的位置不作规定），此时螺杆上的倒角投影不应画出。

（2）内螺纹的规定画法（如图 7.6 所示）　内螺纹不论其牙型如何，在剖视图中，螺纹牙顶的投影用粗实线表示，牙底的投影用细实线表示；画图时小径尺寸可近似地取 $D_1 \approx 0.85D$；螺纹终止线用粗实线表示；剖面线应画到表示牙顶投影的粗实线为止。

在投影为圆的视图中，表示牙底圆的细实线只画约 3/4 圈，此时螺孔上的倒角投影不应画出。

绘制不通的螺孔时，一般应将钻孔深度与螺纹部分的深度分别画出［图 7.6（a）］。

螺孔与螺孔、螺孔与光孔相交时，只在牙顶圆投影处画一条相贯线［图 7.6（b）］。

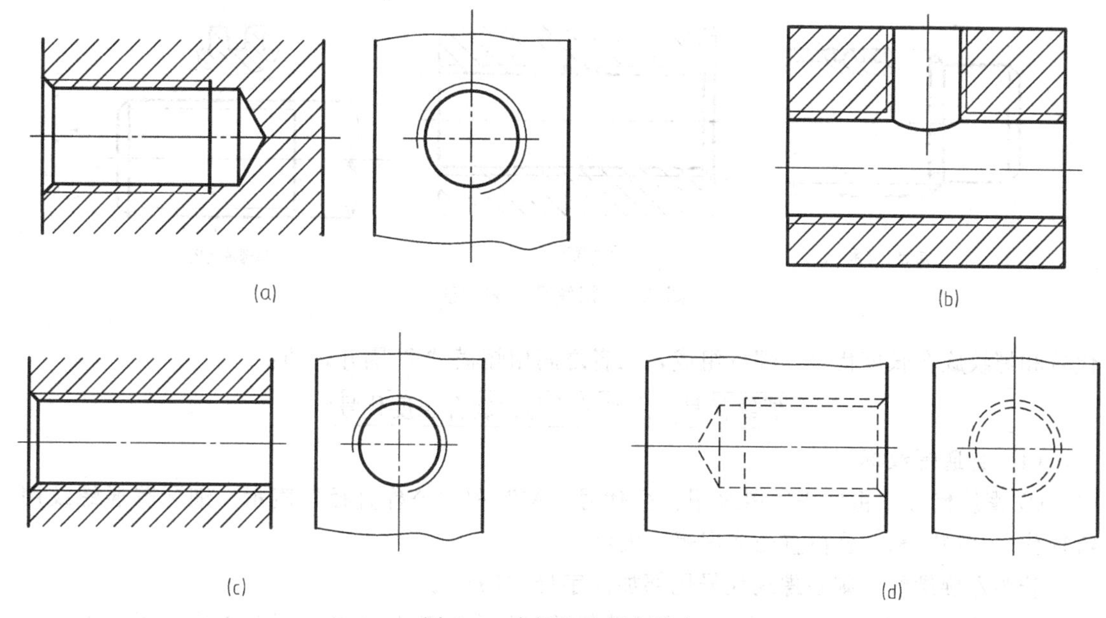

图 7.6　内螺纹的规定画法

当螺纹为不可见时，其所有的图线用虚线绘制［图 7.6（d)］。

(3) 内、外螺纹连接的规定画法　内、外螺纹连接，一般用剖视图表示。此时，它们的旋合部分应按外螺纹的画法绘制，其余部分仍按各自的画法表示，如图 7.7 所示。

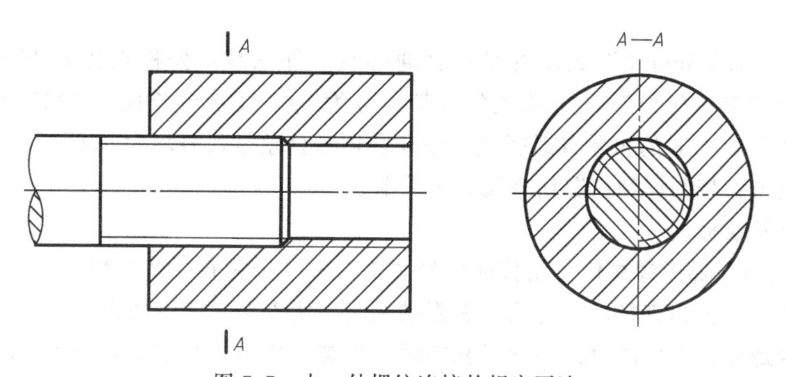

图 7.7　内、外螺纹连接的规定画法

画图时必须注意，表示外螺纹牙顶投影的粗实线、牙底投影的细实线，必须分别与表示内螺纹牙底投影的细实线、牙顶投影的粗实线对齐，这与倒角大小无关，它表明内、外螺纹具有相同的大径和相同的小径。按规定，当实心螺杆通过轴线剖切时按不剖处理，如图 7.7 中的主视图。

7.1.1.5　螺纹牙型表示法

螺纹牙型一般在图形中不表示，当需要表示时，可按图 7.8 的形式绘制，既可在剖视图中表示几个牙型，也可用局部放大图表示。

7.1.1.6　螺纹的标注

标准的螺纹，应注出相应标准所规定的螺纹标记。完整的标记由螺纹代号、螺纹公差带

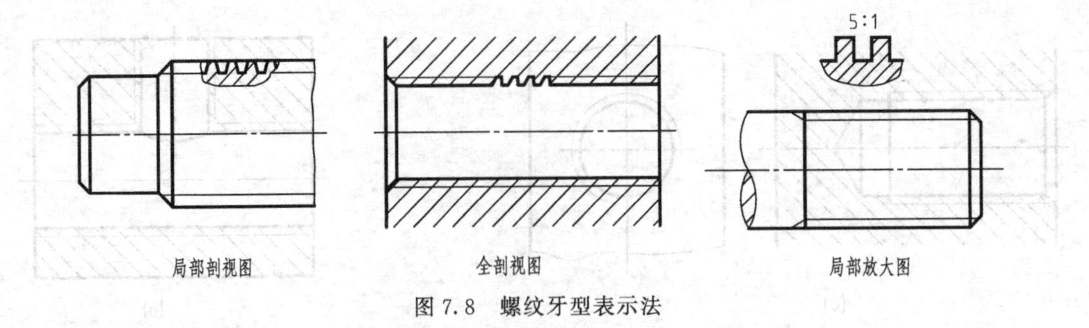

图 7.8　螺纹牙型表示法

代号和螺纹旋合长度代号三部分组成，三者之间用短横“-”隔开，即：

螺纹代号 - 公差带代号 - 旋合长度代号

(1) 普通螺纹标记

① 螺纹代号。粗牙普通螺纹用特征代号“M”和“公称直径”表示。细牙普通螺纹用特征代号“M”和“公称直径×螺距”表示。

若为左旋螺纹，则在螺纹代号尾部加注字母“LH”。

② 螺纹公差带代号。螺纹公差带代号包括中径公差带代号和顶径公差带代号，如果中径和顶径的公差带代号相同，则只注一个（大写字母表示内螺纹、小写字母表示外螺纹）。内外螺纹旋合在一起时，标注内外螺纹的公差带代号用斜线分开。

③ 螺纹旋合长度代号。螺纹旋合长度代号分为短、中、长三种，代号分别用 S、N、L 表示；中等旋合长度应用较广泛，所以标注时省略不注；特殊需要时，也可注出旋合长度的具体数值。

如“M10×1.5-5g6g-S”表示的是：普通螺纹，外螺纹，公称直径为 10mm，螺距为 1.5mm，中径公差带代号为 5g，顶径公差带代号为 6g，短旋合长度。“M10-6H”表示的是：公称直径为 10mm 的粗牙普通螺纹，中径和顶径公差带代号均为 6H。

关于螺纹公差带的详细情况请查阅有关手册。

(2) 梯形螺纹标记

① 螺纹代号。梯形螺纹代号用特征代号“Tr”和“公称直径×导程（螺距）”表示。因为标准规定的同一公称直径对应有几个螺距供选用，所以必须标注螺距。

对于多线螺纹，则应同时标注导程和螺距，如螺纹代号“Tr16×4（*P*2）”，表示该螺纹导程为 4mm，螺距为 2mm，导程是螺距的 2 倍，所以该螺纹是双线螺纹。

若为左旋螺纹，则在螺纹代号尾部加注字母“LH”。

② 公差带代号和旋合长度代号。梯形螺纹常用于传动，其公差带代号只表示中径的公差等级和基本偏差代号；为确保传动的平稳性，旋合长度不宜太短；和普通螺纹一样，中等旋合长度可省略不注。

(3) 标注　普通螺纹和梯形螺纹标记标注在大径的尺寸线上，按尺寸标注的形式进行标注，如图 7.9 所示。

7.1.2　螺纹连接件

在可拆卸连接中，螺纹连接是工程上应用最广泛的连接方式。螺纹连接的形式通常有螺栓连接、螺柱连接和螺钉连接三类。螺纹连接件的种类很多，其中最常见的如图 7.10 所示。

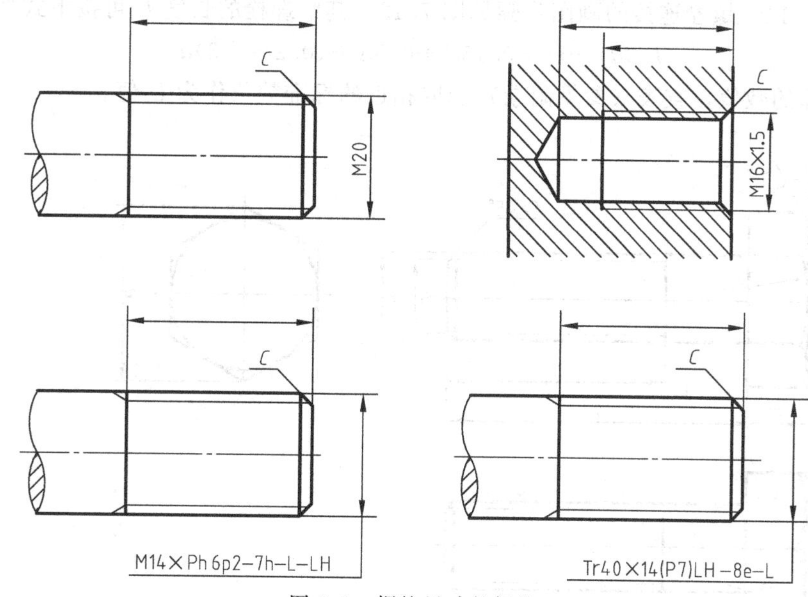

图 7.9 螺纹尺寸的标注

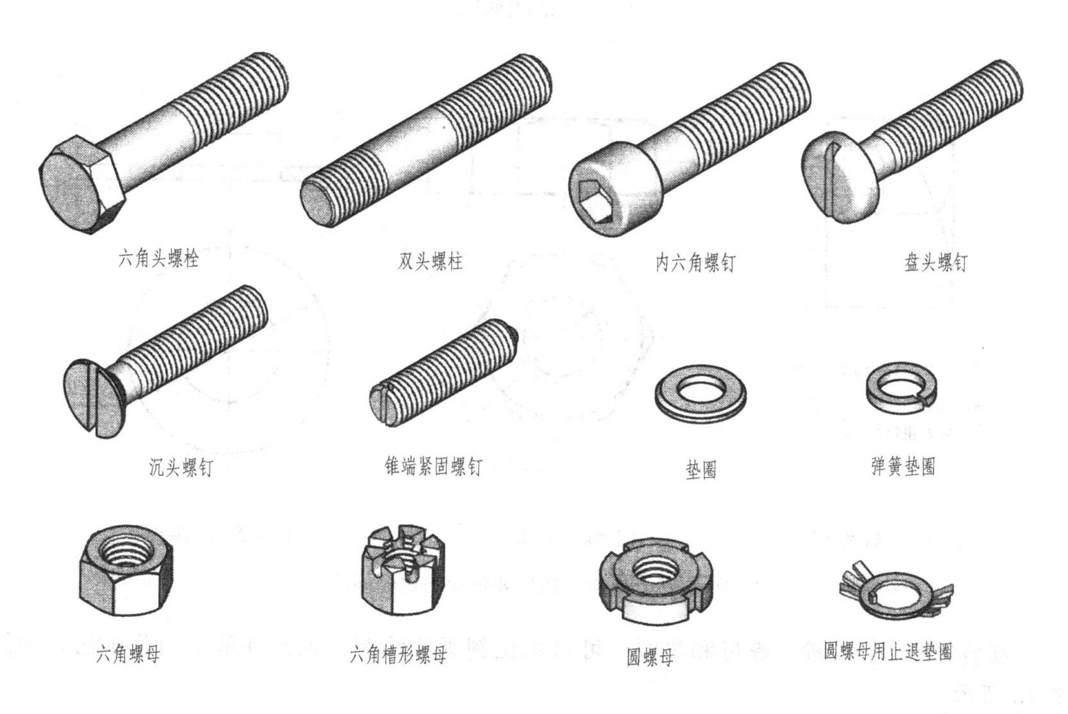

图 7.10 常见的螺纹连接件

这类零件一般都是标准件，即它们的结构尺寸和标记均可从相应的标准中查出（见附录）。

7.1.2.1 螺栓连接

螺栓连接常用于被连接的零件厚度不大，允许钻成通孔的情况。螺栓连接的紧固件有螺栓、螺母和垫圈。紧固件的画法一般采用比例画法绘制，即以螺栓上螺纹的公称直径 d 为基准，其余各部分的结构尺寸均按与公称直径成一定比例关系绘制。螺栓、螺母和垫圈的比例画法见图 7.11。螺栓连接的画图步骤见图 7.12，其中螺栓的长度 L 可按下式估算：

$$L \geqslant t_1 + t_2 + 0.15d + 0.8d + (0.2\sim0.3)d$$

根据估算的数值，查表（参见附录）选取相近的标准数值作为 L 值。

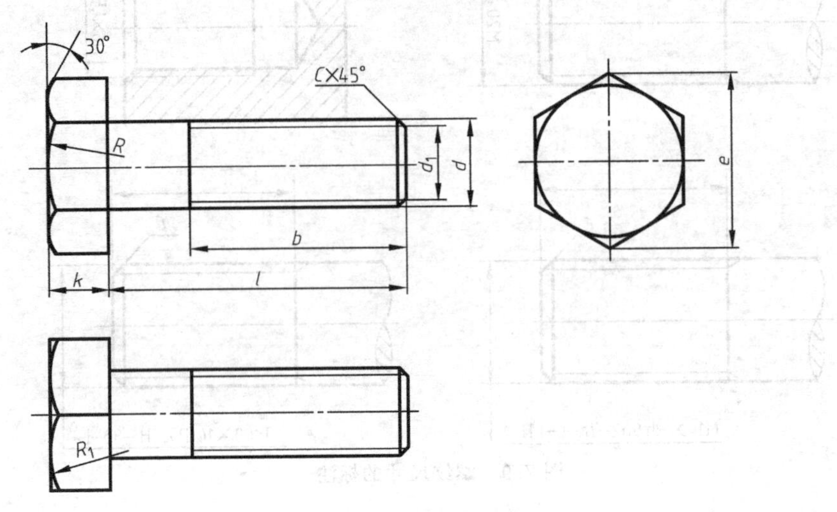

(a) 六角头螺栓结构尺寸

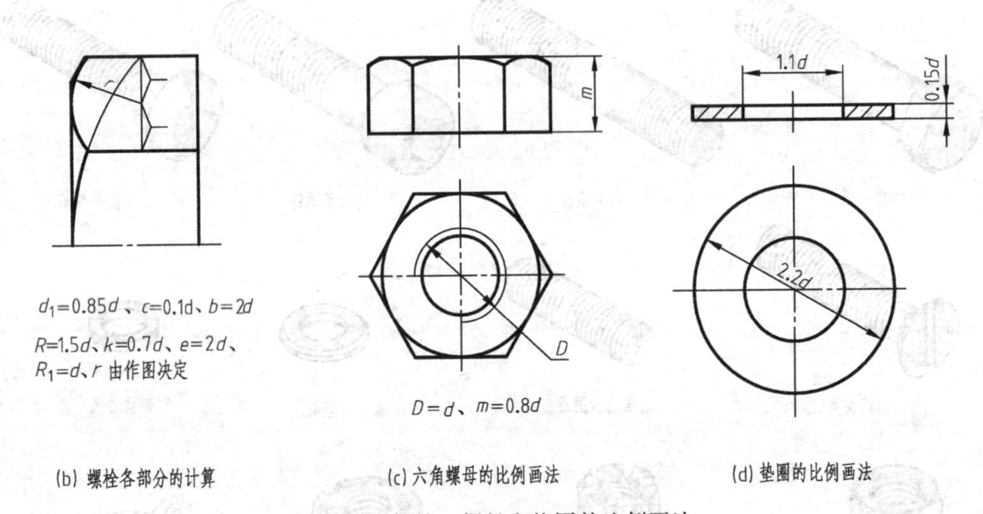

(b) 螺栓各部分的计算　　(c) 六角螺母的比例画法　　(d) 垫圈的比例画法

图 7.11　螺栓、螺母和垫圈的比例画法

在装配图中，螺栓、螺母和垫圈，可采用比例画法绘制，也允许采用简化画法，如图 7.13 所示。

画螺栓连接的装配图时应注意以下几点。

(1) 两零件的接触表面只画一条线，不应画成两条线或特意加粗。凡不接触的相邻表面，或两相邻表面基本尺寸不同，不论其间隙大小，需画两条轮廓线（间隙过小可夸大画出）。

(2) 装配图中，当剖切平面通过螺栓、螺母、垫圈的轴线时，螺栓、螺母、垫圈一般均按未剖切绘制。

(3) 剖视图中，相邻零件的剖面线，其倾斜方向应相反，或方向一致而间隔不等。

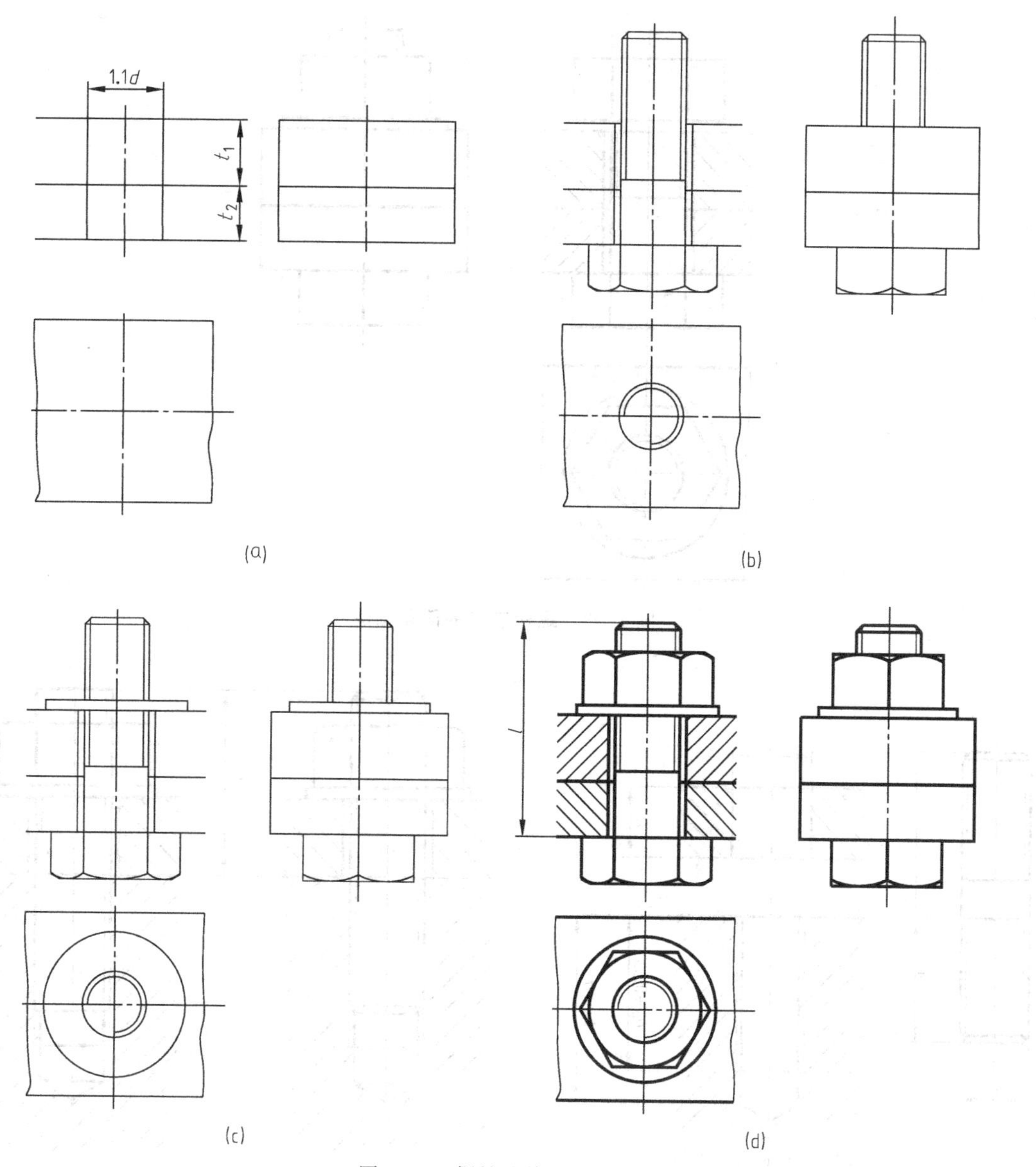

图 7.12　螺栓连接画图步骤

7.1.2.2　螺柱连接

双头螺柱的两端均加工有螺纹，一端和被连接零件旋合，另一端和螺母旋合，常用于被连接件之一厚度较大，不便钻成通孔，或由于其他原因不便使用螺栓连接的场合。双头螺柱连接的比例画法和螺栓连接基本相同，如图 7.14 所示。双头螺柱旋入端长度 b_m 要根据被连接件的材料而定。为保证连接牢固，双头螺柱旋入端的长度 b_m 随旋入零件材料的不同有四种：

对于钢和青铜　$b_m=d$

对于铸铁　$b_m=1.25d$ 或 $1.5d$

对于铝　$b_m=2d$

旋入端应全部拧入机件的螺孔内，所以螺纹终止线与机件端面平齐。

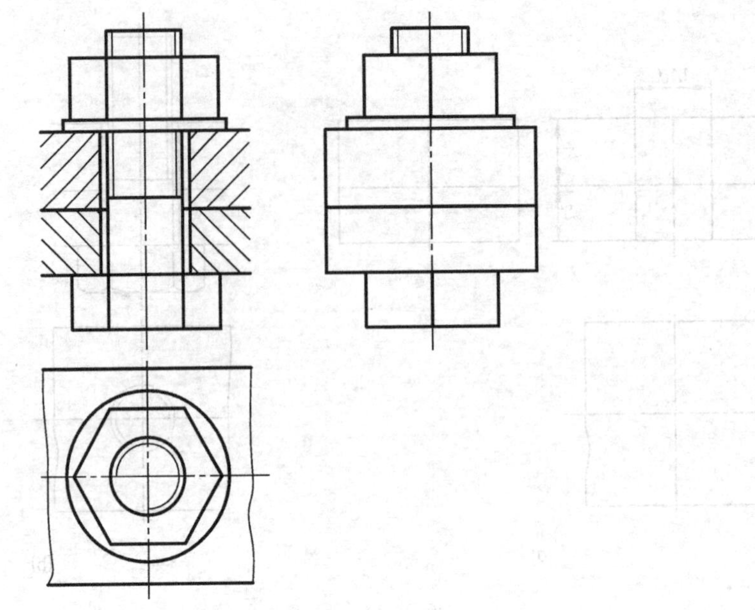

图 7.13　螺栓连接的简化画法

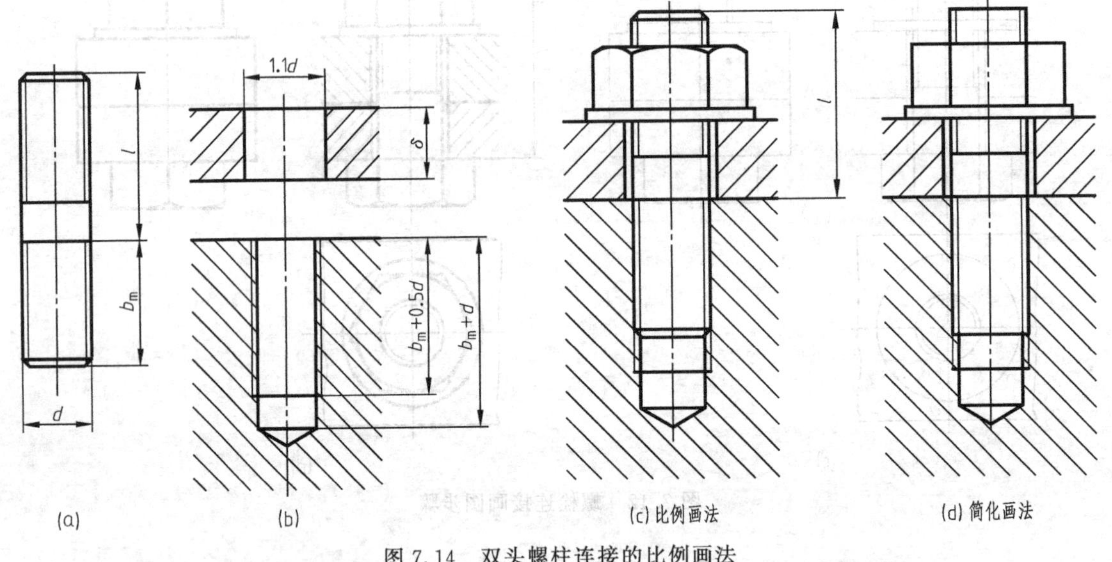

图 7.14　双头螺柱连接的比例画法

双头螺柱的公称长度 L 应按下式估算：

$$L \geqslant \delta + 0.15d + 0.8d + (0.2 \sim 0.3)d$$

然后根据估算出的数值查表中（参见附录）双头螺柱的有效长度 L 的系列值，选取一个相近的标准数值。

7.1.2.3　螺钉连接

螺钉连接的比例画法，其旋入端与螺柱连接相似，穿过通孔端与螺栓连接相似。螺钉头部的一字槽，在主视图中放正画在中间位置；俯视图中规定画成与水平线倾斜 45°角。常见螺钉连接的比例画法见图 7.15。

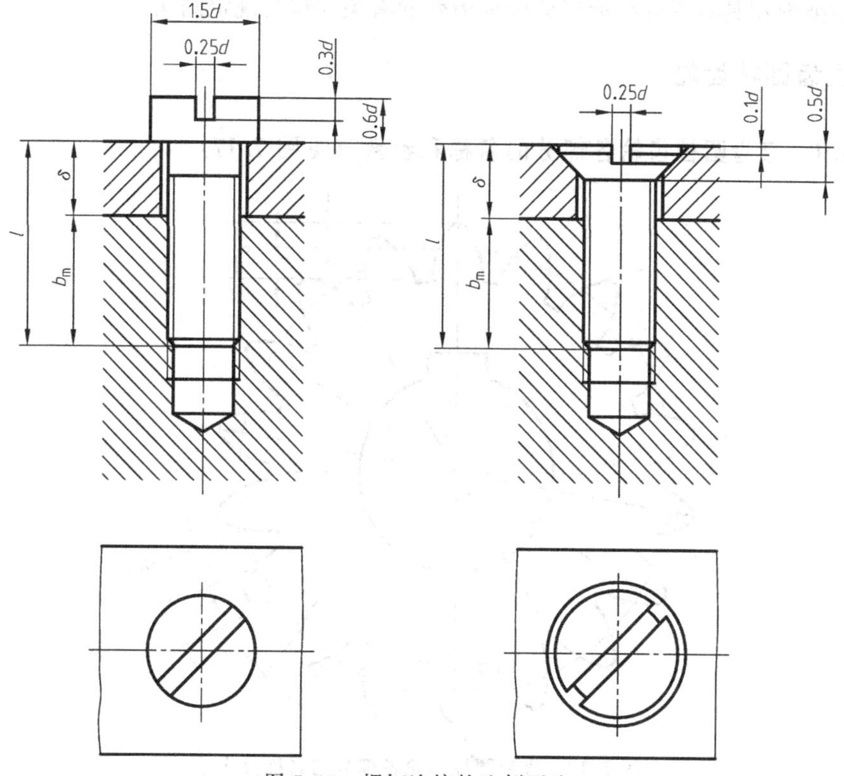

图 7.15　螺钉连接的比例画法

7.2 齿　　轮

齿轮是应用非常广泛的传动件，用以传递动力和运动，并具有改变转速和转向的作用。依据两齿轮轴线在空间的相对位置不同，常见的齿轮传动可分为下列三种形式，如图 7.16 所示。

图 7.16　齿轮传动

(1) 圆柱齿轮　用于两平行轴之间的传动。

(2) 圆锥齿轮　用于两相交轴之间的传动。

(3) 蜗轮、蜗杆　用于两垂直交叉轴之间的传动。

本节主要介绍具有渐开线齿形的标准齿轮的有关知识与规定画法。

7.2.1 直齿圆柱齿轮

7.2.1.1 直齿圆柱齿轮各部分的名称和参数（见图 7.17）

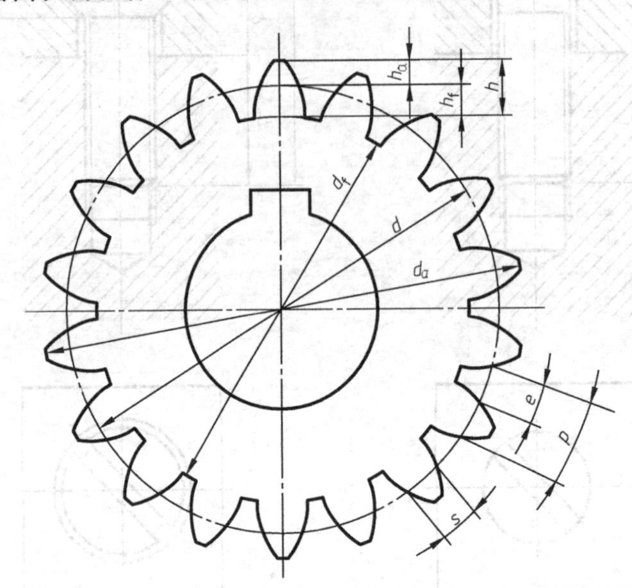

图 7.17 直齿圆柱齿轮各部分的名称及代号

齿数 z，齿轮上轮齿的个数；齿顶圆直径 d_a，轮齿顶部的圆周直径；齿根圆直径 d_f，轮齿根部的圆周直径 d_f；分度圆直径 d，标准齿轮的齿槽宽 e 和齿厚 s 相等处的圆周直径；齿高 h，齿顶圆和齿根圆之间的径向距离；齿顶高 h_a，齿顶圆和分度圆之间的径向距离；齿根高 h_f，齿根圆和分度圆之间的径向距离；齿距 p，分度圆上相邻两齿廓对应点之间的弧长；齿厚 s，分度圆上轮齿的弧长；压力角 α，一对齿轮啮合时，在分度圆上啮合点的法线方向，与该点的瞬时速度方向所夹的锐角，称为压力角。标准齿轮的压力角为 20°；中心距 a，两齿轮轴线之间的距离；模数 m，由于分度圆周长 $pz=\pi d$，所以，$d=(p/\pi)z$，定义（p/π）为模数，模数的单位是 mm，根据 $d=mz$ 可知，当齿数一定时，模数越大，分度圆直径越大，承载能力越大。模数的值已经标准化，如表 7.1 所示。

表 7.1 渐开线圆柱齿轮模数（GB/T 1357—1987） 单位：mm

第一系列	1 1.25 1.5 2 2.5 3 4 5 6 8 10 12 16 20 25 32 40 50
第二系列	1.75 2.25 2.75 (3.25) 3.5 (3.75) 4.5 5.5 (6.5) 7 9 (11) 14 18 22 28 36 45

注：优先选用第一系列，其次选用第二系列，括号内的数值尽可能不用。

7.2.1.2 直齿圆柱齿轮的参数计算

已知模数 m 和齿数 z，标准齿轮的其他参数可按如表 7.2 所示公式计算。

表 7.2 标准直齿圆柱齿轮的参数计算公式

序号	名称	符号	计算公式	序号	名称	符号	计算公式
1	齿距	P	$P=\pi m$	5	分度圆直径	d	$d=mz$
2	齿顶高	h_a	$h_a=m$	6	齿顶圆直径	d_a	$d_a=(z+2)m$
3	齿根高	h_f	$h_f=1.25m$	7	齿根圆直径	d_f	$d_f=(z-2.5)m$
4	齿高	h	$h=2.25m$	8	中心距	a	$a=m(z_1+z_2)/2$

7.2.1.3 直齿圆柱齿轮的规定画法

(1) 单个圆柱齿轮的画法（如图 7.18 所示） 齿轮的轮齿部分按下列规定绘制。

① 齿顶圆和齿顶线用粗实线表示。

② 分度圆和分度线用细点画线表示。

③ 齿根圆和齿根线用细实线表示，也可省略不画。

④ 在剖视图中，当剖切平面通过齿轮的轴线时，轮齿一律按不剖处理。这时，齿根线用粗实线绘制。

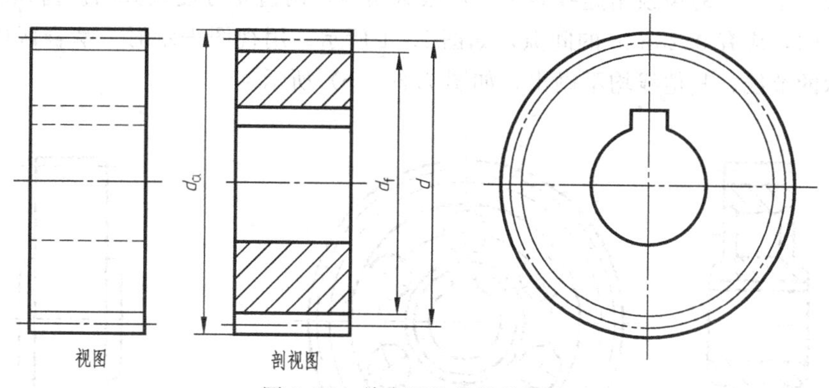

图 7.18 单个圆柱齿轮的画法

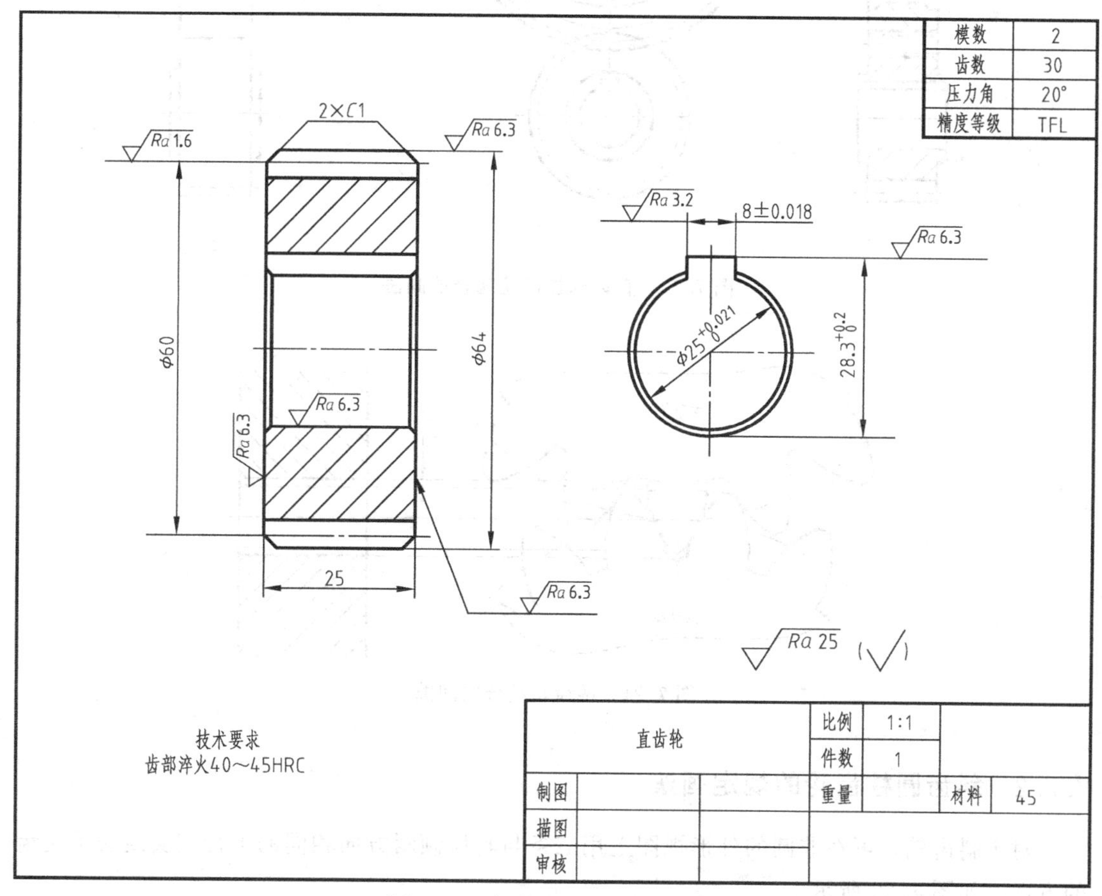

图 7.19 直齿圆柱齿轮的零件图

在齿轮零件图上不仅要表示出齿轮的形状、尺寸和技术要求，而且要列出制造齿轮所需要的参数和公差值，如图 7.19 所示。

（2）直齿圆柱齿轮啮合的画法　两标准齿轮相互啮合时，它们的分度圆处于相切位置，此时分度圆又称节圆。啮合部分的规定画法如下。

① 在投影为圆的视图上，两齿轮的节圆应该相切。啮合区内的齿顶圆仍用粗实线画出，如图 7.20（a）所示。

② 在不反映圆的视图上，用剖视图表示时，啮合区内一个齿轮的齿顶、齿根均用粗实线画出，另一个齿轮的齿顶用虚线表示、齿根画实线，两齿轮分度线共用。齿顶线与另一轮的齿根线之间，应有 0.25mm 的间隙，如图 7.21 所示；用视图表示时，啮合区内只画出用粗实线表示的节线，其他线均不画出，如图 7.20（b）所示。

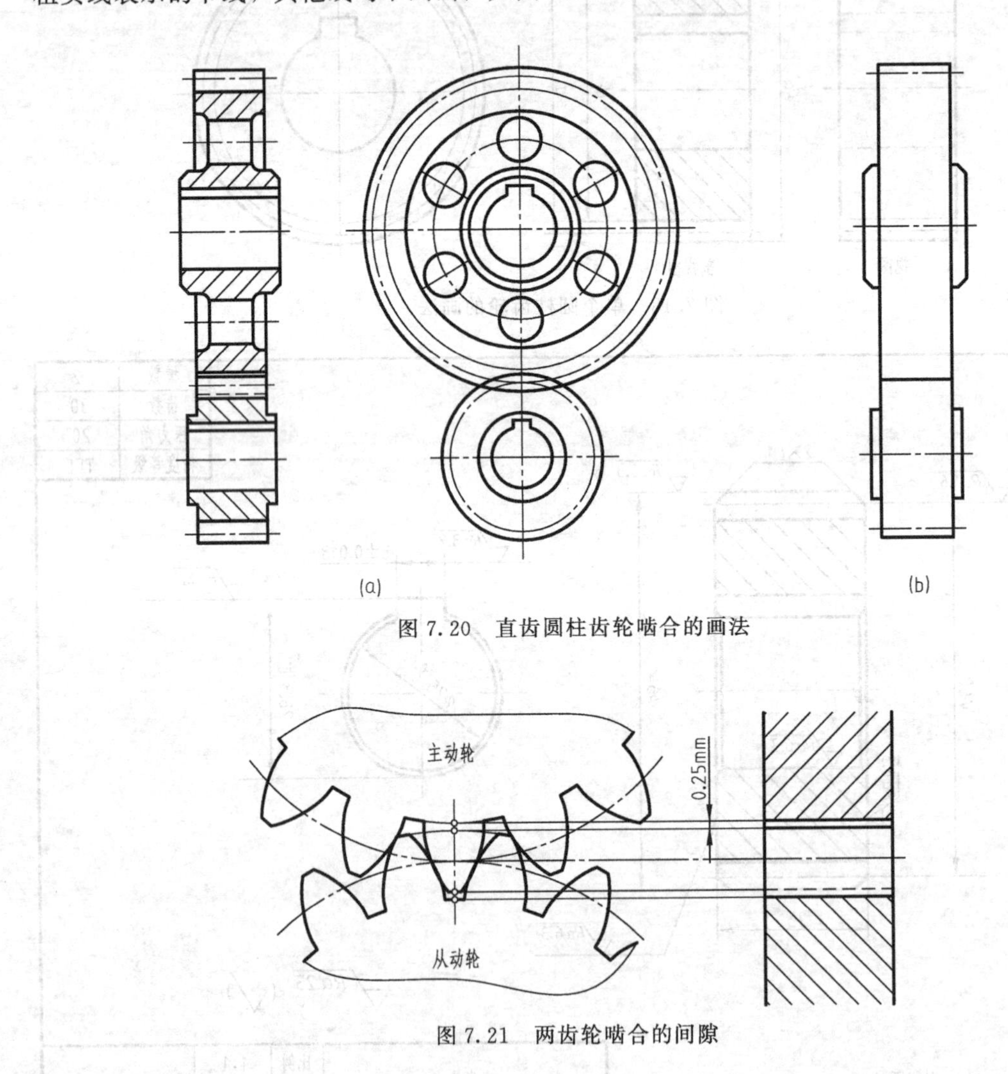

图 7.20　直齿圆柱齿轮啮合的画法

图 7.21　两齿轮啮合的间隙

7.2.2　斜齿圆柱齿轮的规定画法

对于斜齿轮，可在非圆的外形视图上用三条与轮齿倾斜方向相同的平行细实线表示轮齿的方向，如图 7.22 所示。

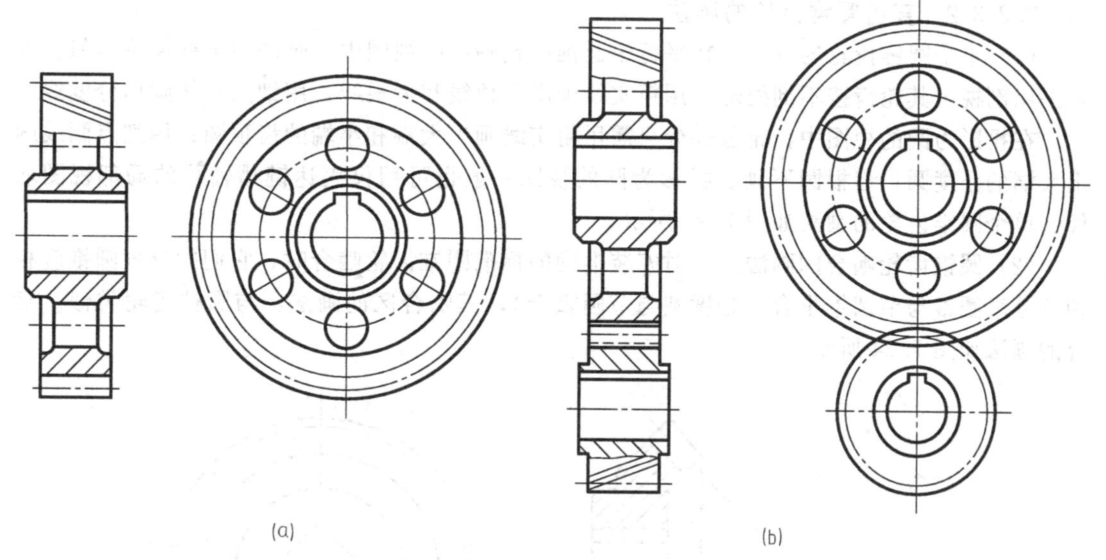

图 7.22　斜齿圆柱齿轮及啮合的画法

7.2.3　直齿圆锥齿轮

7.2.3.1　直齿圆锥齿轮各部分的参数

直齿圆锥齿轮通常用于交角 90°的两轴之间的传动。由于轮齿分布在圆锥面上，因而其齿形从大端到小端是逐渐收缩的，齿厚和齿高均沿着圆锥素线方向逐渐变化，故模数和直径也随之变化。为便于设计和制造，规定以大端为准，齿顶高、齿根高、分度圆直径、齿顶圆直径及齿根圆直径均在大端度量，并取大端的模数为标准模数，以它作为计算圆锥齿轮各部分尺寸的基本参数。大端背锥素线与分度圆素线垂直。圆锥齿轮轴线与分度圆锥素线间夹角称为分度圆锥角，它是圆锥齿轮的又一基本参数。圆锥齿轮各部分名称如图 7.23 所示。

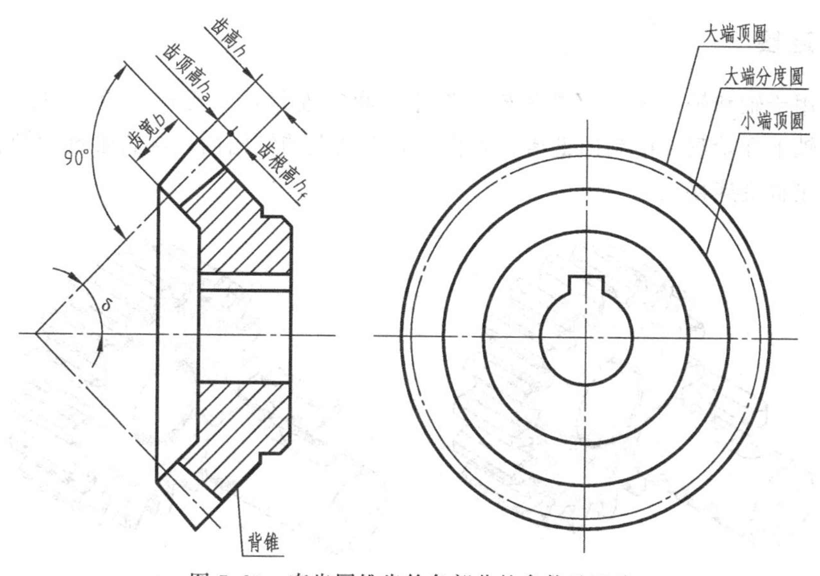

图 7.23　直齿圆锥齿轮各部分的参数及画法

7.2.3.2 直齿圆锥齿轮的画法

(1) 单个圆锥齿轮的画法　在平行于圆锥齿轮轴线的视图中，画法与圆柱齿轮类似。即常采用剖视，其轮齿按不剖处理，用粗实线画出齿顶线和齿根线，用细点画线画出分度线。

在投影为圆的视图中，轮齿部分只需用粗实线画出大端和小端的齿顶圆；用细点画线画出大端的分度圆；齿根圆不画。投影为圆的视图一般也可用仅表达键槽轴孔的局部视图取代。单个圆锥齿轮的画法如图 7.23 所示。

(2) 圆锥齿轮啮合的画法　一对安装准确的标准圆锥齿轮啮合时，它们的分度圆锥应相切（分度圆锥与节圆锥重合，分度圆与节圆重合），其啮合区的画法，与圆柱齿轮类似。啮合的画法如图 7.24 所示。

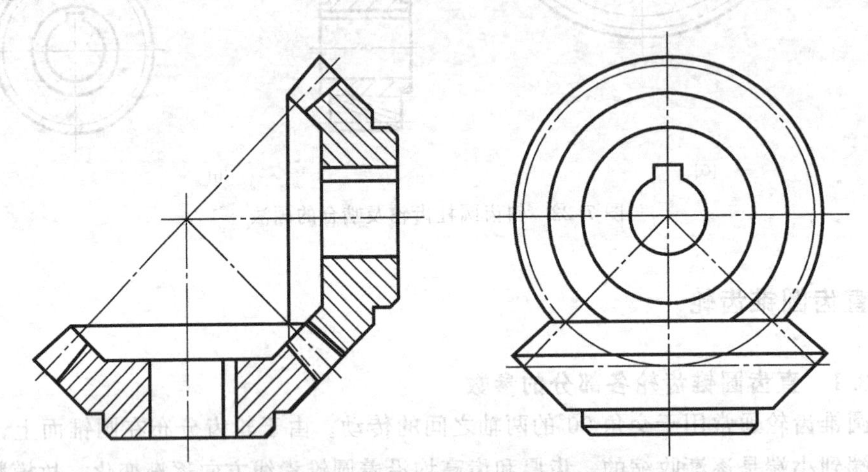

图 7.24　直齿圆锥齿轮啮合的画法

7.3 键连接与销连接

7.3.1 键连接

键主要用于轴和轴上零件（如齿轮、带轮）间的连接，以传递扭矩，如图 7.25 所示。在被连接的轴上和轮毂孔中制出键槽，先将键嵌入轴上的键槽内，再将带键的轴装入轮毂孔中，这种连接称键连接。

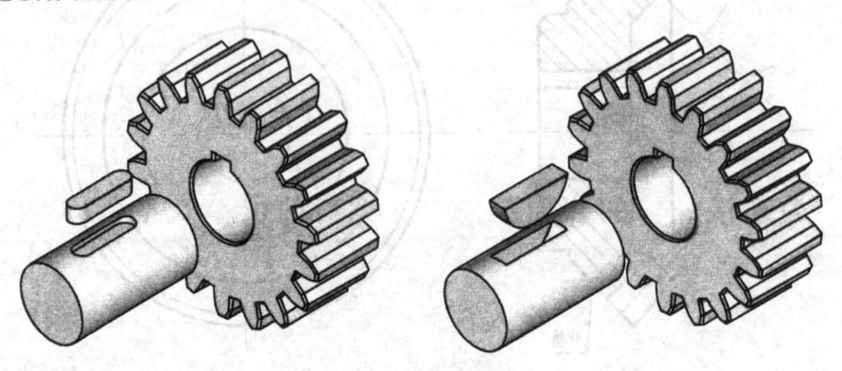

图 7.25　键连接

7.3.1.1 键的形式及标记

键是标准件。常用的键有普通平键，半圆键和钩头楔键。普通平键又有A型（圆头）、B型（方头）和C型（单圆头）三种。各种键的标准号、形式及标记示例见附录。其中，普通平键最常用。

7.3.1.2 普通平键连接的画法

键槽的形式和尺寸，也随键的标准化而有相应的标准。设计或测绘中，键槽的宽度、深度和键的宽度、高度尺寸，可根据被连接的轴径在标准中查得。键长和轴上的键槽长，应根据轮宽，在键的长度标准系列中选用。键槽的尺寸，如图7.26中（a）、（b）所示。

普通平键的两侧面为工作面，因此连接时，平键的两侧面与轴和轮毂键槽侧面之间相互接触，没有间隙，只画一条线。而键与轮毂的键槽顶面之间是非工作面，不接触，应留有间隙，画两条线，如图7.26（c）所示。

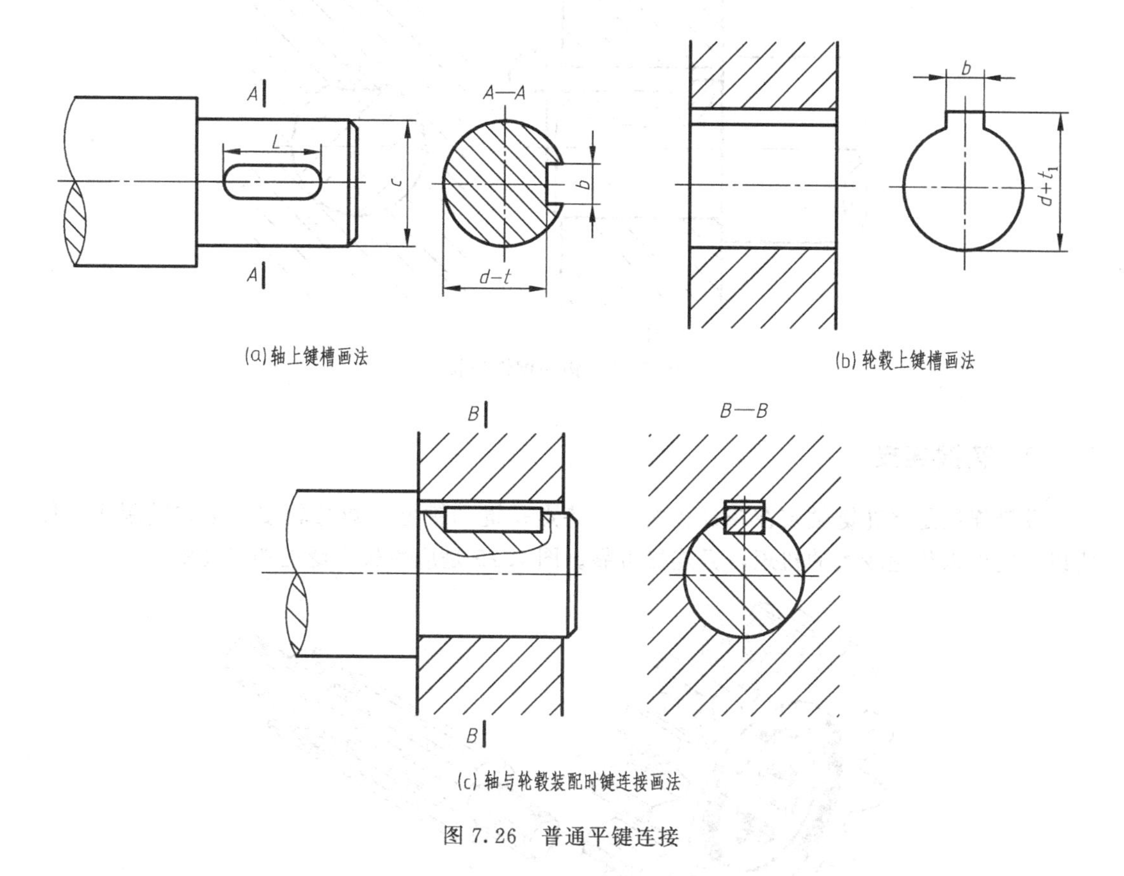

图7.26 普通平键连接

7.3.1.3 半圆键连接的画法

半圆键一般用在载荷不大的传动轴上，它的连接情况与普通平键相似，如图7.27所示。

7.3.1.4 钩头楔键连接的画法

钩头楔键的上底面有1∶100的斜度。装配时，将键沿轴向嵌入键槽内，靠上、下底面在轴和轮毂键槽之间接触挤压的摩擦力进行连接，故键的上、下底面是工作面。其装配图的画法如图7.28所示。

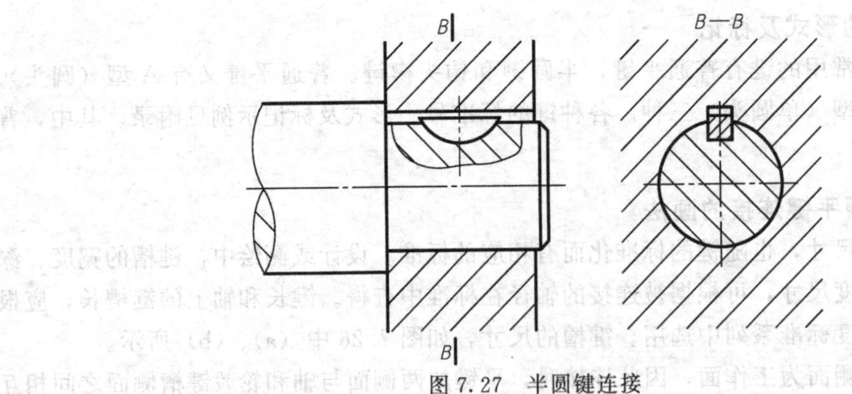

图 7.27　半圆键连接

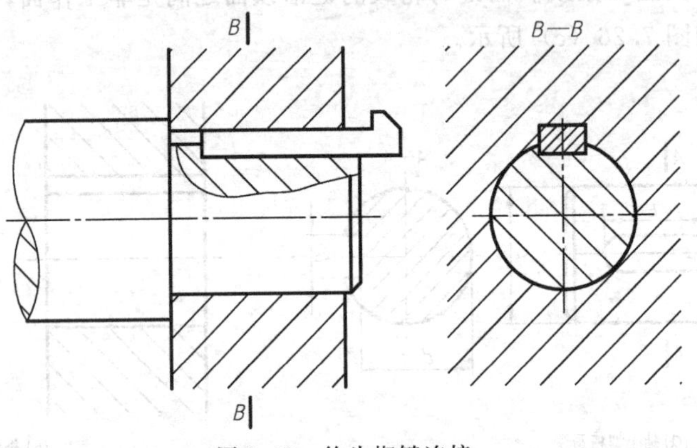

图 7.28　钩头楔键连接

7.3.2　花键连接

花键连接是将花键轴装在花键孔内，其特点是键和键槽的数量较多，轴和键制成一体，所以，它可以传递较大的扭矩，且连接可靠。图 7.29 是应用较广泛的矩形花键。

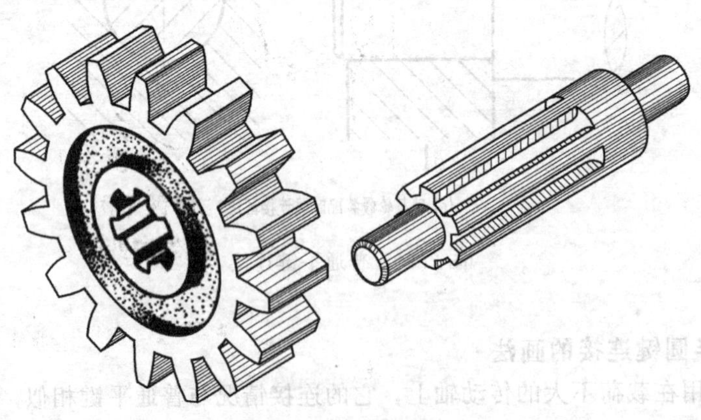

图 7.29　矩形花键

7.3.2.1　外花键的画法及标记

在平行于花键轴线的投影面的视图中，大径用粗实线绘制，小径用细实线绘制，并要画入倒角内；花键工作长度终止线和尾部长度的末端均用细实线绘制，尾部画成与轴线成 30°

的斜线；在剖视图中，小径也画成粗实线。在垂直于轴线的视图或剖面图中，可画出部分或全部齿形，也可只画出表示大径的粗实线圆和表示小径的细实线圆，倒角可省略不画。矩形外花键的画法及其标记的标注见图 7.30。

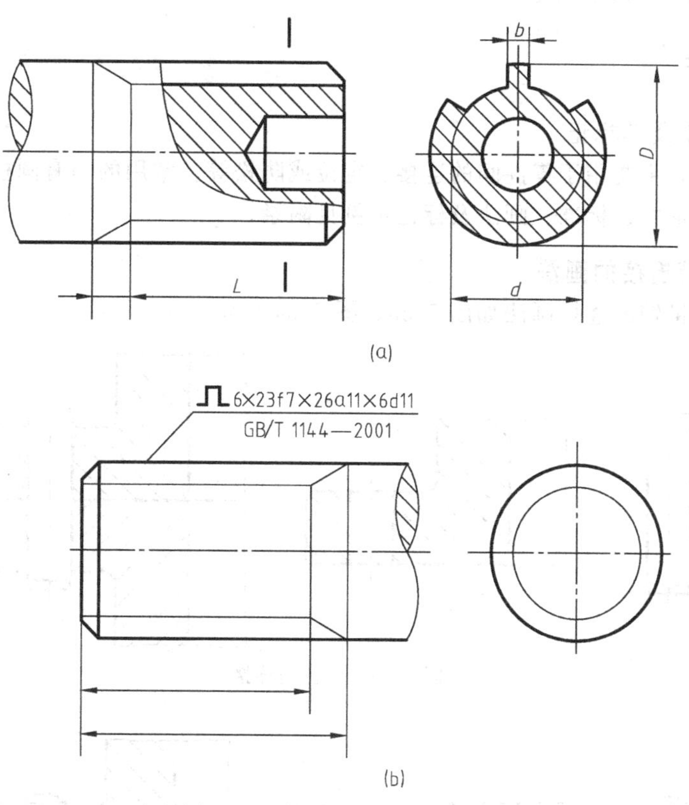

图 7.30　外花键的画法及标注

花键的标注可采用一般尺寸注法和标记标注两种。一般尺寸注法应注出大径 D、小径 d、键宽或键槽宽 b 及齿数 N。用标记标注时，指引线从大径引出，完整的标记为：

类型符号　齿数×小径　小径公差带代号×大径　大径公差带代号×齿宽　齿宽公差带代号

7.3.2.2　内花键的画法及标记

在平行于花键轴线的剖视图中，大径及小径均用粗实线绘制。在垂直于轴线的视图中，可画出部分或全部齿形，如图 7.31 所示。

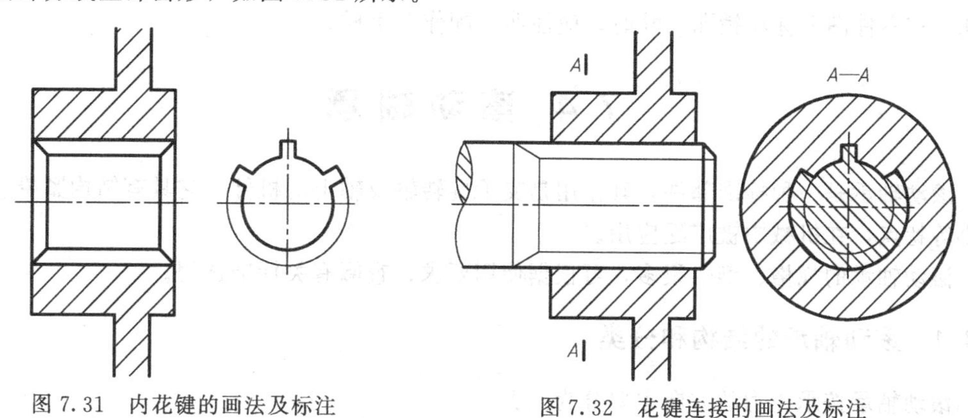

图 7.31　内花键的画法及标注　　图 7.32　花键连接的画法及标注

7.3.2.3 内、外花键连接的画法

花键连接画法和螺纹连接画法相似，即重合部分按外花键绘制，不重合部分按各自的规定画法绘制，如图 7.32 所示。

7.3.3 销连接

7.3.3.1 销及其标记

销是标准件，主要用于零件间的连接、定位或防松等。常用的销有圆柱销、圆锥销和开口销等，它们的形式、标准、画法及标记示例见附录。

7.3.3.2 销连接的画法

圆柱销和圆锥销的连接画法如图 7.33、图 7.34 所示。

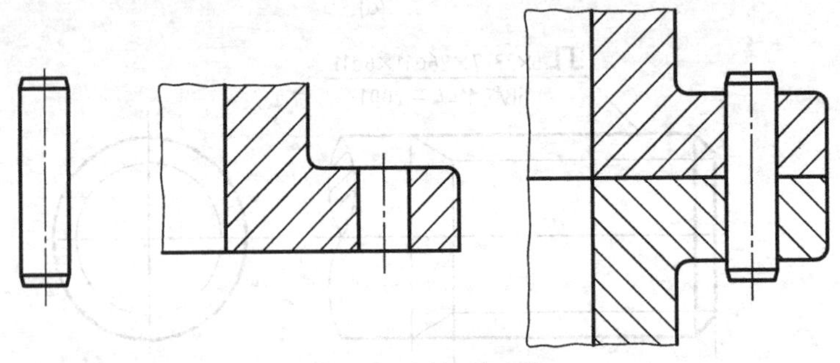

图 7.33 圆柱销连接

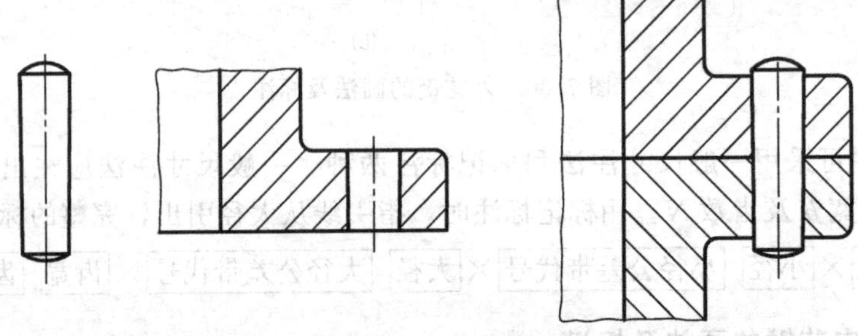

图 7.34 圆锥销连接

注意：用销连接（或定位）的两零件上的孔，一般是在被连接零件装配后同时加工的。因此，在零件图上标注销孔尺寸时，应注明“配作”字样。

7.4 滚动轴承

滚动轴承是一种标准部件，其作用是支承旋转轴及轴上的机件，它具有结构紧凑、摩擦力小等特点，在机械中被广泛应用。

滚动轴承的规格、型式很多，可根据使用要求，查阅有关标准选用。

7.4.1 滚动轴承的结构和分类

滚动轴承按承受力的方向主要分为三类。

(1) 向心轴承　它主要承受径向力，如深沟球轴承。

(2) 推力轴承　它只承受轴向力，如推力球轴承。

(3) 向心推力轴承　它既可承受径向力，又可承受轴向力，如圆锥滚子轴承。

滚动轴承的结构一般由外圈、内圈、滚动体和保持架四部分组成，如图 7.35 所示。

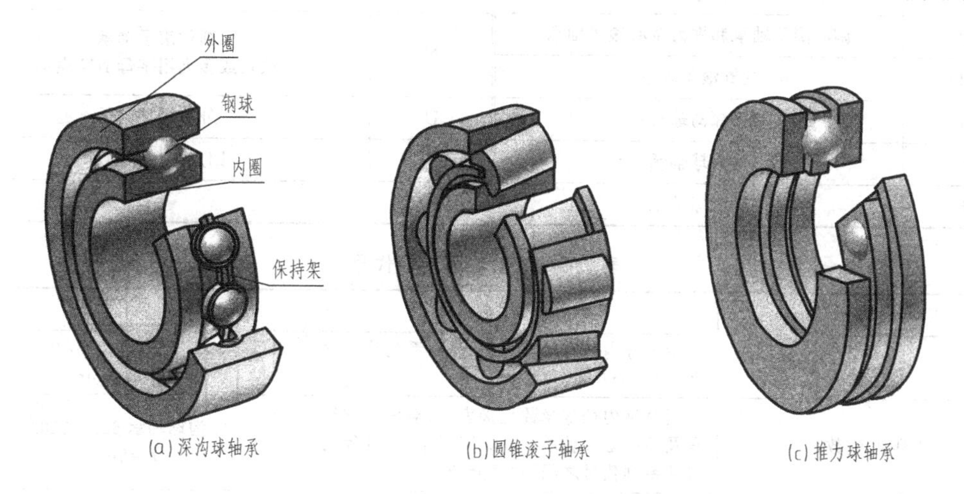

图 7.35　三类滚动轴承的结构

7.4.2　滚动轴承的代号及标记

滚动轴承的类型和尺寸很多，为了便于设计、生产和选用，我国在 GB/T 292 中规定，一般用途的滚动轴承代号由基本代号、前置代号和后置代号构成，其排列顺序见表 7.3。

表 7.3　基本代号、前置代号、后置代号排列顺序

前置代号	基本代号				后置代号
		×　×			
		尺寸系列代号			
□ 成套轴承分布件代号	× (□) 类型代号	宽(高)度 系列代号	直径系 列代号	×× 内径代号	□或者× 内部结构改变、 公差等级及其他

注：□表示字母；×表示数字。

7.4.2.1　基本代号

基本代号表示轴承的基本类型、结构和尺寸，是轴承代号的基础。除滚针轴承外，基本代号由轴承类型代号、尺寸系列代号及内径代号构成，如：

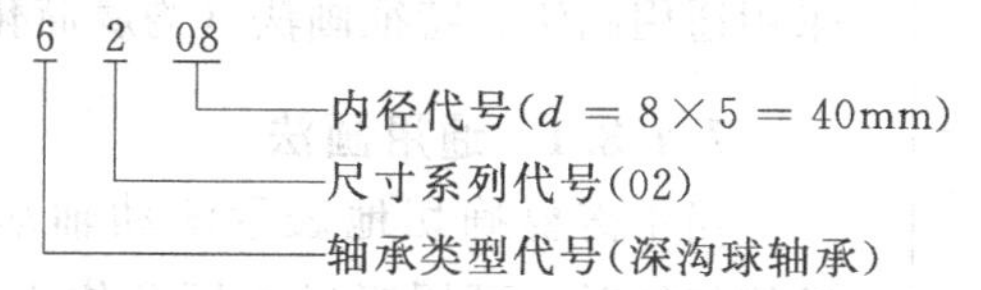

(1) 类型代号　滚动轴承的类型代号用数字或大写拉丁字母表示，见表 7.4。

(2) 尺寸系列代号　轴承的尺寸系列代号由轴承宽（高）度系列代号和直径系列代号组合而成。组合排列时，宽度系列在前，直径系列在后，它的主要作用是区别内径相同而宽度和外径不同的轴承，具体代号需查阅相关标准。

(3) 内径代号　内径代号表示轴承公称内径的大小，常见的轴承内径如表 7.5 所示。

表 7.4 滚动轴承的类型代号

代号	轴承类型	代号	轴承类型
0	双列角接触球轴承	7	角接触球轴承
1	调心球轴承	8	推力圆柱滚子轴承
2	调心滚子轴承和推力调心滚子轴承	N	圆柱滚子轴承 双列或多列用字母 NN 表示
3	圆锥滚子轴承		
4	双列深沟球轴承	U	外球面球轴承
5	推力球轴承	QJ	四点接触球轴承
6	深沟球轴承		

表 7.5 滚动轴承内径代号

轴承公称内径/mm		内径代号	示例
0.6 到 10(非整数)		用公称内径直接表示(与尺寸系列代号之间用“/”分开)	深沟球轴承 618/2.5 d=2.5mm
1 到 9(整数)		用公称内径毫米数直接表示，对深沟球轴承及角接触球轴承 7、8、9 直径系列，内径与尺寸系列代号之间用“/”分开	深沟球轴承 625 618/5 d=5mm
10 到 17	10 12 15 17	00 01 02 03	深沟球轴承 6200 d=10mm
20 到 480 (22,28,32 除外)		公称内径除以 5 的商数，商数为个位数时，需在商数左边加“0”	调心滚子轴承 23208 d=40mm
大于和等于 500 以及 22,28,32		用公称内径毫米数直接表示，内径与尺寸系列代号之间用“/”分开	调心滚子轴承 230/500 d=500mm 深沟球轴承 62/22 d=22mm

7.4.2.2 前置、后置代号

前置、后置代号是轴承在结构形状、尺寸、公差、技术要求等有改变时，在其基本代号左右添加的补充代号。具体内容可查阅有关的国家标准。

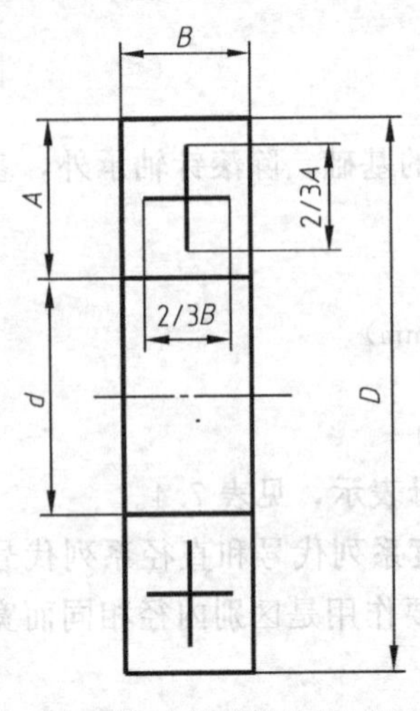

图 7.36 滚动轴承的通用画法

7.4.3 滚动轴承的画法

滚动轴承是标准件，由专业工厂生产，需要时可根据轴承的型号选配。当需要表示滚动轴承时，可按不同场合分别采用通用画法、特征画法（均属简化画法）及规定画法。

7.4.3.1 通用画法

当不需要确切地表示滚动轴承的外形轮廓、载荷特征、结构特征时，可用矩形线框及位于线框中央正立的十字形符号表示滚动轴承。各种符号、矩形线框和轮廓线均用粗实线绘制，如图 7.36 所示。

7.4.3.2 特征画法

如需较形象地表示滚动轴承的结构特征和载荷特性，可

采用特征画法。此时可在矩形线框内画出其结构和载荷特性要素的符号，如表 7.6 中特征画法一栏所示。图中框内长的粗实线符号表示不可调心轴承的滚动体的滚动轴线（调心轴承则用粗圆弧线），短的粗实线表示滚动体的列数和位置（单列画一根粗实线，双列画两根），长粗实线和短粗实线相交成 90°。矩形线框和轮廓线均用粗实线绘制。

表 7.6　滚动轴承的特征画法及规定画法

轴承类型	特征画法	规定画法
深沟球轴承 GB/T 276	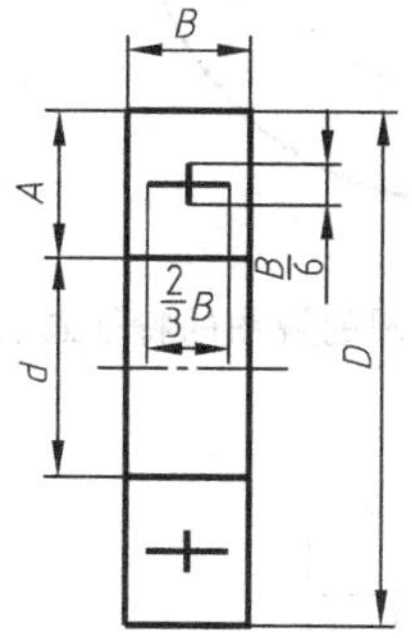	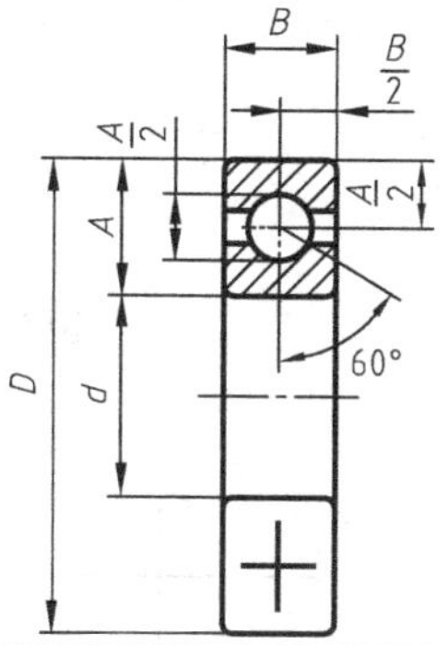
圆锥滚子轴承 GB/T 297	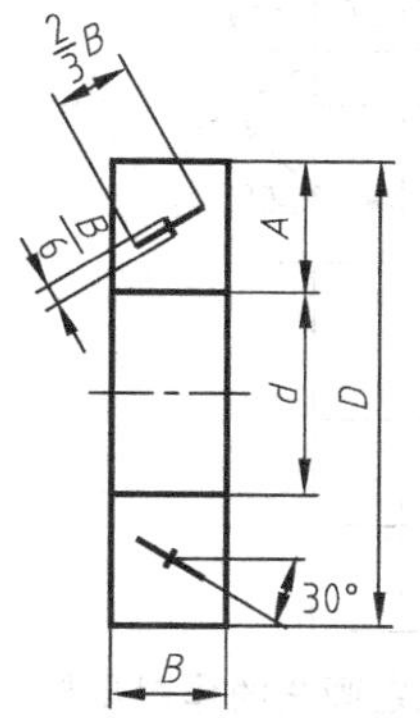	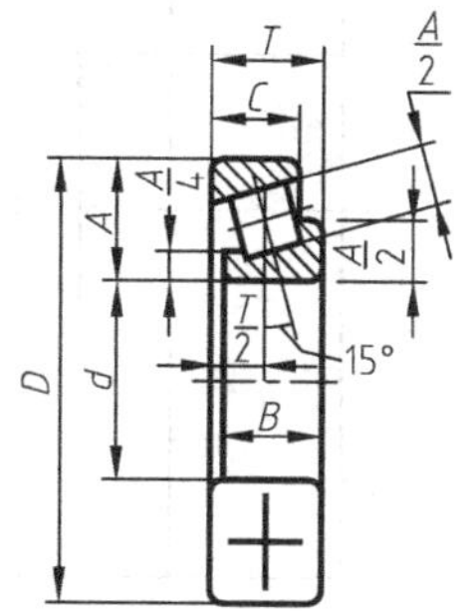
推力球轴承 GB/T 301	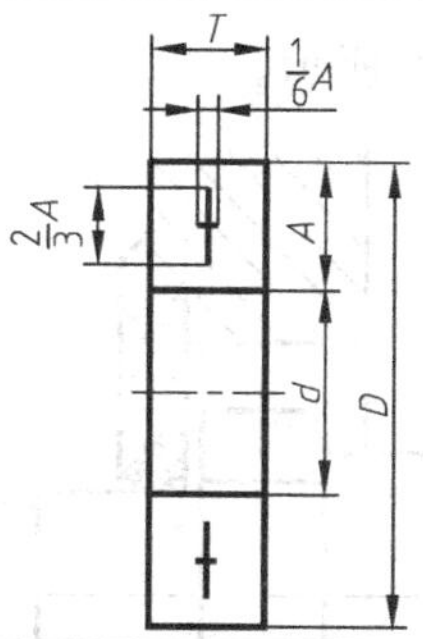	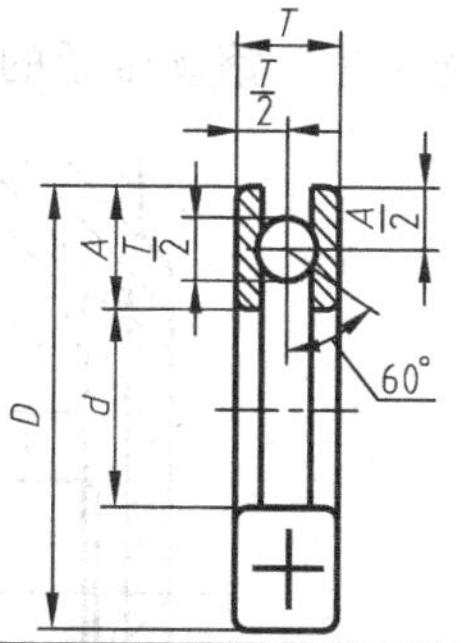

在垂直于滚动轴承轴线的投影面的视图上，无论滚动体的形状（球、柱、针等）及尺寸如何，均可按图 7.37 所示的方法绘制。

7.4.3.3　规定画法

在滚动轴承的产品图样、样本、标准、用户手册和使用说明书中，必要时可采用表 7.6 右侧所示的规定画法。图中滚动体不画剖面线，其各套圈等可画成方向和间隔相同的剖面线。在不致引起误解时允许省略不画。图形的另一侧，按通用画法绘制。作图步骤如图 7.38 所示。

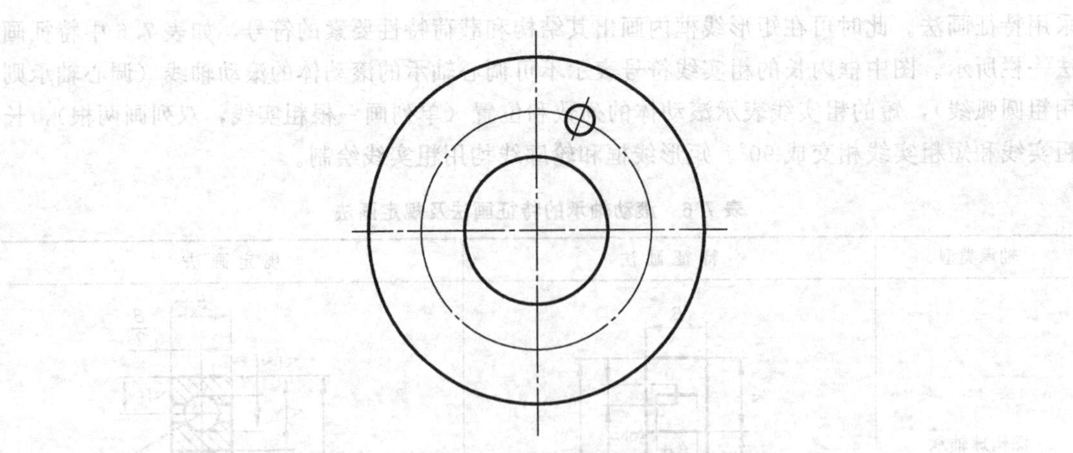

图 7.37　滚动轴承投影为圆的视图的特征画法

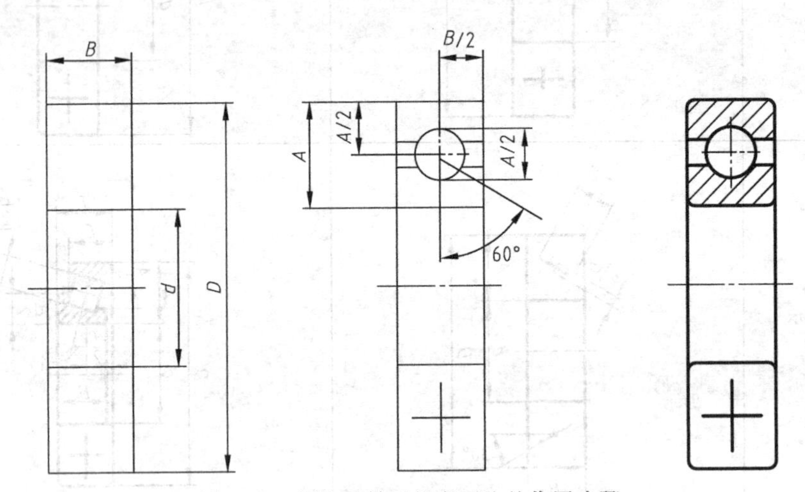

图 7.38　深沟球轴承规定画法的作图步骤

在装配图中，滚动轴承的画法示例如图 7.39 所示。

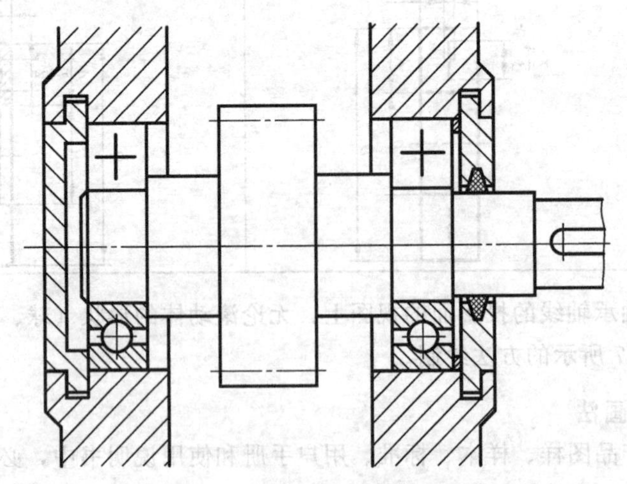

图 7.39　滚动轴承在装配图中的画法

第8章

零 件 图

任何机器或部件都是由一些零件按照一定的装配关系和技术要求装配而成的。如图 8.1 所示就是球阀阀盖的零件图。本章主要介绍零件图的作用和内容；零件图的视图选择方法与表达方案的确定；零件铸造与加工的典型工艺结构；零件图上尺寸标注的方法；零件图上技术要求的注写；零件测绘及读零件图的方法。

8.1 零件图的作用和内容

表示零件结构形状、尺寸大小及技术要求的图样称为零件图。

零件图是设计部门提交给生产部门的重要技术文件，它不仅反映了设计者的设计意图，而且表达了零件的各种技术要求，如尺寸精度、表面粗糙度等；工艺部门还要根据零件图制造毛坯、制订工艺规程、设计工艺装备等。所以，零件图是制造和检验零件的重要依据。图 8.1 所示的零件图，它包含了以下内容。

(1) 一组视图　用一组视图来表达零件的形状和结构。应根据零件的结构特点，选择适当的剖视、断面、局部放大图等表达方法，用简明的方案将零件的形状、结构表达清楚。

(2) 完整的尺寸　正确、完整、清晰、合理地标注出零件制造、检验时所需的全部尺寸。

(3) 技术要求　标注或说明零件制造、检验或装配过程中应达到的各项要求，包括表面粗糙度、尺寸精度、形位公差、表面处理、热处理、检验等要求。

(4) 标题栏　填写零件的名称、图号、材料、数量、比例，以及单位名称、制图、描图、审核人员的姓名、日期等内容。

8.2 零件结构的工艺性分析

零件上因设计或工艺的要求，常有一些特定的结构，如倒角、凸台、退刀槽等，下面简要介绍零件上常用结构的作用、画法和尺寸标注。

8.2.1 零件上的机械加工工艺结构

8.2.1.1 倒角和圆角

为了去掉切削零件时产生的毛刺、锐边，使操作安全、便于装配，常在轴或孔的端部等处加工成倒角。倒角多为 45°，也可制成 30°或 60°，倒角宽度 C 数值可根据轴径或孔径查阅有关标准确定，如图 8.2 所示。

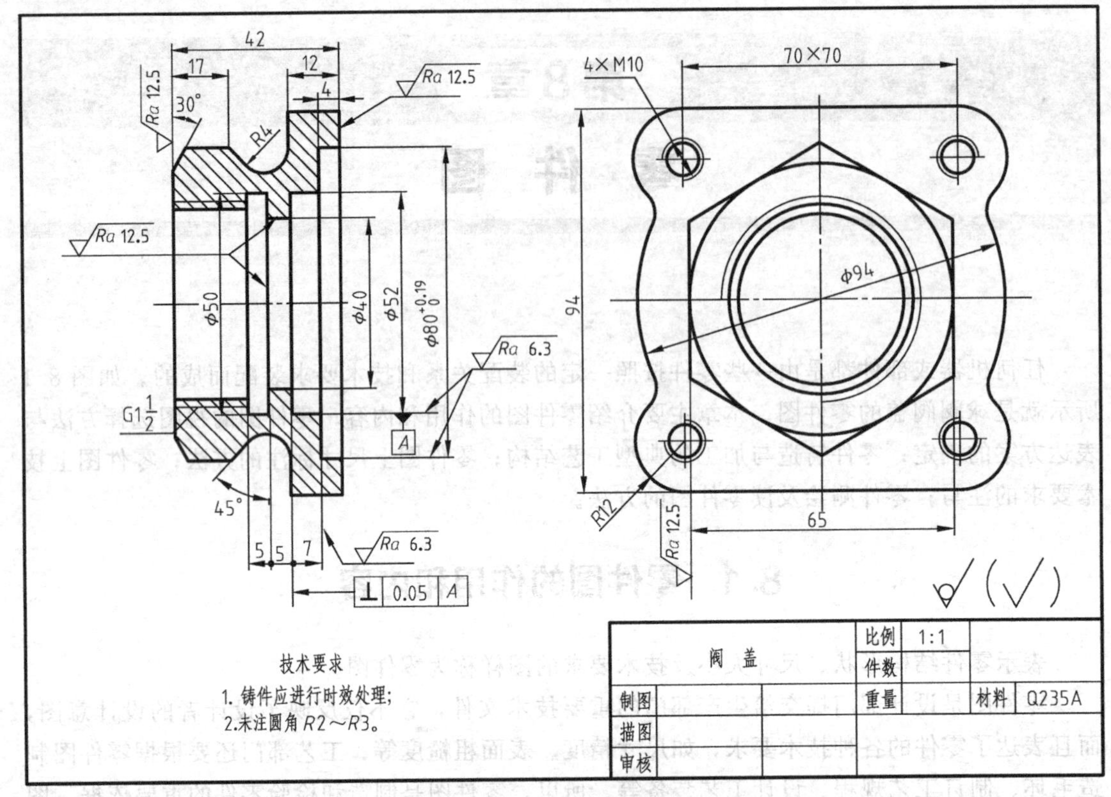

图 8.1　球阀阀盖零件图

为避免在零件的台肩等转折处由于应力集中而产生裂纹，常加工出圆角，如图 8.2 所示，圆角半径 r 数值可根据轴径或孔径查阅有关标准确定。

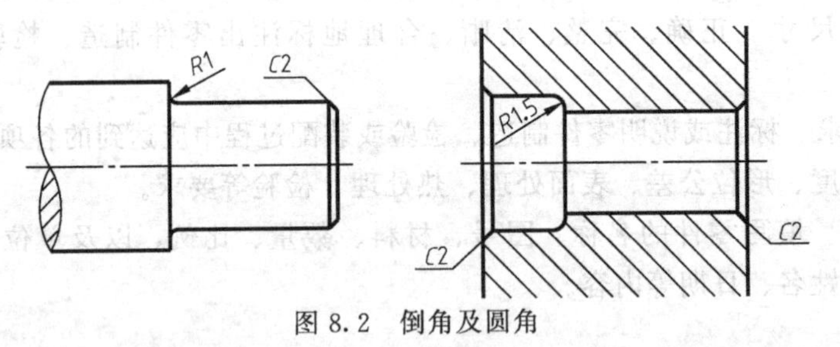

图 8.2　倒角及圆角

若零件上的倒角、圆角在图中并未画出，或零件上的倒角、圆角尺寸全部相同，则可在技术要求中注明，如“未注倒角 $C2$”、“全部倒角 $C3$”、“未注圆角 $R2$”等。当零件倒角尺寸无一定要求时，则可在技术要求中注明“锐边倒钝”。

8.2.1.2　钻孔处结构

零件上钻孔处的合理结构如图 8.3 所示。用钻头钻孔时，被加工零件的结构设计应考虑到加工方便，以保证钻孔的主要位置的准确性和避免钻头折断；同时还要保证钻削工具有最方便的工作条件。为此，钻头的轴线应尽量垂直于被钻孔的端面，如果钻孔处表面是斜面或曲面，应预先设置与钻孔方向垂直的平面凸台或凹坑，并且设置的位置应避免钻头单边受力产生偏斜或折断。

用钻头钻盲孔时，由于钻头顶部有约 120°的圆锥面，所以盲孔总有一个 120°的圆锥面，扩孔时也有一个锥角为 120°的圆台面，如图 8.3 所示。

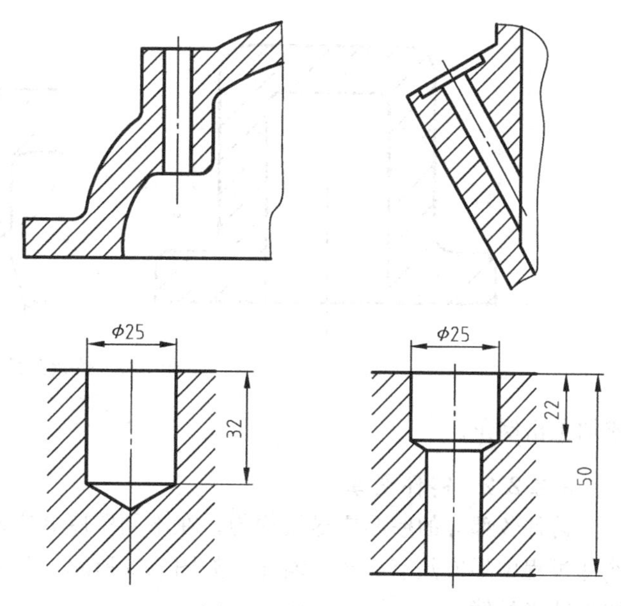

图 8.3 钻孔工艺结构

8.2.1.3 退刀槽和越程槽

为了在切削零件时容易退出刀具，保证加工质量及便于装配时与相关零件靠紧，常在零件加工表面的台肩处预先加工出退刀槽或越程槽。常见的有螺纹退刀槽、砂轮越程槽、刨削越程槽等。退刀槽和越程槽的结构及尺寸标注如图 8.4 所示。图中的数据可从有关标准中查取。一般的退刀槽（或越程槽），其尺寸可按“槽宽×直径”或“槽宽×槽深”进行标注，如图 8.4 所示。

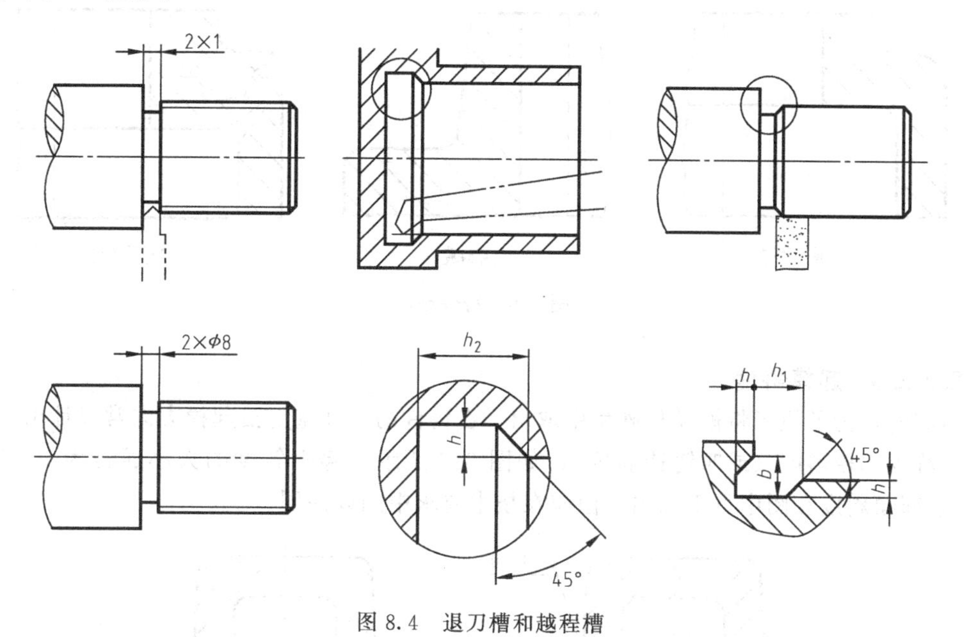

图 8.4 退刀槽和越程槽

8.2.2 铸件工艺结构

8.2.2.1 铸造圆角

为便于铸件造型，避免从砂型中起模时砂型转角处落砂及浇注时将转角处冲毁，防止铸件转角处产生裂纹、组织疏松和缩孔等铸造缺陷，铸件上相邻表面的相交处应做成圆角，如图 8.5 所示。对于压铸件，其圆角能保证原料充满压模，并便于将零件从压模中取出。

铸造圆角半径一般取壁厚的 0.2～0.4 倍，可从有关标准中查出。同一铸件的圆角半径大小应尽量相同或接近。铸件经机械加工的表面，其毛坯上的圆角被切削掉，转角处呈尖角

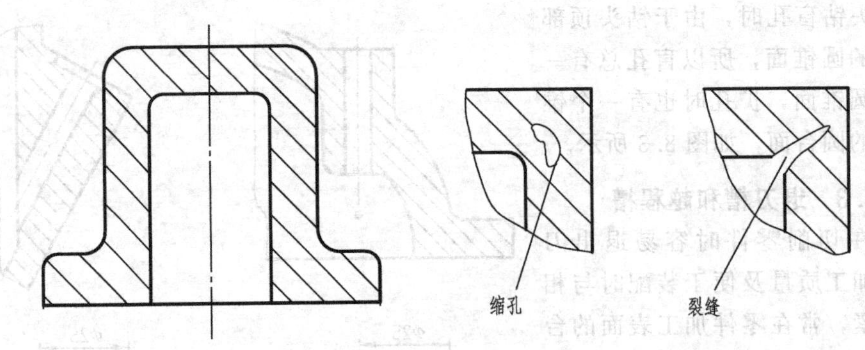

图 8.5 铸造圆角

或加工出倒角。

8.2.2.2 铸件壁厚

铸件各部分的壁厚应尽量均匀，在不同壁厚处应使厚壁和薄壁逐渐过渡，以避免在铸件冷却过程中形成热节，产生缩孔，如图 8.6 所示。为避免由于厚度减薄对强度的影响，可用加强肋来补偿。

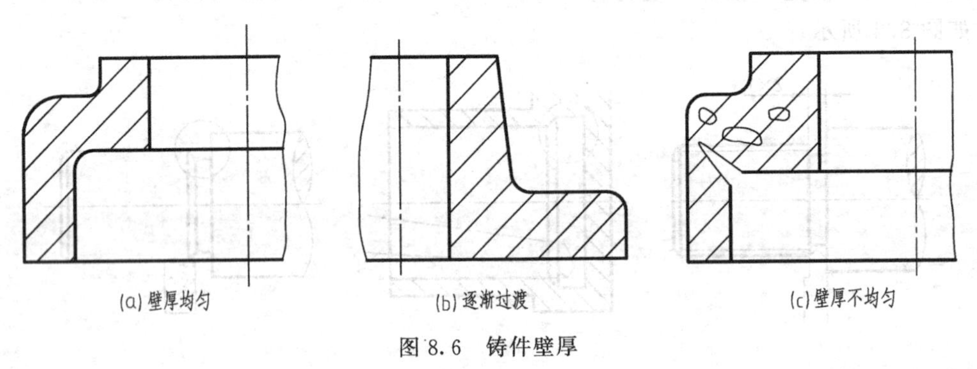

图 8.6 铸件壁厚

8.2.2.3 起模斜度

造型时，为了便于将模样从砂型中取出，在铸件的内外壁上沿起模方向常设计出一定的斜度，称为起模斜度（或叫铸造斜度），如图 8.7 所示。起模斜度的大小通常为 1∶100～1∶20。起模斜度在图中可不画出，但应在技术要求中加以注明。

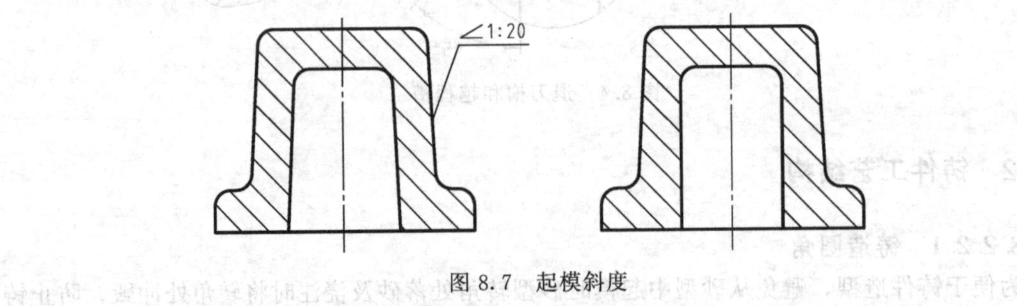

图 8.7 起模斜度

8.2.2.4 过渡线

由于铸件表面相交处有铸造圆角存在，使两表面的交线变得不明显，为使看图时能区分不同表面，图中交线仍要画出，这种交线通常称为过渡线。当过渡线的投影和面的投影重合时，按面的投影绘制；当过渡线的投影和面的投影不重合时，过渡线按其理论交线绘制，但线的两端要与其他轮廓线断开。过渡线用细实线绘制。

曲面相交的过渡线，不应与圆角轮廓线接触，要画到理论交点处为止，如图 8.8 所示。

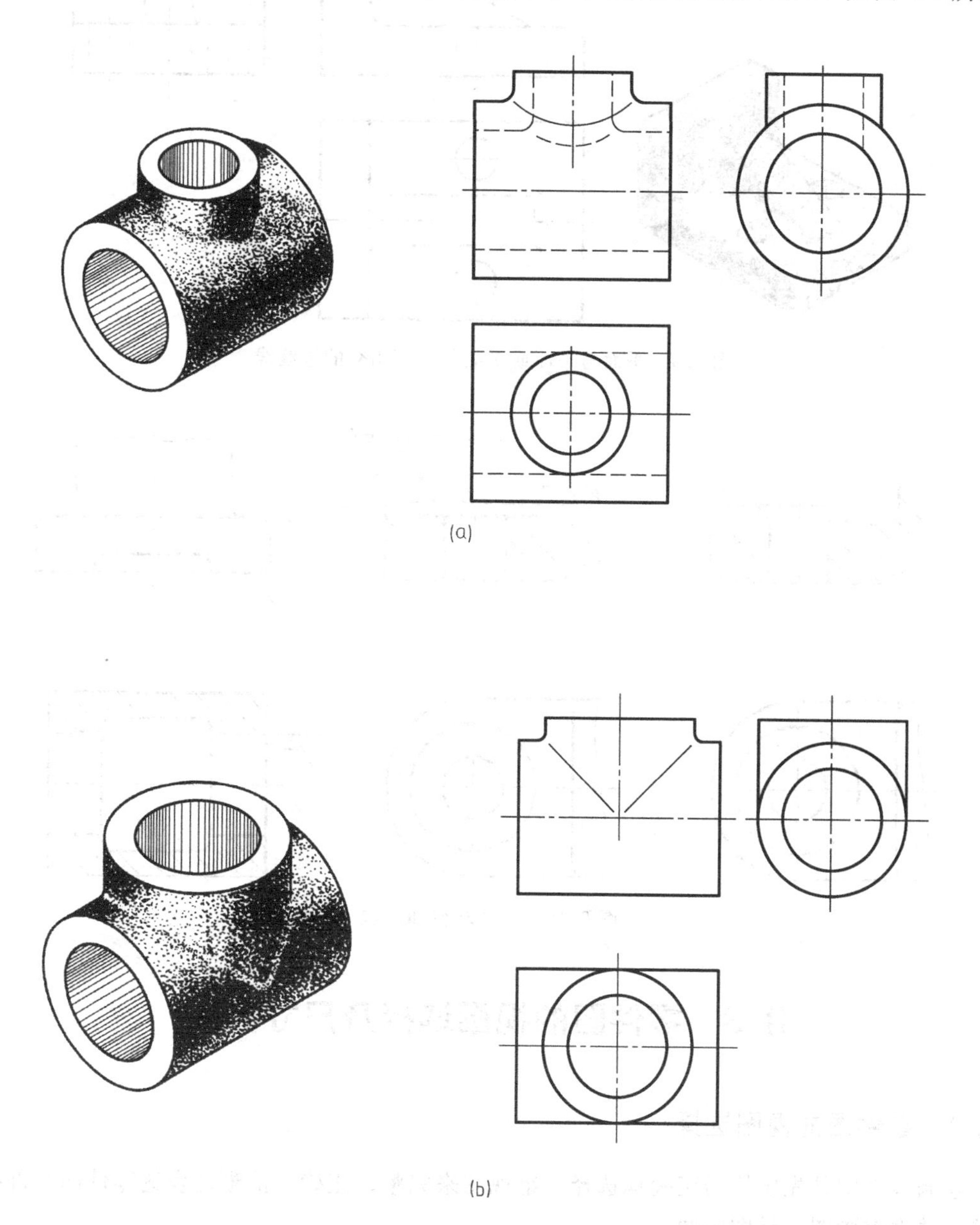

图 8.8　曲面相交的过渡线

平面与平面或平面与曲面相交的过渡线，应在转角处断开，并加画小圆弧，其弯向应与铸造圆角的弯向一致，如图 8.9 所示。

8.2.2.5　工艺凸台和凹坑

为了保证装配时零件间接触良好，减少零件上机械加工的面积，常在铸件接触面处设置凸台或凹坑（或凹槽、凹腔），如图 8.10 所示。

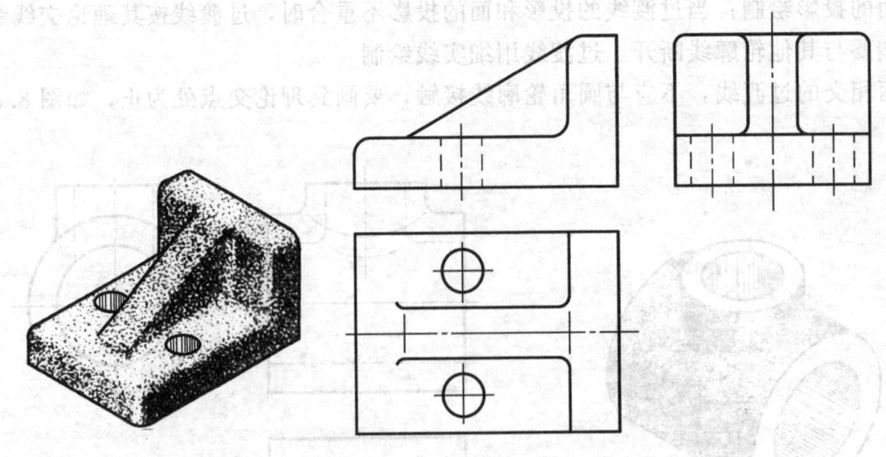

图 8.9　平面与平面或平面与曲面相交的过渡线

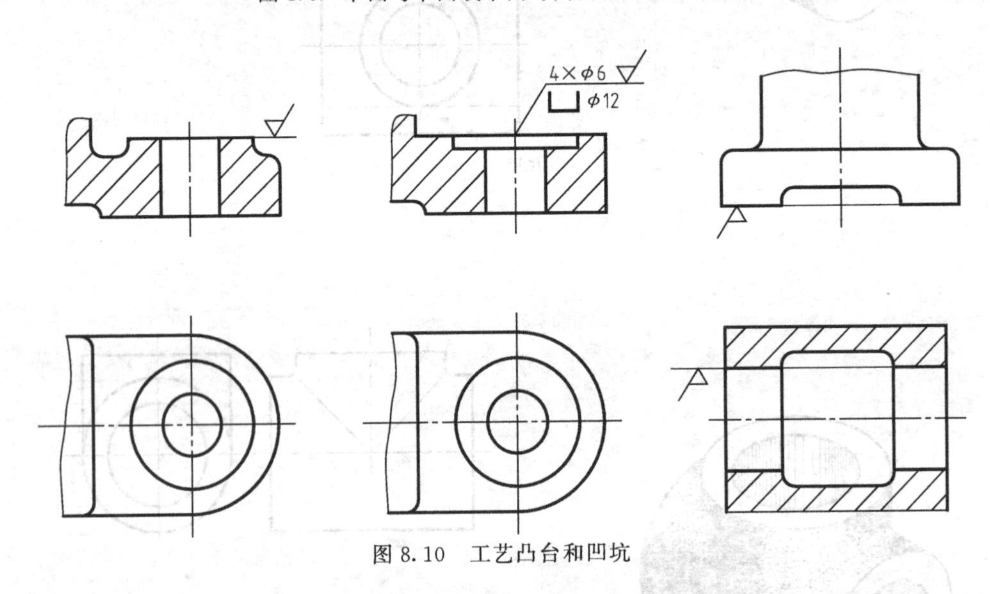

图 8.10　工艺凸台和凹坑

8.3　零件图的视图选择及尺寸标注

8.3.1　零件图的视图选择

绘制零件图首先应恰当正确地选择一组视图来完整、正确、清晰地表达零件的全部结构形状，并力求画图、看图简便。

8.3.1.1　主视图的选择

主视图是零件图中的核心，应选择表示物体信息量最多的那个视图作为主视图。主视图的选择要考虑以下原则。

(1) 形状特征原则　以最能反映零件形体特征的方向作为主视图的投射方向，在主视图上尽可能多地展现零件的内外结构形状及各组成形体之间的相对位置关系。

(2) 加工位置原则　是指零件在机床上加工时的装夹位置，主视图方位与零件主要加工工序中的加工位置相一致，便于看图、加工和检测尺寸。

(3) 工作位置原则　工作位置是指零件装配在机器或部件中工作时的位置，按工作位置选取主视图，容易想象零件在机器中的作用，便于指导安装。

8.3.1.2　其他视图的选择

主视图确定后，其他视图要配合主视图完整、清晰地表达出零件的结构形状，并尽可能减少视图的数量，所以，配置其他视图时应注意以下几个问题。

(1) 每个视图都要有明确的表达重点，各个视图相互配合、相互补充，表达内容不应重复。

(2) 根据零件的内部结构选择恰当的剖视图和断面图，选择剖视图和断面图时，一定要明确剖视图和断面图的意义，使其发挥最大的作用。

(3) 对尚未表达清楚的局部形状和细小结构，补充必要的局部视图和局部放大图。

(4) 尽量采用省略、简化等规定画法。

8.3.2　典型零件的表达方法

8.3.2.1　轴套类零件

轴套类零件各组成部分多是同轴线的回转体，主要在车床或磨床上加工，所以主视图的轴线应水平放置。这类零件除采用主视图外，常用附加断面、局部剖视、局部放大图来表示槽、孔等结构，如图 8.11 所示。

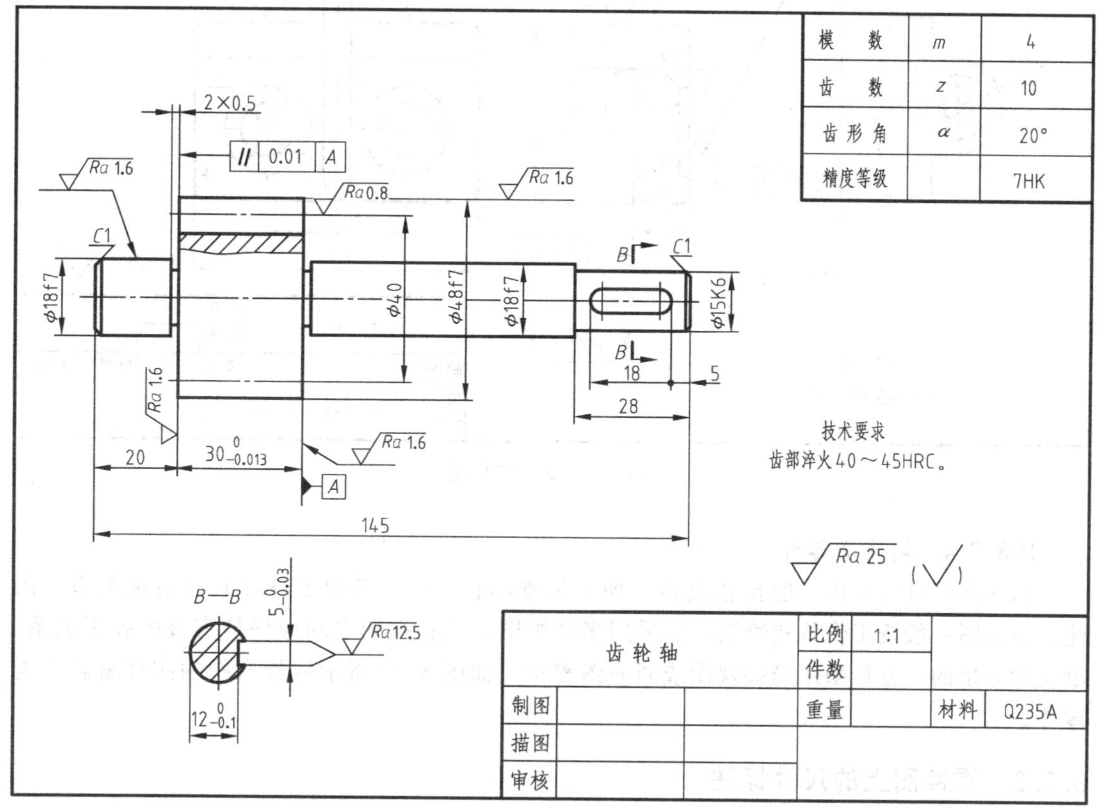

图 8.11　齿轮轴零件图

8.3.2.2　轮盘类零件

轮、盘、盖类零件，主要在车床上加工，所以轴线亦应水平放置，一般选择非圆方向为主视图，根据其形状特点再配合画出局部视图或左视图，见图 8.1。

8.3.2.3 叉架类零件

叉架类零件的形状结构一般比较复杂，加工方法和加工位置不止一个，所以主视图一般以工作位置摆放，需要的视图也较多，一般需 2～3 个视图，再根据需要配置一些局部视图、斜视图或断面图。如图 8.12 所示的支架零件，主视图按工作位置绘制，采用了局部剖视图，左视图采用了局部剖视图，此外采用了 A 向局部视图表示上部凸台的形状，采用移出断面图表示倾斜肋板的断面形状。

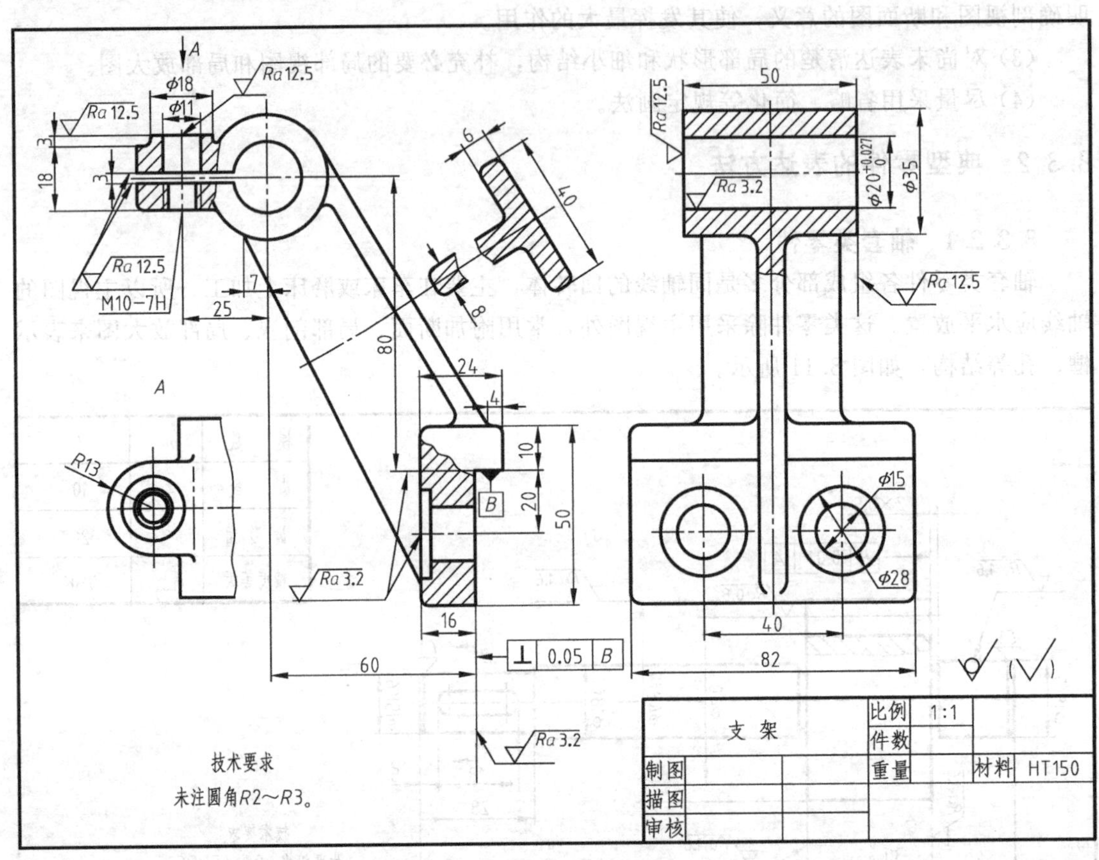

图 8.12 支架零件图

8.3.2.4 箱体类零件

箱体类零件的结构一般比较复杂，加工位置不止一个，其他零件和它有装配关系，因此，主视图一般按工作位置绘制，需采用多个视图，且各视图之间应保持直接的投影关系，没表达清楚的地方再采用局部视图或断面图表示。如图 8.13 所示的旋塞阀的阀体就属这类零件。

8.3.3 零件图上的尺寸标注

尺寸是零件图的主要内容之一，是零件加工制造的主要依据。零件图尺寸标注的要求是：正确、完整、清晰、合理。在第一章、第五章里已较详细地介绍了正确、完整、清晰的要求。在此主要介绍怎样合理地标注尺寸。

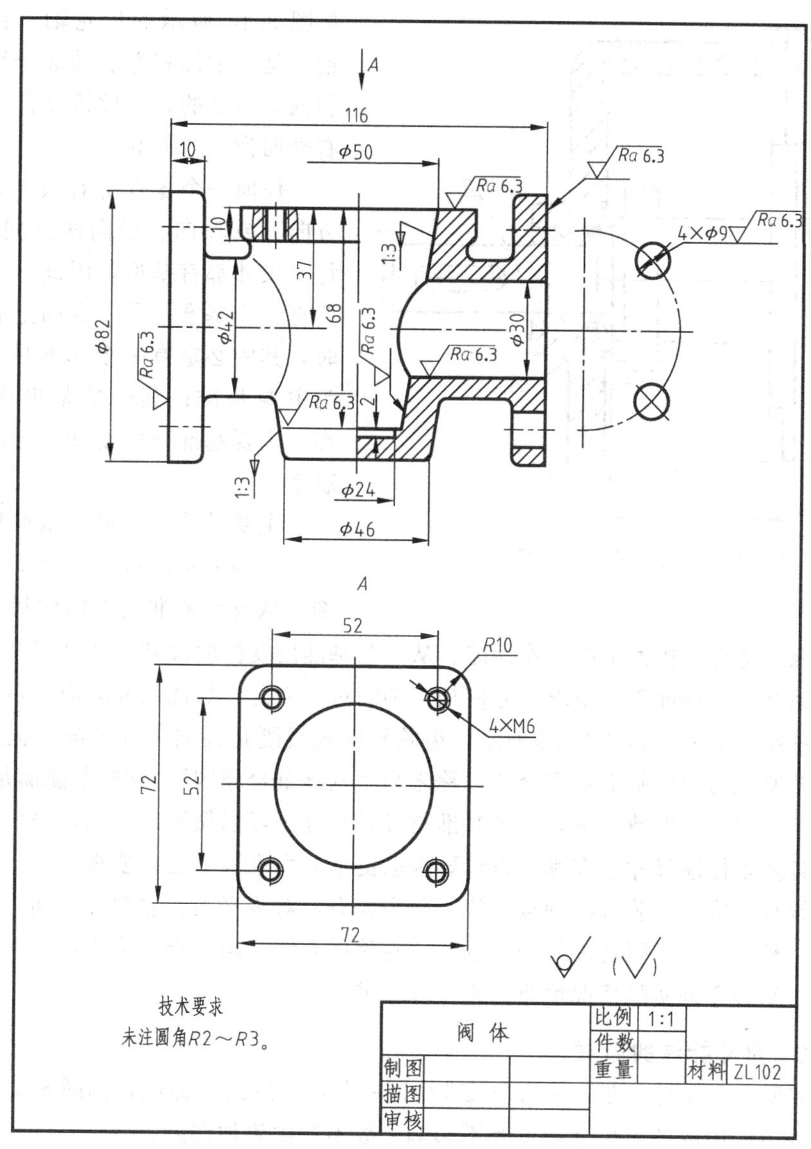

图 8.13 阀体零件图

所谓尺寸标注合理，是指所注的尺寸既要满足设计要求，又要满足加工、测量和检验等制造工艺要求。为了能做到尺寸标注合理，必须对零件进行结构分析、形体分析和工艺分析，据此确定尺寸基准，选择合理的标注形式，结合零件的具体情况标注尺寸。

8.3.3.1 尺寸基准的选择

零件的尺寸基准是指导零件装配到机器上或在加工、装夹、测量和检验时，用以确定零件上几何元素位置的一些点、线或面。

根据基准的作用不同，一般将基准分为设计基准和工艺基准。

根据机器的结构和设计要求，用以确定零件在机器中位置的一些点、线或面，称为设计基准。如图 8.14 所示，依据轴线 B 及轴肩 A 确定齿轮轴在机器中的位置，因此该轴线和轴肩端平面分别为齿轮轴的径向和轴向的设计基准。

根据零件加工制造、测量和检测等工艺要求所选定的一些点、线或面，称为工艺基准。

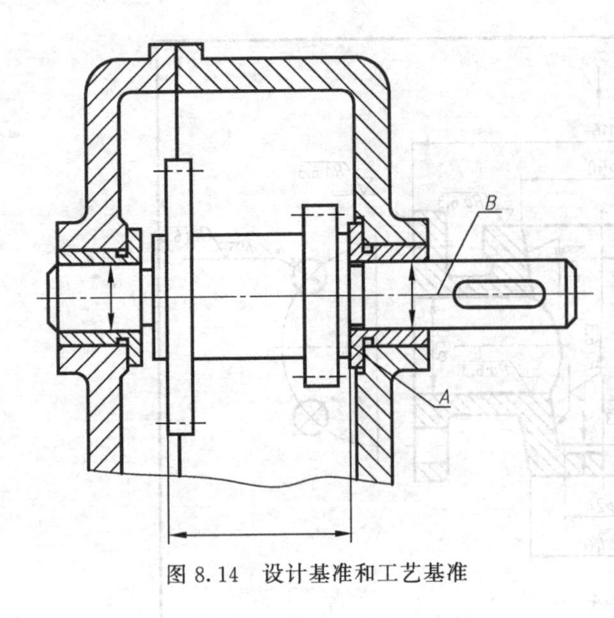

图 8.14 设计基准和工艺基准

如图 8.14 所示的齿轮轴，在加工、测量时是以轴线和左右端面分别作为径向和轴向基准的，因此该零件的轴线和左右端面为工艺基准。

任何一个零件都有长、宽、高三个方向（或轴向、径向两方向）的尺寸，每个尺寸都有基准，因此每个方向至少要有一个基准。同一方向上有多个基准时，其中必定有一个基准是主要的，称为主要基准；其余的基准则为辅助基准。主要基准与辅助基准之间应有尺寸联系。

主要基准应与设计基准和工艺基准重合，辅助基准可为设计基准或工艺基准。从设计基准出发标注尺寸，能反映设计要求，保证零件在机器中的工作性能；从工艺基准出发标注尺寸，能把尺寸标注与零件加工制造联系起来，保证工艺要求，方便加工和测量。因此，标注尺寸时应尽可能将设计基准与工艺基准统一起来，如图 8.14 所示，齿轮轴的轴线既是径向设计基准，也是径向工艺基准，即工艺基准与设计基准是重合的，称之为“基准重合原则”。这样既能满足设计要求，又能满足工艺要求。一般情况下，工艺基准与设计基准是可以做到统一的，当两者不能统一时，要按设计要求标注尺寸，在满足设计要求前提下，力求满足工艺要求。

可作为设计基准或工艺基准的点、线、面主要有：对称平面、主要加工面、结合面、底平面、端面、轴肩平面、回转面母线、轴线、对称中心线、球心等。应根据零件的设计要求和工艺要求，结合零件实际情况恰当选择尺寸基准。

8.3.3.2 尺寸标注的形式

(1) 基准型　零件同一方向的几个尺寸由同一基准出发进行标注，如图 8.15 (a) 所示。这种尺寸标注方法中的各段尺寸精度互不影响，故不产生累加误差。

(2) 连续型　零件同一方向的几个尺寸依次首尾相接，后一尺寸以它邻接的前一个尺寸的终点为起点（基准），如图 8.15 (b) 所示。这种尺寸标注方法可保证所注各段尺寸的精度要求，但由于基准依次推移，使各段尺寸的误差累加。因此，当阶梯状零件对总长精度要求不高而对各段的尺寸精度要求较高时，或零件中各孔中心距的尺寸精度要求较高时，适于采用这种尺寸注法。

(3) 综合型　零件同一方向的多个尺寸，是上述两种尺寸标注形式的综合，如图 8.15 (c) 所示。综合型既能保证一些精确尺寸，又能减少阶梯状零件中尺寸误差积累。因此，综合型注法应用较多，各尺寸的加工误差都累加到空出不注的一个尺寸上，如图 8.15 (d) 中的尺寸 e。

8.3.3.3 标注尺寸应注意的事项

(1) 重要尺寸的标注　零件上的重要尺寸必须直接注出，以保证设计要求。如零件上反映零件所属机器（或部件）规格性能的尺寸、零件间的配合尺寸、有装配要求的尺寸以及保证机器（或部件）正确安装的尺寸等，都应直接注出。

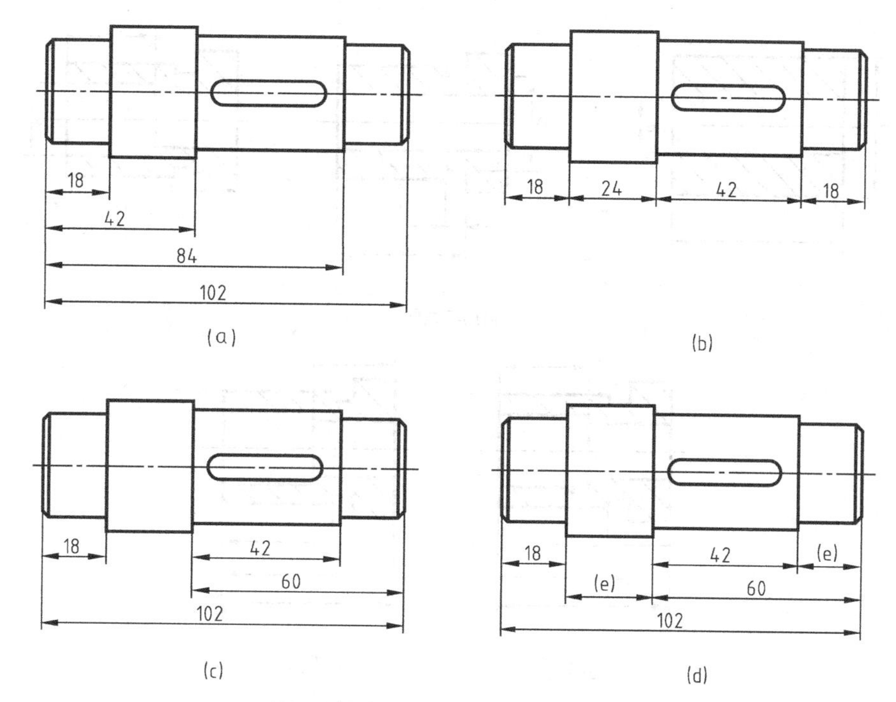

图 8.15 尺寸标注的形式

(2) 毛坯表面的尺寸标注 如在同一个方向上有若干个毛坯表面，一般只能有一个毛坯面与加工面有联系尺寸，而其他毛坯面则要以该毛坯面为基准进行标注，如图 8.16 所示。这是因为毛坯面制造误差较大，如果有多个毛坯面以统一的基准进行标注，则加工该基准时，往往不能同时保证这些尺寸要求。

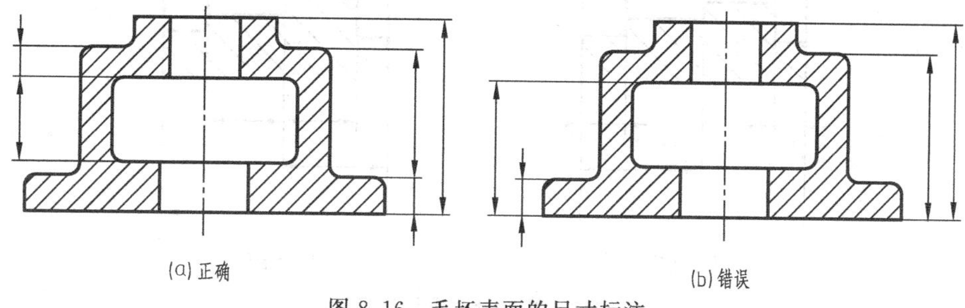

图 8.16 毛坯表面的尺寸标注

(3) 所注尺寸应符合工艺要求

① 按加工顺序标注尺寸。按加工顺序标注尺寸符合加工过程，方便加工和测量，从而易于保证工艺要求。如图 8.17 所示零件的加工顺序，不同工种加工的尺寸应尽量分开标注。

② 标注尺寸应尽量方便测量。在没有结构上或其他重要的要求时，标注尺寸应尽量考虑测量方便，如图 8.18 所示。

③ 标注尺寸应考虑加工方法和特点。如图 8.19 (a) 所示的轴承盖的半圆柱孔的尺寸标注，因为轴承的半圆柱孔是与轴承座的半圆柱孔配合在一起加工的，为保证装配后的同轴度，所以标注直径不标注半径，以方便加工和测量。又如图 8.19 (b) 所示轴上的键槽，是用盘铣刀加工出来的，除应注出键槽的有关尺寸之外，由刀具保证的尺寸，即铣刀直径也应注出（铣刀用双点画线画出），以便选用刀具。

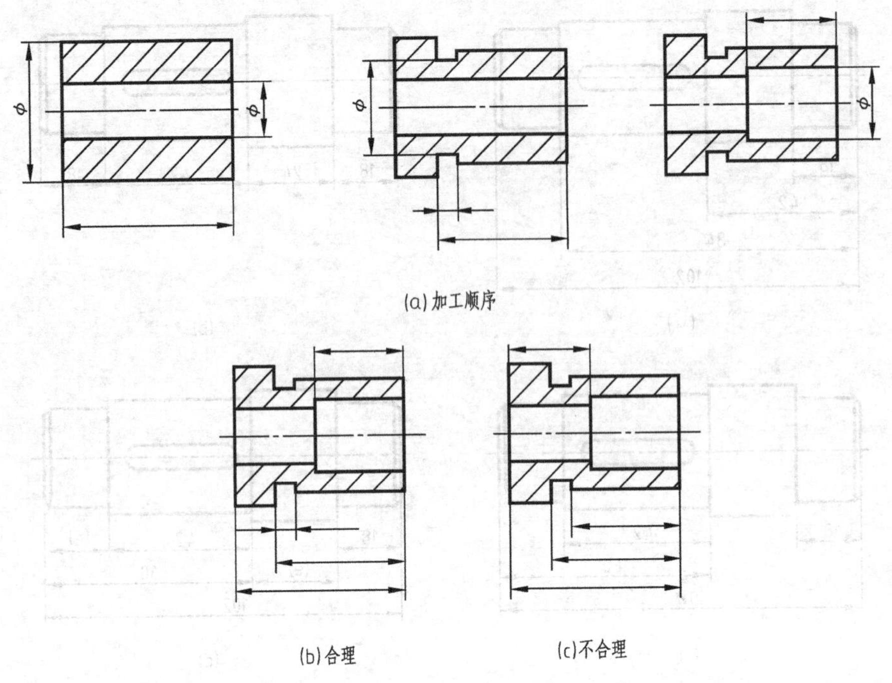

图 8.17 零件的加工顺序及尺寸标注

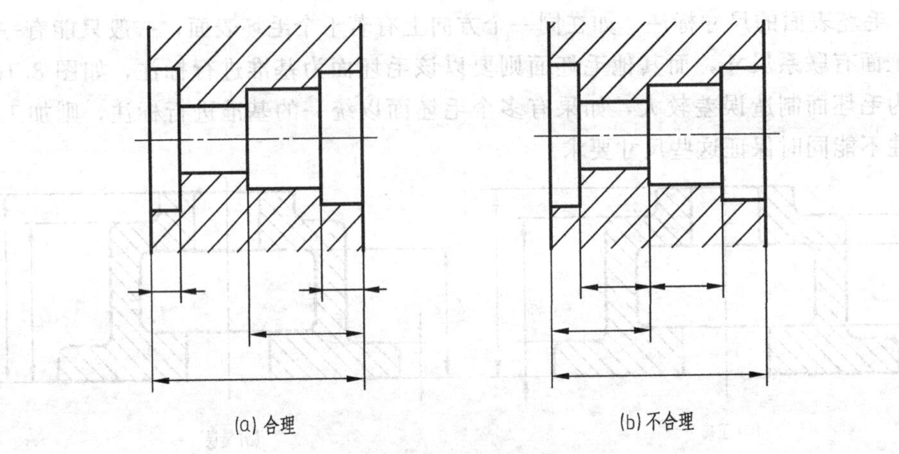

图 8.18 按测量要求标注尺寸

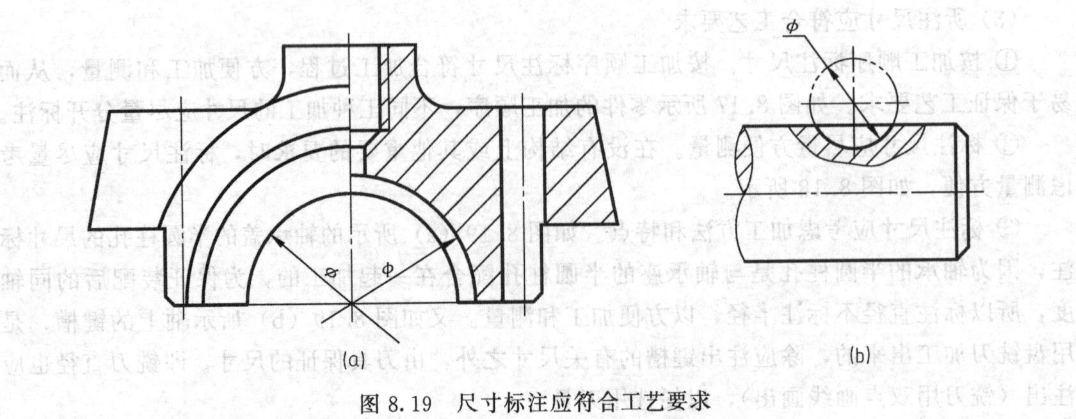

图 8.19 尺寸标注应符合工艺要求

8.3.3.4 零件上常见孔的尺寸注法（见表 8.1）

表 8.1 零件上常见孔的尺寸注法

结构类型		旁注法	普通注法
螺孔	不通孔	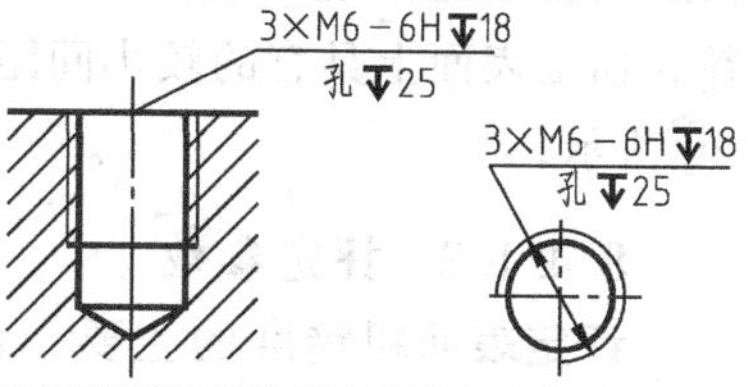 3×M6-6H↧18 孔↧25 3×M6-6H↧18 孔↧25	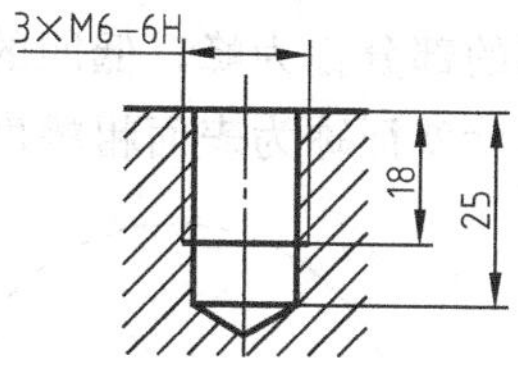 3×M6-6H 18 25
光孔	圆柱孔	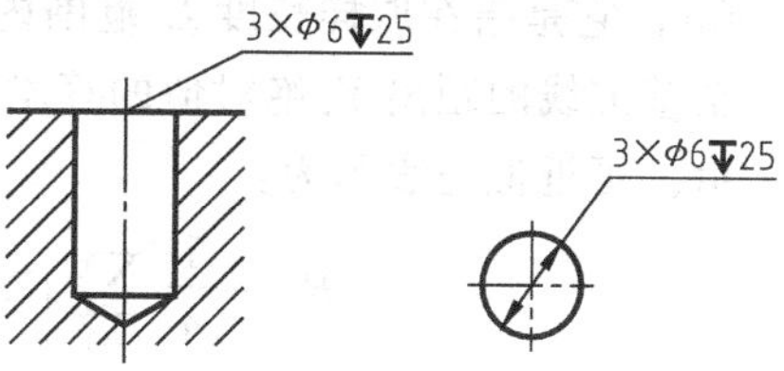 3×φ6↧25 3×φ6↧25	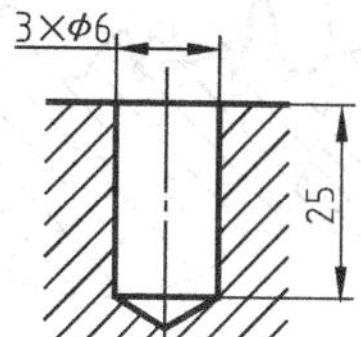 3×φ6 25
光孔	锥销孔	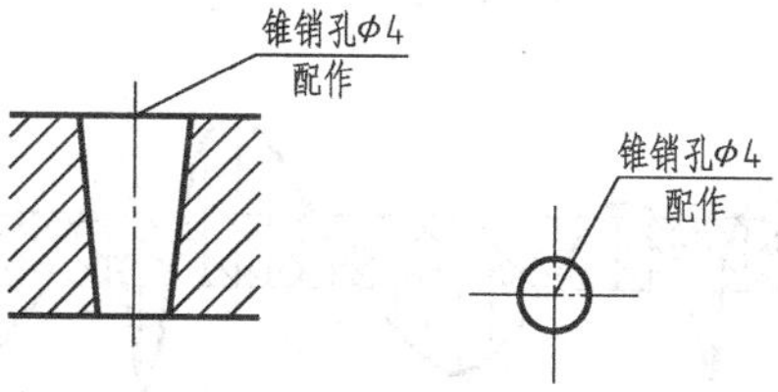 锥销孔φ4 配作 锥销孔φ4 配作	圆锥销孔都采用旁注法，所注直径是指配用的圆锥销的公称直径
沉孔	锥形沉孔	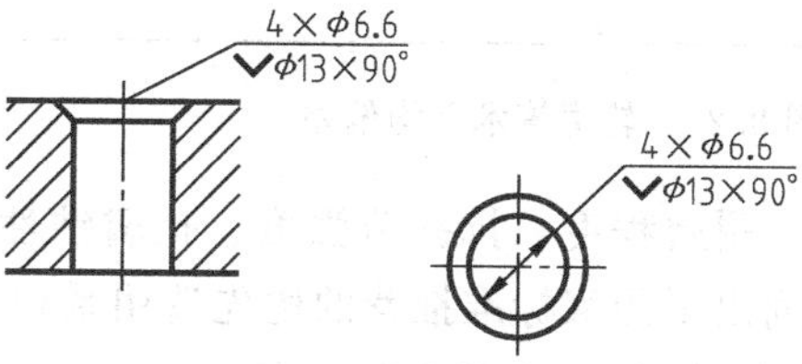 4×φ6.6 ⌵φ13×90° 4×φ6.6 ⌵φ13×90°	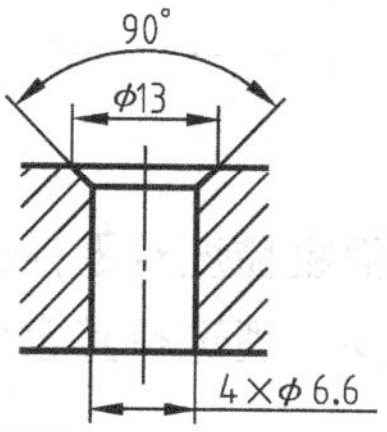 90° φ13 4×φ6.6
沉孔	柱形沉孔	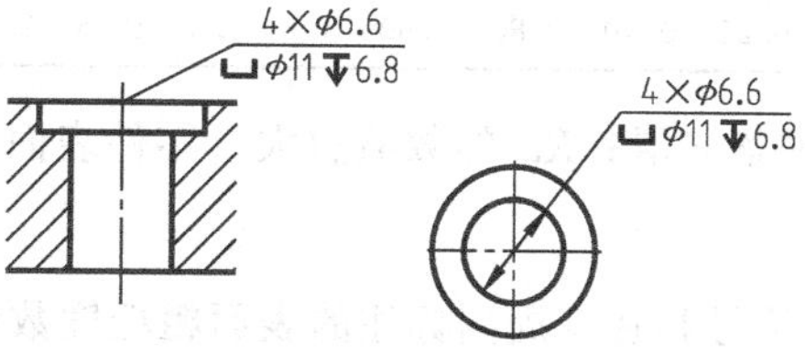 4×φ6.6 ⌴φ11↧6.8 4×φ6.6 ⌴φ11↧6.8	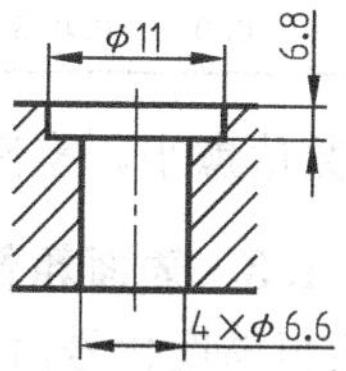 φ11 6.8 4×φ6.6

8.4 零件图中的技术要求

零件图上，除了用视图表达零件的结构形状和用尺寸表达零件各组成部分的大小及位置关系外，通常还要标注有关的技术要求。技术要求一般有以下几个方面的内容：①零件的极限与配合要求；②零件的形状和位置公差；③零件上各表面的粗糙度；④零件材料、热处理、表面处理和表面修饰的说明；⑤对零件的特殊加工、检查及试验的说明，有关结构的统一要求，如圆角、倒角尺寸等；⑥其他必要的说明等。

本节简要介绍国家标准对技术要求的有关规定。

8.4.1 表面粗糙度

8.4.1.1 基本概念

零件表面无论加工得多么光滑，在放大镜或显微镜下观察，总会看到高低不平的状况，高起的部分称为峰，低凹的部分称为谷。加工表面上具有的较小间距的峰谷所组成的微观几何形状特征称为表面粗糙度，如图 8.20 所示。

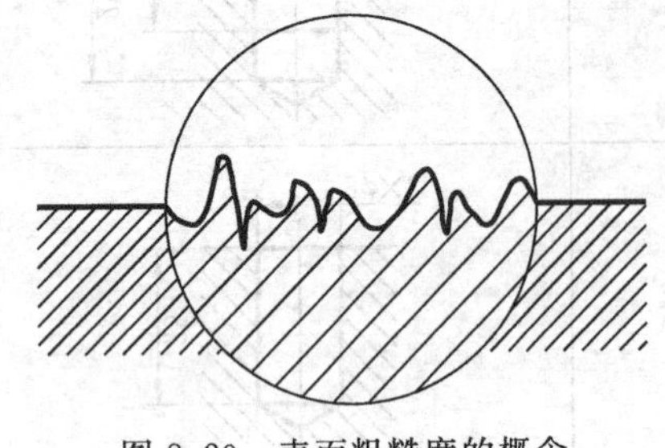

图 8.20 表面粗糙度的概念

8.4.1.2 评定参数

评定表面粗糙度的主要参数是轮廓算术平均偏差 Ra，它是指在取样长度 L 范围内，被测轮廓线上各点至基准线的距离 Y_i 绝对值的算术平均值，如图 8.21 所示。可近似地表示为：

$$Ra=\frac{1}{n}\sum_{i=1}^{n}|Y_i|$$

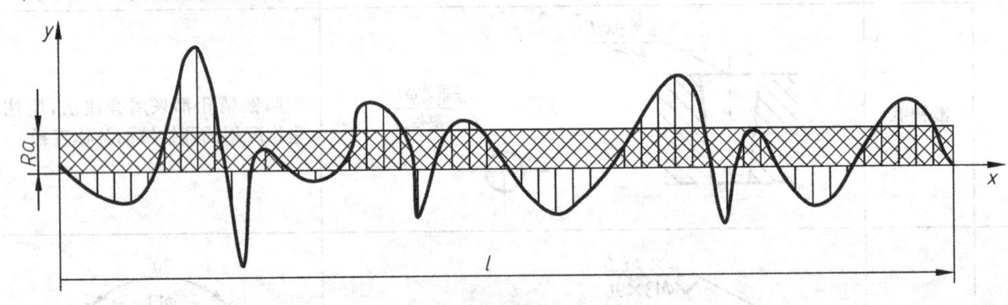

图 8.21 轮廓算术平均偏差

表面粗糙度对零件的配合性质、耐磨程度、抗疲劳强度、抗腐蚀性及外观等都有影响，因此，要合理选择其数值。表 8.2 列出了国家标准推荐的优先选用系列。

表 8.2 轮廓算术平均偏差 Ra 值

0.012	0.025	0.05	0.10	0.20	0.40	0.80	1.60	3.2	6.3	12.5	25	50	100

Ra 数值愈小，零件表面愈趋平整光滑；Ra 的数值愈大，零件表面愈粗糙。

8.4.1.3 表面粗糙度代号

表面粗糙度代号由表面粗糙度符号和在其周围标注的表面粗糙度数值及有关规定符号所组成。表面粗糙度符号及其画法，如表 8.3 所示。表面粗糙度符号的尺寸大小，按表 8.4 规定对应选取。

表 8.3 表面粗糙度符号及其画法

符号	意 义
	基本符号，表示表面可用任何方法获得；当不加注粗糙度参数值或有关说明时，仅适用于简化代号标注
	表示表面是用去除材料的方法获得，如：车、铣、钻、磨、剪切、抛光、腐蚀、电火花加工、气割等

续表

符号	意义
	表示表面是用不去除材料的方法获得，如：铸、锻、冲压、热轧、冷轧、冶金等；或者是保持上道工序的状况或原供应状况
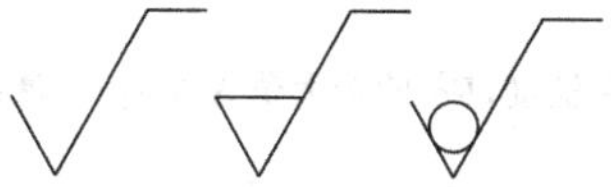	在上述三个符号的长边上均可加一横线，用于标注有关参数和说明
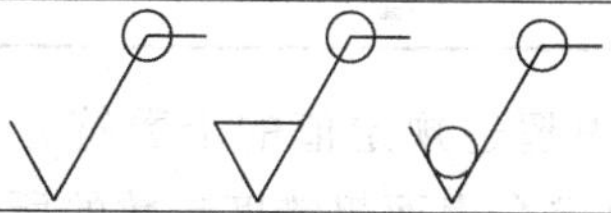	在上述三个符号的长边上均可加一小圆，表示所有表面具有相同的表面粗糙度要求
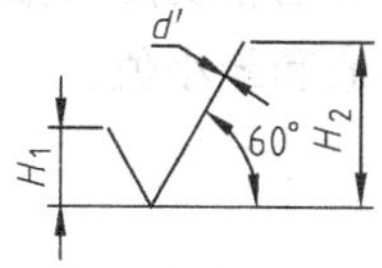 d' 60° H_1 H_2	H_1、H_2、d'尺寸见表 8.4

表 8.4 表面粗糙度符号的尺寸

轮廓线的线宽 d	0.35	0.5	0.7	1	1.4	2	2.8
数字与字母的高度 h	2.5	3.5	5	7	10	14	20
符号的线宽 d'、数字与字母的笔画宽度 d	0.25	0.35	0.5	0.7	1	1.4	2
高度 H_1	3.5	5	7	10	14	20	28
高度 H_2	8	11	15	21	30	42	60

粗糙度数值及其有关规定在符号中的注写位置，如表 8.5 所示，标注方法如下。

表 8.5 轮廓算术平均偏差 *Ra* 值的标注示例

代号	意义
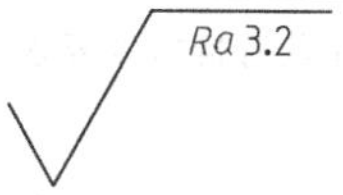 Ra 3.2	用任何方法获得的表面粗糙度，*Ra* 的上限值为 3.2μm
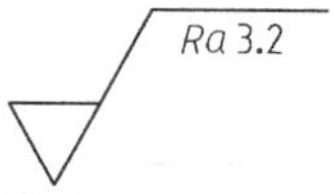 Ra 3.2	用去除材料的方法获得的表面粗糙度，*Ra* 的上限值为 3.2μm
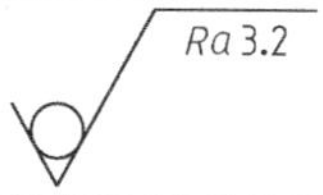 Ra 3.2	用不去除材料的方法获得的表面粗糙度，*Ra* 的上限值为 3.2μm
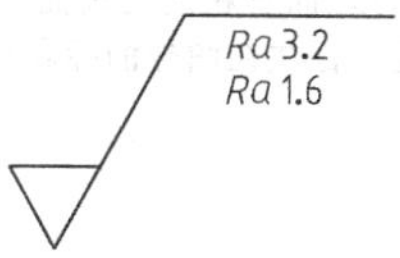 Ra 3.2 Ra 1.6	用去除材料的方法获得的表面粗糙度，*Ra* 的上限值为 3.2μm，下限值为 1.6μm
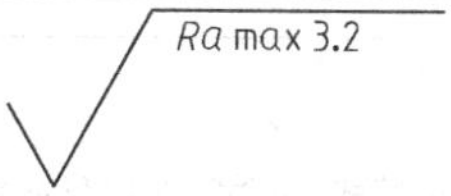 Ra max 3.2	用任何方法获得的表面粗糙度，*Ra* 的最大值为 3.2μm
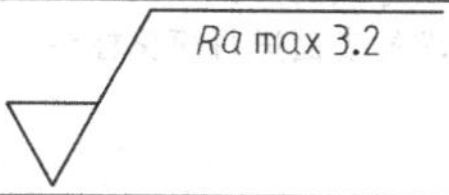 Ra max 3.2	用去除材料的方法获得的表面粗糙度，*Ra* 的最大值为 3.2μm

续表

代号	意　义
Ra max 3.2	用不去除材料的方法获得的表面粗糙度，Ra 的最大值为 3.2μm
Ra max 3.2 Ra mim 1.6	用去除材料的方法获得的表面粗糙度，Ra 的最大值为 3.2μm，最小值为 1.6μm

在通常情况下，当允许在表面粗糙度参数的所有实测值中超过规定值的个数符合要求时，应在图样上标注表面粗糙度参数的上限值或下限值；当要求在表面粗糙度参数的所有实测值中不得超过规定值时，应在图样上标注表面粗糙度参数的最大值和最小值。

8.4.1.4　表面粗糙度代号在图样上的标注方法

表面粗糙度代号在图样上的标注方法见表 8.6。

表 8.6　表面粗糙度代号标注示例

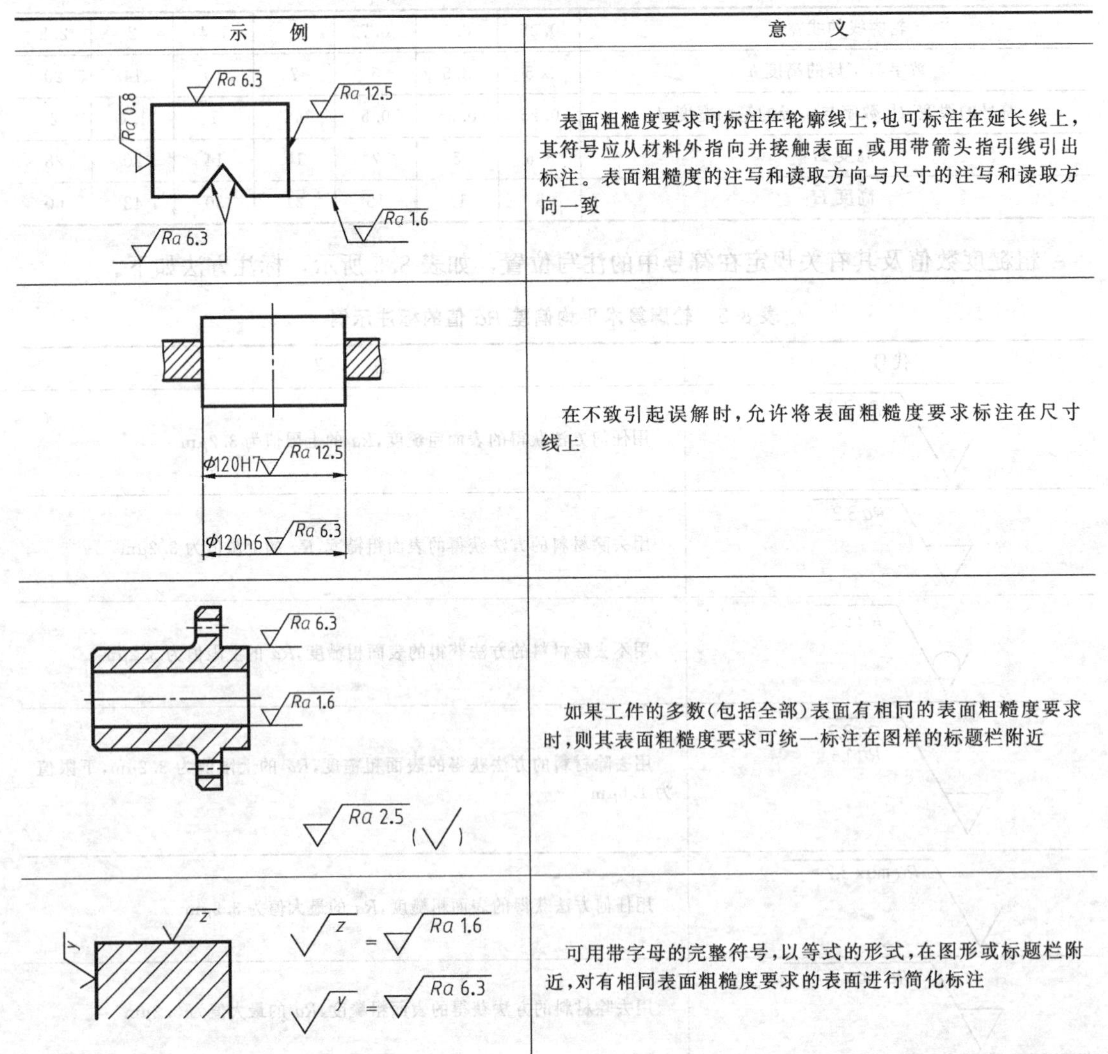

示　例	意　义
	表面粗糙度要求可标注在轮廓线上，也可标注在延长线上，其符号应从材料外指向并接触表面，或用带箭头指引线引出标注。表面粗糙度的注写和读取方向与尺寸的注写和读取方向一致
	在不致引起误解时，允许将表面粗糙度要求标注在尺寸线上
	如果工件的多数(包括全部)表面有相同的表面粗糙度要求时，则其表面粗糙度要求可统一标注在图样的标题栏附近
	可用带字母的完整符号，以等式的形式，在图形或标题栏附近，对有相同表面粗糙度要求的表面进行简化标注

8.4.2 极限与配合

8.4.2.1 互换性的概念

在一批相同规格的零件或部件中，任取一件，不经修配或其他加工，就能顺利装配，并能够满足设计和使用要求，我们把这批零件或部件所具有的这种性质称为互换性。极限与配合是保证零件具有互换性的重要依据。

8.4.2.2 极限与配合的基本术语

极限与配合的基本术语如图 8.22 所示。

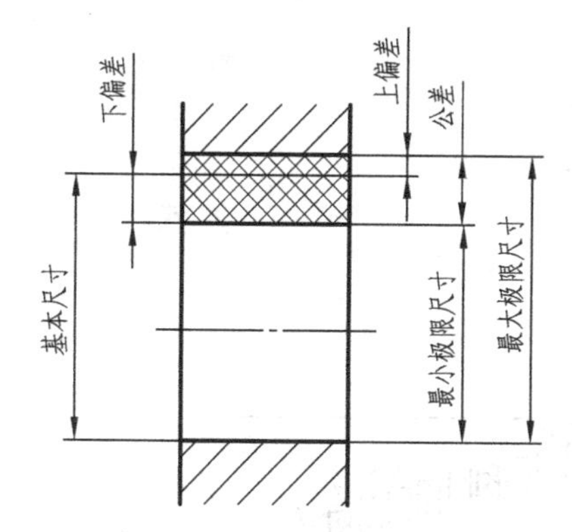

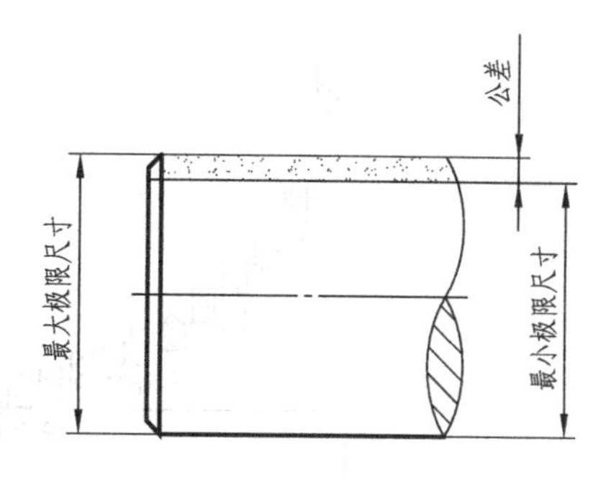

图 8.22 极限与配合的基本术语

(1) 基本尺寸 根据零件的强度和结构等要求，设计时确定的尺寸。

(2) 实际尺寸 通过测量所得到的尺寸。

(3) 极限尺寸 允许尺寸变动的两个界限值。它是以基本尺寸为基数来确定的。两个界限值中较大的一个称为最大极限尺寸；较小的一个称为最小极限尺寸。

(4) 极限偏差（简称偏差） 极限尺寸减去其基本尺寸所得的代数差。极限偏差有：

上偏差＝最大极限尺寸－基本尺寸

下偏差＝最小极限尺寸－基本尺寸

上、下偏差统称为极限偏差。上、下偏差可以是正值、负值或零。

国家标准规定：孔的上偏差代号为 ES，孔的下偏差代号为 EI；轴的上偏差代号为 es，轴的下偏差代号为 ei。

(5) 尺寸公差（简称公差） 允许尺寸的变动量。

尺寸公差＝最大极限尺寸—最小极限尺寸＝上偏差－下偏差

因为最大极限尺寸总是大于最小极限尺寸，亦即上偏差总是大于下偏差，所以尺寸公差一定为正值。

(6) 零线、公差带和公差带图 如图 8.23 所示，零线是在公差带图中用以确定偏差的一条基准线，即零偏差线。通常零线表示基本尺寸。零线上方偏差为正；零线下方偏差为负。公差带是由代表上、下偏差的两条直线所限定的一个区域。公差带图中矩形高度表示公差值大小，矩形的左右长度可根据需要任意确定。

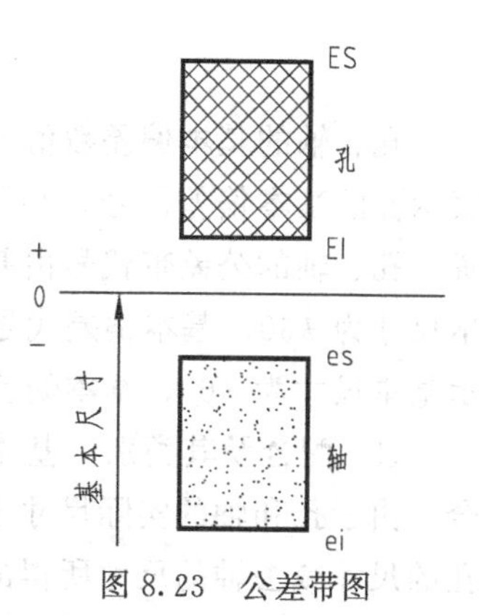

图 8.23 公差带图

(7) 标准公差 标准公差是国家标准极限与配合制中所规

定的任一公差。标准公差等级是确定尺寸精确程度的等级。标准公差分 20 个等级，即 IT01、IT0、IT1、…、IT18，IT 表示标准公差，阿拉伯数字表示标准公差等级，其中 IT01 级最高，等级依次降低，IT18 级最低。对于一定的基本尺寸，标准公差等级愈高，标准公差值愈小，尺寸的精确程度愈高。国家标准按不同的标准公差等级列出了各段基本尺寸的标准公差值，详见附录。

(8) 基本偏差　用以确定公差带相对于零线位置的上偏差或下偏差，一般是指靠近零线的那个偏差。当公差带位于零线上方时，其基本偏差为下偏差，当公差带位于零线下方时，其基本偏差为上偏差。根据实际需要，国家标准分别对孔和轴各规定了 28 个不同的基本偏差，如图 8.24 所示。

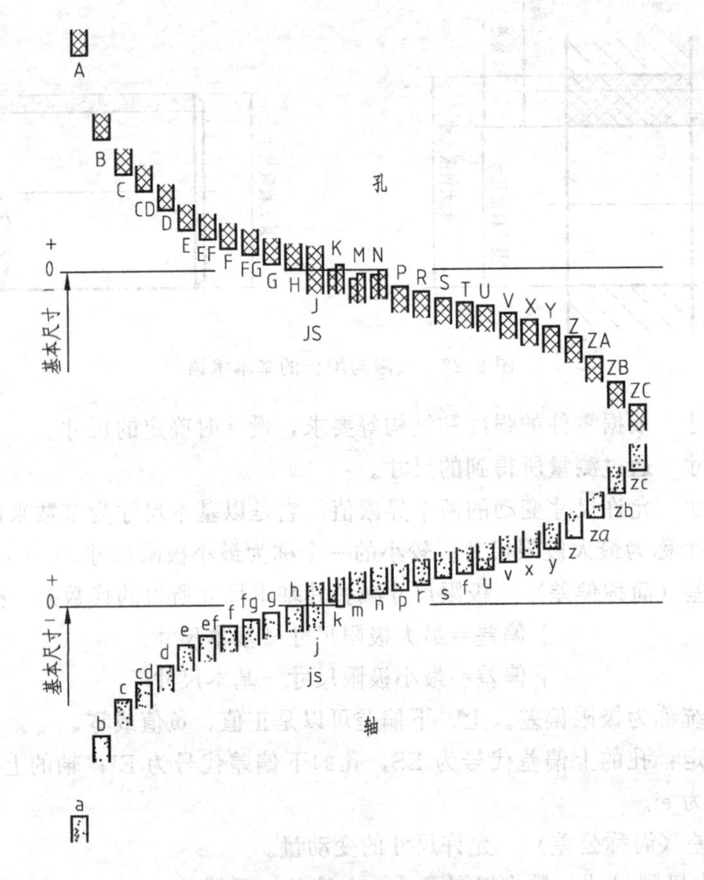

图 8.24　孔、轴基本偏差系列

孔、轴的基本偏差数值可从有关标准中查出。基本偏差代号用拉丁字母表示，大写字母表示孔的基本偏差代号，小写字母表示轴的基本偏差代号。图中基本偏差表示公差带的位置。孔、轴的公差带代号由基本偏差代号与标准公差等级代号组成，例如：ϕ60H8，表示基本尺寸为 ϕ60，基本偏差代号为 H，标准公差等级为 IT8 的孔的公差带。又如：ϕ60f7，表示基本尺寸为 ϕ60，基本偏差代号为 f，标准公差等级为 IT7 的轴的公差带。

(9) 配合及其类别　基本尺寸相同的、相互结合的孔和轴公差带之间的关系，称为配合。由于孔和轴的实际尺寸不同，装配后可以产生“间隙”或“过盈”。在孔与轴的配合中，孔的尺寸减去轴的尺寸所得的尺寸之差为正值时是间隙，为负值时是过盈。

配合按其出现间隙或过盈的不同，分为三类。

① 间隙配合。具有间隙（包括最小间隙等于零）的配合。此时，孔的公差带在轴的公差带之上，如图 8.25 (a) 所示。

② 过盈配合。具有过盈（包括最小过盈等于零）的配合。此时，孔的公差带在轴的公差带之下，如图 8.25 (b) 所示。

③ 过渡配合。可能具有间隙或过盈的配合。此时，孔的公差带和轴的公差带相互交叠，如图 8.25 (c) 所示。

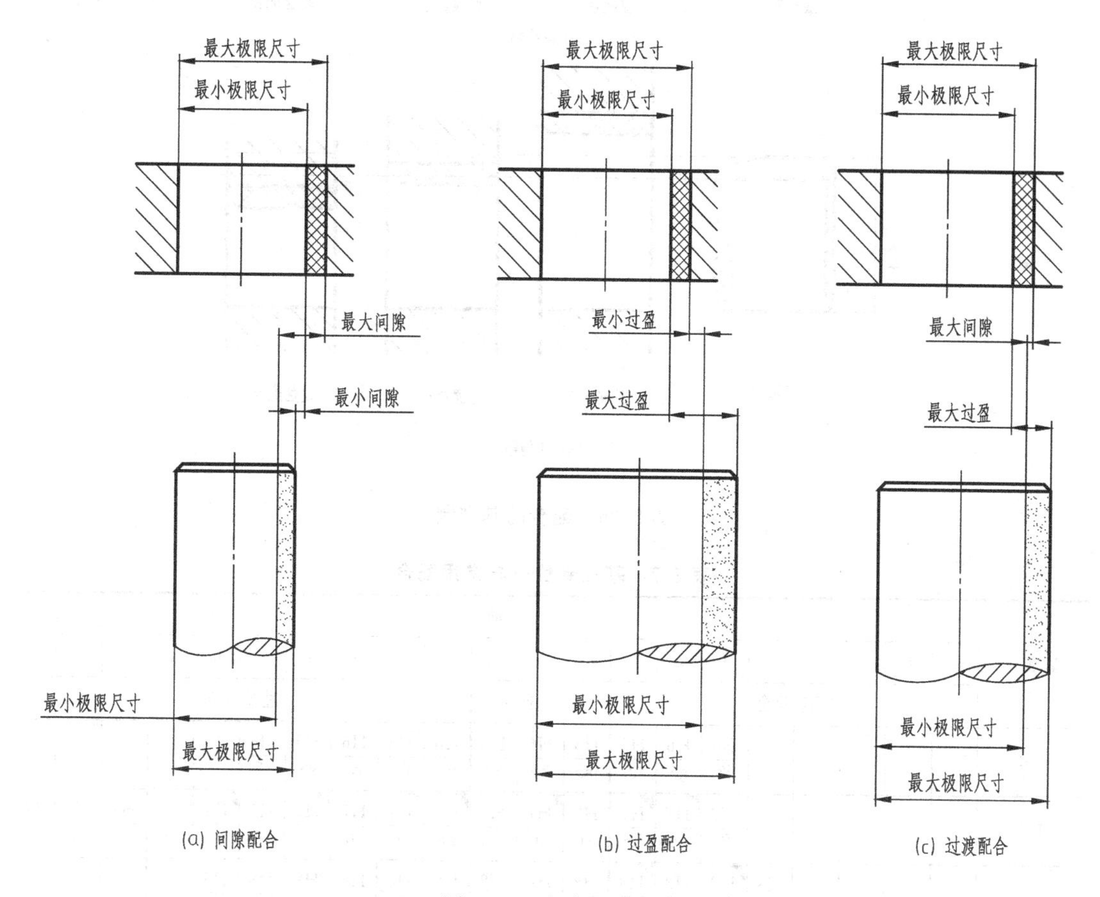

图 8.25　配合的类别

(10) 配合的基准制　国家标准规定了两种基准制，如图 8.26 所示。

① 基孔制。基本偏差为一定的孔的公差带，与不同基本偏差的轴的公差带形成各种配合（间隙、过渡或过盈）的一种制度。如图 8.26 (a) 所示，也就是在基本尺寸相同的配合中将孔的公差带位置固定，通过变换轴的公差带位置得到不同的配合。

基孔制的孔称为基准孔，基本偏差代号为“H”，其下偏差为零。

② 基轴制。基本偏差为一定的轴的公差带，与不同基本偏差的孔的公差带形成各种配合（间隙、过渡或过盈）的一种制度。如图 8.26 (b) 所示，也就是在基本尺寸相同的配合中将轴的公差带位置固定，通过变换孔的公差带位置得到不同的配合。

基轴制的轴称为基准轴，基本偏差代号为“h”，其上偏差为零。

(11) 优先与常用公差带及配合，见表 8.7、表 8.8。

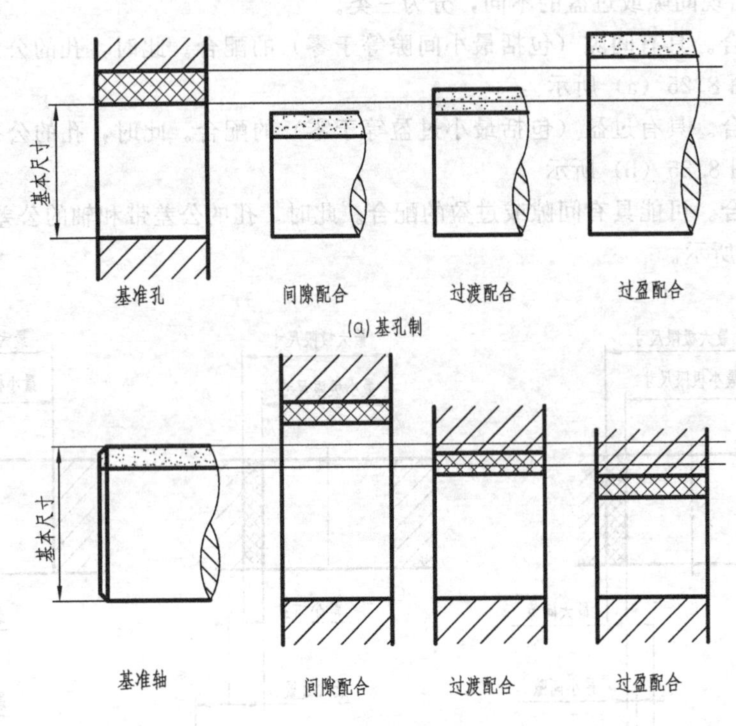

图 8.26　配合的基准制

表 8.7　基孔制优先与常用配合

基准孔	轴																				
	a	b	c	d	e	f	g	h	js	k	m	n	p	r	s	t	u	v	x	y	z
	间隙配合								过渡配合			过盈配合									
H6						$\frac{H6}{f5}$	$\frac{H6}{g5}$	$\frac{H6}{h5}$	$\frac{H6}{js5}$	$\frac{H6}{k5}$	$\frac{H6}{m5}$	$\frac{H6}{n5}$	$\frac{H6}{p5}$	$\frac{H6}{r5}$	$\frac{H6}{s5}$	$\frac{H6}{t5}$					
H7						$\frac{H7}{f6}$	◤$\frac{H7}{g6}$	◤$\frac{H7}{h6}$	$\frac{H7}{js6}$	◤$\frac{H7}{k6}$	$\frac{H7}{m6}$	◤$\frac{H7}{n6}$	◤$\frac{H7}{p6}$	$\frac{H7}{r6}$	◤$\frac{H7}{s6}$	$\frac{H7}{t6}$	◤$\frac{H7}{u6}$	$\frac{H7}{v6}$	$\frac{H7}{x6}$	$\frac{H7}{y6}$	$\frac{H7}{z6}$
H8					$\frac{H8}{e7}$	◤$\frac{H8}{f7}$	$\frac{H8}{g7}$	◤$\frac{H8}{h7}$	$\frac{H8}{js7}$	$\frac{H8}{k7}$	$\frac{H8}{m7}$	$\frac{H8}{n7}$	$\frac{H8}{p7}$	$\frac{H8}{r7}$	$\frac{H8}{s7}$	$\frac{H8}{t7}$	$\frac{H8}{u7}$				
				$\frac{H8}{d8}$	$\frac{H8}{e8}$	$\frac{H8}{f8}$		$\frac{H8}{h8}$													
H9			$\frac{H9}{c9}$	◤$\frac{H9}{d9}$	$\frac{H9}{e9}$	$\frac{H9}{f9}$		◤$\frac{H9}{h9}$													
H10			$\frac{H10}{c10}$	$\frac{H10}{d10}$				$\frac{H10}{h10}$													
H11	$\frac{H11}{a11}$	$\frac{H11}{b11}$	◤$\frac{H11}{c11}$	$\frac{H11}{d11}$				◤$\frac{H11}{h11}$													
H12		$\frac{H12}{b12}$						$\frac{H12}{h12}$													

注：1. $\frac{H6}{n5}$、$\frac{H7}{p6}$在基本尺寸小于或等于 3mm 和$\frac{H8}{r7}$在小于或等于 100mm 时，为过渡配合。

2. 注有黑三角符号的配合为优先配合。

表 8.8　基轴制优先与常用配合

基准轴	孔																				
	A	B	C	D	E	F	G	H	JS	K	M	N	P	R	S	T	U	V	X	Y	Z
	间隙配合								过渡配合			过盈配合									
h5						F6/h5	G6/h5	H6/h5	JS6/h5	K6/h5	M6/h5	N6/h5	P6/h5	R6/h5	S6/h5	T6/h5					
h6						F7/h6	◤G7/h6	◤H7/h6	JS7/h6	◤K7/h6	M7/h6	◤N7/h6	◤P7/h6	R7/h6	◤S7/h6	T7/h6	◤U7/h6				
h7					E8/h7	◤F8/h7		◤H8/h7	JS8/h7	K8/h7	M8/h7	N8/h7									
h8				D8/h8	E8/h8	F8/h8		H8/h8													
h9				◤D9/h9	E9/h9	F9/h9		◤H9/h9													
h10				D10/h10				H10/h10													
h11	A11/h11	B11/h11	◤C11/h11	D11/h11				◤H11/h11													
h12		B12/h12						H12/h12													

注：注有黑三角符号的配合为优先配合。

8.4.2.3　极限与配合的标注

(1) 极限与配合在零件图中的注法　公差在零件图中的注法，有以下三种形式。

① 标注公差带代号。如图 8.27 (a) 所示，这种注法常用于大批量生产中，由于与采用专用量具检验零件统一起来，因此不需要注出偏差值。

② 标注偏差数值。如图 8.27 (b) 所示，这种注法常用于小批量或单件生产中，以便加工检验时对照。标注偏差数值时应注意以下几点。

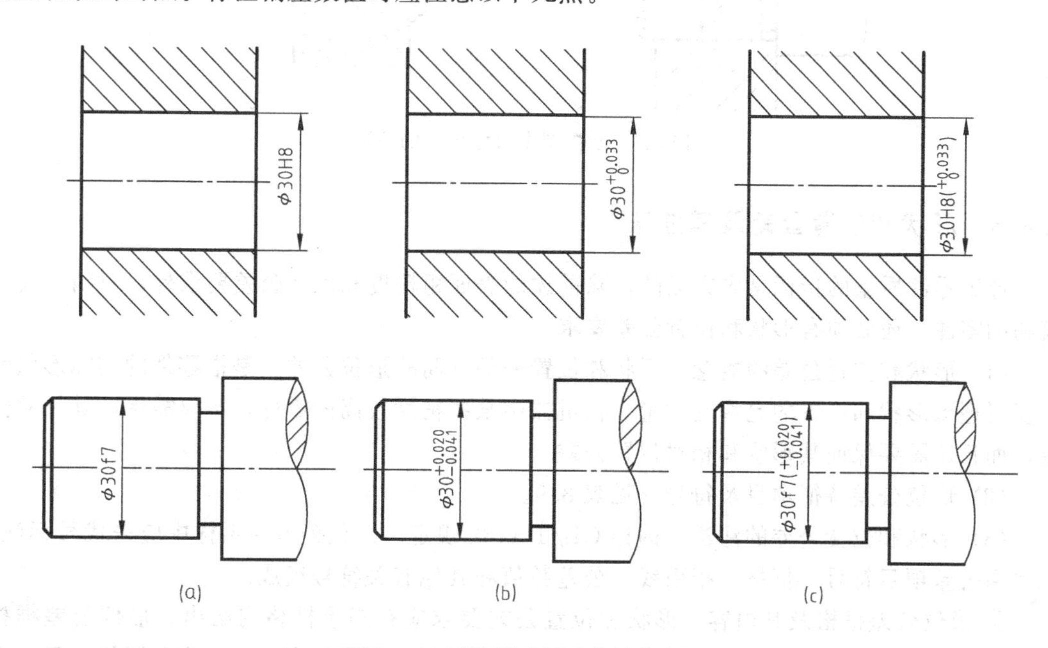

图 8.27　零件图中尺寸公差的注法

a. 上、下偏差数值不相同时，上偏差注在基本尺寸的右上方，下偏差注在右下方并与基本尺寸注在同一底线上。偏差数字应比基本尺寸数字小一号，小数点前的整数位对齐，后边的小数位应相同。

b. 如果上偏差或下偏差为零时，应简写为“0”，前面不注“+”、“-”号，后边不注小数点；另一偏差按原来的位置注写。

c. 如果上、下偏差数值绝对值相同，则在基本尺寸后加注“±”号，只填写一个偏差数值，其数字大小与基本尺寸数字大小相同，如 $\phi 80 \pm 0.017$。

③ 同时标注公差带代号和偏差数值。如图 8.27（c）所示，偏差数值应该用圆括号括起来。这种标注形式集中了前两种标注形式的优点，常用于产品转产较频繁的生产中。

国家标准规定，同一张零件图上其公差只能选用一种标注形式。

（2）配合代号在装配图中的注法　配合代号由相配的孔和轴的公差带代号组成，用分数形式表示，分子为孔的公差带代号，分母为轴的公差带代号（用斜分数线时，斜分数线应与分子、分母中的代号高度平齐）。如图 8.28 所示。

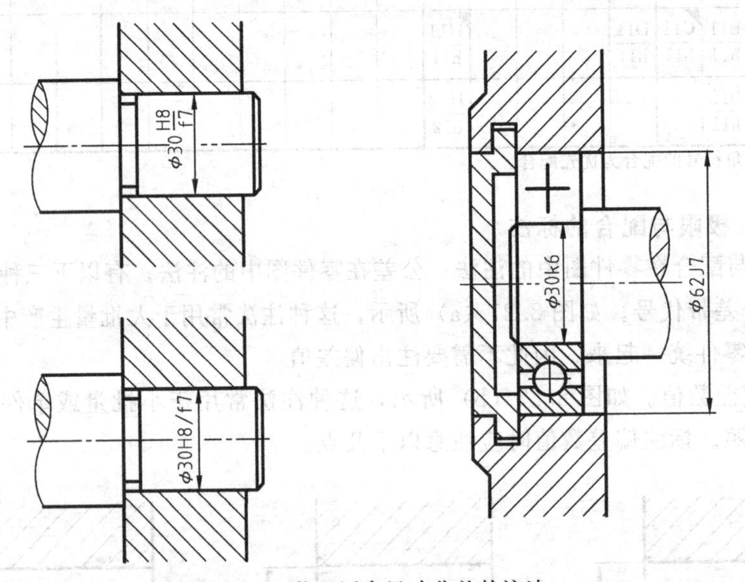

图 8.28　装配图中尺寸公差的注法

8.4.3　形状和位置公差及其注法

评定零件质量的指标是多方面的，除前述的表面粗糙度和尺寸公差要求外，对精度要求较高的零件，还必须有形状和位置公差要求。

（1）形状和位置公差的概念　形状和位置公差（简称形位公差）是指零件的实际形状和位置对理想形状和位置的允许变动量。在机器中某些精度较高的零件，不仅需保证其尺寸公差，而且还需要保证其形状和相对位置公差。

（2）形位公差特征项目及符号　见表 8.9。

（3）形状和位置公差的注法　国标 GB/T 1182 规定，形位公差在图样中应采代号标注。代号由公差项目符号、框格、指引线、公差数值和其他有关符号组成。

① 形位公差框格及其内容。形状和位置公差要求应在矩形框格内给出。形位公差框格用细线绘制，可画两格或多格，要水平（或铅垂）放置，框格的高（宽）度是图样中尺寸数

表 8.9 形位公差特征项目及符号

分类	名称	符号	分类		名称	符号
形状公差	直线度	—	位置公差	定向	平行度	//
	平面度	▱			垂直度	⊥
	圆度	○			倾斜度	∠
	圆柱度	⌭		定位	同轴度	◎
形状或位置公差	线轮廓度	⌒			对称度	⌯
	面轮廓度	⌓			位置度	⌖
				跳动	圆跳动	↗
					全跳动	⌰

字高度的 2 倍，框格长度根据需要而定。框格中的数字、字母和符号与图样中的数字同高，框格内由左至右（或由下至上）填写的内容为：第一格为形位公差项目符号，第二格为形位公差值及其有关符号，以后各格为基准代号及有关符号，如图 8.29 所示。

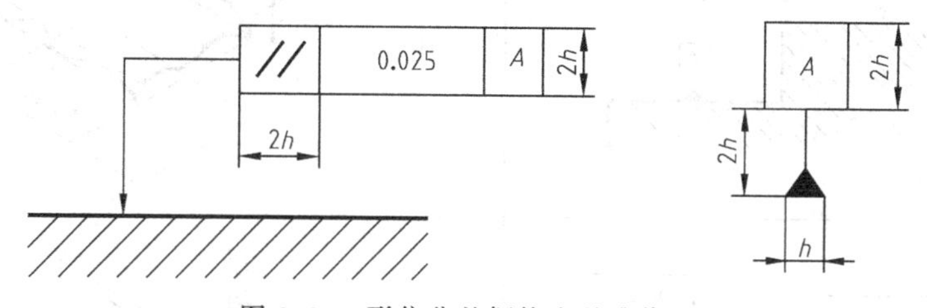

图 8.29 形位公差框格和基准代号

② 形位公差的标注。用带箭头的指引线将被测要素与公差框格的一端相连。指引线箭头应指向公差带的宽度方向或直径方向。指引线用细实线绘制，可以不转折或至多转折两次。常用的形位公差的公差带定义和标注见表 8.10、表 8.11。

表 8.10 形位公差的标注与公差带定义（一）

名称	标注示例	公差带形状
平面度	▱ 0.015	0.015
直线度	— 0.008 φ	φ0.008

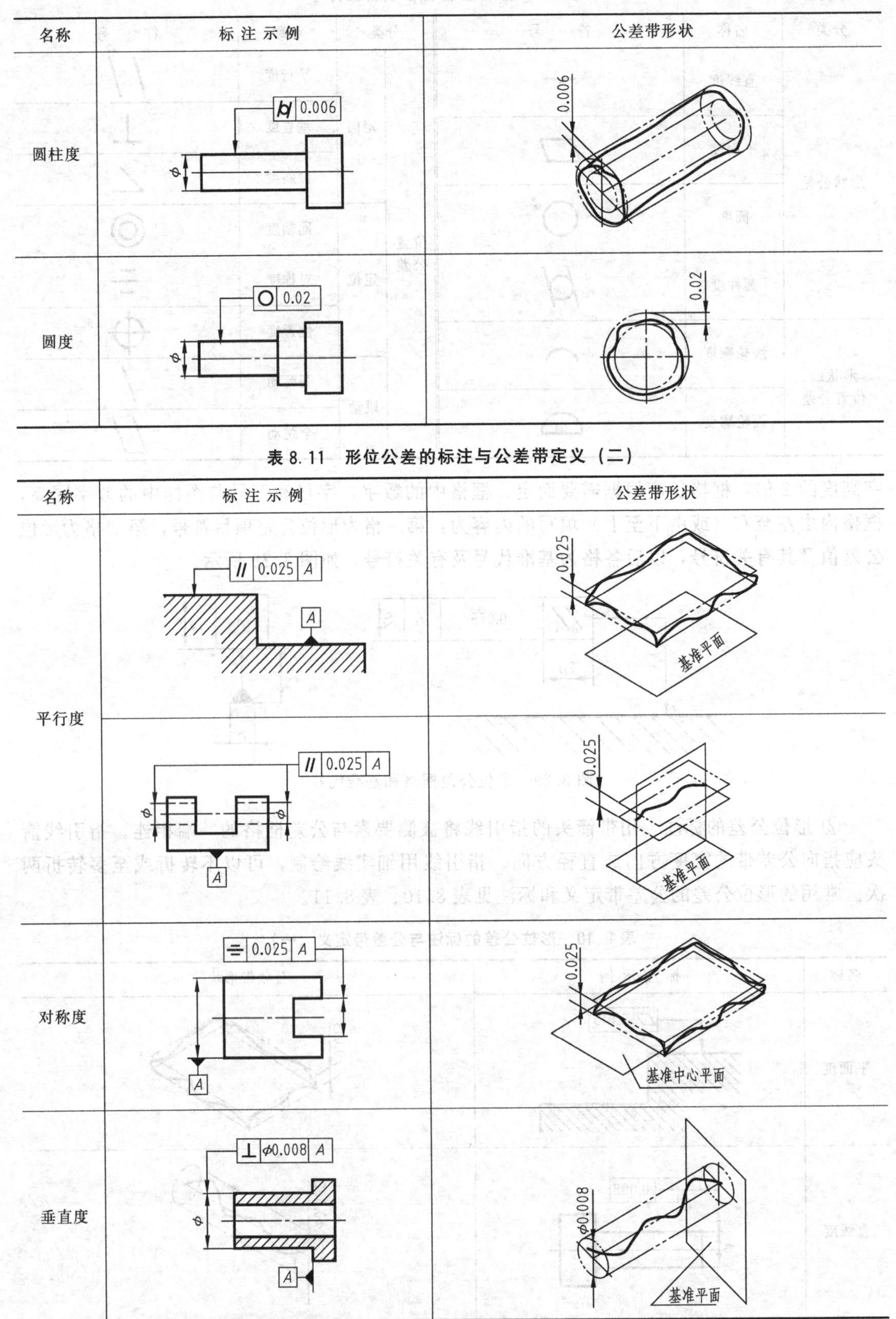

续表

名称	标注示例	公差带形状
圆柱度	0.006 φ	0.006
圆度	0.02 φ	0.02

表 8.11　形位公差的标注与公差带定义（二）

名称	标注示例	公差带形状
平行度	// 0.025 A	0.025 基准平面
平行度	// 0.025 A φ φ A	0.025 基准平面
对称度	0.025 A A	0.025 基准中心平面
垂直度	⊥ φ0.008 A φ A	φ0.008 基准平面

续表

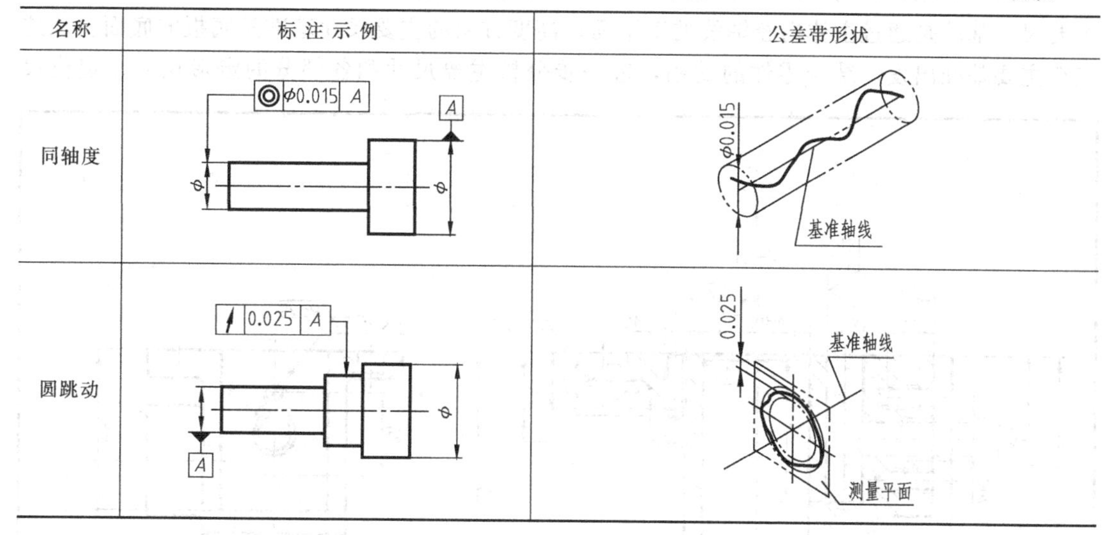

名称	标注示例	公差带形状
同轴度	◎ ϕ0.015 A；A；ϕ；ϕ	ϕ0.015；基准轴线
圆跳动	↗ 0.025 A；A；ϕ	0.025；基准轴线；测量平面

8.5 阅读零件图

读零件图的目的是根据零件图的各视图，想象该零件的结构形状，分析零件的结构、尺寸和技术要求，以及零件的材料、名称等内容。读零件图是在组合体看图的基础上增加零件的精度分析、结构工艺性分析等。下面以壳体零件图（图 8.30）为例说明读零件图的方法和步骤。

（1）首先看标题栏，粗略了解零件　看标题栏，了解零件的名称、材料、数量、比例等，从而大体了解零件的功用。对不熟悉的比较复杂的零件图，通常还要参考有关的技术资料，如该零件所在部件的装配图、相关的其他零件图及技术说明书等，以便从中了解该零件在机器或部件中的功用、结构特点、设计要求和工艺要求，为看零件图创造条件。

（2）分析零件各组成部分的几何形状、结构特点及作用　看懂零件的内、外结构和形状是看图的重点。先找出主视图，确定各视图间的关系，并找出剖视、断面图的剖切位置、投射方向等，然后研究各视图的表达重点。从基本视图看零件大体的内外形状，结合局部视图、斜视图以及断面图等表达方法，看清零件的局部或斜面的形状。从零件的加工要求，了解零件的一些工艺结构。

该壳体共采用四个图形表达零件的内外结构，其中包括三个基本视图及一个局部视图。主视图 $A—A$ 全剖视，主要表达内部结构形状；俯视图采用阶梯剖切的 $B—B$ 全剖视图，同时表达内部和底板的形状；左视图表达外形，其上有一小处局部剖，表达孔的结构；C 向局剖视图，主要表达顶面形状，想象出顶部连接板的形体。从主、俯视图中看出中间的腔体部分，想象出腔体部分的形体；壳体下部的安装底板，主要在主、俯视图中表达，想象出安装底板的形体；从主、左及俯视图可看出左侧连接部分，想象出左侧连接部分的形体；从俯、左视图想象出直径为 $\phi30$ 的圆柱形凸台的形体；从主、左视图中看出，该零件有一加强肋；从主、俯视图中可看出顶部连接板上深 16 的 M6 螺孔。

（3）分析尺寸　分析尺寸时，应先分析长、宽、高三个方向的主要尺寸基准，了解各部分的定位尺寸和定形尺寸，分清楚哪些是主要尺寸。

如图 8.30 所示，长度方向的主要尺寸基准是通过主体内腔轴线的侧平面；宽度方向的主要尺寸基准是通过主体内腔轴线的正平面；高度方向的主要尺寸基准是底板的底面。从这三个主要基准出发，结合零件的功用，进一步分析主要尺寸和各部分的定形尺寸、定位尺

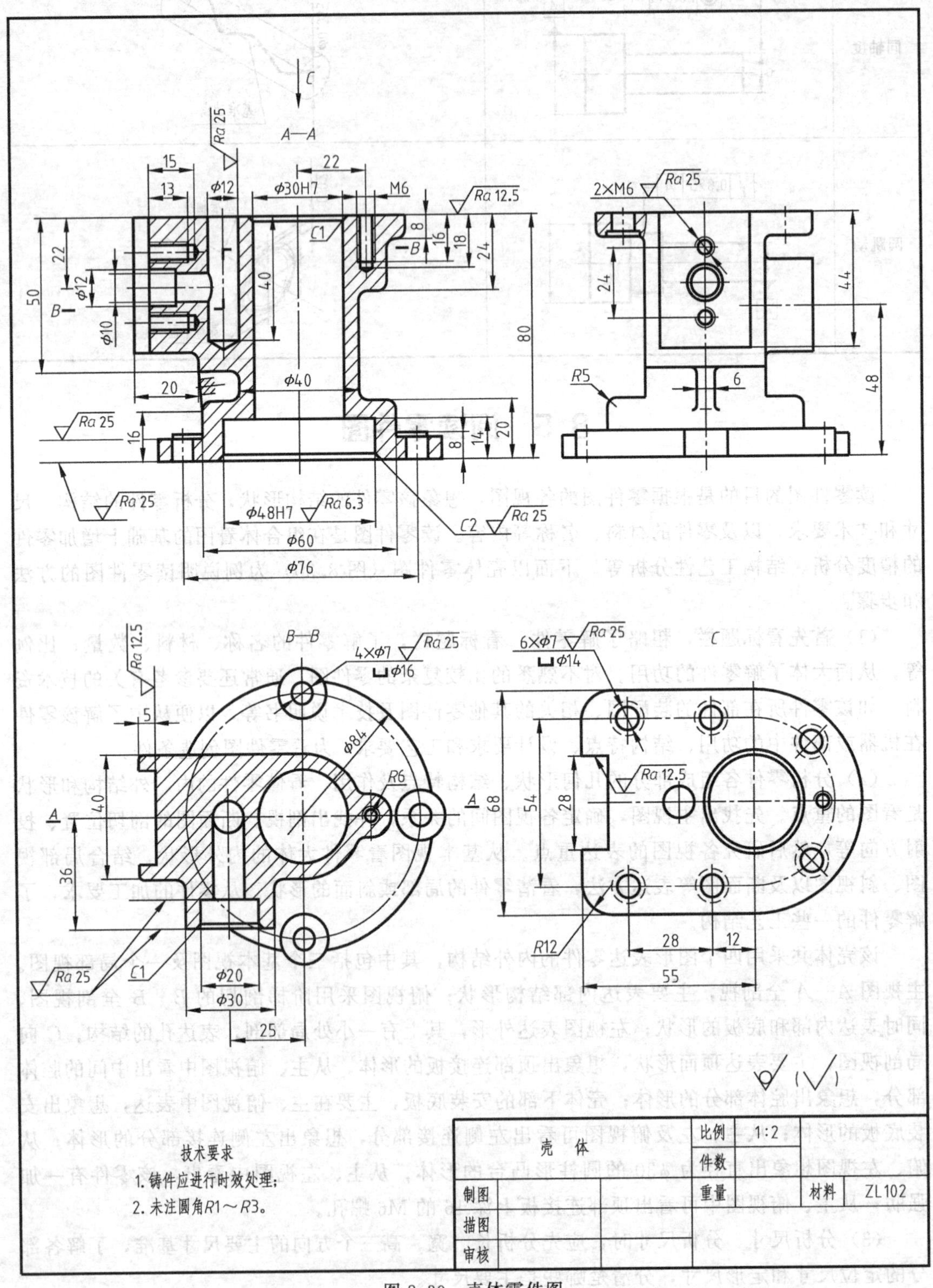

图 8.30　壳体零件图

寸，以至完全确定这个箱体的各部分大小。

(4) 了解技术要求　了解零件图中表面粗糙度、尺寸公差、形位公差及热处理等技术要求。从图中标注的表面粗糙度看出，除主体内腔孔 ϕ30H7 和 ϕ48H7 的 Ra 值为 6.3 以外，其他加工面大部分 Ra 值为 25，少数是 12.5，其余为铸造表面。全图只有两个尺寸具有公差要求，即 ϕ30H7 和 ϕ48H7，也正是工作内腔，说明它是该零件的核心部分。箱体材料为铸铝，为保证箱体加工后不至变形而影响工作，因此铸件应经时效处理。未注圆角$R1$～$R3$。

(5) 归纳总结　综合前面的分析，把图形、尺寸和技术要求等全面系统地联系起来思考，得出零件的整体结构、尺寸大小、技术要求及零件的作用等完整概念。

必须指出，在看零件图的过程中，上述步骤不能把它们机械地分开，往往是交叉进行的。另外，对于较复杂的零件图，还需要参考有关技术资料，如装配图、相关的零件图及说明书等。

8.6 零件测绘

零件测绘是根据已有零件画出零件图的过程，这一过程包含绘制零件草图、测量出零件的尺寸和确定技术要求、然后绘制零件图。在生产过程中，当维修机器需要更换某一零件或对现有机器进行仿制时，常常需要对零件进行测绘。

零件测绘工作常常在现场进行，由于受时间和场所的限制，需要先徒手绘制零件草图，草图整理后，再根据草图画出零件图。

8.6.1 零件测绘常用的测量工具及测量方法

常用的测量工具及尺寸测量方法，见图 8.31。

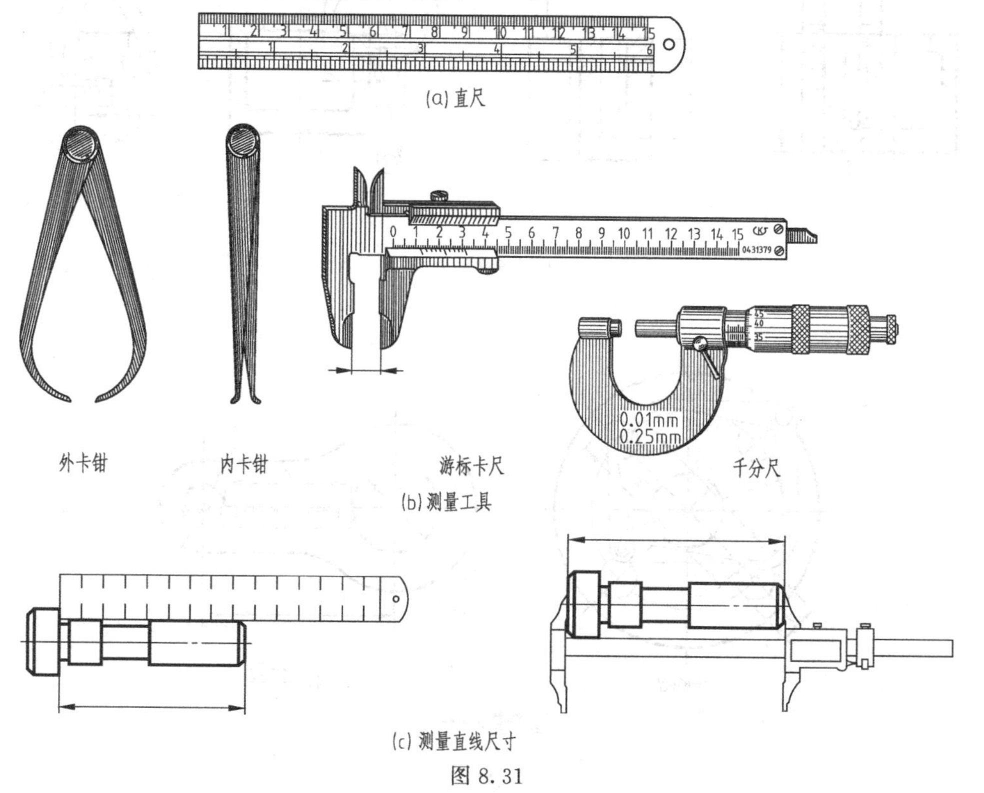

图 8.31

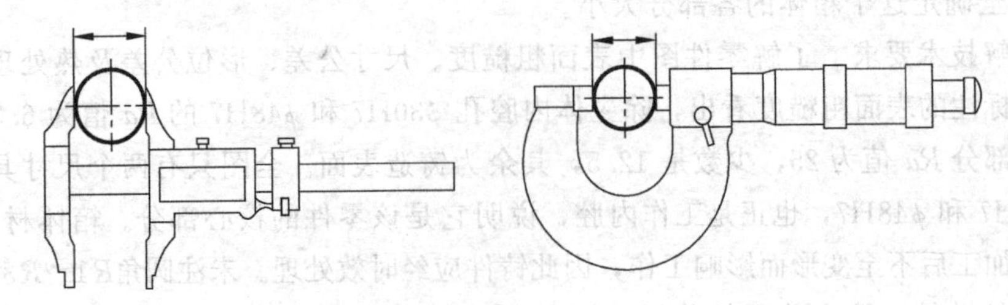

(d) 测量回转面直径

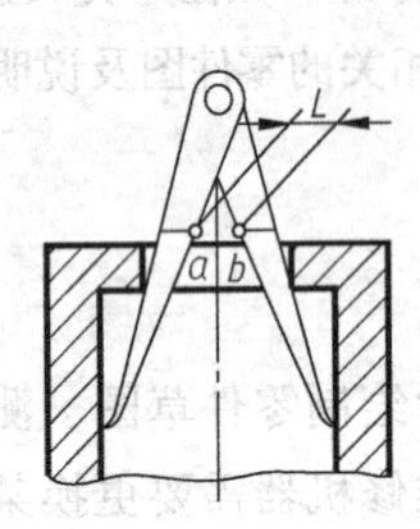

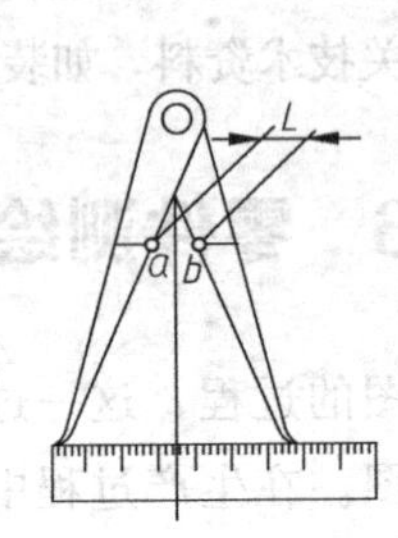

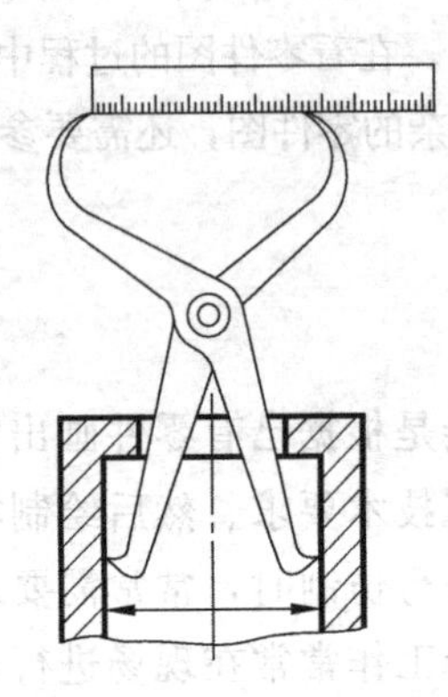

(e) 测量阶梯孔的直径

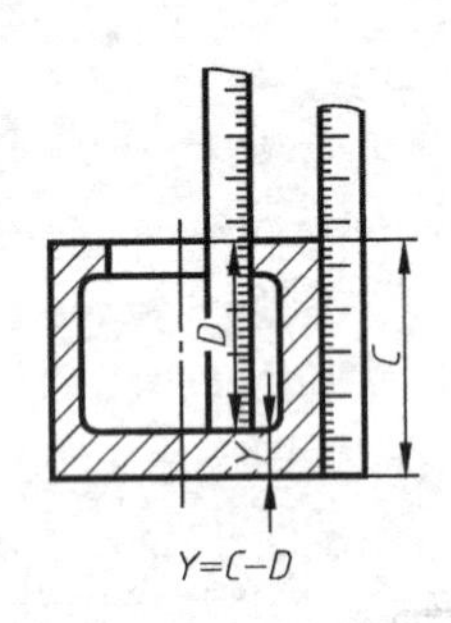

$Y=C-D$

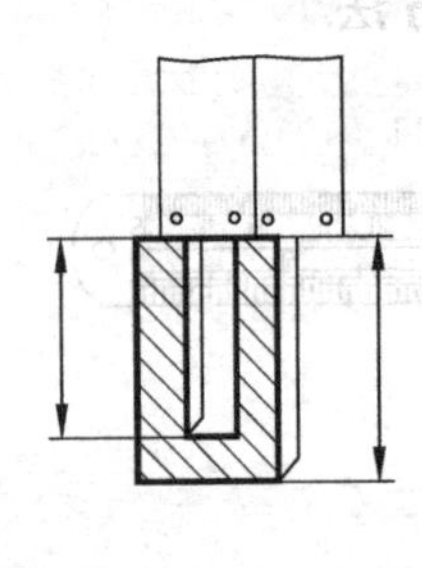

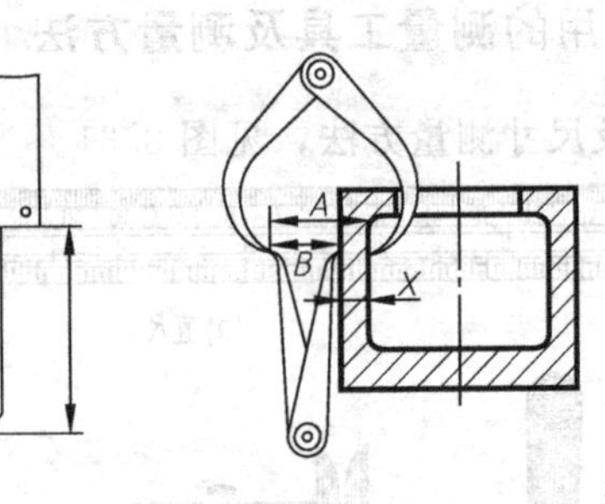

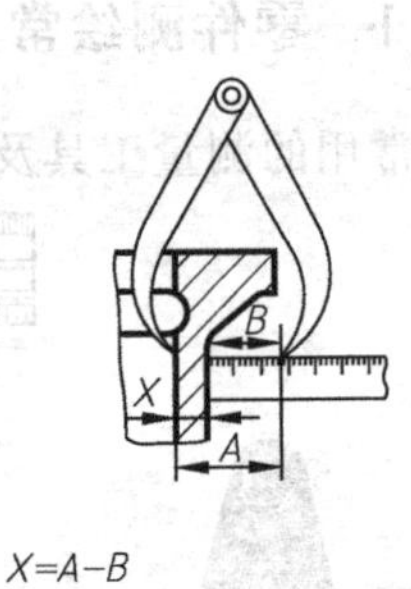

$X=A-B$

(f) 测量壁厚

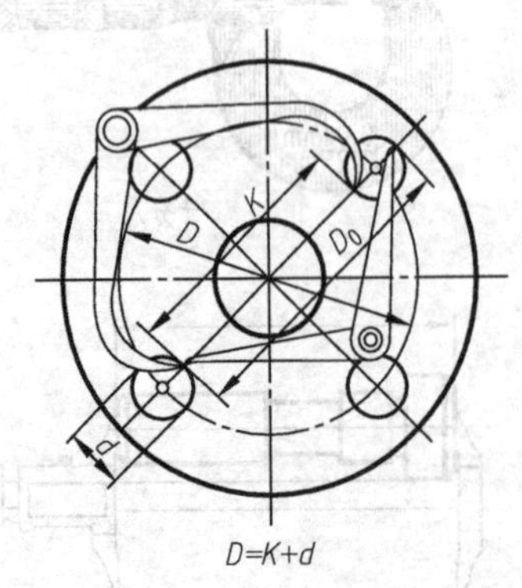

$D=K+d$

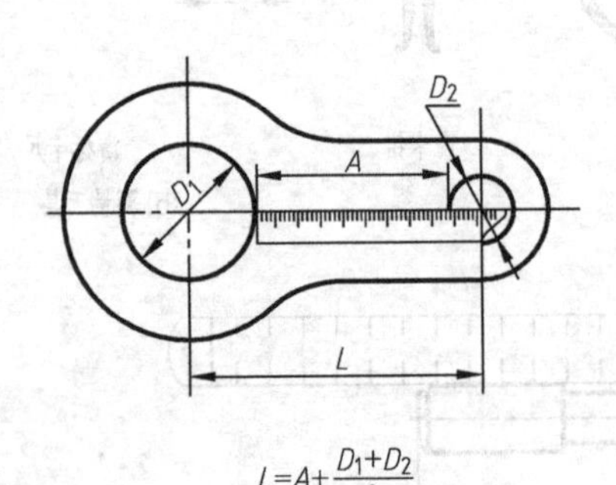

$L=A+\frac{D_1+D_2}{2}$

(g) 测量孔间距

图 8.31

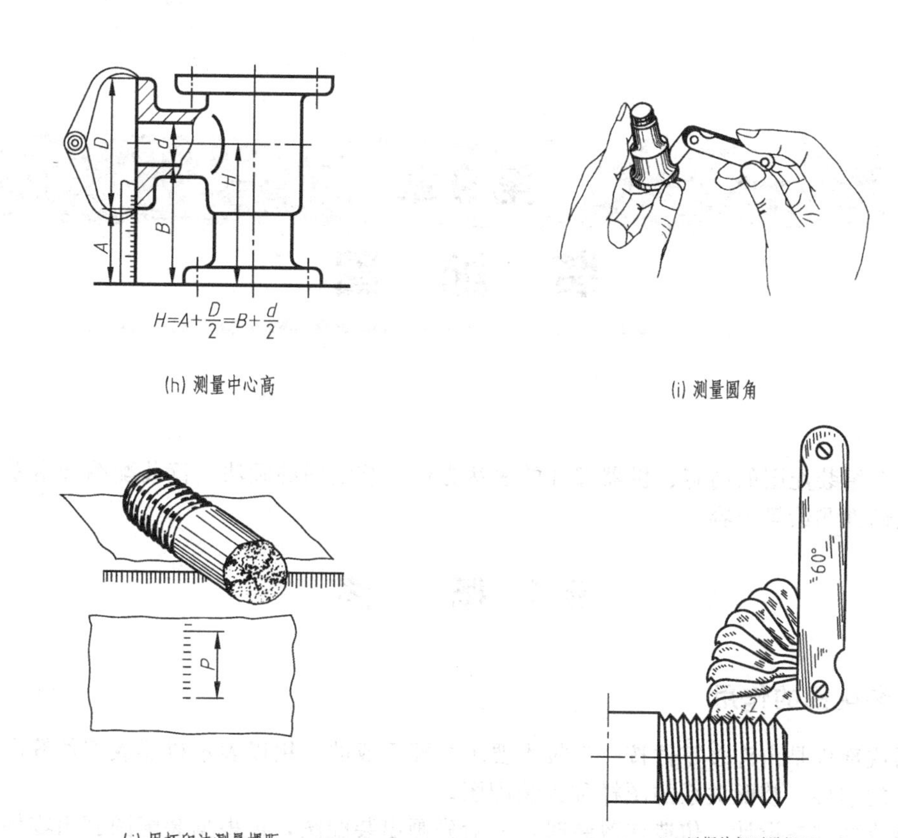

图 8.31 常用的测量工具及尺寸测量方法

8.6.2 零件测绘的方法步骤

(1) 分析零件，确定表达方案　首先对该零件进行详细分析，了解被测零件的名称、用途、零件的材料及制造方法等，用形体分析法分析零件结构，并了解零件上各部分结构的作用特点。

根据零件的形体特征、工作位置或加工位置确定主视图，再按零件的内外结构特点选用必要的其他视图，各视图的表达方法都应有一定的目的。视图表达方案要求：正确、完整、清晰和简练。

(2) 绘制零件草图　草图必须具有正规图所包含的全部内容。

对所画草图的要求有：目测尺寸要准，视图正确，表达完整，图样清晰，字体工整，技术指标合理，图面整洁，有图框和标题栏等。然后将所测量尺寸逐一标注在零件草图上。零件测绘对象主要指一般零件，凡属标准件，不必画它的零件草图和零件工作图，只需测量主要尺寸，查有关标准写出规定标记，并注明材料、数量等。

(3) 由零件草图绘制零件工作图　画零件工作图之前，应对零件草图进行复检，检查零件的表达是否完整，尺寸有无遗漏、重复，相关尺寸是否恰当、合理等，从而对草图进行修改、调整和补充，然后选择适当的比例和图幅，按草图所注尺寸完成零件工作图的绘制。

第9章

装 配 图

本章介绍装配图的内容、机器部件的表达方法、装配图的画法、读装配图和由零件图画装配图及部件测绘等内容。

9.1 概　　述

9.1.1 装配图的作用

机器或部件是由许多零件按一定技术要求装配而成的。用以表示机器或部件等产品及其组成部分的连接、装配关系的图样称为装配图。

机器或部件在设计、仿造或改装时，一般先画出装配图，再根据装配图画出零件图。制造时，应先根据零件图制造零件，再由装配图装配成部件或机器。因此，装配图是表达设计思想、指导生产及进行技术交流的重要技术文件。

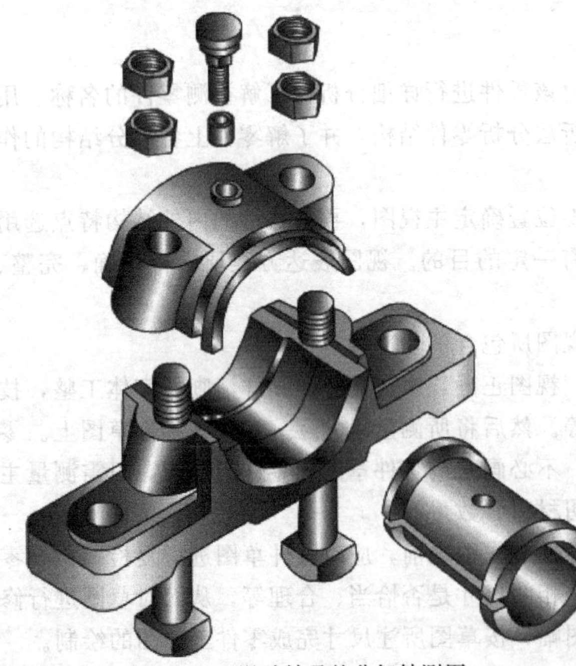

图 9.1　正滑动轴承的分解轴测图

9.1.2 装配图的内容

图 9.1、图 9.2 所示的是正滑动轴承的分解轴测图和装配图，从图中可以看出一张完整的装配图必须包含以下四个方面的内容。

(1) 一组图形　用视图、剖视图及其他表示方法，表明装配体的工作原理、各零件之间的装配连接关系以及零件的主要结构形状。

(2) 必要的尺寸　用以表明装配体性能、规格、配合、外形、安装等相关重要尺寸。

(3) 技术要求　用符号或文字说明装配体在装配、检验和使用时应达到的要求。

(4) 零件序号、明细栏和标题栏　序号是指对装配体上每一种零件按顺序编写序号；标题栏用以注明装配体的名称、图号、比例以及相关责任者的签名、日期等；明细栏用来填写各零件的序号、代号、名称、数量、材料等内容。

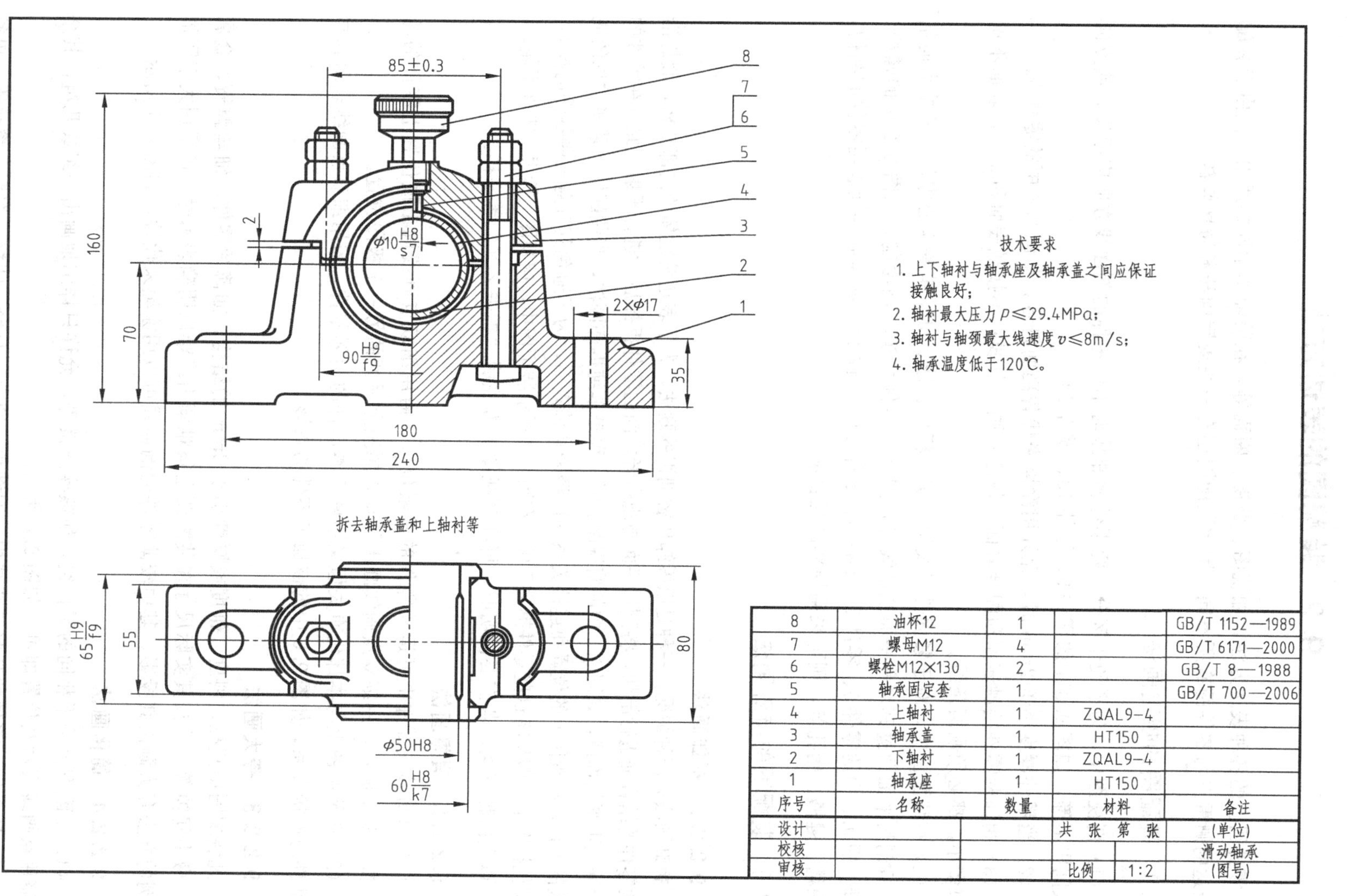

8	油杯12	1		GB/T 1152—1989
7	螺母M12	4		GB/T 6171—2000
6	螺栓M12×130	2		GB/T 8—1988
5	轴承固定套	1		GB/T 700—2006
4	上轴衬	1	ZQAL9-4	
3	轴承盖	1	HT150	
2	下轴衬	1	ZQAL9-4	
1	轴承座	1	HT150	
序号	名称	数量	材料	备注
设计			共 张 第 张	(单位)
校核				滑动轴承
审核			比例 1:2	(图号)

图 9.2 正滑动轴承的装配图

9.2 装配图的表达方法

零件图上的各种表达方法，如视图、剖视、断面等，在装配图中同样适用，但由于装配图表达的侧重点与零件图有所不同，因此装配图还有一些规定画法和特殊画法。

9.2.1 装配图的规定画法

(1) 剖视图中，为了便于区分，两零件相邻接时不同零件的剖面线方向应相反，或方向一致间隔不等，如图 9.3 中的零件 9、零件 13、零件 14。

(2) 当零件厚度小于 2mm 时，允许用涂黑来代替剖面符号，如图 9.3 中的零件 6。

(3) 相邻两零件接触表面和配合表面，规定只画一条线；不接触表面和非配合表面不论间隙多小，都必须画两条线。

(4) 在装配图中，对于紧固件以及轴、实心杆件、球、键、销等实心零件，若按纵向剖切，且剖切平面通过其对称平面或轴线时，则这些零件均按不剖绘制，如图 9.2 中的螺栓、螺母，图 9.3 中的零件 5、零件 7、零件 8、零件 10、零件 11。如需要特别表明零件的结构，如凹槽、键槽、销孔等，则可采用局部剖视表示。

9.2.2 装配图的特殊画法

9.2.2.1 拆卸画法

拆卸画法有两种情况，一种是以拆卸代替剖视的画法，为了表达装配体的内部结构，假想沿着两零件的结合面进行剖切，将剖切平面与观察者之间的零件拆掉后再进行投射。此时在零件的结合面上不画剖面线，如图 9.2 中的俯视图。另一种是单纯拆卸画法，当装配体上某些常见的或较大的零件，在视图上的位置和连接关系均已经表达清楚后，为了避免其遮盖某些零件的投影，在其他视图上可假想将这些零件拆去不画。在图 9.3 所示装配图中，俯视图上拆去了零件手轮。

以上两种画法，若需要说明时，可在其视图上方注明“拆去××”等字样。

9.2.2.2 假想画法

(1) 对机器或部件中可运动零件的极限位置，需用细双点画线画出该位置上零件的轮廓。如图 9.4 所示，用细双点画线画出了车床尾座上手柄的另一个极限位置。

(2) 在装配图上与本部件有关但又不属于本部件的相邻零件，需用细双点画线表示其与本部件的连接关系，如图 9.5 中的被加工零件的投影。

9.2.2.3 夸大画法

凡装配图中直径、斜度、锥度或厚度小于 2mm 的结构，如薄片零件、细丝弹簧、金属丝、微小间隙等，若按其实际尺寸在装配图上很难画出或难以明确表示时，可采用大于图形比例的方法夸大画出其投影，其中较薄零件的剖面线可以用涂黑来代替，如图 9.6 所示。

9.2.2.4 简化画法

(1) 装配图上若干相同的零件组，如螺栓连接等，允许只详细地画出一组或几组，其余只需用点画线表示其位置即可，如图 9.6 所示。

(2) 装配图上零件的某些工艺结构，如倒角、圆角、凸台、凹坑、沟槽、滚花等，可省略不画，如图 9.6 所示。

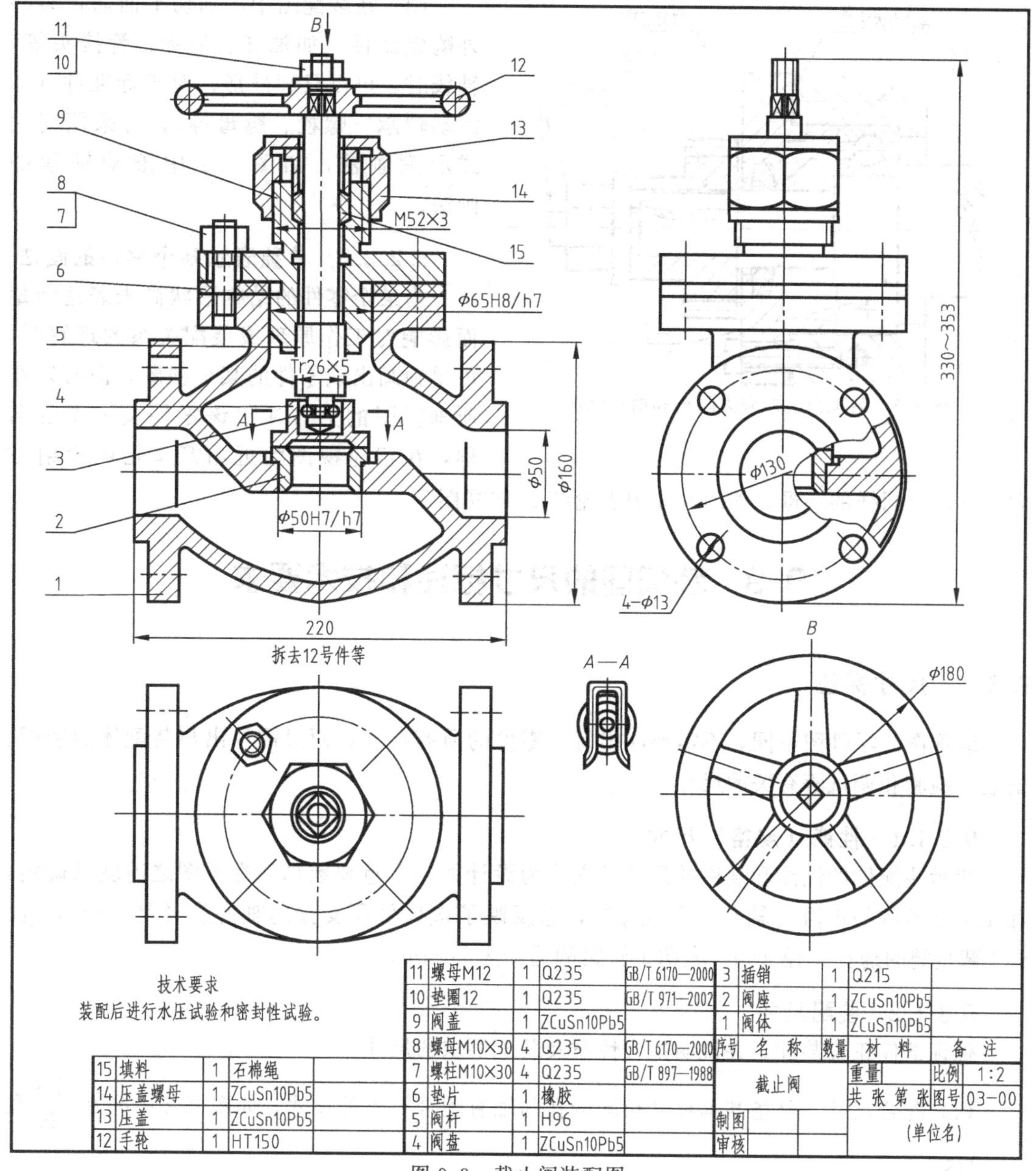

序号	名称	数量	材料	备注
15	填料	1	石棉绳	
14	压盖螺母	1	ZCuSn10Pb5	
13	压盖	1	ZCuSn10Pb5	
12	手轮	1	HT150	
11	螺母M12	1	Q235	GB/T 6170—2000
10	垫圈12	1	Q235	GB/T 971—2002
9	阀盖	1	ZCuSn10Pb5	
8	螺母M10×30	4	Q235	GB/T 6170—2000
7	螺柱M10×30	4	Q235	GB/T 897—1988
6	垫片	1	橡胶	
5	阀杆	1	H96	
4	阀盘	1	ZCuSn10Pb5	
3	插销	1	Q215	
2	阀座	1	ZCuSn10Pb5	
1	阀体	1	ZCuSn10Pb5	

截止阀		重量		比例	1:2
		共 张 第 张		图号	03-00
制图		(单位名)			
审核					

图 9.3　截止阀装配图

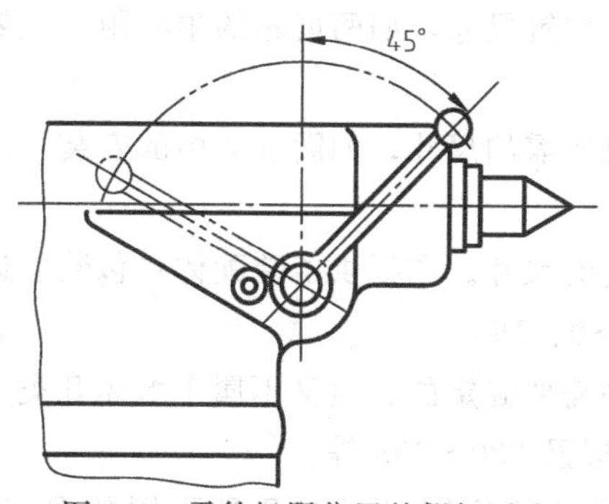

图 9.4　零件极限位置的假想画法

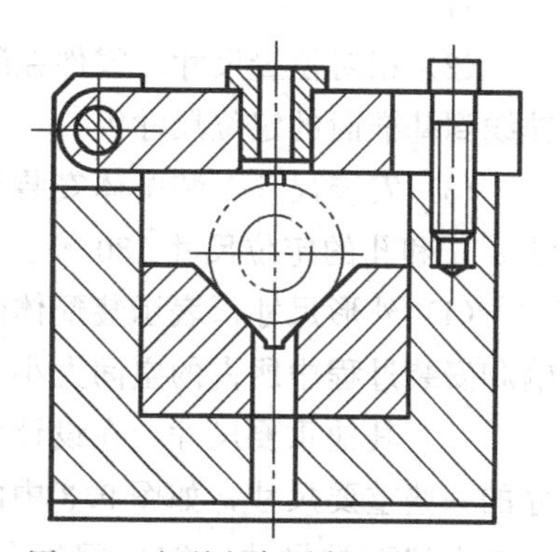

图 9.5　相关相邻零件的假想画法

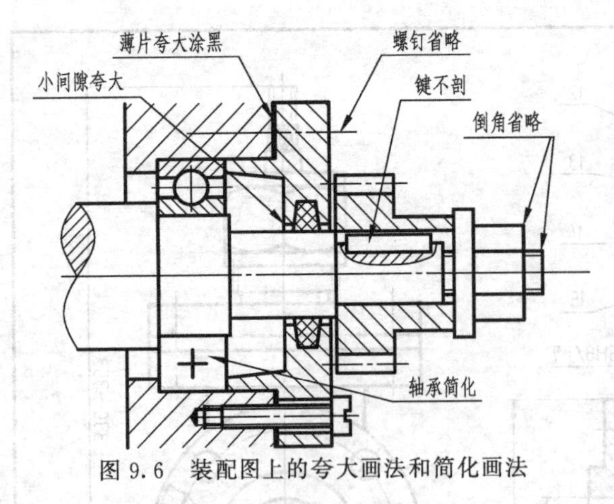

图 9.6 装配图上的夸大画法和简化画法

(3) 在装配图中，剖切平面通过某些外购成品件（如油杯、油标、管接头等）轴线时，可以只画外形；对于标准件（如滚动轴承、螺栓、螺母等），可采用简化或示意画法，如图 9.6 中滚动轴承的画法。

9.2.2.5 单独表示某个零件的画法

当某个零件的结构形状尚未表达清楚而影响对工作原理或装配关系的理解时，可单独画出该零件的某个视图，但必须在所画视图的上方注出该零件及视图的名称，在相应视图附近用箭头指明投射方向，并注上同样的字母，如图 9.3 中手轮的 *B* 向视图。

9.3 装配图的尺寸标注和技术要求

9.3.1 尺寸标注

装配图与零件图不同，不需要注出每个零件的所有尺寸，而只需注出与装配体的装配、安装、检验和调试等有关的尺寸。

9.3.1.1 性能（规格）尺寸

表示装配体的性能和规格的尺寸。它作为设计的一个重要数据，在画图之前就已确定，如图 9.2 所示的正滑动轴承的孔径 $\phi50$，它反映了该部件所支撑的轴的直径是 50mm；图 9.3 截止阀的通孔直径 $\phi50$，表明了管路的通径为 50mm。

9.3.1.2 装配尺寸

保证部件正确装配，并说明配合性质及装配要求的尺寸。

(1) 配合尺寸 是指基本尺寸相同的孔与轴有配合要求的尺寸，如图 9.2 中的 $90\,\frac{H9}{f9}$ 和 $\phi10\,\frac{H8}{s7}$。

(2) 相对位置尺寸 零件在装配时，需要保证相对位置尺寸，如两齿轮的中心距、主要轴线到基准面的定位尺寸等。

(3) 安装尺寸 装配体安装到地基或其他机器上时所需的尺寸，如图 9.2 中的安装孔尺寸 $\phi17$ 和孔的定位尺寸 180 等。

(4) 外形尺寸 表示装配体的总长、总宽和总高度的尺寸。它提供了装配体在包装、运输和安装过程中所占的空间大小，如图 9.2 中的 240、80、160。

(5) 其他重要尺寸 在设计中经过计算或根据某种需要确定的、但又不属于上述几类尺寸的一些重要尺寸，如图 9.3 中的 Tr26×5、M52×3 以及 330～353 等。

上述五类尺寸，彼此间往往有某种关联。有的尺寸往往同时具有几种不同的含义，如图 9.2 主视图上的 240，它既是总体尺寸，又是主要零件的主要尺寸。此外，一张装配图中，不一定都要标全这五类尺寸，在标注尺寸时应根据装配体的构造情况，具体分析而定。

9.3.2 技术要求

说明机器或部件性能、装配、检验、测试及使用时的技术要求，一般用文字或符号注写在明细栏上方或图纸下方的空白处，如图 9.2 所示。装配要求一般指在装配过程中需注意的事项，装配后应达到的要求，如准确度、装配间隙、润滑要求等。检验要求是对装配体作基本性能检验、试验及操作时的要求。使用要求是对装配体的规格、参数、维护、保养及使用时的注意事项及要求。

装配图上的技术要求随装配体的具体情况而不同，如果内容很多也可另附技术文件单独说明。

9.4 装配图中零、部件的序号和明细栏

在生产中，为了便于看图、图样管理和生产准备工作，装配图中所有零、部件都必须编号，并填写明细栏，以便于读图时对照查阅，并可根据明细栏做好生产准备工作。

9.4.1 零、部件序号的编排方法

(1) 装配图中所有零、部件都必须编写序号。规格相同的零件只编一个序号，标准化组件如油杯、滚动轴承、电动机等，可看作是一个整体，编一个序号。

(2) 序号应按顺时针或逆时针方向依次排列在视图周围，如图 9.2 所示。序号注写在指引线末端的水平线上或圆圈内，序号的字号比图中尺寸数字字号大一号或两号，见图 9.7 中(a)、(b)。序号也可注写在指引线的附近，这时序号字高比尺寸数字高大两号，见图 9.7 (c)。在同一装配图中注写序号的形式应一致。指引线和圆圈均用细实线绘制。

(3) 指引线应从零件的可见轮廓线内引出，并在起始端画一小圆点，见图 9.7 中 (a)、(b)、(c)。若所指零件为涂黑的剖面，指引线的圆点可由箭头替代，并指向该零件轮廓，见图 9.7 (d)。

(4) 指引线相互不能相交，通过剖面区域时，不应与剖面线平行。必要时可画成折线，但只允许转折一次，见图 9.7 (e) 所示。

(5) 对一组螺纹紧固件及装配关系清楚的零件组，可采用公共指引线，如图 9.8 所示。

(6) 装配图中零、部件的序号应与明细栏中的序号一致。

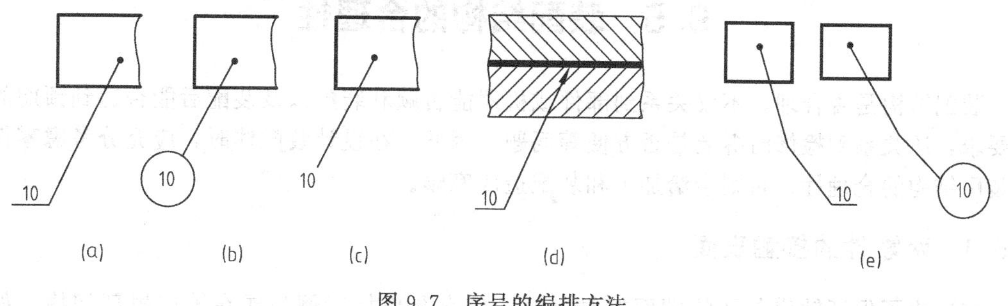

图 9.7 序号的编排方法

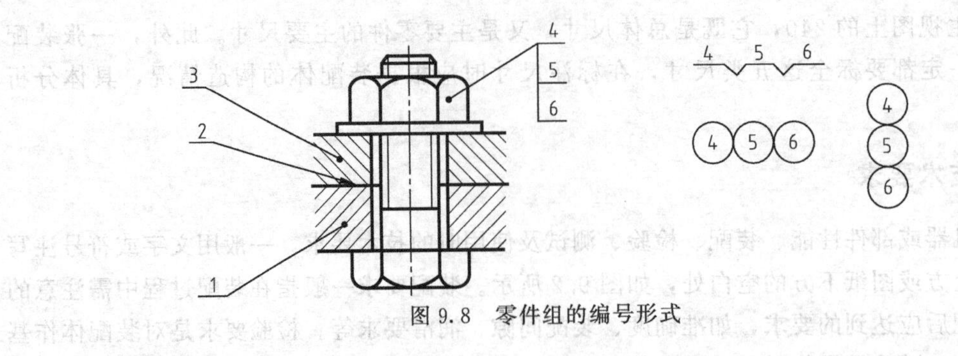

图 9.8　零件组的编号形式

9.4.2　明细栏

明细栏一般由序号、代号、名称、数量、材料、备注等组成，格式可按 GB/T 10609.2 的规定绘制，如图 9.9 所示，也可按实际需要增加或减少项目。学生作业中所用的明细栏建议采用如图 9.10 的格式。

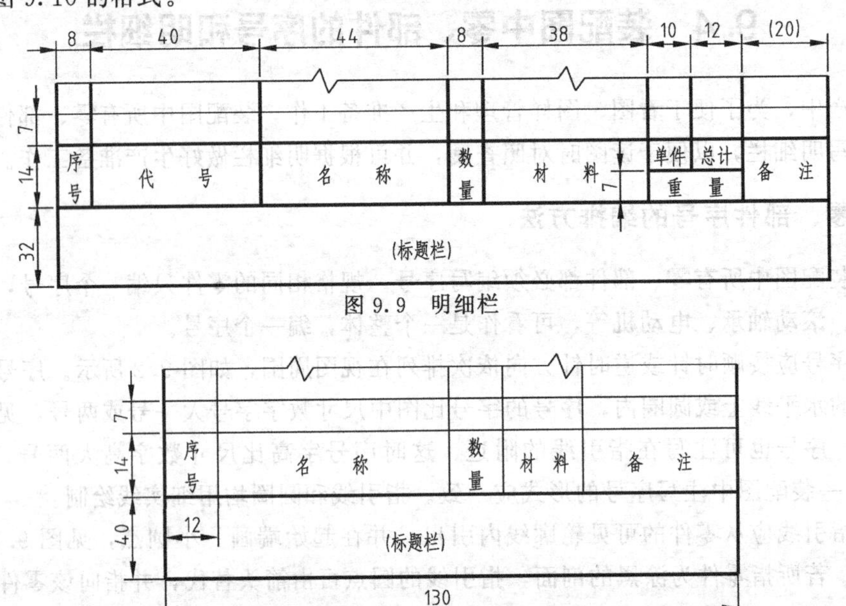

图 9.10　学生用明细栏

明细栏一般放在装配图中标题栏的上方，按由下而上的顺序填写。当位置不够时，可紧靠在标题栏的左边自下而上延伸，如图 9.3 所示。

9.5　装配结构的合理性

装配结构是否合理，不仅关系到部件或机器能否顺利装配以及装配后能否达到预期的性能要求，还关系到检修时拆装是否方便等问题。因此，在设计装配体时，应充分考虑零件之间装配结构的合理性，否则会给加工和装配造成麻烦。

9.5.1　两零件的接触表面

(1) 为了保证轴肩与孔的端面接触良好，应在孔口加工倒角或在轴肩根部切槽，如图

9.11 所示。

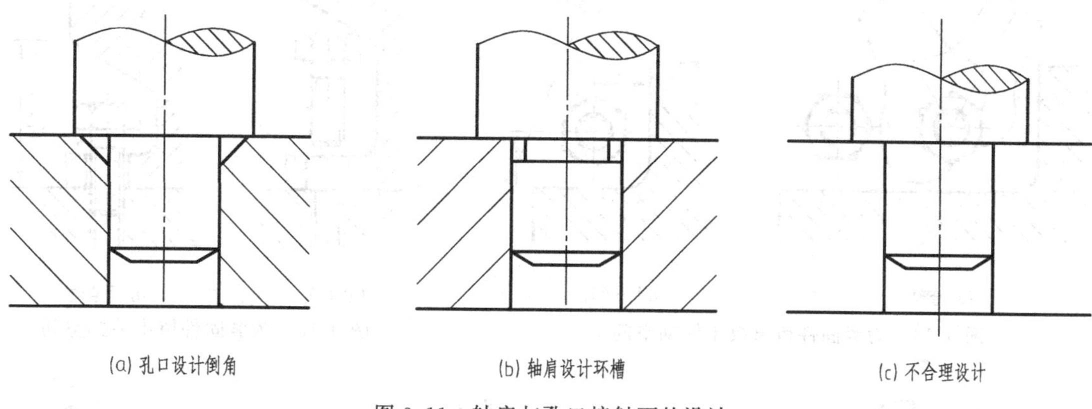

图 9.11　轴肩与孔口接触面的设计

(2) 当两个零件接触时，在同一方向的接触面上，应当只有一个接触面，这样既可满足装配要求，制造也较方便，如图 9.12 所示。

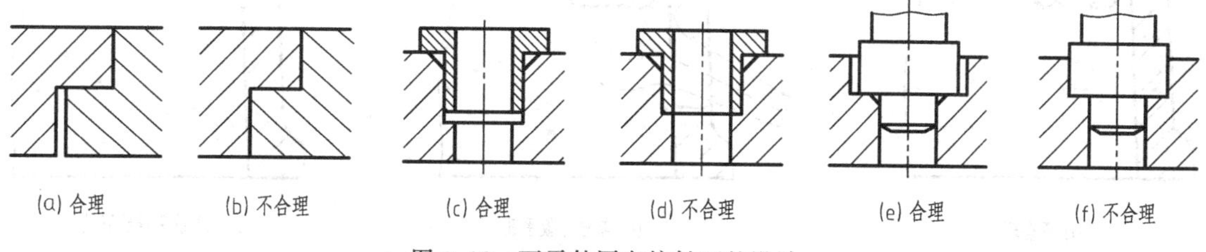

图 9.12　两零件同向接触面的设计

(3) 在螺栓、螺母等紧固件的连接中，为保证表面间的良好接触，并且减少切削面积，应在被连接件的表面上设计沉孔或凸台，如图 9.13 所示。

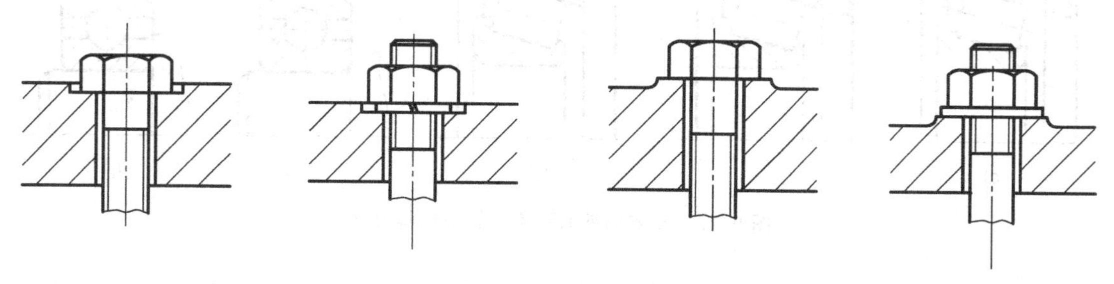

图 9.13　紧固件与被连接件接触面的结构设计

9.5.2　零件的装、拆方便性与可能性

(1) 对于螺纹连接结构，考虑到零件装拆的方便与可能，一是要留出扳手的转动空间，如图 9.14 所示；二是要保证有足够的拆装空间，如图 9.15 所示；三要保证装、拆和拧紧的可能性，如图 9.16 所示。

(2) 为了便于滚动轴承的更换与维修，设计时应使孔肩或轴肩高度小于轴承内外圈的厚度，或在孔肩上设计錾子孔，如图 9.17 所示。

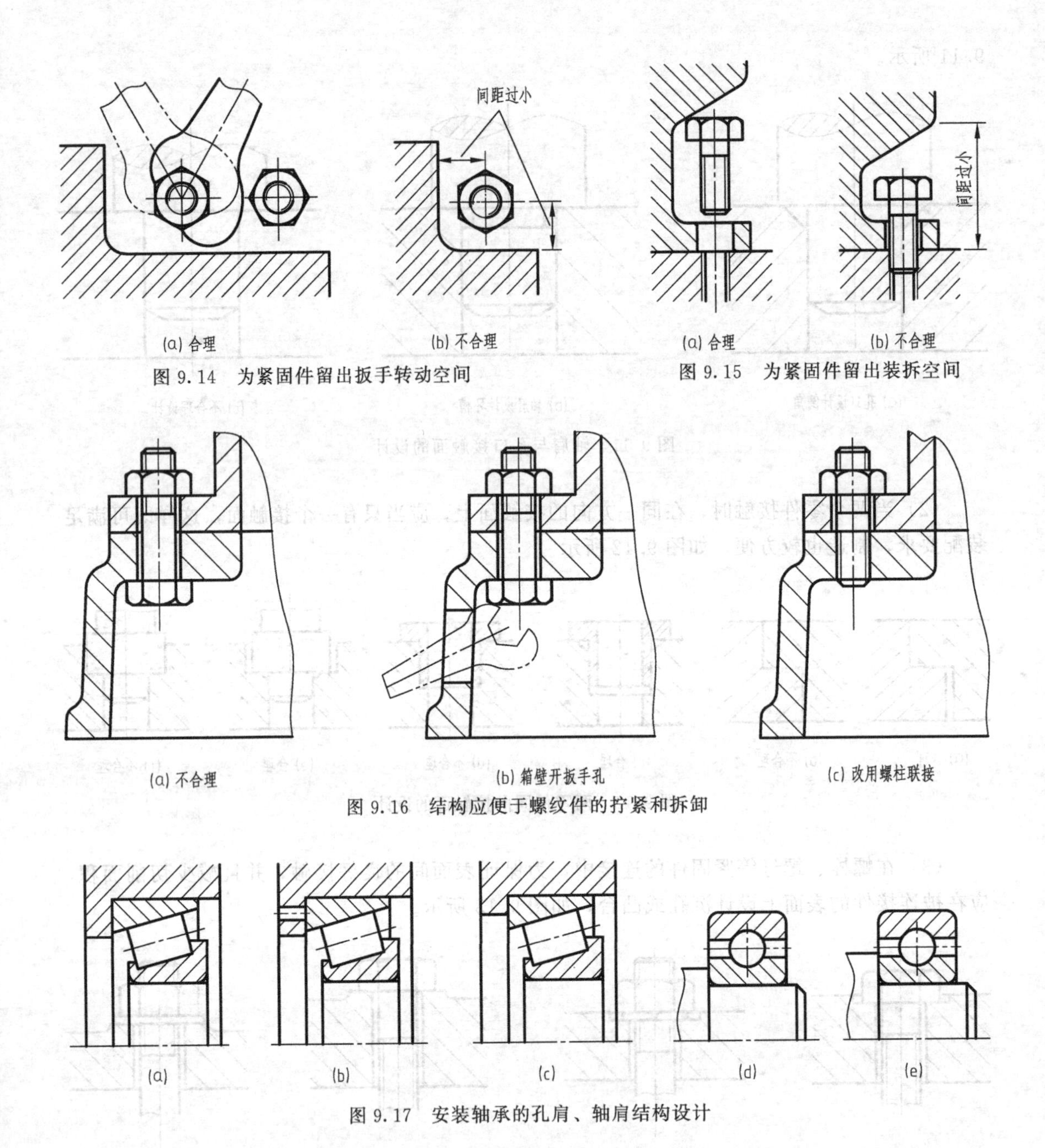

图 9.14 为紧固件留出扳手转动空间

图 9.15 为紧固件留出装拆空间

图 9.16 结构应便于螺纹件的拧紧和拆卸

图 9.17 安装轴承的孔肩、轴肩结构设计

（3）为了方便两零件间定位销的拆装和便于销孔加工，在可能的条件下，最好将销孔加工成通孔，如图 9.18 所示。

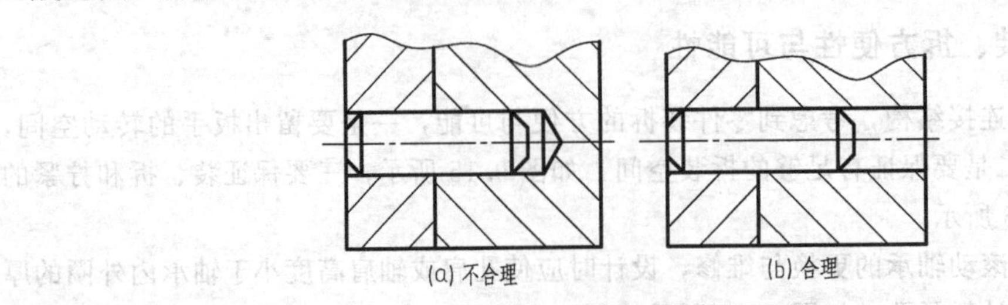

图 9.18 定位销孔的结构设计

9.6 部件测绘和装配图画法

9.6.1 部件测绘

部件测绘是对装配体进行测量，绘出零件草图，然后根据零件草图绘出装配图，再由装配图拆画零件图的过程。它是工程技术人员必须熟练掌握的基本技能，也是学生复习、巩固及应用所学制图知识的一个重要阶段。现以齿轮油泵为例介绍部件测绘的方法与步骤。

9.6.1.1 了解和分析部件的性能、结构、工作原理及装配关系

可根据产品说明书、同类产品图样等资料，或通过实地调查，初步了解装配体的用途、性能、工作原理、结构特点及零件之间的装配关系。

齿轮油泵是机器润滑、供油系统中的一个常用部件，主要由泵体、左、右端盖，运动零件（传动齿轮轴、齿轮轴等），密封零件以及标准件构成，如图 9.19 所示。

齿轮油泵的工作原理如图 9.20 所示，当一对齿轮在泵体内作啮合传动时，啮合区右边轮齿逐渐脱开啮合，空腔体积增大而压力降低，油池内的油在大气压力作用下通过进油口被吸入泵内；而啮合区左边轮齿逐渐进入啮合，空腔体积减小而压力加大，随着齿轮的转动而被带至左边的油就从出油口排出，经管道送至机器中需要润滑的部位。

凡属泵、阀类部件都要考虑防漏问题。为此，在泵体与泵盖的结合处加入了5—垫片，并在3—传动齿轮轴的伸出端用8—填料、9—轴套、10—压紧螺母加以密封，如图 9.21 所示。

9.6.1.2 拆卸零件，绘制装配示意图

在初步了解部件功能的基础上，按一定顺序拆卸零件，通过拆卸可以进一步了解部件的结构、工作原理及装配关系，见图 9.19。对于像油泵一样零件较多的部件，为便于拆卸后重装和为画装配图提供参考，在拆卸的过程中，应同时画出装配示意图。

装配示意图是用规定符号和较形象的图线绘制的图，是一种示意性图样，用以记录部件中各零件间的相互位置、连接关系和配合性质，注明零件的名称、数量、编号等。装配示意图是重新装配部件和画装配图的重要依据。

装配示意图的画法：对一般零件可以按其外形和结构特点形象地画出零件的大致轮廓。通常从主要零件和较大的零件入手，按装配顺序和零件的位置逐个画出。画示意图时，可将零件视作透明体，表示可不受前后层次的限制，并尽量把所有零件都集中在一个视图上表达出来，必要时才画出第二个图（应与第一个视图保持投影关系）。齿轮油泵的装配示意图如图 9.21 所示。

在拆卸零件时，为防止丢失和混淆，应将零件按拆卸顺序进行编号；对不便拆卸的连接、过盈配合的零件尽量不拆，以免损坏零件或影响装配精度；对标准件和非标准件最好分类保管。

9.6.1.3 画零件草图

组成部件的每一个零件，除标准件外，都应画出草图。零件草图应具备零件图的所有内容，它是绘制装配图和设计零件图的重要依据。

画零件草图时，应尽可能注意到零件间尺寸的协调。标准件不画草图，但应测量出其规格尺寸，并与标准手册进行核对。

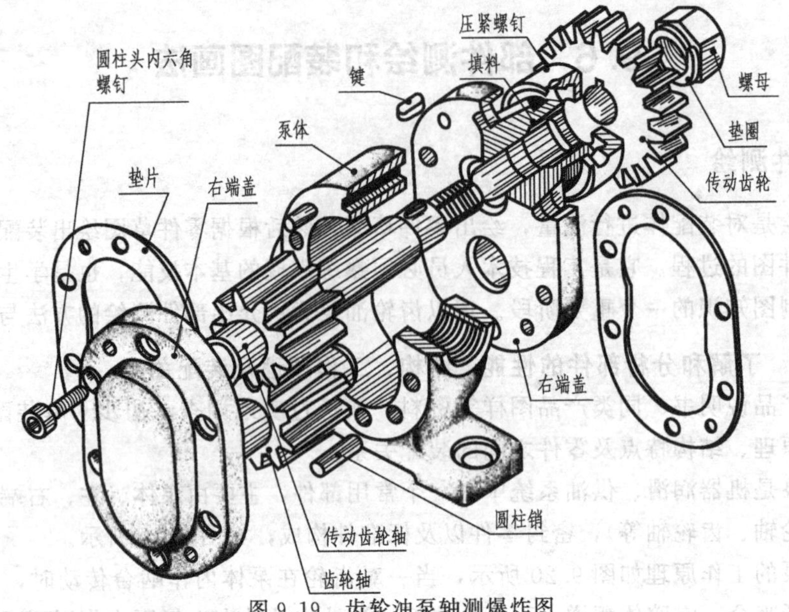

图 9.19　齿轮油泵轴测爆炸图

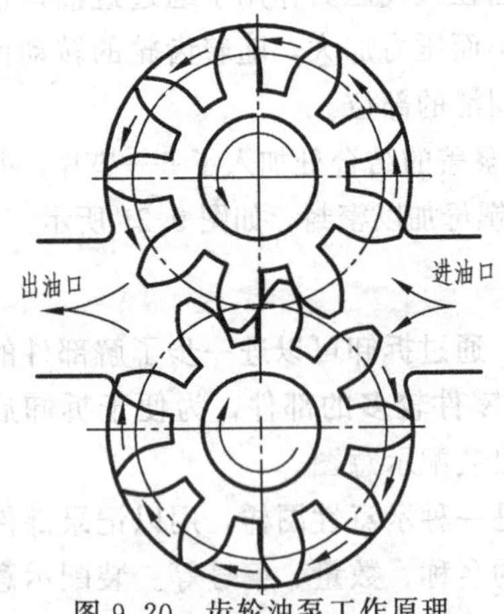

图 9.20　齿轮油泵工作原理

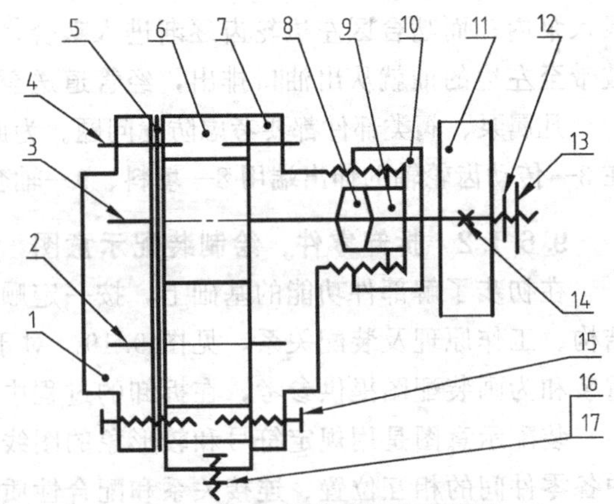

图 9.21　齿轮油泵装配示意图

1—左端盖；2—齿轮轴；3—传动齿轮轴；4—销；5—垫片；6—泵体；7—右端盖；8—填料；9—轴套；10—压紧螺母；11—传动齿轮；12—垫圈；13—螺母；14—键；15—螺钉；16—螺栓；17—螺母

9.6.1.4　画装配图

根据装配示意图和零件草图画出装配图。画装配图的过程，是一次检验、校对零件形状和尺寸的过程。草图中的形状和尺寸如有错误或不妥之处，应及时改正，以保证零件之间的正确装配关系，并在装配图上将其能正确地反映出来。

9.6.1.5　拆画零件图

根据装配图和零件草图绘制出每个非标准零件的零件图。

9.6.2　装配图画法

9.6.2.1　选择表达方案

(1) 主视图的选择　一般按部件的工作位置选择，并使主视图能够尽量反映部件的工作原理、传动路线、装配关系及零件间的相互位置等，主视图通常采用剖视图来表达。

对齿轮油泵，可取由前向后作为主视图的投射方向，并采用两相交剖切平面剖切的全剖视。这样，主视图既可反映齿轮副的传动关系，又能将泵盖与泵体间的定位、连接形式以及端盖与泵体间的防漏、传动齿轮轴上的密封结构表示得很清晰。

(2) 其他视图的选择　其他视图的选择应能补充主视图尚未表达清楚的内容。一般情况下，部件中的每一种零件至少应在视图中出现一次。

对齿轮油泵，其左视图可采用拆卸画法，即沿 1—左端盖和 6—泵体的结合面剖切，这样会清楚地反映出齿轮油泵的外部形状和一对齿轮的啮合情况；进油孔的结构可用局部剖视表达。

9.6.2.2　绘图准备工作

表达方案确定后，根据部件的大小、复杂程度和视图数量确定绘图比例和图纸幅面。布图时，应同时考虑标题栏、明细栏、零件序号、标注尺寸和技术要求等所需要的位置。

9.6.2.3　画图步骤

图 9.22～图 9.26 表示出了绘制齿轮油泵装配图的画图步骤。

(1) 绘制各视图的主要基准线　主要基准线一般是主要的轴线（装配干线）、对称中心线、主要零件上较大的平面或端面等，如图 9.22 所示。

(2) 绘制主体结构和与之相关的重要零件　图 9.23 中画出了两齿轮轴的轮廓。

(3) 绘制其他次要零件和细部结构　逐层画出各零件以及各种连接件等，如图 9.24、图 9.25 所示。

(4) 检查　检查修正，加深图线，画剖面线。

(5) 完成全图　标注尺寸，编写序号，画标题栏、画明细栏，注写技术要求，完成全图，如图 9.26 所示。

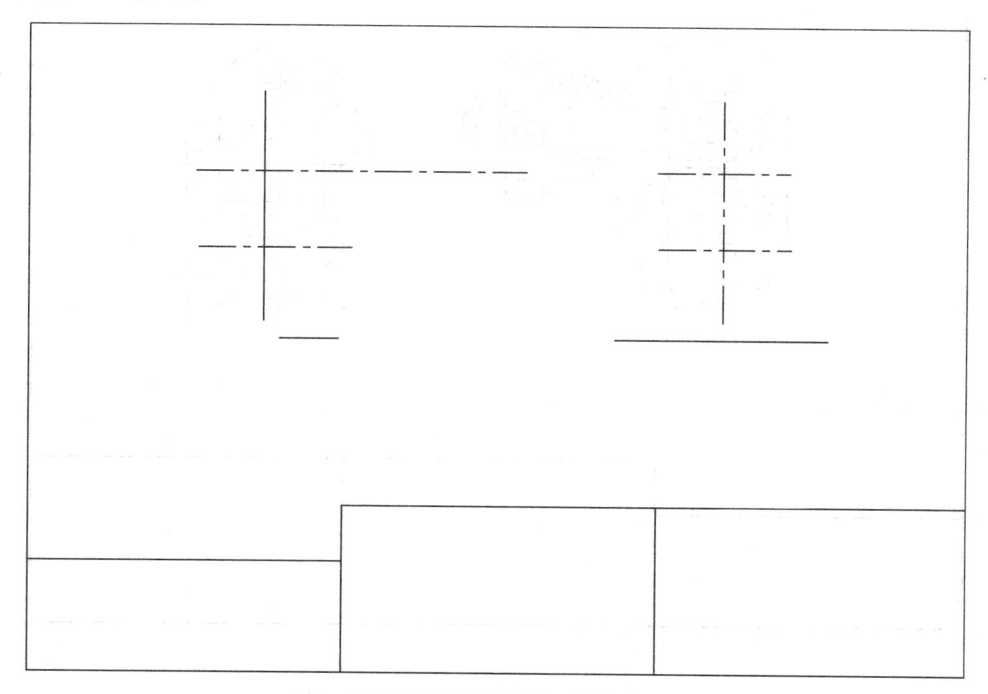

图 9.22　齿轮油泵装配图画图步骤（一）

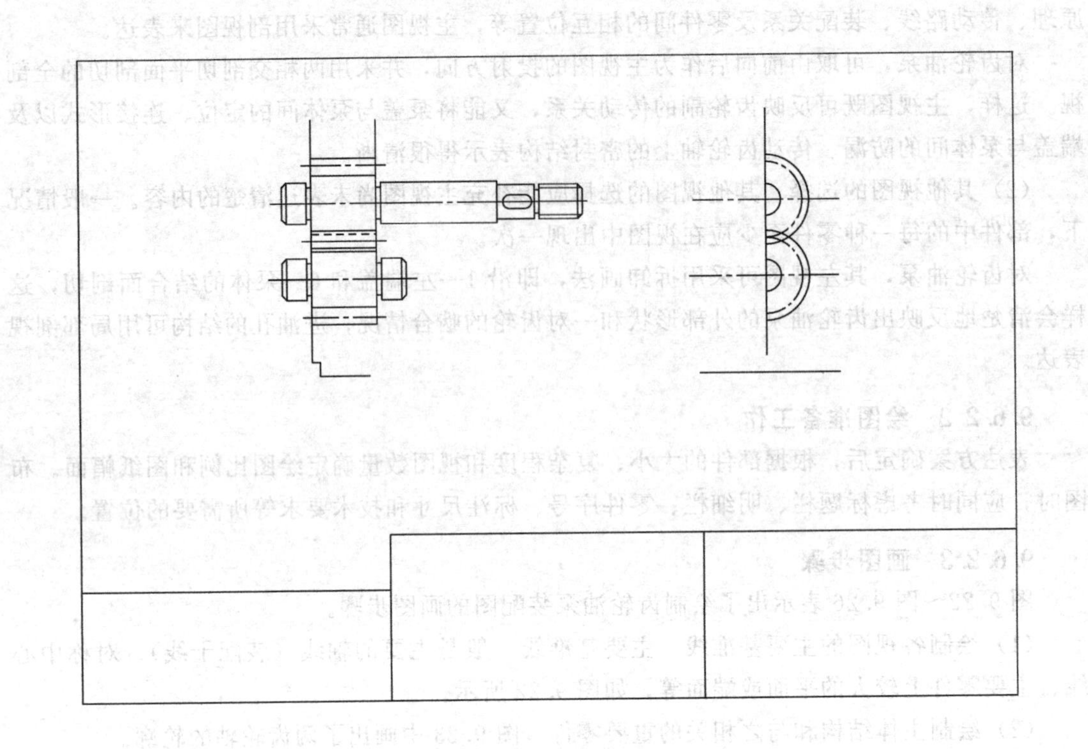

图 9.23 齿轮油泵装配图画图步骤（二）

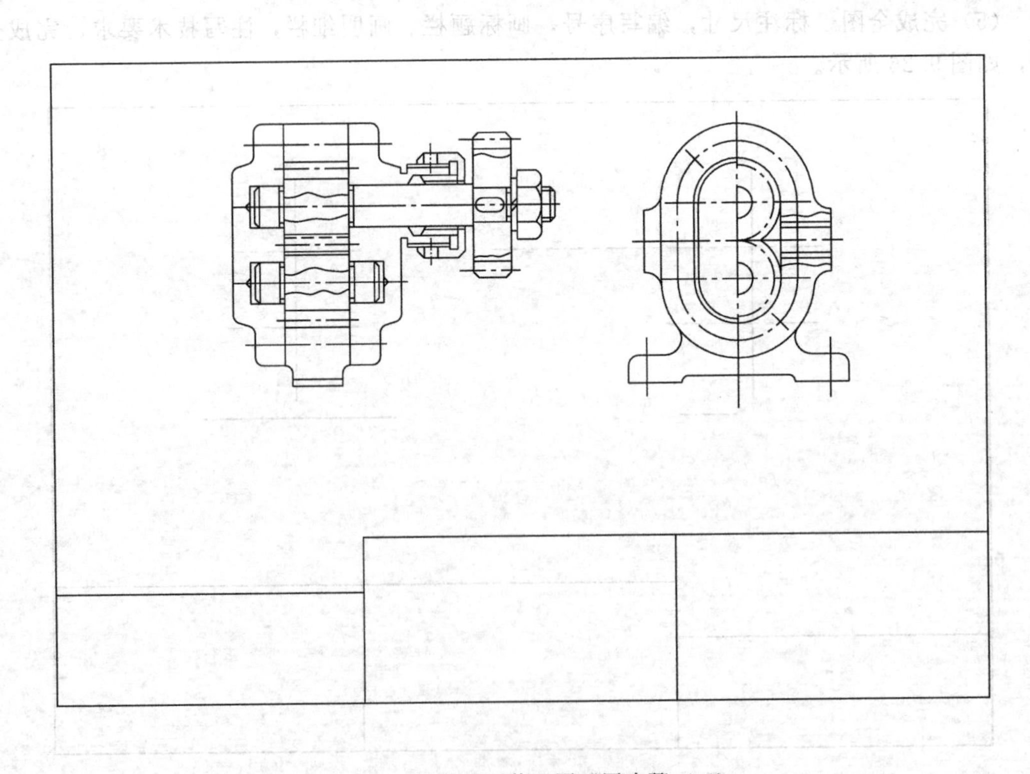

图 9.24 齿轮油泵装配图画图步骤（三）

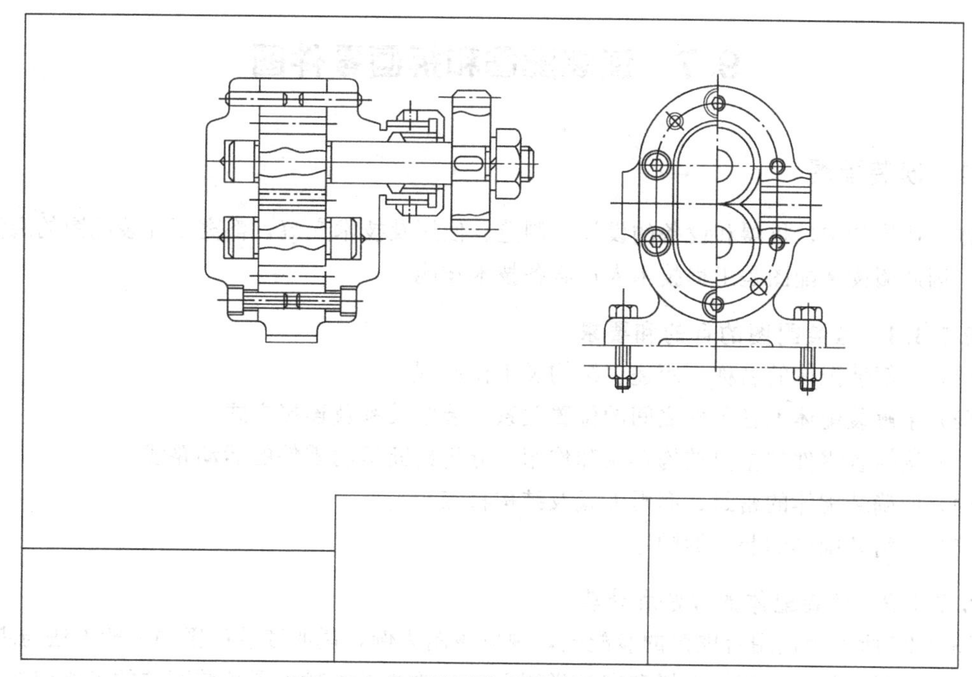

图 9.25　齿轮油泵装配图画图步骤（四）

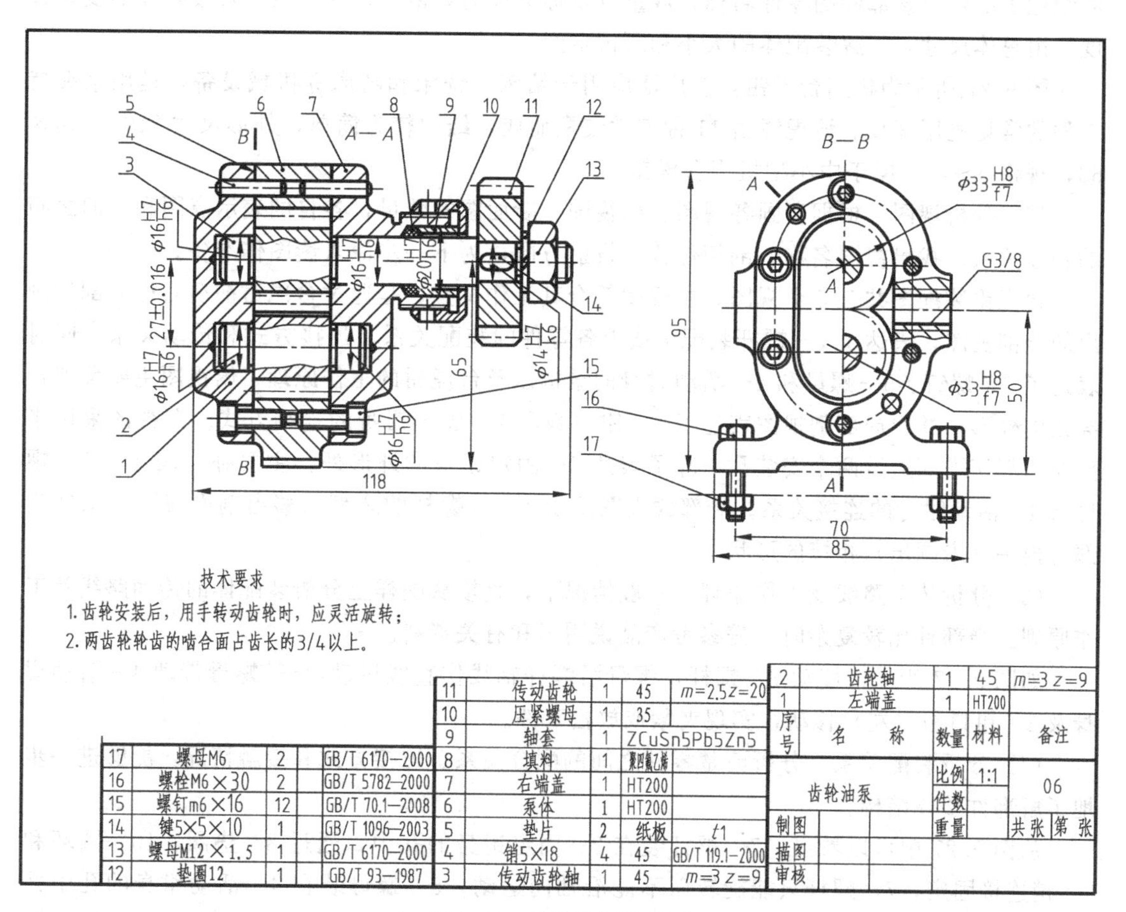

序号	名称	数量	材料	备注
17	螺母M6	2		GB/T 6170—2000
16	螺栓M6×30	2		GB/T 5782—2000
15	螺钉m6×16	12		GB/T 70.1—2008
14	键5×5×10	1		GB/T 1096—2003
13	螺母M12×1.5	1		GB/T 6170—2000
12	垫圈12	1		GB/T 93—1987
11	传动齿轮	1	45	m=2.5 z=20
10	压紧螺母	1	35	
9	轴套	1	ZCuSn5Pb5Zn5	
8	填料	1	聚四氟乙烯	
7	右端盖	1	HT200	
6	泵体	1	HT200	
5	垫片	2	纸板	t1
4	销5×18	4	45	GB/T 119.1—2000
3	传动齿轮轴	1	45	m=3 z=9
2	齿轮轴	1	45	m=3 z=9
1	左端盖	1	HT200	

图 9.26　齿轮油泵装配图

9.7 读装配图和拆画零件图

9.7.1 读装配图

在工业生产中，机器和设备的设计、制造、使用及技术交流，都离不开装配图的阅读与分析，因此阅读装配图是工程技术人员必备技术技能。

9.7.1.1 读装配图的目的和要求

(1) 了解装配体的名称、用途、结构及工作原理。

(2) 了解装配体上各零件之间的位置关系、装配关系及连接方式。

(3) 读懂各零件的主要结构形状和作用，分析判断运动零件的运动路线。

(4) 明确装配体的密封、润滑方式及结构特点。

(5) 弄清装配体的装、拆顺序。

9.7.1.2 读装配体的方法和步骤

图 9.27 所示为机用台虎钳的装配图，现以该图为例，说明读装配图的一般方法与步骤。

(1) 概括了解　根据标题栏和产品说明书及有关技术资料，了解装配体的名称用途；由明细栏了解组成该部件的零件名称、数量以及标准件的规格等，并大致了解装配体的复杂程度；由总体尺寸，了解装配体的大小和所占空间。

图 9.27 所示为机用台虎钳，它广泛应用于钻床、铣床和磨床等机械设备，是用来夹持工件的常见机用辅具。该虎钳由 11 种零件装配而成，结构较为简单，外形尺寸 210×146×60，规格 0～70，属于中小型机用台虎钳。

(2) 分析视图　根据所画各视图、剖视图、断面图的数量，各自的表示意图和它们之间的相互关系，找出视图名称、剖切位置、投射方向，为下一步深入读图作准备。

台虎钳装配图共有 5 个视图，主视图符合其工作位置，是通过台虎钳前后对称面剖切画出的全剖视图，表达了 7—螺杆装配干线上各零件的装配关系、连接方式和传动关系。同时表达了 6—螺钉、5—螺母和 4—活动钳身的结构以及台虎钳的工作原理。俯视图主要反映台虎钳的外形，并用局部剖视图表达了 3—钳口板和 2—固定钳身的连结方式。左视图采用半剖视，剖切平面通过两个安装孔，除了表达 2—固定钳身的外形外，主要补充表达了 5—螺母与 4—活动钳身的连接关系。局部放大图反映了 7—螺杆的牙型。移出剖面表达了螺杆头部与扳手（未画出）相接的形状。

(3) 分析传动路线及工作原理　一般情况下，直接从图样上分析装配体的传动路线及工作原理。当部件比较复杂时，需参考产品说明书和有关资料。

如图 9.27 所示，旋动 7—螺杆，螺母沿螺杆轴线作直线运动，5—螺母带动 4—活动钳身及 3—钳口板（左）移动，实现夹紧或放松工件。

(4) 分析装配关系　分析清楚零件之间的配合关系、连接方式和接触情况，能够进一步地了解部件整体结构。

从图 9.27 中可以看出，7—螺杆装在 2—固定钳身的孔中，通过 8—垫圈、10—圆环和 9—销连接固定，7—螺杆只能旋转而不能沿轴向运动。5—螺母装在 4—活动钳身的孔中并通过 6—螺钉轻压在 2—固定钳身的下部槽上。4—活动钳身上的宽 80 的通槽与 2—固定钳

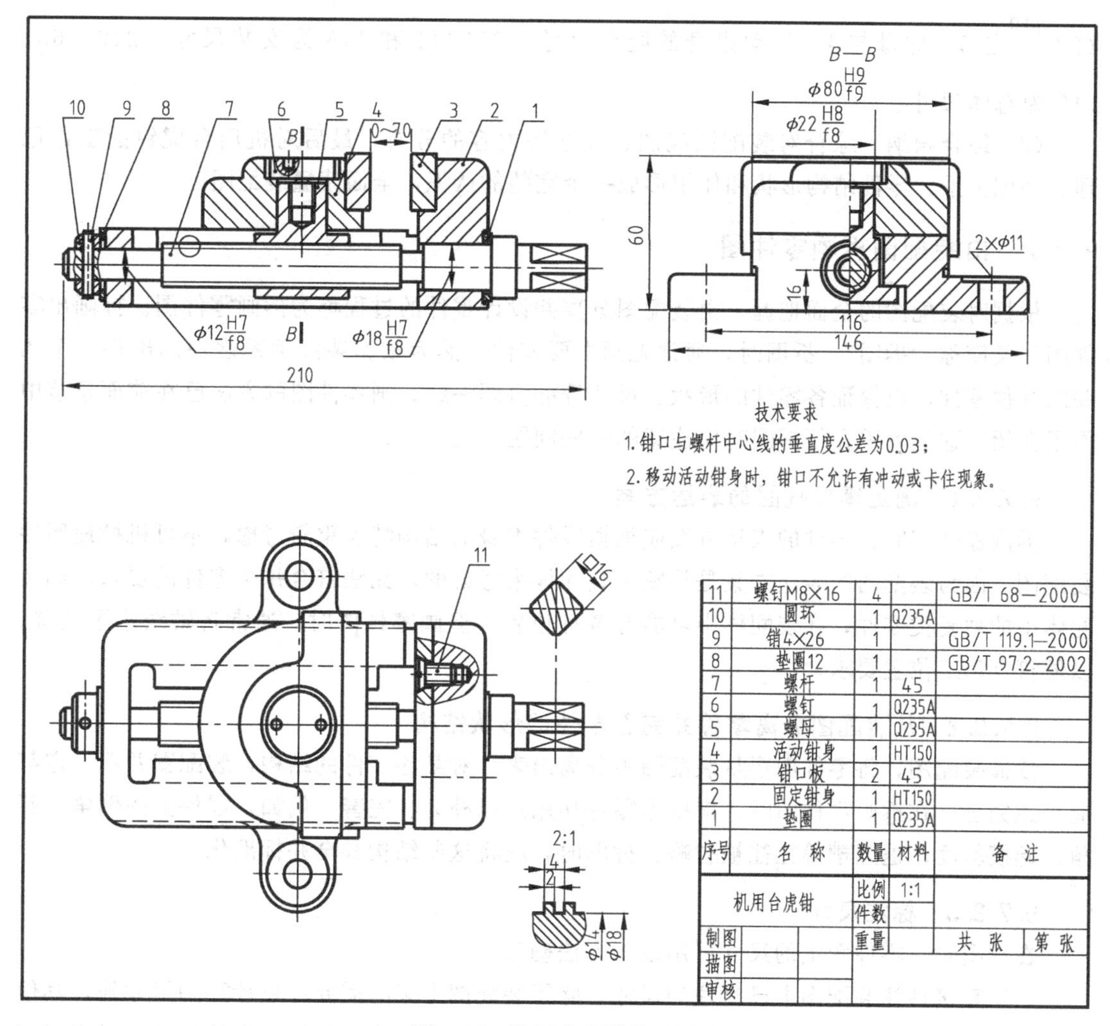

图 9.27 机用台虎钳装配图

身上部两侧面配合，以保证活动钳身移动的准确性。活动钳身和固定钳身在钳口部位均用两个 11—螺钉连接护口板，护口板上制有牙纹槽，用以防止夹持工件时打滑。至此，台虎钳的工作原理和各零件间的装配关系更加清楚。

(5) 分析零件结构形状　先在各视图中分离出该零件的范围和对应关系，利用剖面线的倾斜方向和间距、零件的编号、装配图的规定画法和特殊表达方法（如实心轴不剖的规定等），以及借助三角板和分规等查找其投影关系。以主视图为中心，按照先易后难，先看懂联结件、通用件，再读一般零件。如先读懂螺杆及其两端相关的各零件，再读螺母、螺钉，最后读懂活动钳身及固定钳身。

(6) 分析尺寸　分析装配图每一个尺寸的作用（即五类尺寸），明确部件的尺寸规格，零件间的配合性质和外形大小等。

如图 9.27 中 0～70 为性能尺寸，表示钳口的张开度。$\phi12\ \frac{H7}{f8}$和$\phi18\ \frac{H7}{f8}$是 7—螺杆与 2—固定钳身的配合尺寸；$\phi80\ \frac{H9}{f9}$是 4—活动钳身与 2—固定钳身的配合尺寸；

$\phi 22\dfrac{H8}{f8}$是5—螺母与4—活动钳身的配合尺寸。$2\times\phi 11$和116为安装尺寸。210、60、146为总体尺寸。

(7) 综合归纳　综合对装配图视图、尺寸等内容的分析，最后对机用台虎钳的工作原理、装配关系、零件结构形状和作用形成一个完整的认识，全面读懂装配图。

9.7.2　由装配图拆画零件图

根据对装配图的全面把握，由装配图分离并设计零件的过程称为拆画零件图。拆画出零件图，又简称“拆图”。拆图时，通常先画主要零件，然后根据装配关系逐一画出每一个相关的其他零件，以保证各零件的形状、尺寸等能协调一致。画零件图的方法已在前面章节中作了介绍，这里着重介绍拆图时应注意的一些问题。

9.7.2.1　确定零件视图的表达方案

拆画零件图时，零件的表达方案应根据零件本身的结构特点重新考虑，不可机械地照抄装配图。因为装配图的表达方案是从整个装配体来考虑的，无法符合每个零件的要求。如装配体中的轴套类零件，在装配体中可能有各种位置，但画零件图时，通常将轴线水平放置，以便符合加工位置要求。

9.7.2.2　从装配图分离零件并完善零件的形状结构

读懂装配图，将零件图形从装配图中分离出来。对某些零件的结构，装配图并不一定都能表达完全，在拆画零件图时，应根据零件功用加以补充、完善。例如，零件上的倒角、圆角、起模斜度、退刀槽等往往被省略，拆图时，应将这些结构补全并标准化。

9.7.2.3　标注尺寸

在拆图时，零件图上的尺寸可用以下方法确定。

(1) 直接抄注装配图上已标注的尺寸　除了装配图上某些需要经过计算的尺寸外，其他已注出的零件尺寸都可以直接抄注到零件图中；装配图上用配合代号注出的尺寸，可查出偏差数值，注在相应的零件图上。

(2) 查手册确定某些尺寸　对零件上的某些标准结构的尺寸，如螺栓通孔、销孔、倒角、键槽、退刀槽等，应从有关标准中查取后再标注。

(3) 计算某些尺寸数值　某些尺寸可根据装配图所给的参数通过计算而定，如齿轮的分度圆、齿顶圆直径等。

(4) 在装配图上按比例量取尺寸　零件上大部分不重要或非配合的尺寸，一般都可以按比例在装配图上直接量取，并将量得的数值取整数标注在图上。

在标注过程中，首先要注意有装配关系的尺寸必须协调一致；其次，每个零件应根据它的设计和加工要求选择好尺寸基准，尺寸标注应正确、完整、清晰、合理。

9.7.2.4　确定技术要求

零件各表面的表面粗糙度，应根据该表面的作用和要求来确定；有配合要求的表面要选择适当的精度及配合类别；根据零件的作用，还可加注其他必要的要求和说明。通常，技术要求制定的方法是查阅有关的手册或参考同类型产品的图样加以比较来确定。

如图9.28所示，为机用台虎钳固定钳身的零件图。

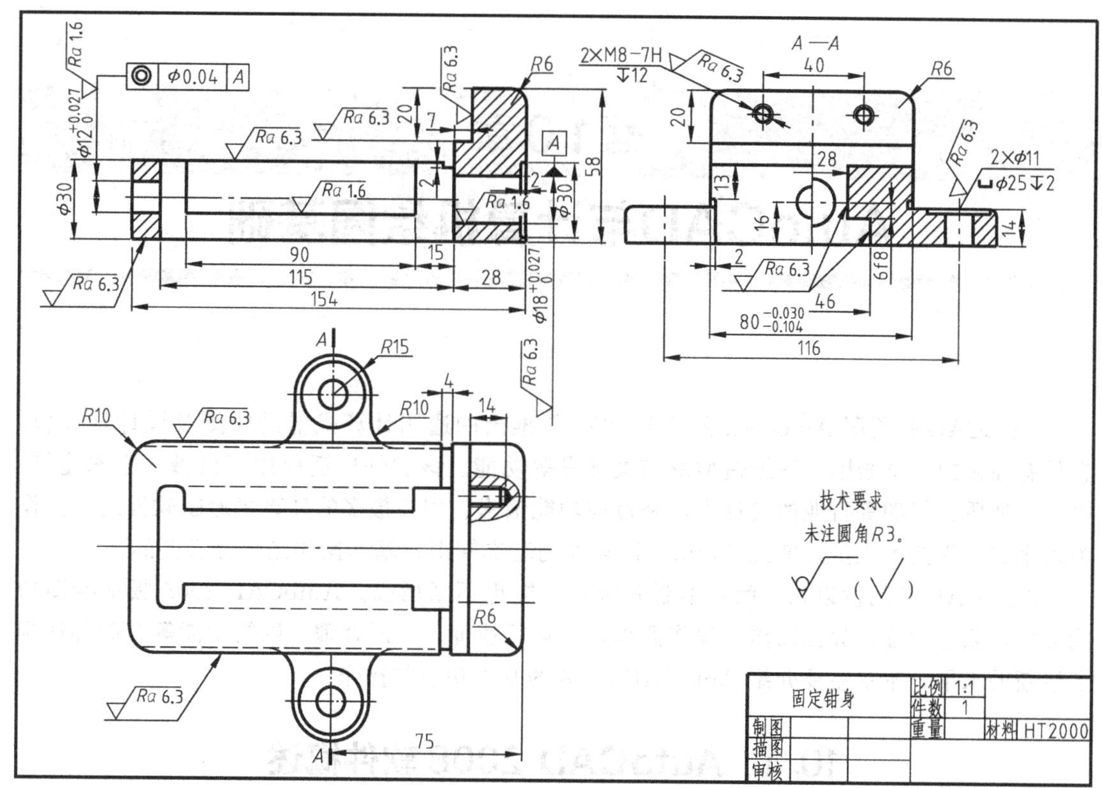

图 9.28　固定钳身零件图

第10章
AutoCAD与计算机绘图基础

AutoCAD是美国Autodesk公司于1982年推出的通用计算机辅助绘图及设计软件包，它具有强大的二维绘图、三维造型及二次开发等功能。该软件广泛应用于机械、土木建筑、电子、地质、船舶等行业的设计中，是目前功能最强、用户最多的计算机绘图软件之一。作为未来的工程技术人员，掌握AutoCAD软件的基本知识、基本操作是十分必要的。

AutoCAD从问世以来，版本不断升级，功能也不断增强。AutoCAD 2008版本绘图功能强大，兼容性强，界面简洁，操作简单，在运行速度、图形处理、网络功能等方面都达到了崭新的水平。本章主要介绍AutoCAD 2008的基本功能与操作。

10.1 AutoCAD 2008软件概述

10.1.1 AutoCAD的启动

使用AutoCAD绘图的第一步是启动AutoCAD，用户只需双击Windows桌面上的快捷图标即可启动AutoCAD 2008，也可单击【开始】按钮，选择【程序】菜单，再依次选择Autodesk、AntoCAD 2008-Simplified Chinese、AutoCAD 2008完成该步骤。

10.1.2 AutoCAD 2008的工作界面

AutoCAD 2008启动后出现如图10.1所示的用户界面，AutoCAD 2008工作界面内容由如下几部分组成（见图中文字标示）。

10.1.2.1 标题栏

同Windows的其他应用软件一样，在AutoCAD 2008界面的最上面是文件标题栏，其中列有软件的名称和当前打开的文件名，最右侧是Windows程序的最小化、还原和关闭按钮。

10.1.2.2 菜单栏

标题栏下面是菜单栏。菜单栏包括AutoCAD 2008的各项功能和命令，例如，由【文件】菜单，可以打开、保存或打印图形文件。通常情况下，菜单中的大多数命令项都代表AutoCAD命令，通过逐层选择相应的菜单，可以激活AutoCAD软件的命令或者相应对话框，如图10.2所示绘图菜单。

菜单是一种很重要的激活命令的方式，它的优点是所有命令分门别类地组织在一起，使用时可以对号入座进行选择，但由于它的系统性较强，每次使用时都需要逐级选择，略显繁琐，效率不高。

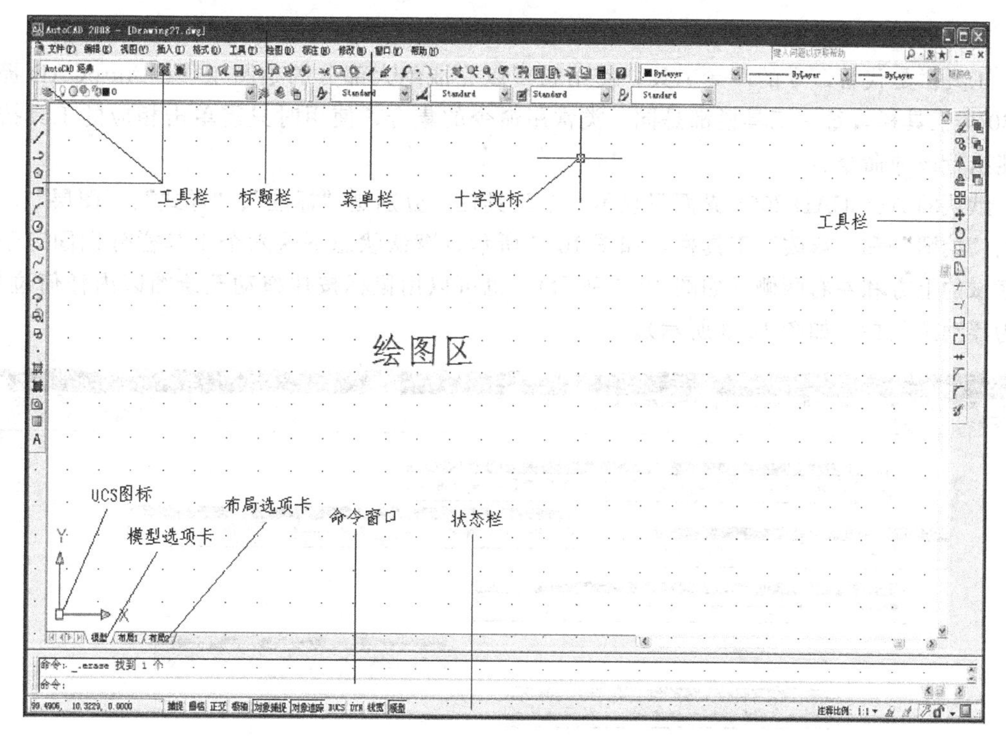

图 10.1　AutoCAD 2008 用户工作界面

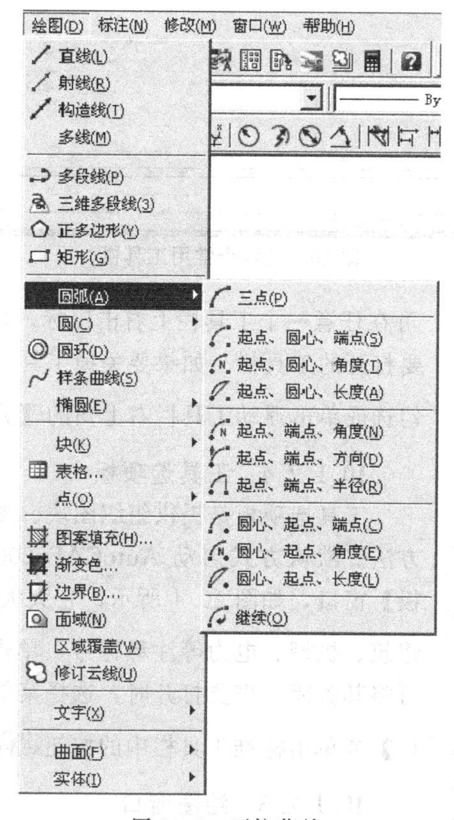

图 10.2　下拉菜单

10.1.2.3 工具栏

工具栏是代替命令的简捷工具，使用它可以完成绝大部分的绘图工作。AutoCAD 提供了 30 个工具栏，每一工具栏都是同一类常用命令的集合，使用时只需单击相应的工具按钮就能执行该项命令。

默认的 AutoCAD 2008 界面只显示 6 个工具栏，分别是“标准”、“样式”、“图层”、“特性”、“绘图”和“修改”工具栏，如图 10.3 所示。默认状态下这六个工具栏分别固定于绘图区域的上方和左右两侧（如图 10.1 所示），也可以用鼠标按住拖动至绘图区内任何位置，成为浮动工具栏（如图 10.3 所示）。

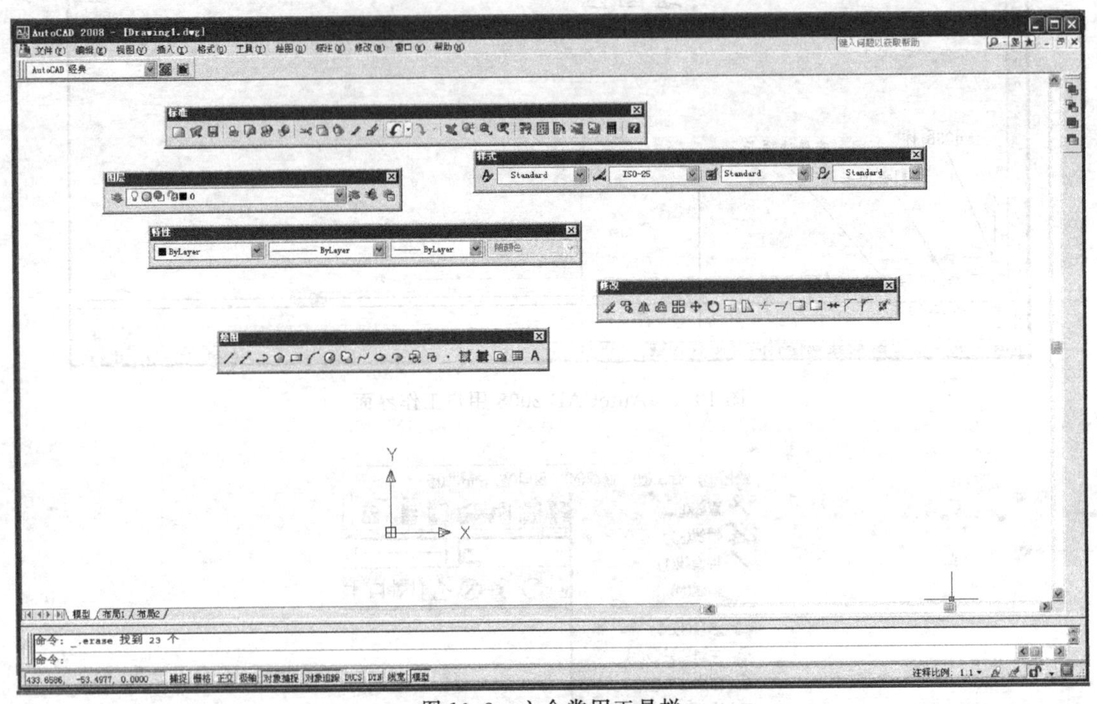

图 10.3 六个常用工具栏

如果想打开其他工具栏，可在任意一个工具栏上右击鼠标，从弹出的快捷菜单中选择需要打开的工具栏。如果要关掉工具栏，只需去掉快捷菜单中的勾选或单击浮动工具栏右上角的【关闭】按钮即可。

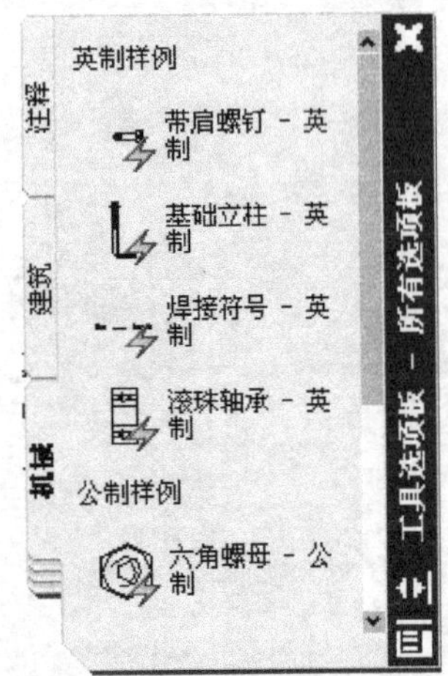

图 10.4 工具选项板窗口

10.1.2.4 工具选项板

工具选项板是提供组织图块、图案填充和常用命令的有效方法。默认方式启动 AutoCAD 2008 时，会弹出【工具选项板】窗口，如图 10.4 所示，它大大方便了图案填充并提供了建筑、机械、电力等注释符号。单击此窗口右上角的按钮，可将其关闭。需要打开时，选择菜单【工具】|【工具选项板窗口】或单击标准工具栏中的按钮即可。

10.1.2.5 绘图窗口

绘图窗口（图 10.1 中绘图区）是绘图、编辑对象的工作区域，绘图区域可以任意扩展，在屏幕上显示的只是图形的部分或全部，可以通过缩放、平移等命令来控制图形显示。

当鼠标移至绘图区域时，会出现一个十字光标，是作图定位的主要工具。绘图窗口左下角是直角坐标显示标志，用于指示绘制图形的位置。窗口底部有一个【模型】标签和两个【布局】标签，“模型”代表模型空间，“布局”代表图纸空间，利用两个标签可以在这两个空间中转换。在绘图区通过转动鼠标滚轮，可以实现图形的放大与缩小。

10.1.2.6 命令行与文本窗口

命令行是输入命令和反馈命令参数提示的地方，位于绘图窗口下方，也称命令窗口。默认状态下命令行显示三行，如图 10.1 所示，可通过鼠标拖动上边界来放大或缩小行数。

文本窗口是命令窗口的加大版本，它可以显示每一个绘图工作期间的命令行历史纪录。可通过选择菜单【视图】|【显示】|【文本窗口】命令或执行 textscr 命令来打开它，如图 10.5 所示。

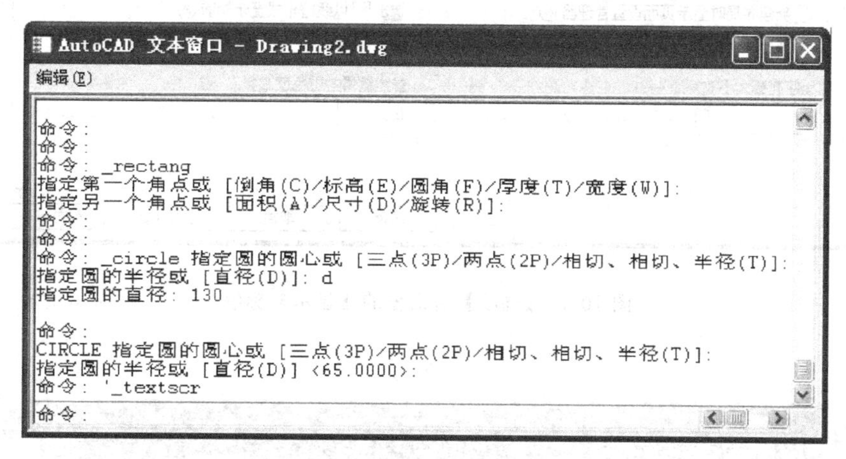

图 10.5 文本窗口

10.1.2.7 状态栏

状态栏位于命令行下面，它反映当前的操作状态，如图 10.6 所示。

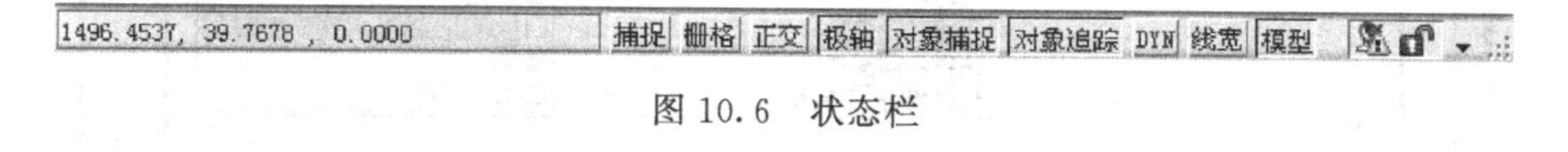

图 10.6 状态栏

状态栏左侧数字是当前光标所在位置的坐标值，当光标移动到菜单项或工具栏按钮上，坐标显示会切换为命令的功能说明；中间的一排按钮是辅助绘图工具，显示和控制捕捉、栅格、正交、极轴追踪、对象捕捉、对象追踪、线宽等状态；右侧有一个雷达和锁头状的图标，称为状态栏托盘图标，用于通信服务、锁定或解锁工具栏和窗口位置及状态栏工具的显示。

10.1.2.8 环境配置

在 AutoCAD 2008 中，选择菜单【工具】|【选项】命令，可以在打开的【选项】对话框中配置界面，如图 10.7 所示。单击图 10.7 对话框中的颜色按钮，弹出图形颜色对话框，如图 10.8 所示，单击颜色窗口右侧下拉箭头，选择“白”色，单击“应用并关闭”按钮，回

到选项对话框，点击确定按钮，绘图区域变成白色（默认状态为黑色）。

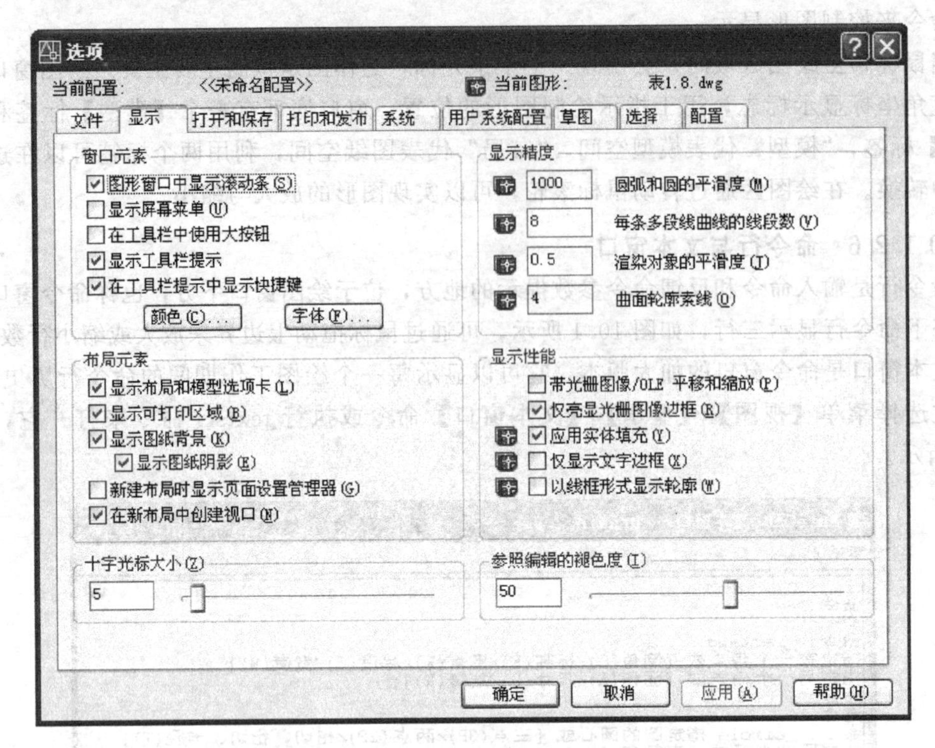

图 10.7 【选项】对话框的【显示】标签

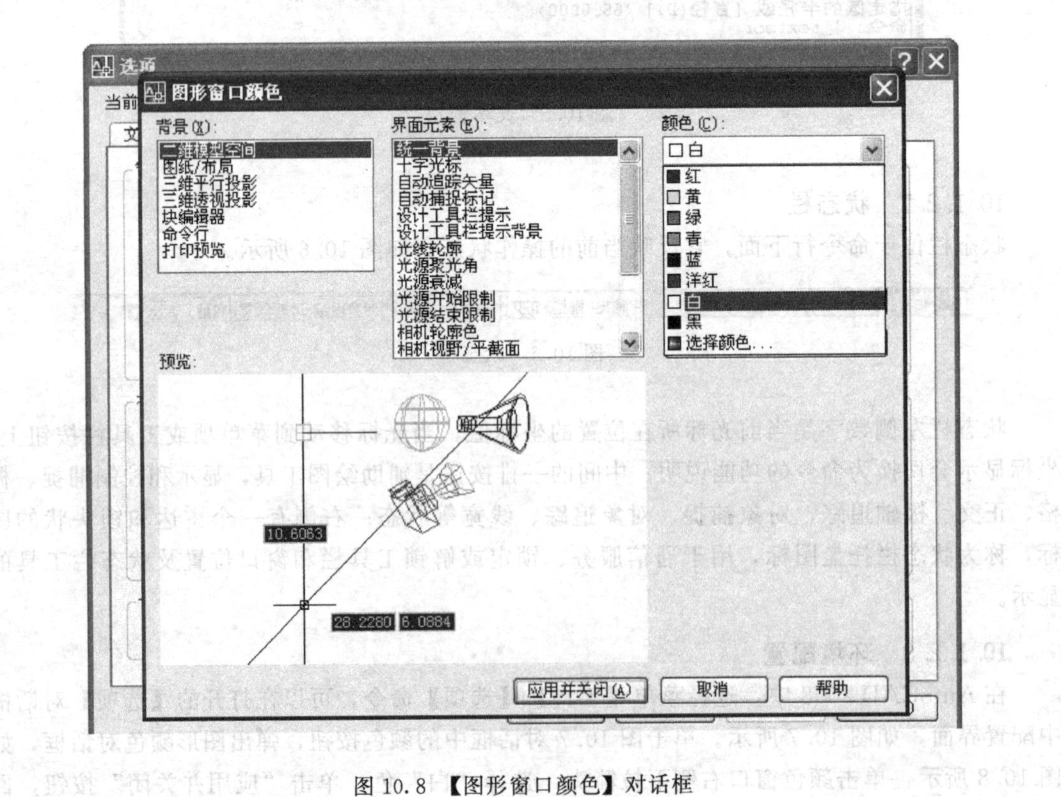

图 10.8 【图形窗口颜色】对话框

10.2 AutoCAD 2008 基本操作

10.2.1 命令的输入

命令是指挥计算机工作的指示，一个命令指挥一种操作，计算机获得命令后可能立刻执行动作，也可能向用户发出操作提示，如此完成人机对话的过程。命令就是 AutoCAD 的核心。

在 AutoCAD 中，命令输入有四种方式。

(1) 键盘输入命令　在命令行中用键盘输入命令的英文全名或命令的英文缩写名，并按回车键启动。例如，输入 circle 或其缩写 c 并回车，来启动画圆命令。

(2) 菜单输入　单击菜单名称，弹出其下拉菜单，选择对应的菜单项，并用鼠标左键单击该菜单项，此时命令行自动输入该命令并直接执行该命令。

(3) 工具栏输入　用鼠标左键单击工具栏中的图标按钮，命令行自动输入该命令并执行该命令。

(4) 右键快捷菜单输入　有些命令可通过单击右键拉出快捷菜单，然后单击所需选项，读者可自行实践。

执行 AutoCAD 命令后，系统往往在命令行提供一些选项或提示，由用户进行选择或输入内容。在提示或选项中，“/”表示命令选项的分隔符，选项中的大写字母表示选项的命令，“＜　＞”内的内容为默认选项或当前值，直接回车即可执行。

10.2.2 点的输入方法

点是平面图形上最基本的几何元素，任何图形的绘制都离不开点的输入，点在绘图区内的位置既可用键盘输入，又可用鼠标点击输入，无论采用哪种方式，本质都是通过坐标值确定点的位置。

(1) 鼠标输入　绘图时，用户可以通过鼠标输入点的位置，当鼠标移动时，绘图区内的光标也随之移动，在光标移动至所需位置后，单击左键此点便被输入。

(2) 键盘输入　用键盘输入点的坐标来确定点的位置。在 AutoCAD 中默认坐标系为世界坐标系（WCS），也可以根据需要定义用户坐标系（UCS）。点的坐标有两种形式。

① 绝对坐标。绝对坐标是指相对于坐标原点的坐标。如果用户已知点的绝对坐标，或已知点到原点的距离和角度，可从键盘上以直角坐标形式或极坐标形式来输入。

点的绝对直角坐标输入形式为“x，y，z”（以英文输入法输入），对于二维图形只需输入“x，y”即可。

二维点的绝对极坐标输入形式为“距离＜角度”，其中角度以 x 轴的正向为 0°，逆时针方向为正，顺时针方向为负。

② 相对坐标。相对坐标是指当前点相对于上一点的坐标。相对直角坐标的输入形式为“@x，y”。相对极坐标的输入形式为“@距离＜角度”。

在绘制平面图形时，我们并不关心它的绝对位置，所以第一点常用鼠标直接点击确定，其他点用相对坐标确定。

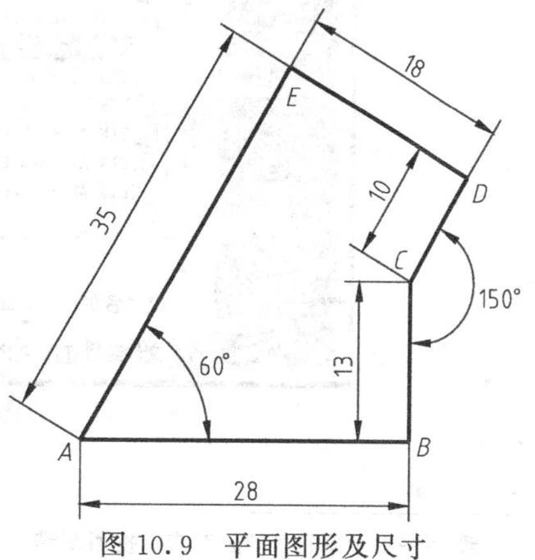

图 10.9　平面图形及尺寸

【例 10.1】 绘制图 10.9 所示平面图形。

【解】 分析图形尺寸，具体操作步骤如下。

命令：line 指定第一点：用鼠标拾取点　　　　　　　　(A 点)
指定下一点或[放弃(U)]：@35<60↙[1]　　　　　　　　(E 点)
指定下一点或[放弃(U)]：@18<−30↙　　　　　　　　(D 点)
指定下一点或[闭合(C)/放弃(U)]：@10<−120↙　　(C 点)
指定下一点或[闭合(C)/放弃(U)]：@0，−13↙　　　(B 点)
指定下一点或[闭合(C)/放弃(U)]：@−28，0↙　　　(A 点，该步也可以直接输入命令 c 闭合)

③ 纠正错误输入。

a. 修正。用户如果输入了错误命令或字符，可按退格键删除不正确字符，然后重新输入。

b. 终止命令。当选错命令或想终止当前命令时，可按 Esc 键取消当前命令。

10.2.3　文件操作

图形文件的基本操作包括新建文件、打开文件和保存文件。每一种文件操作均可采用单击“标准”工具栏上的图标，或单击“文件”下拉菜单中对应的菜单项，或直接键入命令名等操作方法来执行。

10.2.3.1　新建文件

启动 AutoCAD 时，系统将自动创建一个图形文件，其名称为 Drawing1.dwg。要新建图形文件，激活命令方式有如下几种。

① 标准工具栏：【新建】按钮；

② 菜单：【文件】|【新建】；

③ 命令行：new↙。

命令执行后将弹出如图 10.10 所示对话框，当提示选择样板时，可用默认的 acadiso.dwt 直接新建文件，或在其中选择某个合适的样板文件创建图形文件。

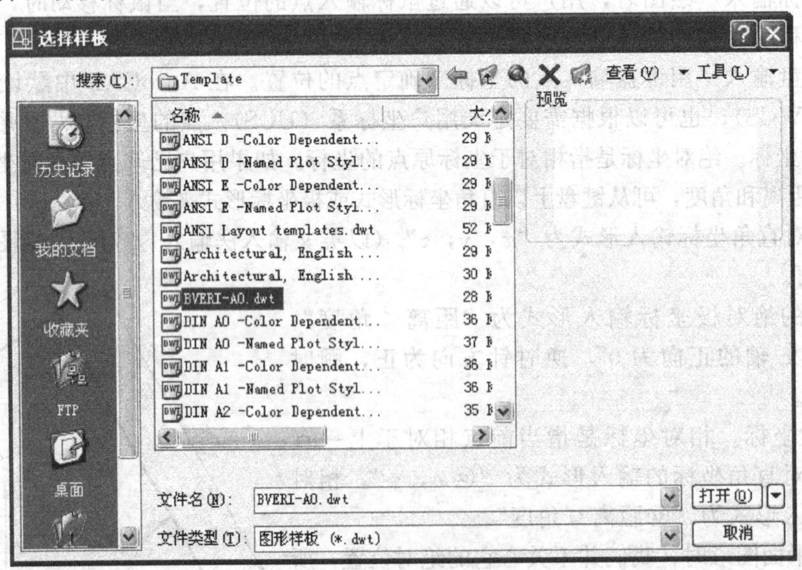

图 10.10　选择样板对话框

[1] 本书中所用符号“↙”表示按回车键

10.2.3.2 打开文件

在 AutoCAD 中打开一幅已经绘制好的图形，激活命令的方式有如下几种。

① 标准工具栏：【打开】按钮；

② 菜单：【文件】|【打开】命令；

③ 命令行：open↙。

“打开（open）”命令执行后，弹出如图 10.11 所示【选择文件】对话框，用户可任选后缀名是“.dwg”的文件，单击【打开】按钮，便可打开选中的 AutoCAD 文件。

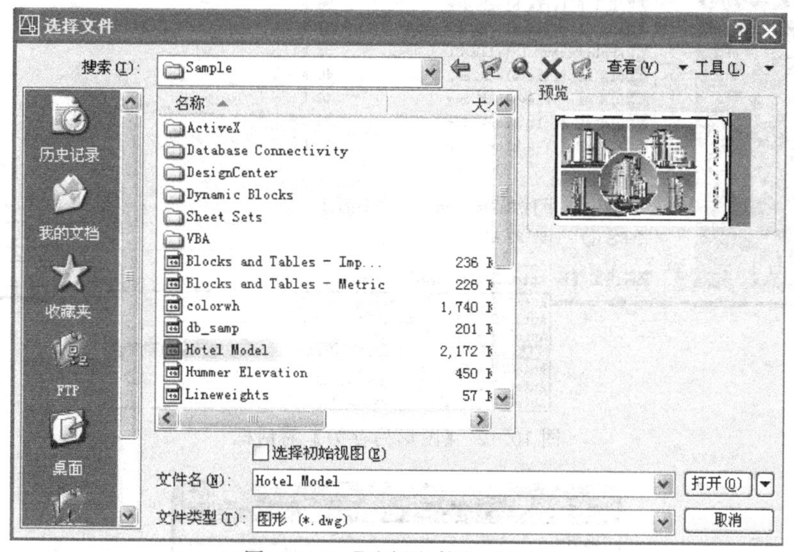

图 10.11 【选择文件】对话框

10.2.3.3 保存文件

当图形创建好后，如果希望把它存到硬盘上，激活保存命令的方式有三种。

① 标准工具栏：【保存】按钮；

② 菜单：【文件】|【保存】命令；

③ 键盘输入：save 或 qsave。

命令执行后弹出【图形另存为】对话框（图 10.12）。在此对话框中指定文件名和路径，然后单击【保存】按钮，图形文件即被保存。AutoCAD 默认的图形文件后缀为“.dwg”。

AutoCAD 系统提供了许多统一格式和图纸幅面的样板文件，可直接选用。用户也可设置符合自己行业标准和自己需要的样板图。在弹出【图形另存为】对话框时，只需在【文件类型】下拉列表中选择“AutoCAD 图形样板（*.dwt）”，在【文件名】中输入文件名，如“BVERI-A0”，单击【保存】按钮。然后在弹出的【样板说明】对话框（图 10.13）中作一些简要说明，单击【确定】完成样板图保存。

10.2.4 退出 AutoCAD

结束 AutoCAD 绘图必须退出该程序。激活退出命令有三种方式。

① 单击用户界面右上角的关闭按钮；

② 单击用户界面左上角的 AutoCAD 图标然后点取“关闭”；

③ 单击文件菜单点取“退出”。

注意，退出之前必须保存文件，或在弹出的对话框中点“是”。

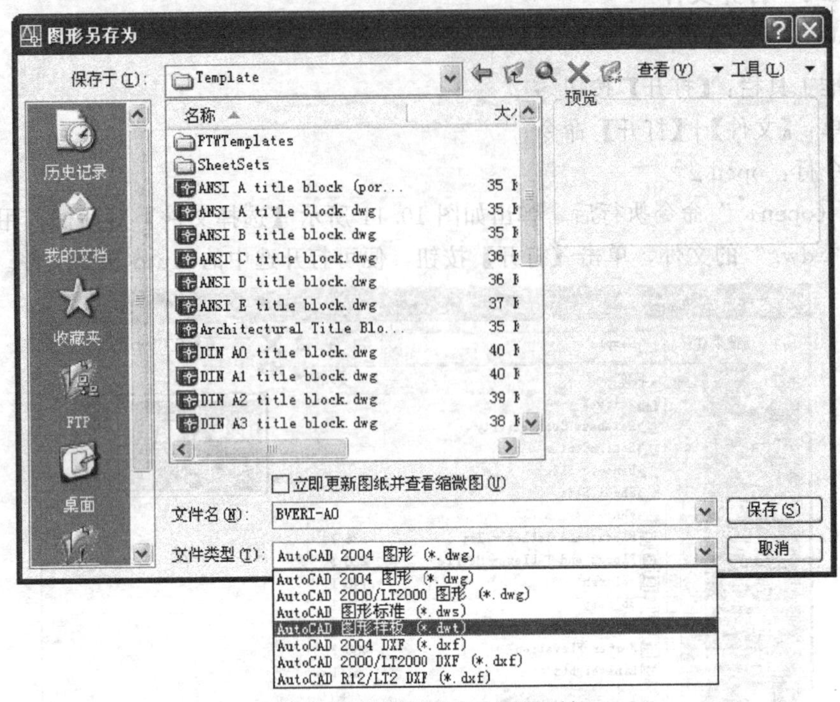

图 10.12 【图形另存为】对话框

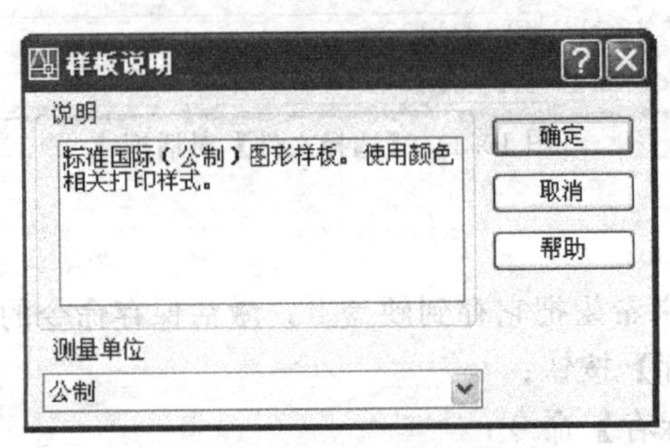

图 10.13 【样板说明】对话框

10.3 绘图环境设置

使用 AutoCAD 进行绘图之前，应对一些必要的条件进行定义，例如图形单位、绘图比例、图形界限、图层、标注样式和文字样式等，这个过程为设置绘图环境。本节介绍其中的部分内容。

10.3.1 设置绘图单位及绘图区域

图形单位是在绘图中所采用的单位，创建的所有对象都是根据图形单位进行测量的，首先必须基于要绘制的图形确定一个图形单位代表的实际大小。

10.3.1.1 设置绘图单位

在 AutoCAD 中，使用的图形单位可以是 mm、m、ft、in 等。机械制图中常用单位为

mm。激活设置图形单位的方法有两种。

① 菜单：【格式】|【单位】；

② 命令行：units ↙。

命令执行后弹出【图形单位】对话框，如图 10.14 所示。

在长度区域的【类型】下拉列表中选择“小数”，精度根据实际绘图精度和尺寸标注精度而定，对于机械制图，通常选择“0.00”。在角度区域【类型】下拉列表中选择“十进制度数”，精度选择“0”。在插入比例选项区域【用于缩放插入内容的单位】下拉列表中，选择“mm”，主要用于定义插入到当前图形中的块和图形的测量单位。最后单击对话框底部的【方向】按钮，弹出【方向控制】对话框，如图 10.15 所示，在该对话框中定义起始角的方位，通常将“东”作为 0°角的方向。

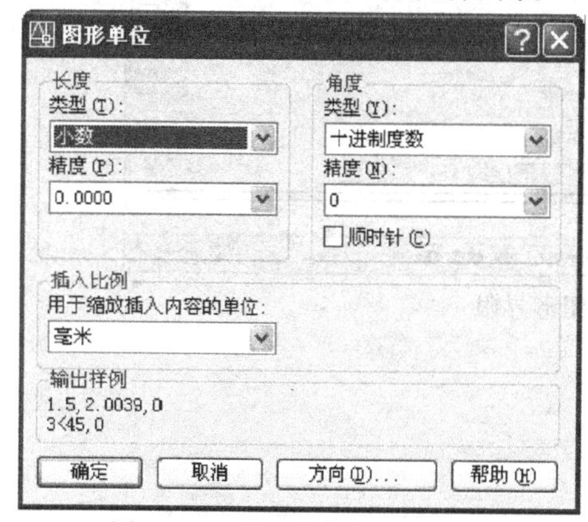

图 10.14 【图形单位】对话框

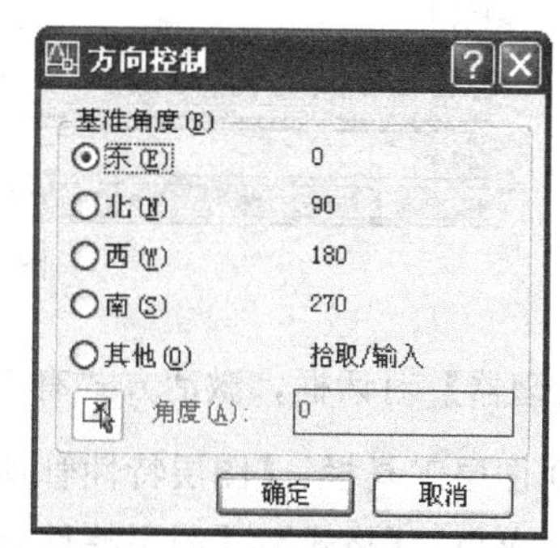

图 10.15 【方向控制】对话框

10.3.1.2 设置图形界限

图形界限是指绘图的区域，即图幅大小。设置图形界限是将所有绘制的图形布置在这个区域之内，有利于精确设计和绘图。在 AutoCAD 中图形界限由左下角点和右上角点的坐标来确定，默认的两点坐标值为 A3 图幅（420mm×297mm）。

以 A2 图幅为例说明设置图形界限的步骤。

菜单：【格式】 | 【图形界限】

指定左下角点或［开（ON)/(OFF)］<0.0000，0.0000>：0，0 ↙

指定右上角点<420.0000，297.0000>：594，420 ↙

图形界限设置完毕，单击状态栏上的【栅格】按钮，打开栅格显示，图纸幅面以栅格形式出现在绘图区。选择菜单【视图】|【缩放】|【全部】命令，以栅格表示的 2 号图幅就全屏显示在窗口内，如图 10.16 所示。

10.3.2 图层的创建与管理

在工程图样中，不同的图线具有不同的作用，每一种图线都有线型和线宽等不同的特性。在 AutoCAD 中，用图层来实现不同线型的管理与使用。图层相当于没有厚度的透明纸，不同的线型分别画在不同的图层上，再将这些画着不同线型的图层重叠在一起，就构成一幅完整的图样。用户可根据需要设置图层，并定义每个图层的名称和特性。

10.3.2.1 创建图层

在机械制图中，常用线型有粗实线、细实线、虚线、点画线等。创建图层需激活【图层

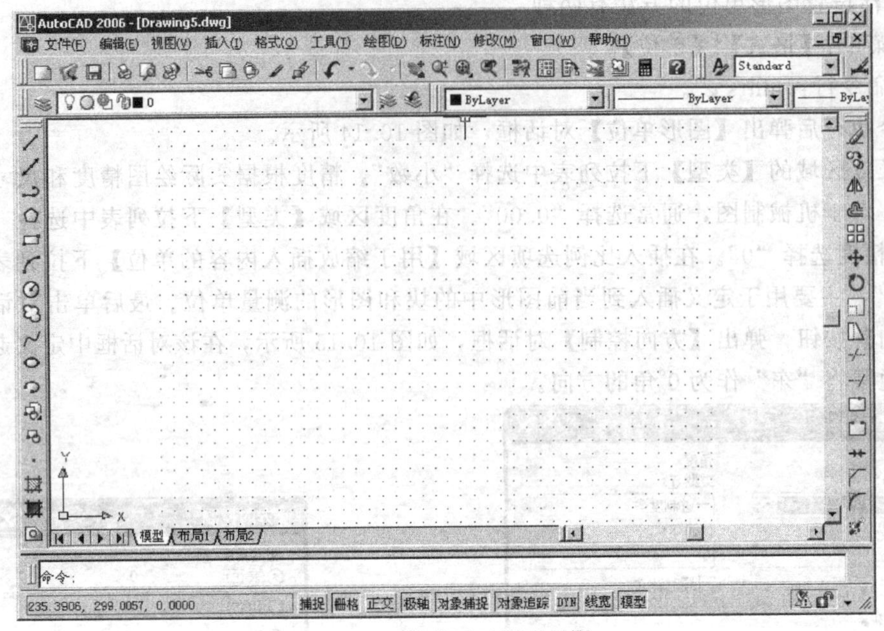

图 10.16 栅格显示图形界限

特性管理器】对话框，激活方式有三种。

① 图层工具栏：【图层特性管理器】按钮；

② 菜单：【格式】|【图层特性管理器】命令；

③ 命令行：layer↙。

激活图层命令后弹出【图层特性管理器】对话框，如图 10.17 所示。对话框右边矩形区域为图层列表区，罗列所创建图层数量及信息。默认情况下，AutoCAD 自动创建一个 0 图层。每个图层详细信息有：状态、名称、开、冻结、锁定、颜色、线型、线宽、打印等，如图 10.17 所示。创建一个新图层需依次设置其详细信息。下面以创建粗实线图层为例，说明要创建新图层的操作步骤。

(1) 新建图层　在对话框中单击【新建】按钮，在图层列表中将出现一个名称为“图层 1”的新图层，如图 10.18 所示。

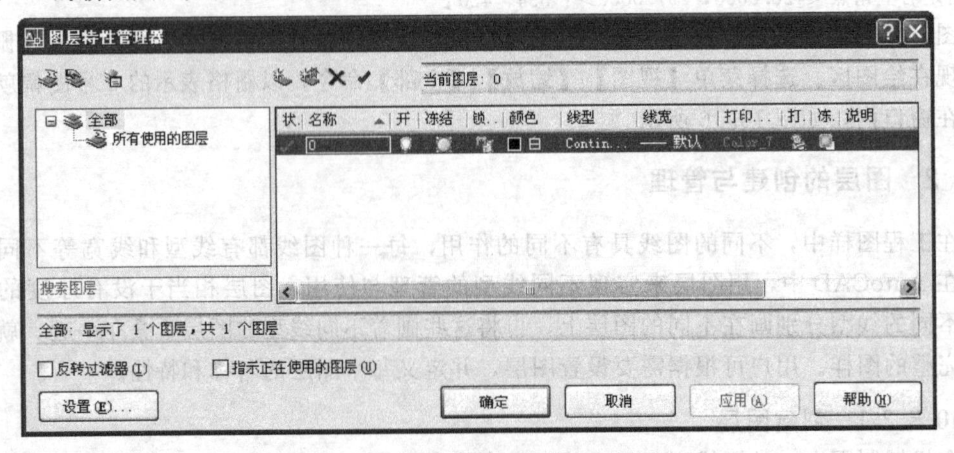

图 10.17 【图层特性管理器】对话框

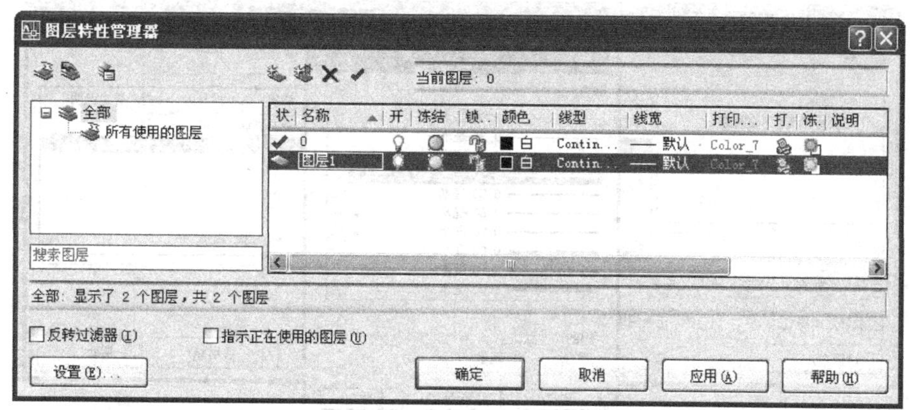

图 10.18　新建“图层 1”

（2）修改图层名　将“图层 1”修改为“粗实线”（图 10.19）。

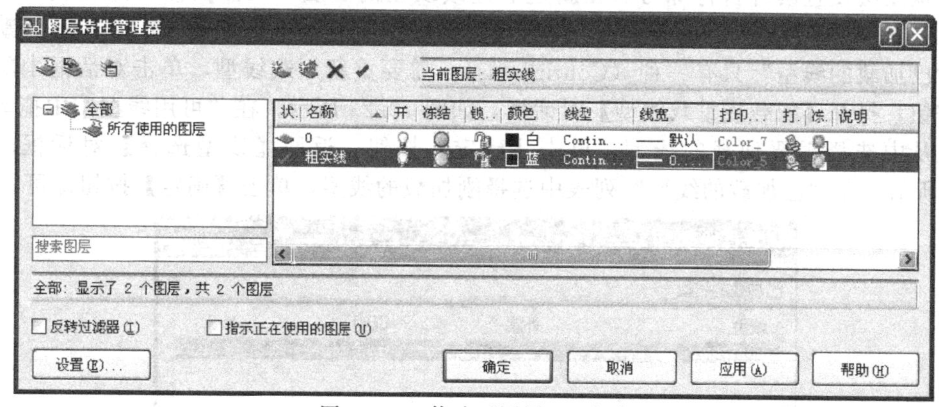

图 10.19　修改“图层 1”名称

（3）设置颜色　单击图层列表中图层所在的行的颜色图标，系统打开【选择颜色】对话框（图 10.20），选择所需颜色（蓝色），单击【确定】按钮即可。

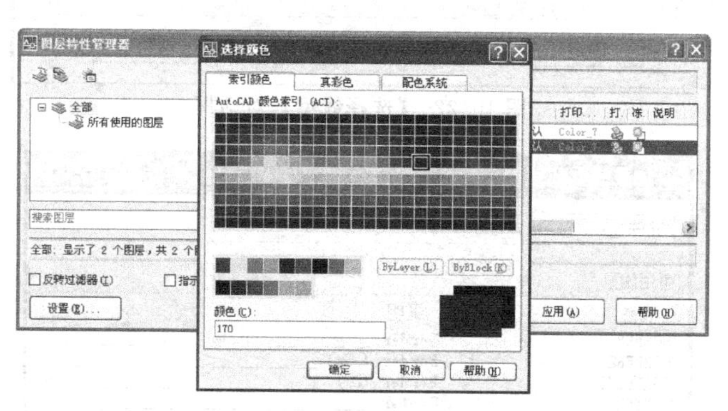

图 10.20　【选择颜色】对话框

（4）设置线型　默认情况下，图层的线型为 Continuous（连续线型）。粗实线为默认线型即可。

（5）设置线宽　点击线型列表中的线宽图标，弹出图 10.21 所示“线宽”对话框，选择 0.50mm，单击【确定】按钮即可。粗实线图层设置完成，如图 10.19 所示。

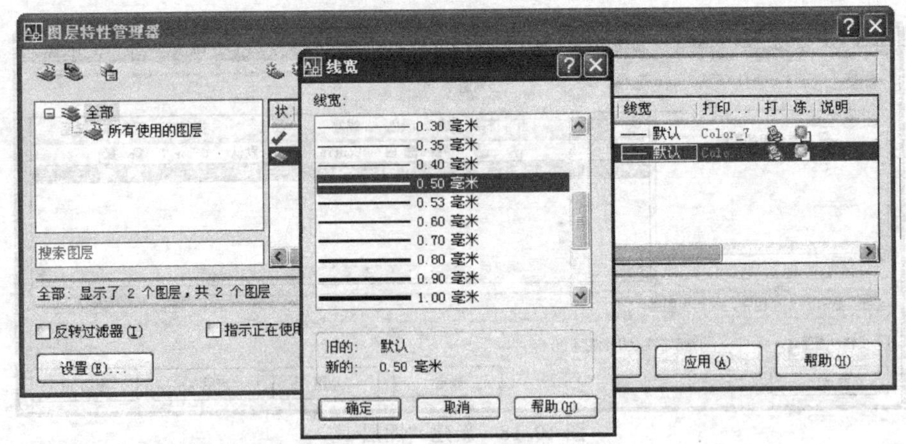

图 10.21 【线宽】对话框

其他图层设置读者自行练习。在新建非连续线型的图层时，需要修改图层线型（默认Continuous），这时单击 Continuous，弹出【选择线型】对话框，如图 10.22 所示。默认状态下“已加载的线型”只有一种（Continuous），需要重新加载线型，单击对话框中的【加载】按钮，打开【加载或重载线型】对话框，如图 10.23 所示，在“可用线型”中拖动右侧滚动条从中选择需要加载的线型，单击【确定】按钮，返回【线型选择】对话框，如图 10.24 所示。在“已加载的线型”列表中选择刚加载的线型，单击【确定】按钮即可。

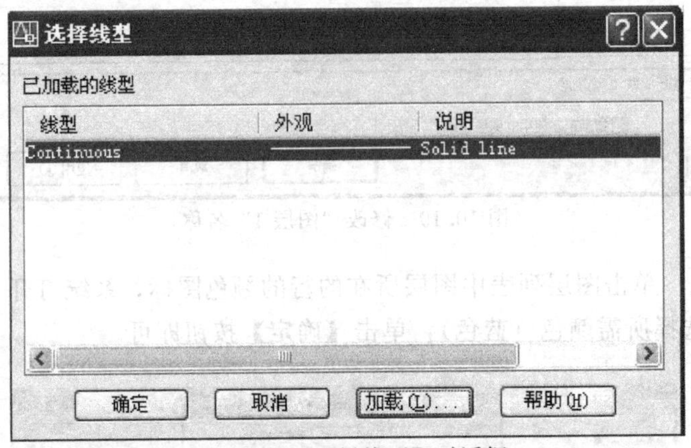

图 10.22 【选择线型】对话框

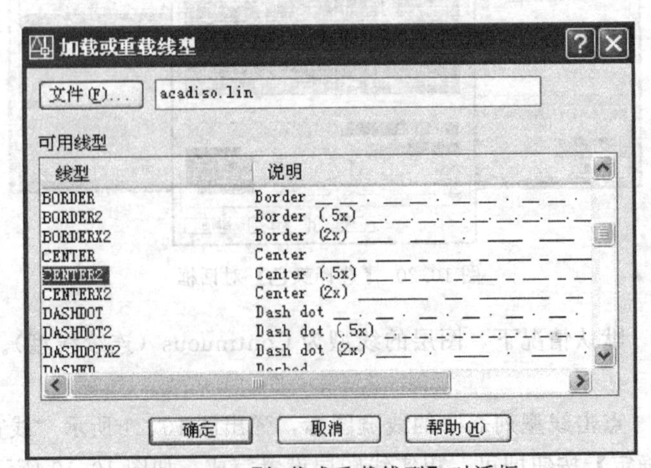

图 10.23 【加载或重载线型】对话框

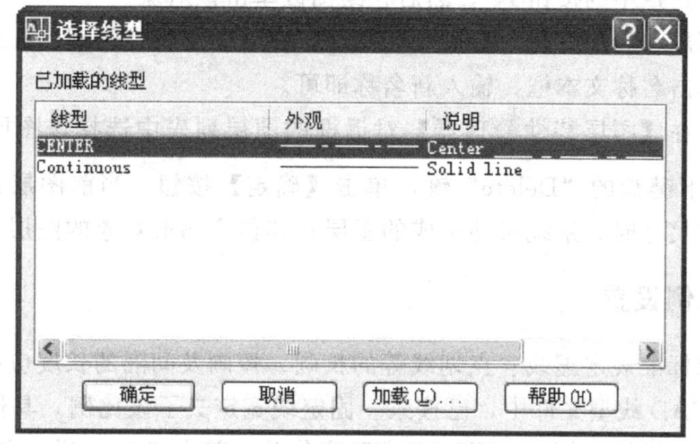

图 10.24 选择加载的线型

10.3.2.2 设置图层状态

在 AutoCAD 中，通过“图层特性管理器”对话框，或图层工具栏中图层控制下拉列表中的特征图标可控制图层的状态，如打开/关闭、锁定/解锁及冻结/解冻等，如图 10.25 所示。

设置图层状态时要注意以下几点。

(1) 打开/关闭图层　图层打开时，可显示和编辑图层上的内容；图层关闭时，图层上的内容全部隐蔽，且不可被编辑或打印。打开关闭的图层时，AutoCAD 将重画该图层上的对象。

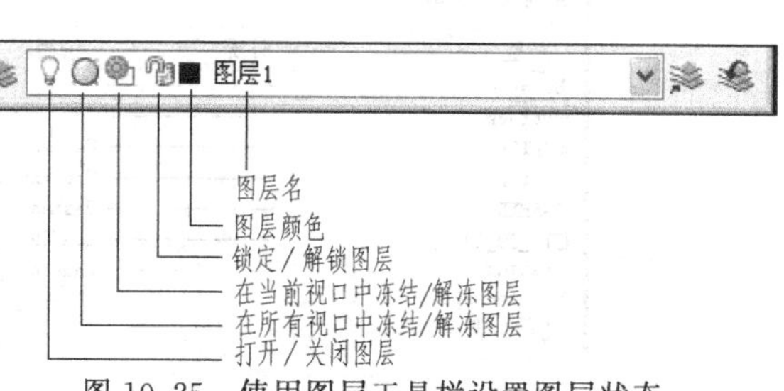

图 10.25 使用图层工具栏设置图层状态

(2) 冻结/解冻　冻结图层时，图层上的内容全部隐蔽，且不可被编辑或打印，解冻已冻结的图层时，AutoCAD 将重新生成该图层上的对象。

(3) 锁定/解锁　锁定图层时，图层上的内容仍然可见，并且能够捕捉和添加新对象，但不能被编辑和修改。

此外，在【图层特性管理器】对话框中，还可以通过单击打印图标设置图层能否打印。

10.3.2.3 图层管理

(1) 切换当前图层　为了将不同的图形元素绘制在不同的图层上，绘图时需要切换图层。切换图层的方法有如下几种：

① 在【图层特性管理器】对话框的图层列表中选择某一图层后，单击【置为当前】按钮✔；

② 在图层工具栏中的图层控制下拉列表中，单击要切换的图层名称，如图 10.26 所示。

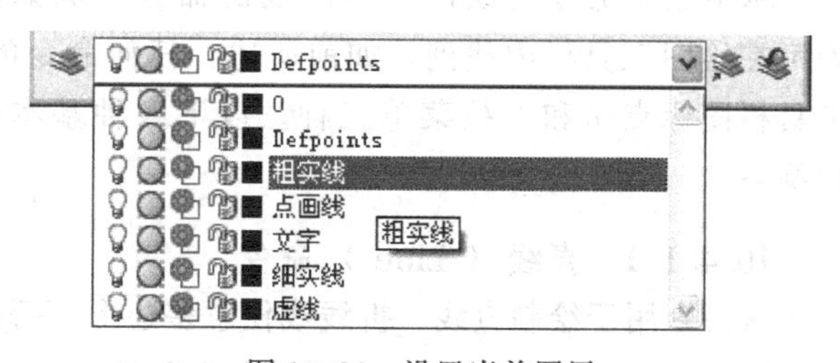

图 10.26 设置当前图层

将某个对象的所在图层设置为当前

图层，单击图层工具栏中的按钮，然后在绘图区单击该对象。

（2）重命名图层和删除图层　要重命名图层，在【图层特性管理器】对话框的图层列表中选择该图层，单击名称文本框，输入新名称即可。

要删除图层，在【图层特性管理器】对话框的图层列表中选择该图层，单击【删除图层】按钮或按下键盘的“Delete”键，单击【确定】按钮。当前图层、0 图层和定义点图层（对图形标注尺寸时，系统自动生成的图层）和包含图形对象的图层不能被删除。

10.3.3　线型比例设置

机械制图国家标准规定虚线、点划线等的长画、短画及间隔的长度应与图线宽度构成比例关系。在 AutoCAD 线型文件中，已按某一固定线宽定义了该比例。具体绘图时可按照所选图幅及线宽重新设置该比例。可通过格式下拉菜单，单击线型选项，弹出【线型管理器】对话框，如图 10.27 所示。在对话框中修改全局比例因子即可。

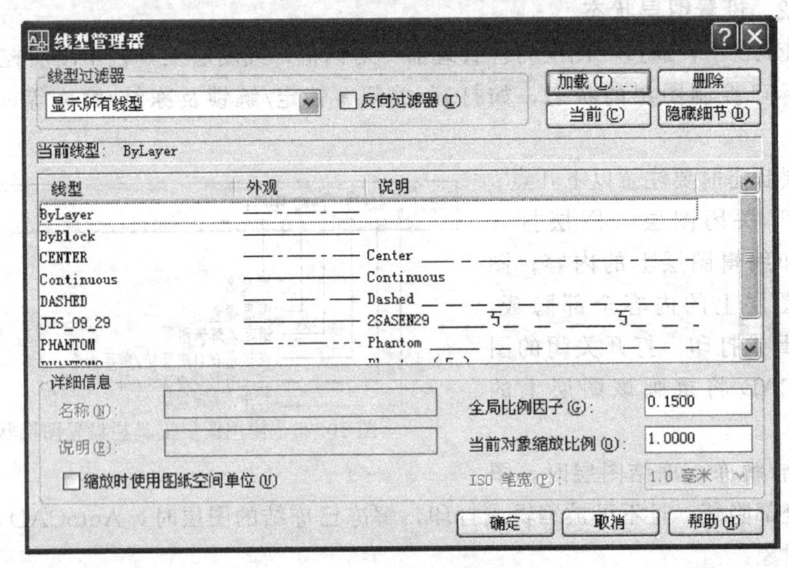

图 10.27　【线型管理器】对话框

10.4　平面图形绘制

10.4.1　基本绘图命令

基本绘图命令是绘制基本图线的命令，例如，直线、圆、多边形等。该类命令工具均可在绘图工具栏内找到。如前所述，任何命令的激活都有几种方法，一般有键盘输入、工具栏图标点击和下拉菜单三种。以下各种基本命令运用时，不再一一介绍，请读者自行练习。

10.4.1.1　直线（Line）命令

该命令用于绘制直线、折线或任意多边形，每条直线段作为一个图形对象处理。

【例 10.2】 绘制图 10.28 所示平面图形。

【解】 以 A 点为起点，用点的相对坐标绘图，操作步骤如下。

命令：line 指定第一点：拾取点 (A 点)

指定下一点或［放弃(U)］：@0，30↙ (B 点)

指定下一点或［放弃(U)］：@30，0↙ (C 点)

指定下一点或［闭合(C)/放弃（U)］：@40<30↙ (D 点)

指定下一点或［闭合(C)/放弃（U)］：@20，0↙ (E 点)

指定下一点或［闭合(C)/放弃（U)］：@0，－50↙ (F 点)

指定下一点或［闭合(C)/放弃（U)］：C↙ (A 点)

说明：在命令提示中“或”前的内容为命令操作的默认选项，“［ ］”内和用“/”隔开的是其他选项，括号内的大写字母表示该选项的命令，若选取某个选项，只需键入这个大写字母即可。例如，闭合（C）选项表示绘制两条以上线段后，输入“C”回车，就可形成闭合图形。放弃（U）选项表示在绘制直线的过程中，如果因操作失误输入错误的当前点，可用“U”命令撤销前一次的输入。

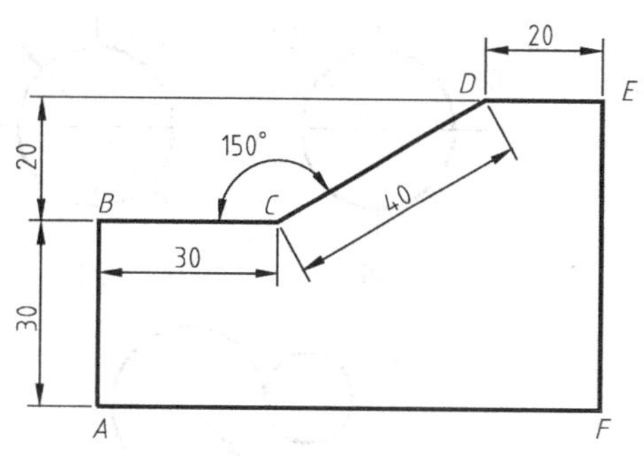

图 10.28 用直线命令绘制图形

10.4.1.2 构造线（xline） 命令

在 AutoCAD 中，既没有起点也没有终点的直线称为构造线。构造线主要用于绘制辅助参考线。单击工具栏图标激活“构造线”命令，命令执行如下。

命令：_ xline↙

指定点或［水平(H)/垂直(V)/角度(A)/二等分(B)/偏移(O)］： (在绘图区指定一点)

指定通过点： (在绘图区再指定一点，此时通过该点和 A 点将绘出一条构造线)

指定通过点： (在绘图区再指定一点，此时通过该点和第 A 点将绘出另一条构造线。以此类推，可以绘制出交汇于 A 点的多条构造线)

指定通过点： (回车结束命令)

结果如图 10.29 所示。

10.4.1.3 圆（circle）命令

该命令下有 6 种绘制圆的方法，通过键盘或图标输入命令时，可按命令行提示选择不同的方法，通过“绘图”下拉菜单输入命令时，直接单击选项即可，如图 10.30 所示。

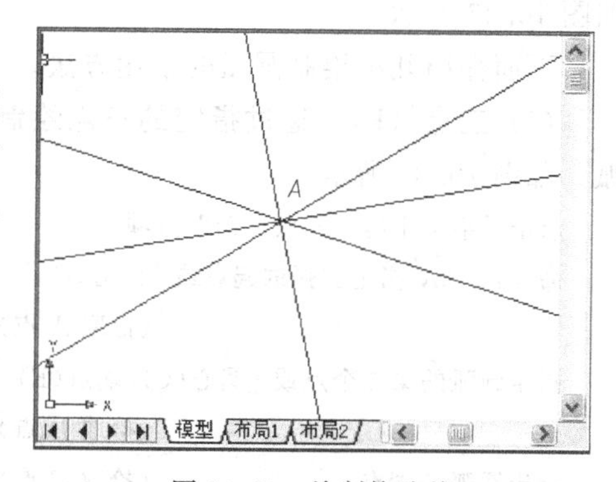

图 10.29 绘制构造线

子菜单中各选项意义如下：

① 圆心、半径(R)：给定圆心和半径画圆［图 10.31(a)］；

② 圆心、直径(D)：给定圆心和圆的直径画圆［图 10.31(b)］；

③ 两点(2P)：通过给定直径的两个端点画圆［图 10.31(c)］；

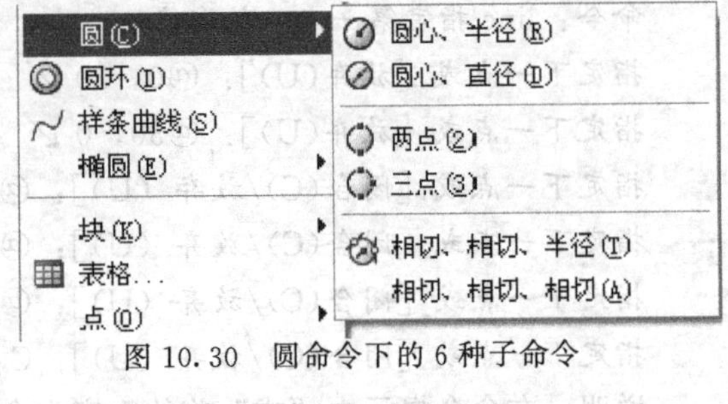

图 10.30　圆命令下的 6 种子命令

④ 三点(3P)：给定圆上三点画圆［图 10.31(d)］；

⑤ 相切、相切、半径（T)：绘制一个与两个已知对象相切、半径已知的圆［图 10.31(e)］；

⑥ 相切、相切、相切（A)：绘制一个与三个已知对象相切的圆［图 10.31(f)］。

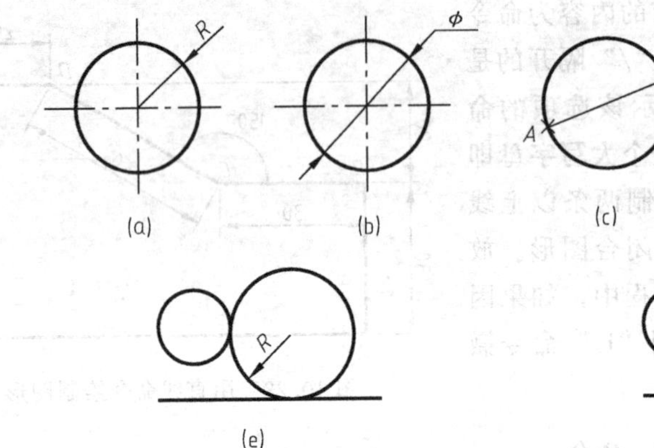

图 10.31　绘制圆的 6 种方式

【例 10.3】 写出绘制半径 $R=15\text{mm}$ 的圆时的操作步骤。

【解】 用圆心半径绘制圆。

命令：circle ↙

指定圆的圆心或［三点(3P)/两点(2P)/相切、相切、半径(T)］：（用光标拾取任一点为圆心）

指定圆的半径或［直径（D）］15 ↙

10.4.1.4　圆弧（arc）命令

该命令下有 10 种绘制圆弧方法，11 种方法罗列于绘图菜单“圆弧”的下拉菜单中，如图 10.32 所示。

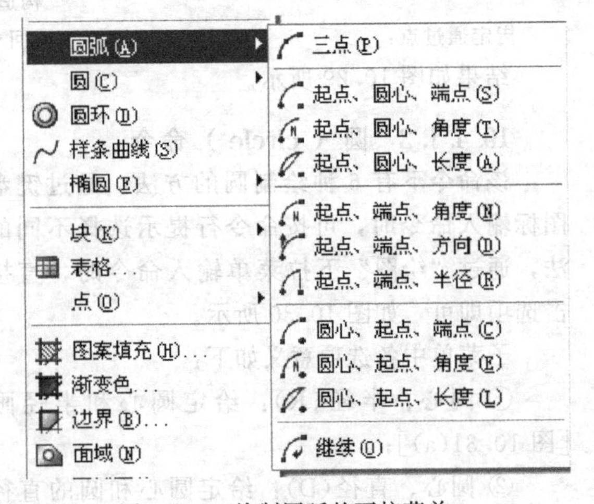

图 10.32　绘制圆弧的下拉菜单

下面介绍几种绘制圆弧的常用方法。

(1) 三点（P）　通过指定的三点绘制圆弧，如图 10.33 所示。

点击子菜单中的“三点（P)”选项

命令：_ arc 指定圆弧的起点或［圆心(C)］：（拾取 A 点）

指定圆弧的第二个点或［圆心(C)/端点(E)］：（拾取 B 点）

指定圆弧的端点：（拾取 C 点）

(2) 圆心、起点、端点（C）　给定圆弧圆心、起点和端点绘制圆弧。

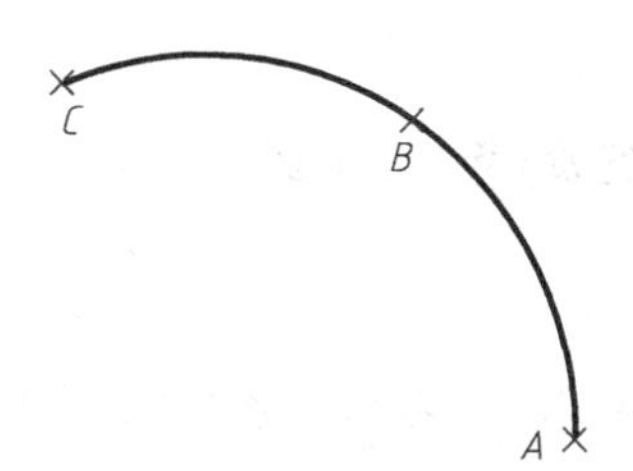

图 10.33 “P”选项画圆弧

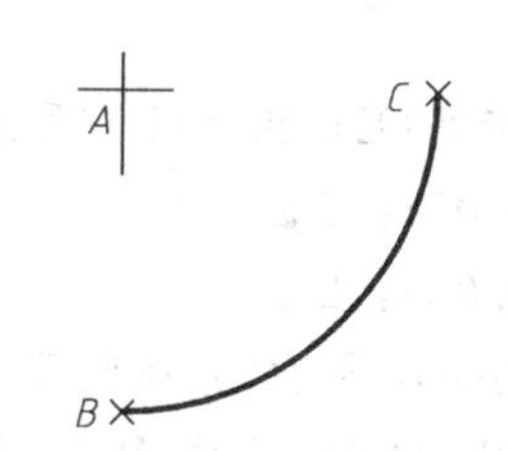

图 10.34 “C”选项画圆弧

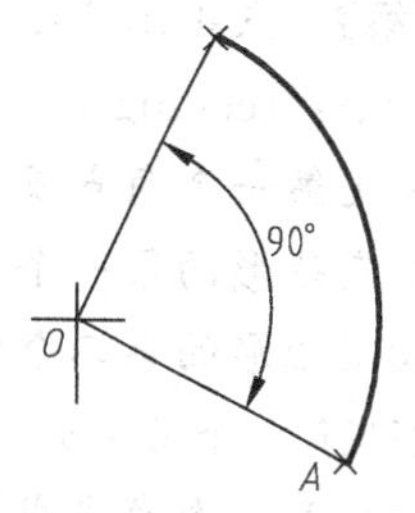

图 10.35 “T”选项画圆弧

通过指定圆心、起点和端点画弧，如图 10.34 所示。注意，起点至端点一定是逆时针画弧。

点击菜单中的“圆心、起点、端点（C）”选项

命令：_ arc 指定圆弧的起点或［圆心(C)］：_ C 指定圆弧的圆心： （拾取 A 点）

指定圆弧的起点： （拾取 B 点）

指定圆弧的端点或［角度(A)/弦长(L)］： （拾取 C 点）

（3）起点、圆心、角度（T） 给定起点、圆心和包含角度画弧，如图 10.35 所示。

点击菜单中的起点、圆心、角度(T)选项

命令：_ arc 指定圆弧的起点或［圆心(C) ］： （拾取圆弧起点 A）

指定圆弧的第二个点或［圆心(C)/端点(E)］： _ C 指定圆弧的圆心：C↙

指定圆弧的圆心： （拾取圆心 O 点）

指定圆弧的端点或［角度(A)/弦长(L)］：A↙

指定包含角：90↙

10.4.1.5 矩形（rectang）命令

在二维图形平面上，利用矩形命令可以绘制矩形、带倒角的矩形和带圆角的矩形。点击“矩形”图标，命令行作如下提示。

指定第一个角点或［倒角(C)/标高(E)/圆角(F)/厚度(T)/宽度(W)］：（可拾取矩形的任一角点）

指定另一个角点或［面积(A)/尺寸(D)/旋转(R)］： （拾取矩形的另一点对角点，矩形画出）

也可根据提示行中的选项绘制矩形，各选项的意义如下。

① 倒角(C)：绘制四角都倒角的矩形，倒角的两条边长度可以相同也可以不同。如图 10.36 中（b）、（c）所示。

② 圆角(F)：绘制带圆角的矩形，如图 10.36(d) 所示。

③ 宽度(W)：设置矩形图线的线宽，默认线宽为 0，是指图线宽度随层。一般不选此项，一旦选择并设置线宽，随后所画矩形线宽均为新设值，直到重新修改为 0 方可恢复随层。

④ 厚度(T)和标高(E)：厚度和标高是沿 Z 轴方向的尺寸和位置，二维图不用。

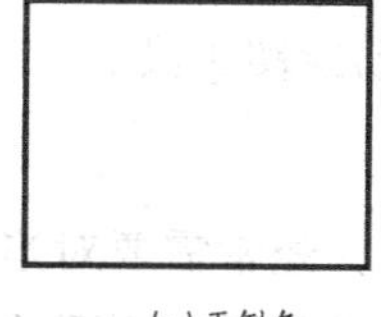
(a) 无倒角

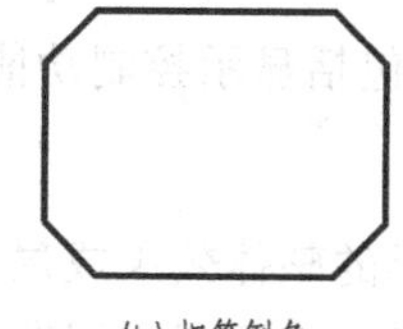
(b) 相等倒角

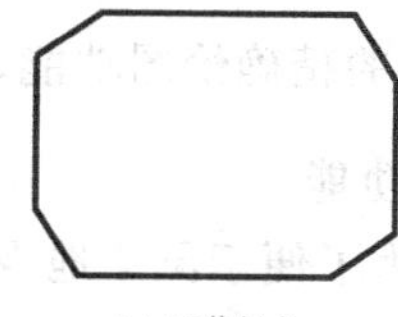
(c) 不等倒角

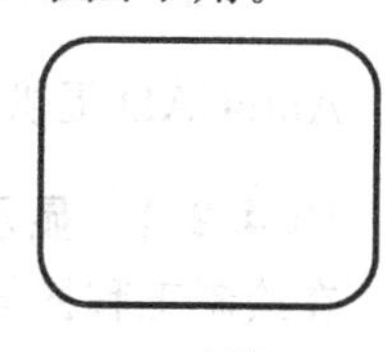
(d) 圆角

图 10.36 绘制矩形

【例 10.4】 绘制尺寸为100×60并带有倒角的矩形，倒角为2×45°，试写出操作步骤。

【解】 点击工具栏上的“矩形”图标

命令：rectang ↙

指定第一个角点或［倒角(C)/标高(E)/圆角(F)/厚度(T)/宽度(W)］：c ↙

指定矩形的第一个倒角距离<0.0>：2 ↙

指定矩形的第二个倒角距离<2.0>：2 ↙

指定第一个角点或［倒角(C)/标高(E)/圆角(F)/厚度(T)/宽度(W)］： （拾取矩形左上角点）

指定另一个角点或［面积(A)/尺寸(D)/旋转(R)］：D ↙

指定矩形的长度<10.0>：100 ↙

指定矩形的宽度<10.0>：60 ↙

指定另一个角点或［面积(A)/尺寸(D)/旋转(R)］ （拾取矩形右下角点）

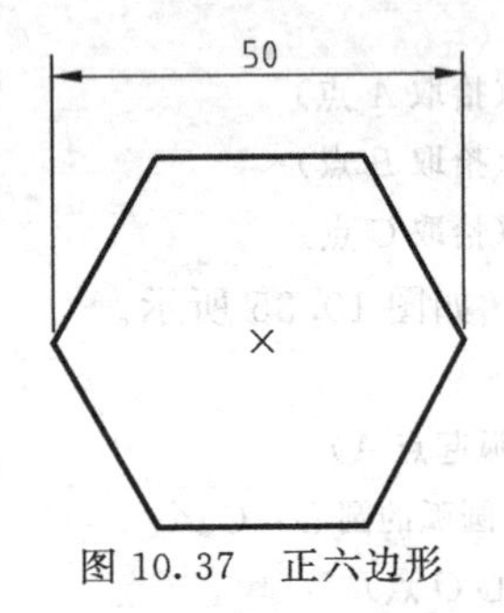

图 10.37 正六边形

10.4.1.6 正多边形（polygon）命令

以图10.37的六边形为例，说明绘制正多边形的操作步骤。

单击绘图工具栏：【正多边形】按钮

命令：_polygon 输入边的数目<4>：6 ↙

指定正多边形的中心点或［边(E)］： （拾取中心点）

输入选项［内接于圆(I)/外切于圆(C)］<I>：↙ （选择的是内接于圆）

指定圆的半径：25

注意，在输入选项中，选择内接于圆“I”，输入的是多边形外接圆的半径；选择外切于圆“C”，输入的是多边形内切圆的半径。

当不能确定多边形的中心点而能确定一个边时，从第三个步骤操作如下（如图10.38所示）。

指定正多边形的中心点或［边(E)］：E ↙

指定边的第一个端点： （拾取点 B）

指定边的第一个端点：指定边的第二个端点： （拾取点 E）

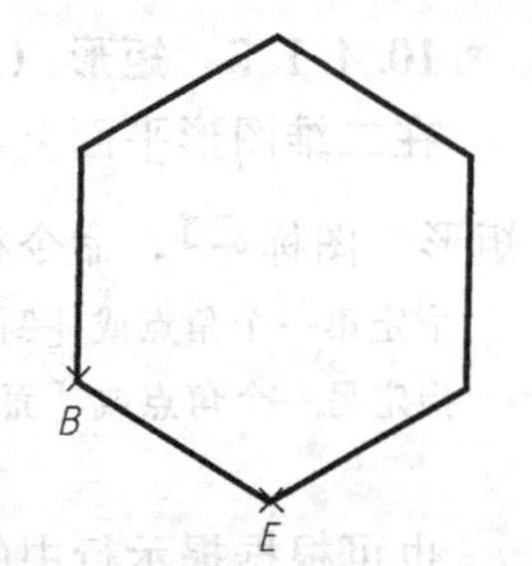

图 10.38 已知边画六边形

10.4.1.7 椭圆（ellipse）命令

在绘图菜单“椭圆”子菜单中，有三种方式绘制椭圆或椭圆弧，操作步骤如下。

在绘图下拉菜单中点击“中心点（C）”选项

指定椭圆的中心点： （拾取中心点）

指定轴的端点： （拾取轴的一个端点）

指定另一条半轴长度或［旋转(R)］： （输入半轴长度）

在工程图样中，用到椭圆或椭圆弧的情况较少，因此，对此命令的另外两种方式的运用不再赘述，请读者自己练习。

10.4.2 辅助绘图命令

AutoCAD提供了强大的精确绘图功能，其中包括显示控制功能和辅助绘图工具。

10.4.2.1 显示控制功能

在绘制工程图样时，为了便于灵活地观察图形的整体效果或局部效果，经常需要对当前图形进行缩放或平移等操作。缩放与平移的命令只改变图形在屏幕上的视觉效果，而不改变图形实际尺寸和在图纸上的位置。

对图形显示效果进行缩放与平移的命令均在“视图”下拉菜单中和“标准”工具栏中，如图10.39所示。点击下拉菜单项或点击工具图标都可实现对命令的激活。命令中的子命令含义如下。

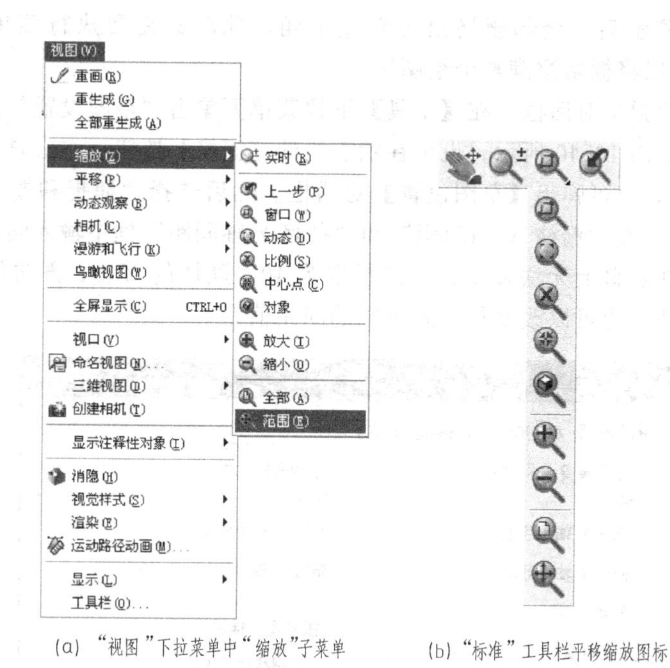

(a) “视图”下拉菜单中“缩放”子菜单　　(b) “标准”工具栏平移缩放图标

图10.39　控制图形显示的工具栏及下拉菜单栏

(1) 实时(R)　激活此命令后，屏幕上出现实时缩放光标，向下移动，图形显示缩小，向上移动，图形显示放大。按“Esc”键或“Enter”键可退出缩放命令。

(2) 窗口(W)　激活此命令后，在命令行提示下拖出一个矩形窗口，单击，窗口内的区域即被放大或充满整个绘图区。此命令便于修改图中的局部小结构。

(3) 全部(A)　激活此命令后，绘图区内所绘图形全部或图形界限全屏显示在窗口内。

(4) 范围(E)　激活此命令后，可以在屏幕上尽最大可能地显示所有图形对象。与全部缩放模式不同的是：范围缩放使用的显示边界只是图形范围而不是图形界限。

(5) 上一步(P)　用于显示当前视图的前一视图状态。“前一视图”与“缩放窗口”往往配合使用。

(6) 实时平移(Pan)　在不改变图形缩放比例的情况下移动全图，使图面位置任意改变，相当于移动图纸，方便用户观察当前视窗中图形的不同部位。

当用户发出“平移”命令后，屏幕上光标变成一只小手，按住鼠标左键移动光标，当前视窗中的图形会随着光标移动的方向移动。按“Esc”键或“Enter”键可退出平移命令。

“缩放”与“平移”这两个命令均为透明命令，可在一个命令执行期间插入执行，完成后，将继续执行原命令。

10.4.2.2　辅助精确绘图工具

状态栏上的按钮就是进行精确绘图的辅助工具。利用这些辅助绘图工具可以对鼠标进行精确定位，还可以进行图像处理和数据分析，从而降低工作量，提高工作效率。

(1) 栅格　栅格是显示在用户定义的图形界限内的点阵，打开栅格显示时，图形界限内

将布满小点。它类似于在图形下放置一张坐标纸。使用栅格可以控制绘图范围在所设置图幅内。栅格不是图形对象，在输出图纸时不打印。单击状态栏的【栅格】按钮或者按“F7”键可以打开或关闭栅格显示。在 AutoCAD 2008 默认的新图设置中，窗口显示的范围比较大，因此打开栅格显示后，全部栅格出现在左下角，此时只需要执行菜单【视图】|【缩放】|【全部】，就可以将栅格撑满整个绘图区。

激活栅格命令后弹出对话框。在【工具】下拉菜单下单击“草图设置”即可弹出的【草图设置】对话框，如图 10.40 所示。也可在状态栏的【栅格】按钮上右击鼠标，在右键快捷菜单中选择【设置】，也可弹出【草图设置】对话框。然后选择“捕捉和栅格”标签，选取“启用栅格”复选框，在“栅格 X 轴间距”和“栅格 Y 轴间距”框中输入间距值。如果间距设置得太小，可能在屏幕上无法显示，一般设置为 10。默认的 X、Y 方向的栅格间距会自动设置成相同的数值，也可以改变行、列不同的间距值。

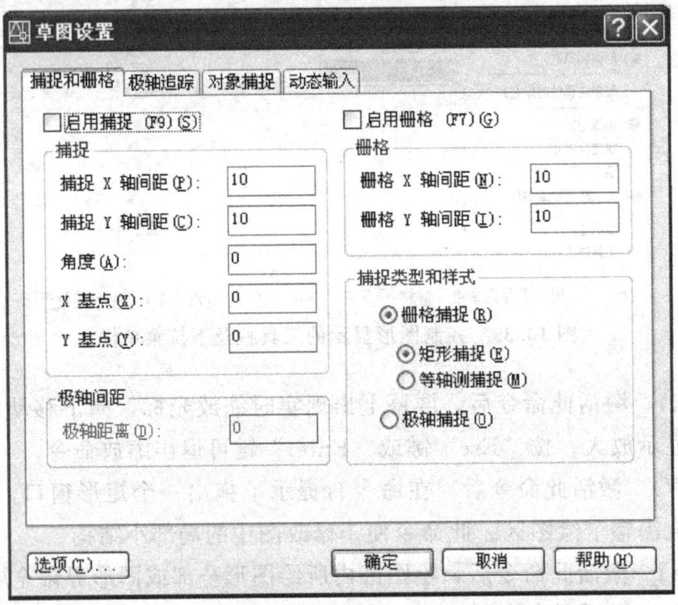

图 10.40 【草图设置】对话框“捕捉和栅格”标签

(2) 捕捉　捕捉用于设定光标移动间距。打开该设置后，光标在 X 轴、Y 轴或极轴方向只能移动设定的距离，将光标准确定位在栅格点上。激活捕捉设置的方法与激活栅格相类似，命令行命令为 snap。

选取【草图设置】对话框中的“启用捕捉”复选框，在“捕捉 X 轴间距”和“捕捉 Y 轴间距”框中输入间距值，一般是栅格的倍数或相同值；“角度”选项可以将整体的栅格或捕捉旋转一定角度。

单击状态栏的“捕捉”或按“F9”键可以打开或关闭捕捉工具，在【捕捉】按钮上激活右键菜单，选择其中的“设置”命令也可以激活【草图设置】对话框。

(3) 正交与极轴　正交与极轴都是为了准确追踪一定的角度而设置的绘图工具。

正交模式下，用鼠标只能绘制垂直或水平直线。用键盘输入坐标值则不受此限制。键入“ortho”命令，或者单击状态栏的【正交】按钮或按“F8”键可打开或关闭正交模式。

极轴模式下，系统将根据设置的极轴角度显示一条追踪线，在该追踪线上给定距离，点即可准确地落在极轴线上，如图 10.41 所示。因此，打开极轴追踪，可以方便地绘制各种在极轴方向上的直线。默认情况下，系统设置了 4 个极轴，与 X 轴的夹角分别为 0°、90°、180°、270°。利用【草图设置】对话框的“极轴追踪”标签，可以设置角度增量，如图 10.42 所示。单击状态栏的【极轴】按钮或者按“F10”键可以打开或关闭极轴追踪模式。

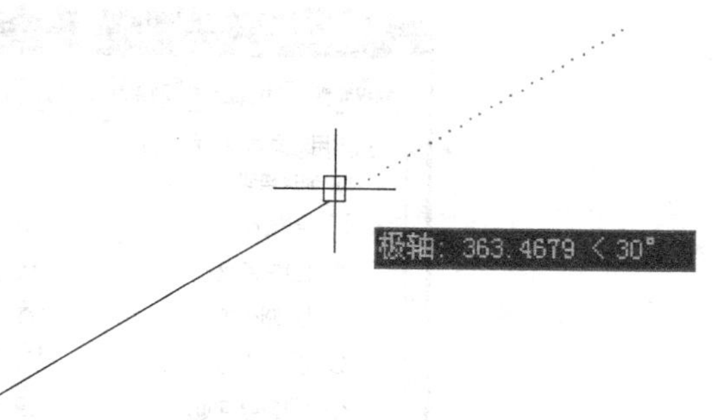

图 10.41　极轴追踪模式

（4）对象捕捉　使用对象捕捉可以将指定点快速、精确地限制在现有对象的确切位置上，如端点、中点、交点、圆心等，而无需知道这些点的精确坐标。

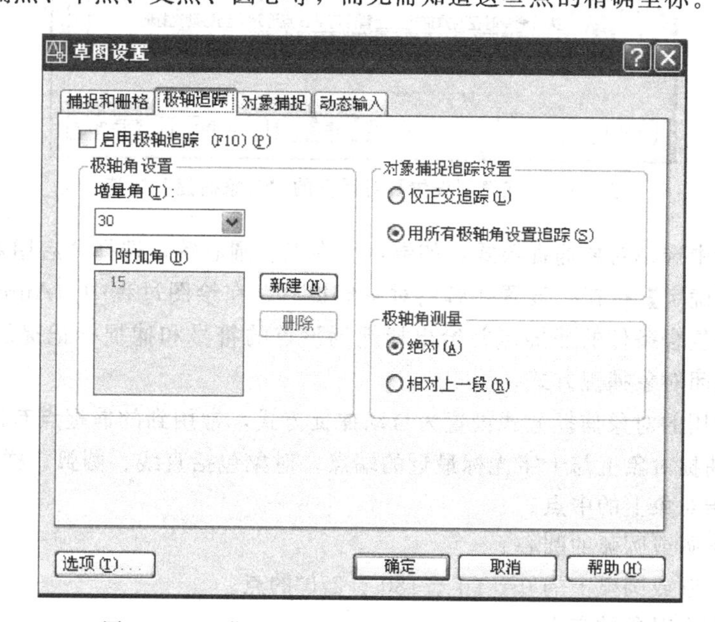

图 10.42　【草图设置】对话框的“极轴追踪”标签

在绘图过程中可以有两种方式设置对象捕捉：单点捕捉和自动捕捉。

单点捕捉也称临时捕捉，即在需要指定一个点时，临时用一次对象捕捉模式，捕捉到一个点后，对象捕捉就自动关闭。单点捕捉可以比较灵活地选择捕捉方式，但必须每次都选择捕捉方式，操作比较繁琐。

激活对象捕捉的方法是：在对象捕捉工具栏上选择对应的捕捉类型，如图 10.43 所示。

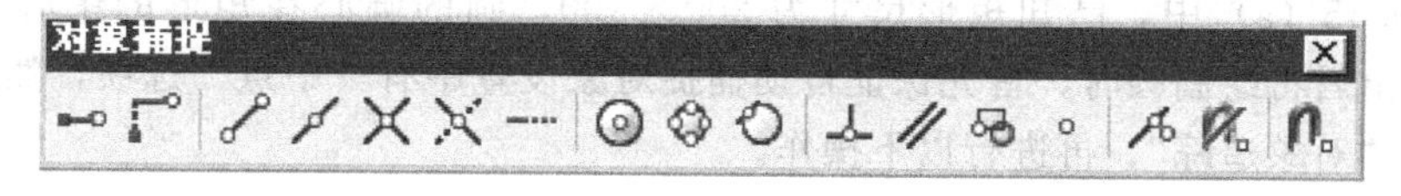

图 10.43　对象捕捉工具栏

自动捕捉可以一次选择多种捕捉方式。调用设置对象自动捕捉方式的方法如下。

① 对象捕捉工具栏：【对象捕捉设置】按钮；

② 状态栏：右击【对象捕捉】按钮，在快捷菜单中选择“设置”命令。

执行命令后，系统弹出【草图设置】对话框的“对象捕捉”标签项，如图 10.44 所示。

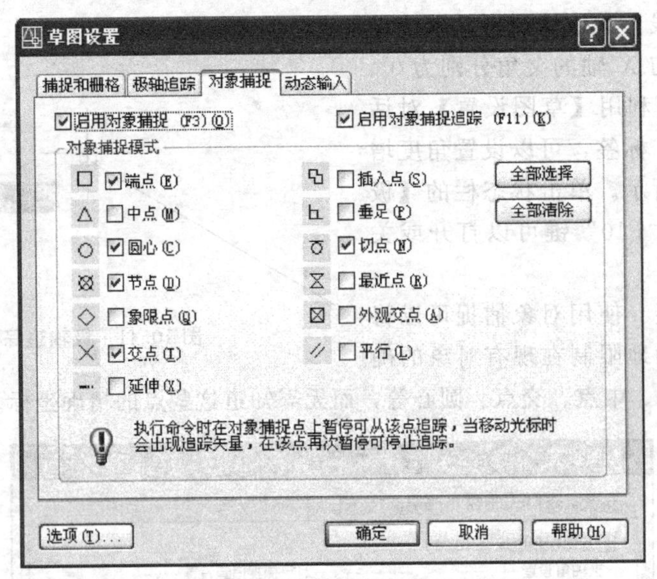

图 10.44 【草图设置】对话框的“对象捕捉”标签

在该对话框中选择对象捕捉模式，如端点、中点、圆心等，选择“启用对象捕捉”选项卡，然后单击【确定】按钮。设置并启用对象捕捉后，在绘图过程中，AutoCAD 将捕捉离靶框中心最近的复合条件的捕捉点并给出捕捉到该点的符号和捕捉标记提示。按“F3”键也用于启动或关闭对象捕捉方式。

通常将最常用的对象捕捉方式设置为自动捕捉方式，常用到的捕捉点有以下几项。

① 端点：捕捉对象上与十字光标最近的端点。对象包括直线、圆弧、样条曲线等。

② 中点：指对象上的中点。

③ 圆心：指圆或圆弧的圆心。

④ 象限点：圆或圆弧上的 0°、90°、180°、270°的点。

⑤ 交点：两个对象的交点。

⑥ 垂足：在直线、圆或圆弧上捕捉一点，使该点与前一点的连线与直线、圆或圆弧垂直。

⑦ 切点：捕捉与圆或圆弧相切的点。

⑧ 最近点：捕捉对象上与十字光标最近的一个位置点。

(5) 对象追踪　单击状态栏上的【对象追踪】按钮，开启对象追踪。对象追踪只有开启对象捕捉功能时才有效。对象追踪捕捉到的是虚拟线上的点，如图 10.45 所示。

在图 10.45 (a) 中，已知矩形尺寸为 200×100，圆的圆心在矩形的中心上，半径为 30。矩形绘出后再绘制圆时，首先保证自动捕捉对象设置中有“中点”选项，然后开启“对象捕捉”与“对象追踪”，再进行以下操作。

命令：circle↙

指定圆心或［三点（3P）/两点（2P）/相切、相切、半径（T）］：（将十字光标在上边的中点停留，出现中点标记后向下拖出对象追踪线；再将光标移至左边中点停留，出现中点标记后向右拖出对象追踪线；在两追踪线相交处点击即是要找的圆心）

指定圆的半径或［直径（D）］：15↙

追踪过程如图 10.45（b）所示。

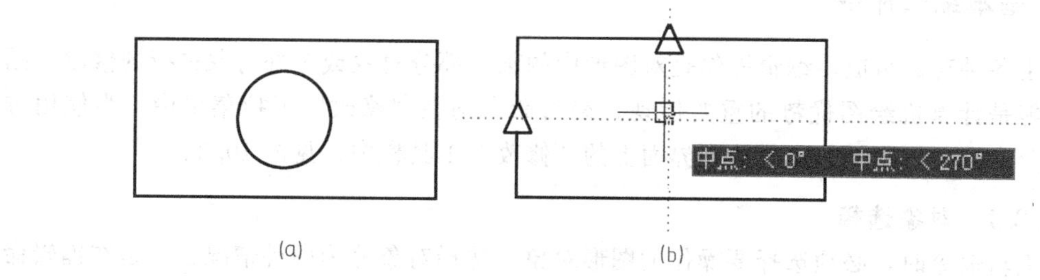

图 10.45　利用对象追踪绘制中心圆

（6）动态输入　使用动态输入功能，可以在光标附近显示工具栏提示信息，当某个命令处于激活状态时，可以直接在工具栏提示中输入坐标值，而不必在命令行中进行输入。光标旁边显示的工具栏提示信息将随光标的移动而动态更新，如图 10.46 所示。

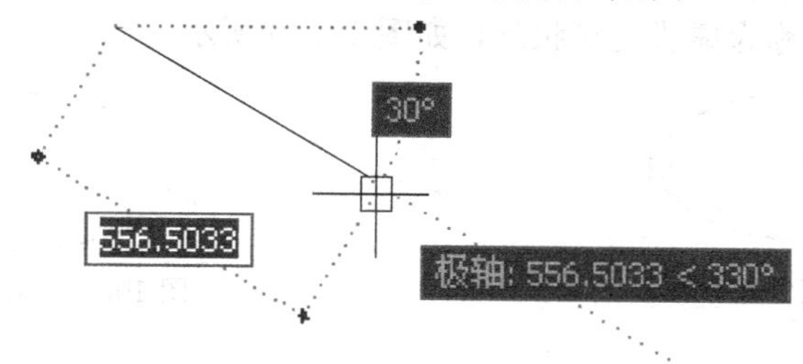

图 10.46　动态输入

动态输入主要由指针输入、标注输入、动态提示三部分组成。在【草图设置】对话框的“动态输入”标签，如图 10.47 所示，在这个标签内有“指针输入”、“标注输入”和“动态提示”三个选项区，分别控制动态输入的三项功能。

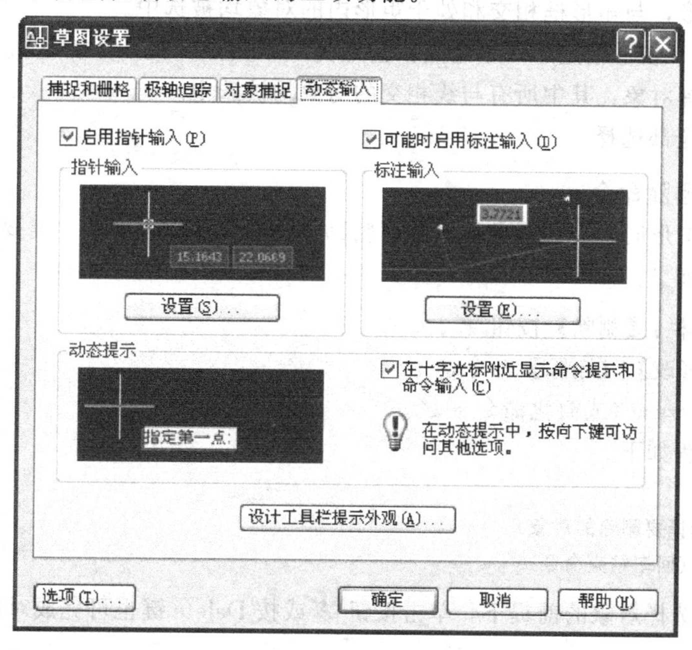

图 10.47　动态输入的设置

10.4.3 基本编辑命令

图形由各种对象组成，编辑操作是对图形中的某一部分对象或全部对象进行的修改。图形编辑功能是计算机绘图优势的重要体现。编辑命令均在“修改”下拉菜单中，为使用方便，大部分命令又以图标的形式放在界面上的“修改”工具栏中，见图10.3。

10.4.3.1 对象选择

执行编辑命令时，必须选择要操作的图形对象。选择对象分为两种情况，一是在编辑命令输入之前，一是在编辑命令输入之后。

在未执行任何命令时选择对象，可以直接单击该对象，被选择的对象上将显示若干蓝色小方框，称为蓝色夹点状态，如图10.48所示。

在编辑命令输入之后选择对象时，光标将变成拾取框“□”，单击对象即可选择。被选中的对象显示为虚线，称为虚线亮显状态，如图10.49所示。

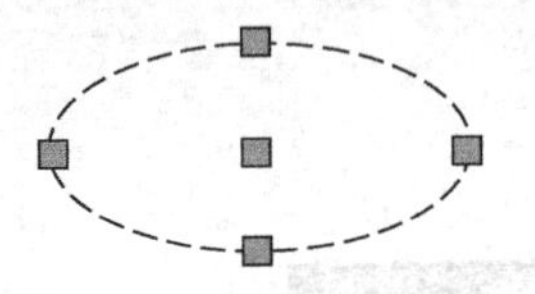

图10.48 蓝色夹点状态

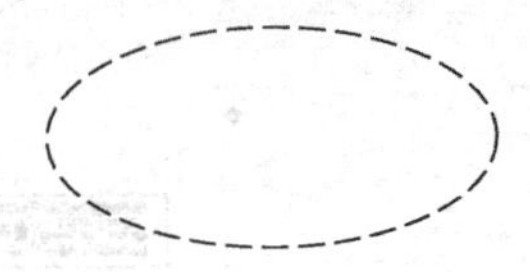

图10.49 虚线亮显状态

另外，为了能同时选中图形中的多个对象，在输入编辑命令之后，命令行提示选择对象时，可通过在命令行输入字母W（或C、或F）以实现不同对象的选择。

(1) W：窗口选择　在“指定第一个角点：指定另一个角点”提示下，用光标在屏幕上从左向右拖出矩形，完全处于矩形线框内的对象被选中。

(2) C：窗交选择　在“指定第一个角点：指定另一个角点”提示下，用光标在屏幕上从右向左拖出矩形，与矩形框相交和处于矩形内的对象均被选中。

(3) F：栏选　在“指定第一个角点：指定另一个角点”提示下，通过绘制一条开放的多点栅栏线来选择对象，其中所有与线相交的对象均被选中。

(4) ALL：全部选择

10.4.3.2 删除命令

在绘制平面图形时，有些对象属于临时辅助作图对象或错误对象，需要进行删除。调用删除命令的方法如下。

① 修改工具栏：【删除】按钮；
② 菜单：【修改】|【删除】命令；
③ 命令行：erase（或简化命令e）↙。

执行命令过程如下。

命令：_ erase
选择对象：（选择要删除的对象）
选择对象：↙（回车结束命令）

另外，在先选择对象的前提下，单击按钮或按Delete键也可完成对象删除。

10.4.3.3 修剪命令

以选定的一个或多个对象作为剪切边，剪去过长的直线或圆弧等，使被修剪的对象在与修剪边交点处被切断并删除。调用修剪命令的方法如下。

① 修改工具栏：【修剪】按钮；

② 菜单：【修改】|【修剪】命令；

③ 命令行：trim↙。

【例 10.5】 绘制图 10.50 (a) 所示五角星，其外接圆直径为 50mm。

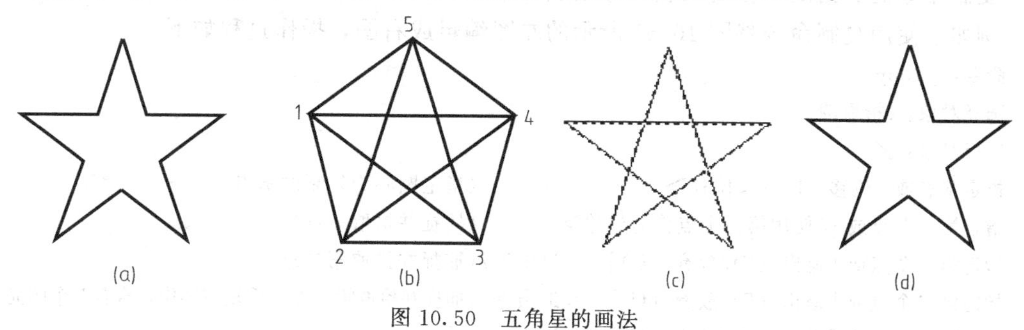

图 10.50 五角星的画法

【解】 (1) 绘制正五边形，如图 10.50 (b) 所示。

单击正多边形图标。

命令：_ polygon 输入边的数目 <4>：5↙

指定正多边形的中心点或[边 (E)]： (拾取任意点)

输入选项[内接于圆 (I)/外切于圆 (C)]<I>：↙

指定圆的半径：25↙

(2) 绘制五角星，如图 10.50 (b) 所示。

命令：L↙

指定第一点： (在五边形上拾取 1 点)

指定下一点或[放弃 (U)]： (拾取 3 点)

指定下一点或[放弃 (U)]： (拾取 5 点)

指定下一点或[闭合 (C) /放弃 (U)]： (拾取 2 点)

指定下一点或[闭合 (C) /放弃 (U)]： (拾取 4 点)

指定下一点或[闭合 (C) /放弃 (U)]： C↙

(3) 修剪多余部分，如图 10.50 中 (c)、(d) 所示。

单击图标按钮

选择对象<或全部>：C↙

指定第一个角点： (拾取一点)

指定另一角点： [拖出矩形框选中五角星，如图 10.50 (c)所示]

↙

[栏选 (F)/窗交 (c)/投影 (P)/边 (E) 删除Ⓡ/放弃 (U)]：[依次拾取中间多条线段，如图 10.50 (d)所示]

说明：选项中的“投影 (P)”是指以三维空间中的对象在二维平面上的投影作为修剪边界，选项中的“边 (E)”包括“延伸”和“不延伸”可选择，其中“延伸”是指延伸边界，被修剪的对象按照延伸边界进行修剪；“不延伸”表示不延伸修剪边界，被修剪对象仅在与修剪边界相交时才可以修剪。

10.4.3.4 复制命令

复制命令用于在不同的位置复制现有的对象。复制的对象完全独立于源对象，可以对它进行编辑或其他操作。该命令一次可以在多个位置上复制对象。调用复制命令的方法如下。

① 修改工具栏：【复制】按钮；

② 菜单：【修改】|【复制】；

③ 命令行：copy↙。

复制命令需要指定位移的矢量，即基点和第二点的位置，一次可以在多个位置上复制对象。例如，使用复制命令将图 10.51 所示的左图编辑成右图，操作过程如下。

命令：_ copy

选择对象：(拾取圆)

选择对象：↙

指定基点或[位移 (D)]<位移>：　　(指定圆心为复制的基点)

指定第二个点或<使用第一个点作为位移>：　　(捕捉并拾取一点)

指定第二个点或[退出 (E)/放弃 (U)]　<退出>：(捕捉并拾取第二点)

指定第二个点或[退出 (E)/放弃 (U)]　<退出>：(捕捉并拾取第三点，重复该操作，直至 5 个圆完成)

指定第二个点或[退出 (E)/放弃 (U)]　<退出>：↙

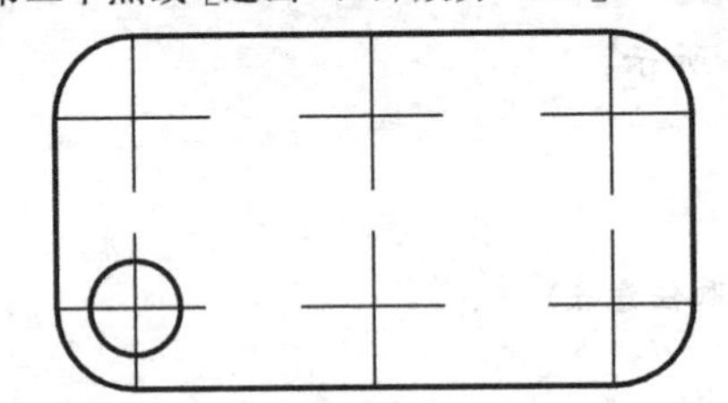

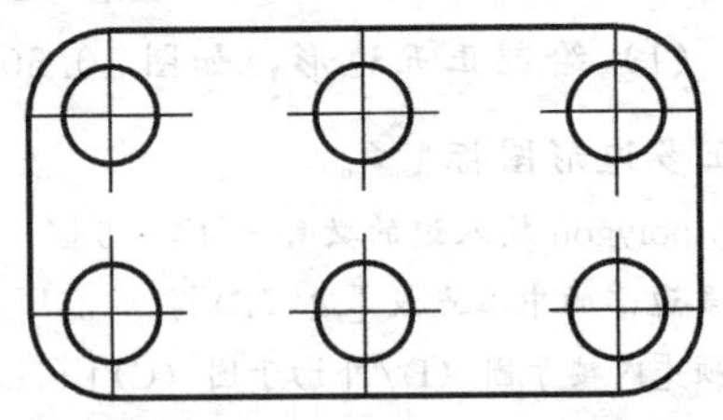

图 10.51　复制对象

10.4.3.5　偏移命令

偏移命令是创建一个与选定对象平行并保持等距的新对象。在绘图时经常使用此命令创建轴线和等距的图形。可以偏移的对象包括直线、圆、圆弧、椭圆等。调用偏移命令的方法如下。

① 修改工具栏：【偏移】按钮；

② 菜单：【修改】|【偏移】；

③ 命令行：offset (或简化命令 o) ↙

【例 10.6】　绘制如图 10.52 所示的表格。

【解】　(1) 用直线命令绘制表格矩形外框 40×24，见图 10.52 (b) (步骤略)。

(2) 用偏移命令绘制内格线 [图 10.52 (b)]。

点击选择矩形底边线。

命令：offset↙

指定偏移距离或[通过 (T)/删除 (E)/图层 (L)]<通过>：6↙

指定要偏移的那一侧上的点，或[退出 (E)/多个 (M)/放弃 (U)]<退出>　(点击对象上方一点)

选择要偏移的对象，或[退出 (E)/放弃 (U)]<退出>：　　(选择刚生成的偏移对象)

指定要偏移的那一侧上的点，或[退出 (E)/多个 (M)/放弃 (U)]<退出>：(点击对象上方一点)

依次绘制完成所有水平线，如图 10.52 (b) 所示。

命令：offset↙

指定偏移距离或[通过 (T)/删除 (E)/图层 (L)]<6.0>：10↙

选择要偏移的对象，或[退出 (E)/放弃 (U)]<退出>：　　(选择矩形左边线)

指定要偏移的那一侧上的点，或[退出 (E)/多个 (M)/放弃 (U)]<退出>：(点击对象线右侧一点)

选择要偏移的对象，或［退出（E)/放弃（U)］<退出>：（选择刚生成的偏移对象）
指定要偏移的那一侧上的点，或［退出（E)/多个（M)/放弃（U)］<退出>：(点击对象右侧一点)
依次绘制完成所有垂直线，如图 10.52（c）所示。

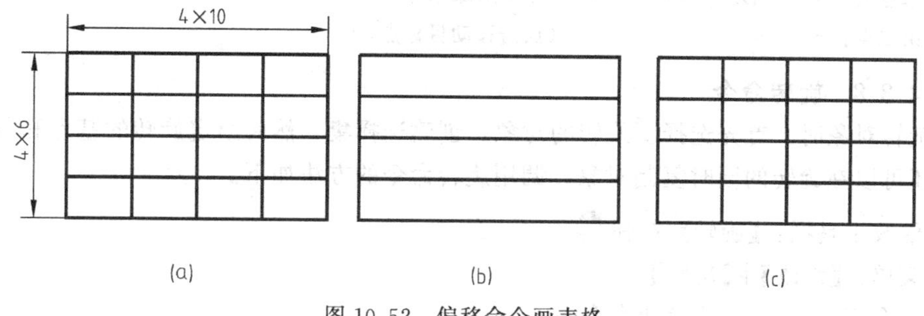

图 10.52 偏移命令画表格

10.4.3.6 镜像命令

镜像命令用于创建轴对称图形。调用镜像命令的方法如下。

① 修改工具栏：【镜像】按钮；
② 菜单：【修改】|【镜像】；
③ 命令行：mirror（或简化命令 mi）↙。

镜像复制对象首先要选择对象，然后指定镜像轴线进行对称复制。
例如，用镜像命令绘制如图 10.53（a）所示的图形，操作过程如下。

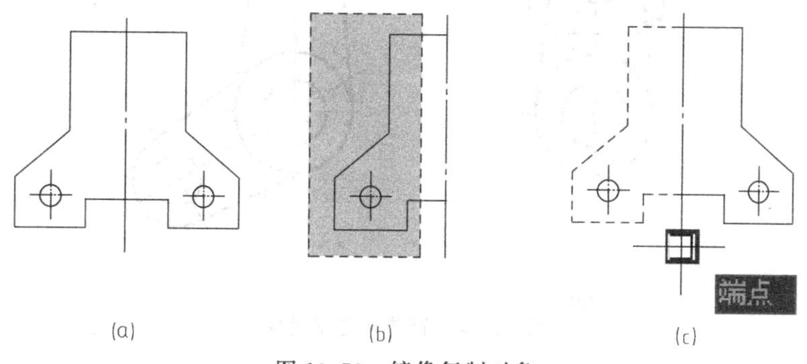

图 10.53 镜像复制对象

首先绘制图形的左半轮廓图线，如图 10.53（b）所示。

命令：mirror↙
选择对象：c↙ ［用窗交选择对象，如图 10.53（b）所示］
选择对象：↙
指定镜像线的第一点： （指定对称线的上端点）
指定镜像线的第二点： （指定对称线的下端点）
要删除源对象吗？［是（Y)/否（N)］<N>：↙ ［选择不删除，如图 10.53（c）所示］

10.4.3.7 移动命令

移动命令是对所选对象实施平移，不改变对象的方向和大小。要精确地移动对象，可以使用对象捕捉模式，也可以通过指定位移矢量的基点和终点精确地确定位移的距离和方向，操作过程如下。

单击“移动命令”图标✥。

命令：_ move 选择对象：　　　　　　　　（选择要移动的对象）

指定基点或［位移（D）］<位移>：　　（点击对象基点）

指定第二点：　　　　　　　　　　　　（点击移动目标点）

10.4.3.8 旋转命令

在旋转对象时，首先选择要旋转的对象，创建选择集，然后给定旋转的基点和角度。旋转命令还可以在旋转的同时复制对象。调用旋转命令的方法如下。

① 修改工具栏：【旋转】按钮；

② 菜单：【修改】|【旋转】；

③ 命令行：rotate（或简化命令 ro）↙。

如图 10.54 所示，将图 10.54（a）编辑为图 10.54（b），命令执行过程如下。

命令：rotate↙

选择对象：c↙　　　　　　　　　　　（窗交选择，先拾取 P_1 点，再拾取 P_2 点）

选择对象：↙

指定基点：　　　　　　　　　　　　（捕捉圆心点 O）

指定旋转角度，或［复制（C）/参照（R）］<0>：C↙　（选择复制方式旋转，源对象保留）

指定旋转角度，或［复制（C）/参照（R）］<0>：−120↙

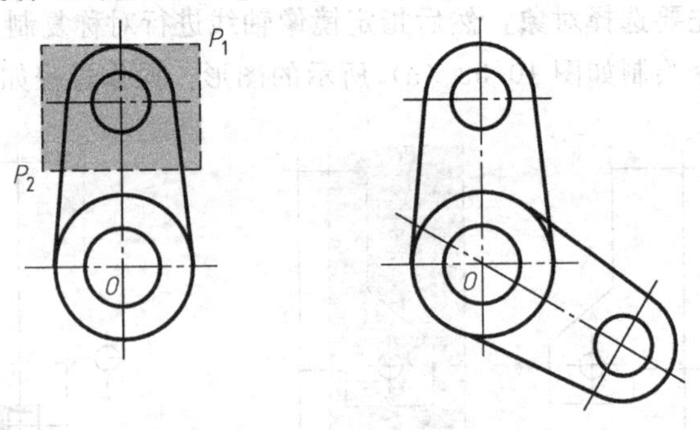

图 10.54　旋转并复制对象

如果不知道应该旋转的角度，可以采用“参照（R）”旋转的方式。例如，已知两个角度的绝对角度时对齐这两个对象，即可使用要旋转对象的当前角度作为参照角度。更为简单的方法是，使用鼠标选择要旋转的对象和与之对齐的对象，例如以图 10.55（a）中的 P_1、P_2、P_3 点作为参照点，旋转对象，结果如图 10.55（b）所示。

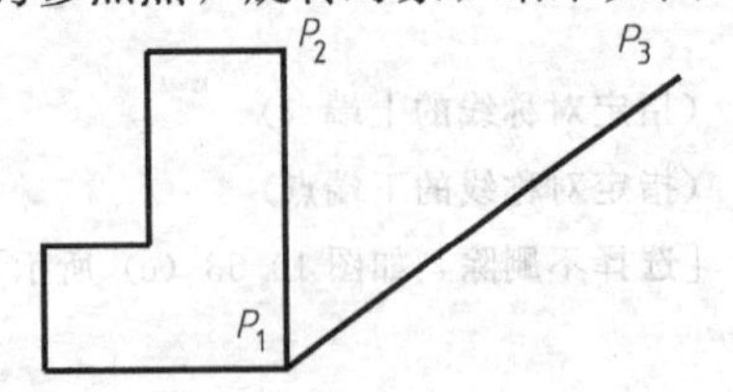

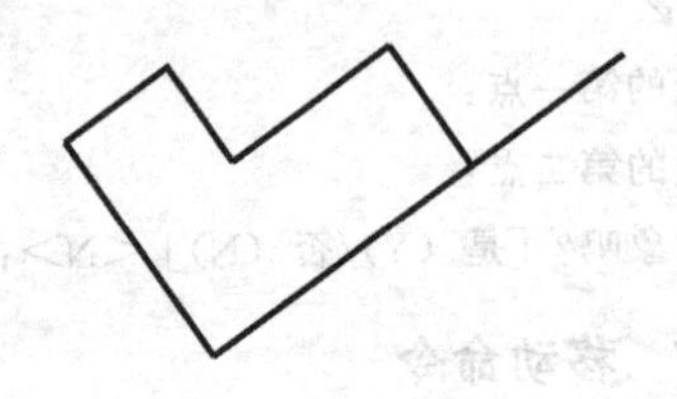

图 10.55　用参照方式旋转对象

操作过程如下。

命令：rotate↙

选择对象：　　　　　　　　　　　　　　(选择旋转对象)

选择对象：↙

指定基点：　　　　　　　　　　　　　　(单击 P_1)

指定旋转角度，或［复制 (C)/参照 (R)］<305>：R↙

指定参照角 <90>：　　　　　　　　　　(单击 P_1 点)

指定第二点：　　　　　　　　　　　　　(单击 P_2 点)

指定新角度或［点 (P)］<35>：　　　　　(单击点 P_3)

10.4.3.9 阵列命令

一次复制多个对象并按照一定规则排列称为“阵列”。阵列命令可以按照环形或者矩形阵列复制对象。对于环形的阵列，可以控制复制对象的数目和决定是否旋转对象；对于矩形阵列，可以控制复制对象行数和列数。调用阵列命令的方法如下。

① 修改工具栏：【阵列】按钮；

② 菜单：【修改】|【阵列】；

③ 命令行：array (或简化命令 ar) ↙。

【例 10.7】 利用“阵列”命令，绘制图 10.56 (a) 所示图形，已知矩形线框尺寸 96×64。

【解】 (1) 利用矩形命令绘出 96×64 矩形；利用圆命令绘制左上角一个直径 8 的圆。

(2) 单击“阵列”命令图标，弹出阵列对话框，如图 10.57 所示。在对话框内选中“矩形阵列”；单击“选择对象”按钮；回到绘图区，在绘图区选择 $\phi 8$ 的圆作为要阵列的对象；重新回到对话框，在“行”文本框中输入 4，在“列”文本框中输入 6；在“行偏移”文本框中输入−16，在“列偏移”文本框中输入 16；单击“确定”按钮，完成操作。

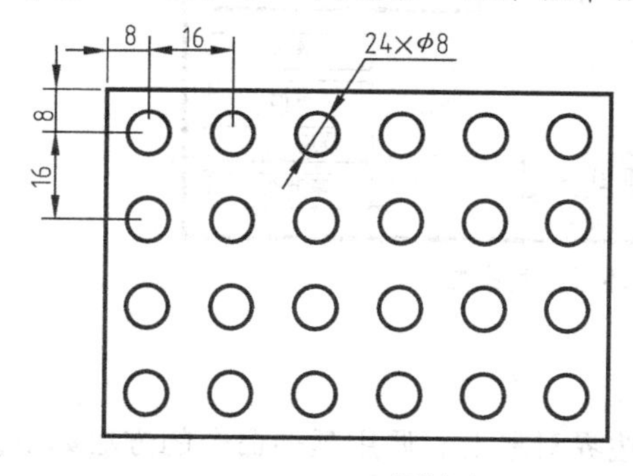

(a) 矩形阵列

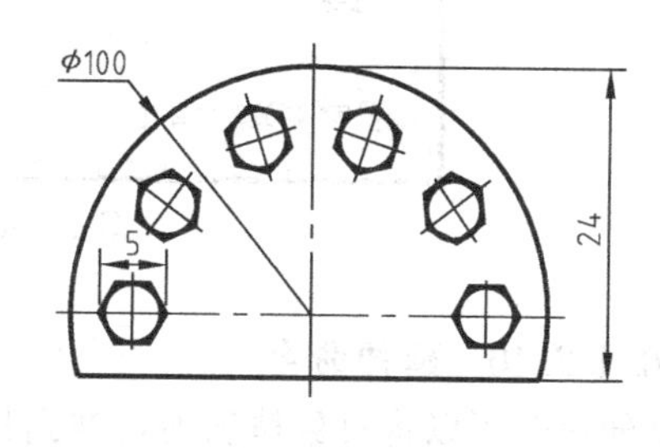

(b) 环形阵列

图 10.56 使用阵列命令绘制图形

【例 10.8】 利用“阵列”命令，绘制图 10.56 (b) 所示图形。

【解】 (1) 利用直线命令绘制中心线；利用圆命令绘制 $\phi 100$ 的圆；利用直线命令画直线；利用修剪命令剪切圆；利用多边形命令绘制左边第一个六边形，并添加内切圆；

(2) 单击“阵列”命令图标，弹出阵列对话框，如图 10.58 所示。在对话框内选中“环形阵列”；单击“中心点”按钮，回到绘图区，点击 $\phi 100$ 圆的圆心，为阵列中心；回到对话框，单击“选择对象”按钮；回到绘图区，选择六边形、中心线及其内切圆，回车；重

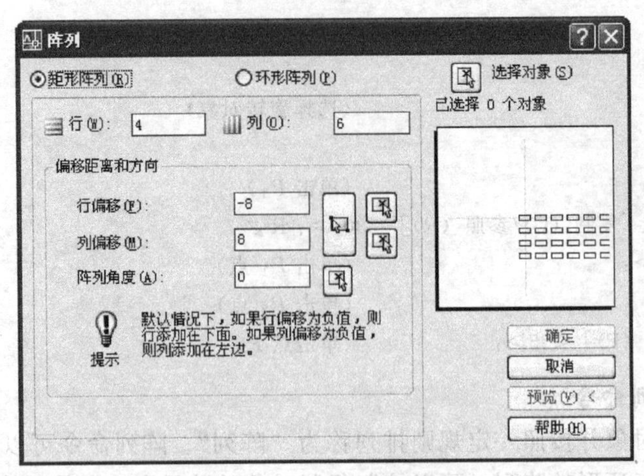

图 10.57　设置矩形阵列参数

新回到对话框，在“方法”文本框选择“项目总数和填充角度”，在“项目总数”文本框中输入 6，在“填充角度”文本框中输入－180；选中对话框下边“复制时旋转项目”，单击“确定”按钮，完成操作。

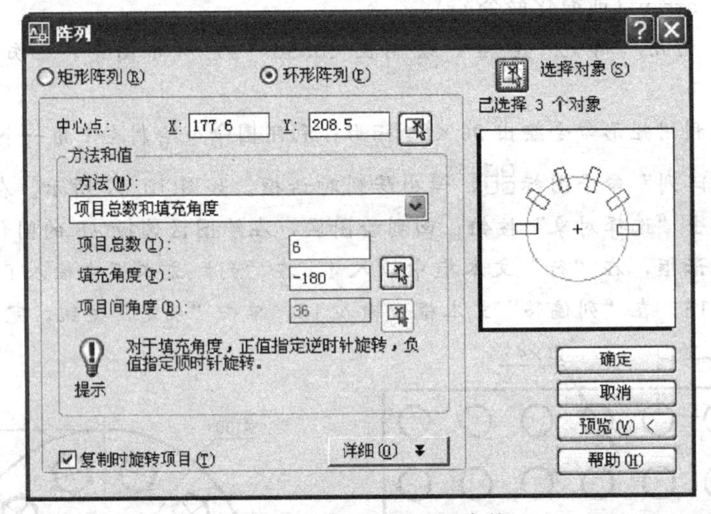

图 10.58　设置环形阵列参数

10.4.3.10　延伸命令

延伸命令可以将对象精确地延伸到指定的边界对象上。调用延伸命令的方法如下。

① 修改工具栏：【延伸】按钮 --/；

② 菜单：【修改】|【延伸】；

③ 命令行：extend ↙。

“延伸”命令与“修剪”命令的操作方法基本相同。命令与提示如下所示。

命令：extend ↙

当前设置：投影＝UCS，边＝无

选择边界的边 ...

选择对象或 ＜全部选择＞：　　　　（选择延伸边界对象）

选择对象：↙

选择要延伸的对象，或按住 Shift 键选择要修剪的对象，或
[栏选（F）/窗交（C）/投影（P）/边（E）/放弃（U）]：　　　　（单选被延伸对象或其他选项）
选择要延伸的对象，或按住 Shift 键选择要修剪的对象，或
[栏选（F）/窗交（C）/投影（P）/边（E）/放弃（U）]：↙

使用延伸命令时要注意以下几点。

（1）选择延伸的边界，可以选择一个或多个对象作为延伸边界。作为延伸边界的对象同时也可以作为被延伸的对象。

（2）“投影”选项是指三维空间中的对象在二维平面上的投影边界作为延伸边界。

（3）“边”选项包括“延伸”和“不延伸”两项，其中“延伸”是指延伸边界，被延伸的对象按照延伸边界进行延伸；“不延伸”表示不延伸边界，被延伸的对象仅在与边界相交时进行延伸，反之则不进行对象的延伸。

（4）选择延伸对象是从靠近选择对象的拾取点一端开始延伸，对象要延伸的那端按其初始方向延伸（如果是直线段，则按直线方向延伸，圆弧段则按圆周方向延伸），一直到与最近的边界相交为止。

10.4.3.11　拉长命令

使用拉长命令可以改变非闭合对象的长度，也可以改变圆弧的角度。

调用拉长命令的方法如下。

菜单：【修改】|【拉长】。

使用该命令可用以下几种方法改变对象的长度。

（1）增量：指定一个增加的长度来改变直线或圆弧的长度。

（2）百分比：按总长度的百分比的形式改变对象长度。

（3）全部：通过指定对象的总绝对长度或包含角改变对象长度。

（4）动态：动态拖动对象的端点，改变其长度。

10.4.3.12　拉伸命令

利用拉伸命令可以拉伸、缩短和移动对象。凡是与直线、圆弧、图案填充等对象相连的线都可以拉伸。在拉伸时需要指定一个基点，然后用窗交的方式选择拉伸对象，完全包含在交叉窗口中的对象将被移动，与交叉窗口相交的对象将被拉伸或缩短。

调用拉伸命令的方法如下。

① 修改工具栏：【拉伸】按钮；

② 菜单：【修改】|【拉伸】；

③ 命令行：stretch（或简化命令 s）↙。

例如，要拉伸如图 10.59 所示的图形，操作步骤如下：

① 选择【修改】|【拉伸】命令；

② 用交叉窗口选择对象，如图 10.59（a）所示；

③ 指定圆心为基点，如图 10.59（b）所示；

④ 指定位移点，如图 10.59（c）所示。

结果如图 10.59（d）所示。

10.4.3.13　缩放命令

缩放命令是把选定的图形对象按一定的比例放大或缩小。指定的基点表示选定对象的大

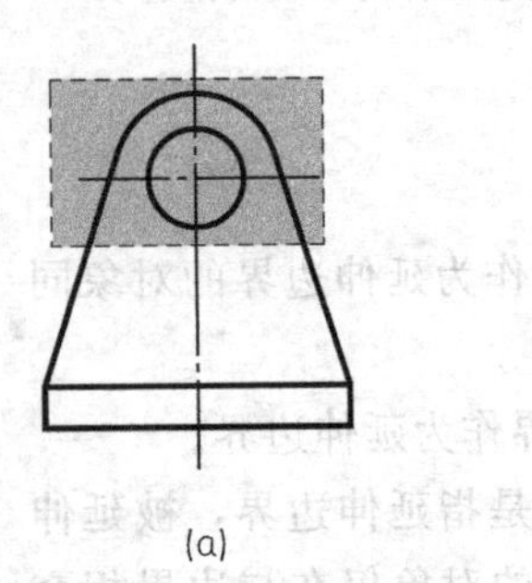
(a)

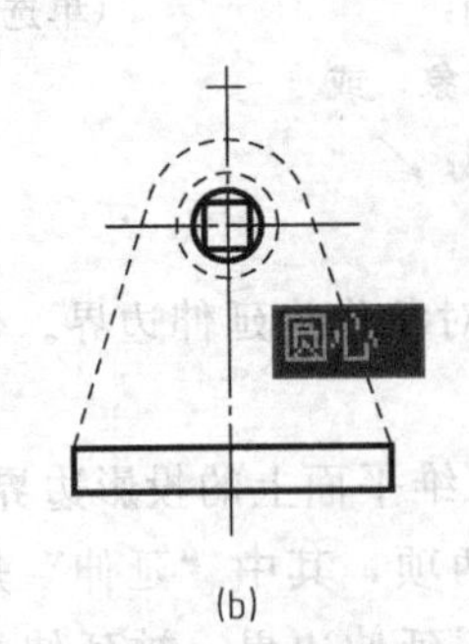

(b)

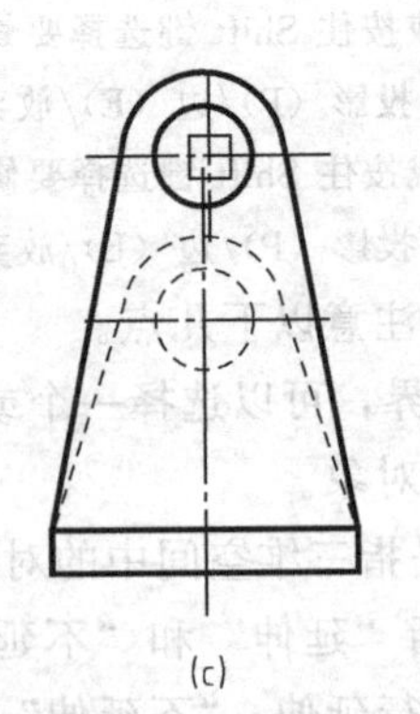
(c)

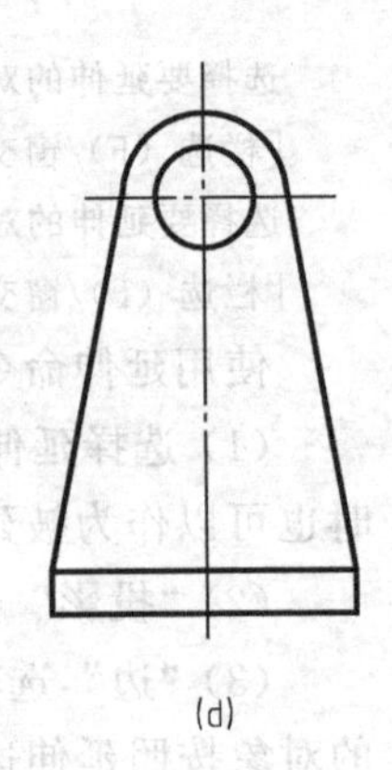
(d)

图 10.59　拉伸对象

小发生改变时位置保持不变的点。

调用缩放命令的方法如下。

① 修改工具栏：【缩放】按钮；

② 菜单：【修改】|【缩放】；

③ 命令行：scale（或简化命令 sc）↙。

例如要缩放图 10.60（a）所示的图形，操作步骤如下：

① 在修改工具栏中单击【缩放】按钮；

② 选择要缩放的对象，拾取 A 点作为基点，如图 10.60（b）所示；

③ 在命令行输入比例因子 1.5，结果如图 10.60（c）所示。

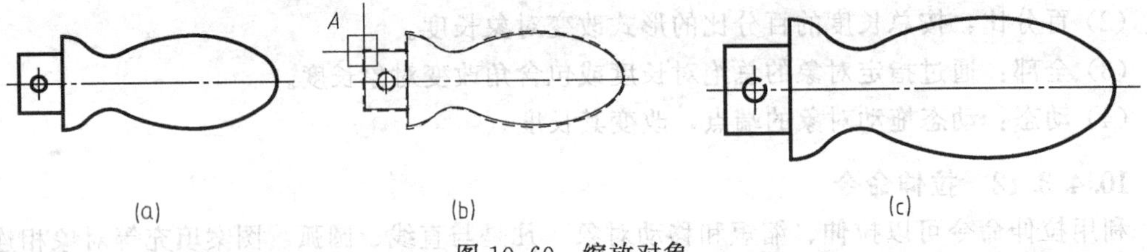

图 10.60　缩放对象

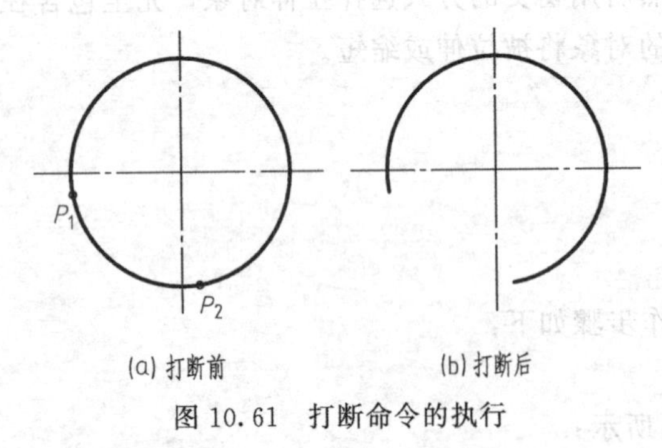

图 10.61　打断命令的执行

10.4.3.14　打断于点与打断命令

打断于点是把一个对象分为两部分；打断命令是把所选对象中的一部分断掉。

执行打断于点命令的操作步骤如下：

① 单击“打断于点”命令图标；

② 选择要打断的对象，指定第一个打断点，所选对象即被分为两部分。

执行打断命令的操作步骤如下：

①单击“打断”命令图标；

② 选择要打断的对象，在默认的情况下，选择时的点即为第一个断点，如图 10.61（a）中的 P_1 点；

③ 指定第二个打断点，点击对象上的另一点，如图 10.61（a）中的 P_2 点。

打断后的结果如图 10.61 所示。需注意的是，在第一个打断点与第二个打断点之间，被打掉的是逆时针转向的弧。

10.4.3.15 圆角与倒角命令

圆角命令是按照指定的半径创建一条圆弧，或自动修剪和延伸作圆角的对象使之光滑连接。倒角命令是连接两个非平行的对象，通过延伸或修剪使之相交或用斜线连接。

可以进行圆角操作的对象包括直线、圆弧、圆、椭圆弧等，两条平行的直线也可以进行圆角操作。执行圆角的操作步骤如下：

① 在修改工具栏中单击【圆角】按钮；

② 选择“R”选项，并设置圆角半径；

③ 选择要进行的圆角操作的对象或设置相应的选项。其中“修剪（T）”选项可以设置是否修剪过渡线段（默认为修剪）；“多个（M）”选项可在一次圆角命令下进行多处圆角。

例如，将图 10.62（a）所示的图形修 R5 圆角，操作过程如下。

单击命令图标 。

命令：_ fillet

选择第一个对象或[放弃（U）/多段线（P）/半径（R）/修剪（T）/多个（M）]：M↙ （对多个对象修圆角）

选择第一个对象或[放弃（U）/多段线（P）/半径（R）/修剪（T）/多个（M）]：R↙

指定圆角半径 <0.8>：5↙

选择第一个对象或[放弃（U）/多段线（P）/半径（R）/修剪（T）/多个（M）]： （选择 *AB* 边）

选择第二个对象，或按住 Shift 键选择要应用角点的对象： （选择 *AC* 边）

选择第一个对象或[放弃（U）/多段线（P）/半径（R）/修剪（T）/多个（M）]： （选择 *DE* 边）

选择第二个对象，或按住 Shift 键选择要应用角点的对象： （选择 *EF* 边）

选择第一个对象或[放弃（U）/多段线（P）/半径（R）/修剪（T）/多个（M）]：（重复以上操作）

结果如图 10.62（b）所示。

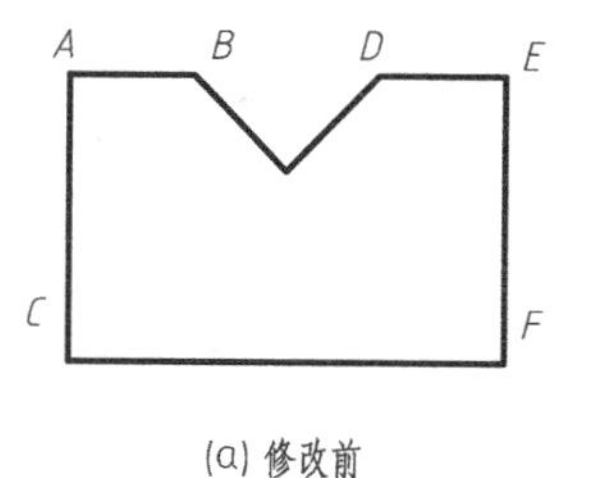

(a) 修改前

(b) 修圆角

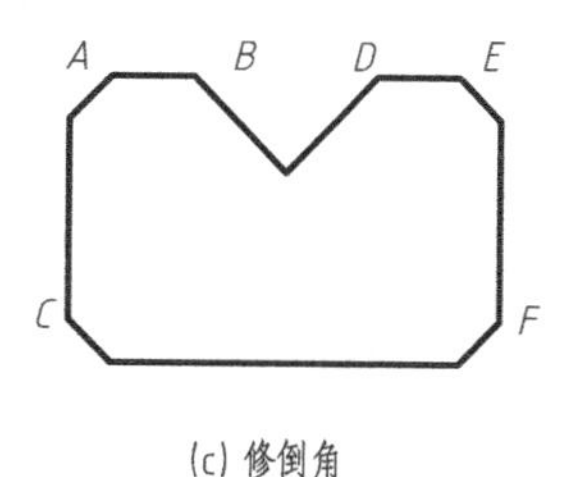

(c) 修倒角

图 10.62 对图形修圆角和修倒角

在两个对象之间进行倒角有两种方法，分别是距离法和角度法。距离法可指定倒角边被修剪或延伸的长度，角度法可以指定倒角的长度以及它与第一条直线间的角度。

例如，将图 10.62（a）所示的图形修 3×45°倒角，操作过程如下。

单击“倒角”命令图标 。

命令：_ chamfer

选择第一条直线或［放弃（U）/多段线（P）/距离（D）/角度（A）/修剪（T）/方式（E）/多个（M）]：M↙ （对多个对象修倒角）

选择第一条直线或［放弃（U)/多段线（P)/距离（D)/角度（A)/修剪（T)/方式（E)/多个（M)]：D↙

指定第一个倒角距离＜5.0＞：3↙

指定第二个倒角距离＜3.0＞：↙

选择第一条直线或［放弃（U)/多段线（P)/距离（D)/角度（A)/修剪（T)/方式（E)/多个（M)]：　（选择 *AB* 边）

选择第二条直线，或按住 Shift 键选择要应用角点的直线：　（选择 *AC* 边）

选择第一条直线或［放弃（U)/多段线（P)/距离（D)/角度（A)/修剪（T)/方式（E)/多个（M)]：　（选择 *DE* 边）

选择第二条直线，或按住 Shift 键选择要应用角点的直线：　（选择 *EF* 边）

选择第一条直线或［放弃（U)/多段线（P)/距离（D)/角度（A)/修剪（T)/方式（E)/多个（M)]：　（重复以上操作）

结果如图 10.62（c）所示。

10.4.3.16　分解与合并命令

在 AutoCAD 中，有很多组合对象，如块、矩形、多边形、多段线、标注、图案填充等。要对这些对象进行进一步的修改，需要将它们分解为各个层次的组合对象。对象分解后有时在外观上看不出明显的变化，但用鼠标点取后就可以发现它们之间的区别。例如将矩形分解后变为简单的直线段，由原来的 1 个对象变为 4 个对象。合并命令是对断开的本属一个对象的两部分进行的一种重新连接操作，可操作的对象有直线、圆弧、多边形、样条曲线等。分解与合并命令在修改工具栏与修改下拉菜单都能找到，请读者自行练习。

第11章 AutoCAD文字、表格与尺寸标注

本章主要介绍AutoCAD的文字注写与编辑功能、表格功能及尺寸标注与编辑功能。

11.1 文本注写

AutoCAD 2008提供了超强的文字功能。使用这些功能，可方便、快捷地在图形中注释文字说明。

11.1.1 创建文字样式

不同的文字在工程图样上有不同的用途，在绘制工程图样之前必须首先设置所需的文字样式。文字样式包括字体类型、字体高度、宽度比例、倾斜角等内容。默认状态下AutoCAD 2008提供一个文字样式“Standard”。创建文字样式的操作步骤如下。

单击样式工具栏上的【文字样式】按钮，或单击【格式】下拉菜单【文字样式】，即可激活文字样式命令。命令激活后弹出【文字样式】对话框，如图11.1所示。

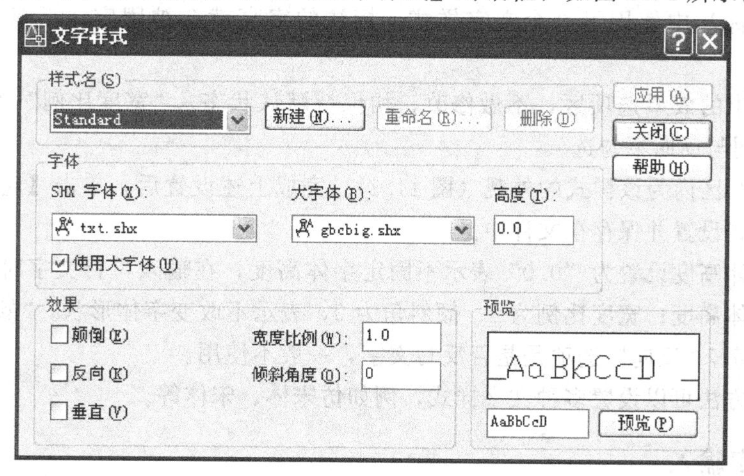

图11.1 【文字样式】对话框

对话框中是默认文字样式“Standard”，其中，“字体”选项区有两个选项，一是“SHX字体（X）”表示西文字体，二是“大字体（B）”表示亚洲国家使用的非拼音文字的大字符集字体。默认“Standard”样式中，西文字体选择的是“txt.shx”，大字体选择的是“gbcbig.shx”。

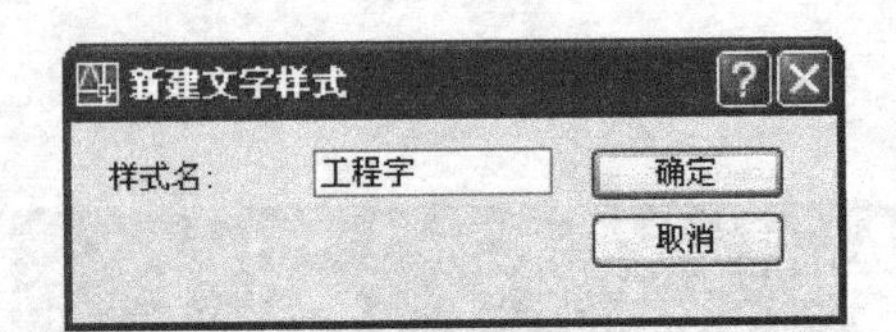

图 11.2 【新建文字样式】对话框

在【文字样式】对话框中单击“新建”按钮，弹出【新建文字样式】对话框，在“样式名”文本框中输入“工程字”，如图 11.2 所示。单击【确定】按钮，回到图 11.3【文字样式】对话框。

此时样式名已变为“工程字”。确保选取了“使用大字体”复选框，在“字体”选项区的“SHX 字体（X）”下拉列表中选取“gbeitc. shx”；在“大字体（B）”下拉列表中选取“gbcbig. shx”；“高度”文本框中为默认值“0.0”，如图 11.3 所示。

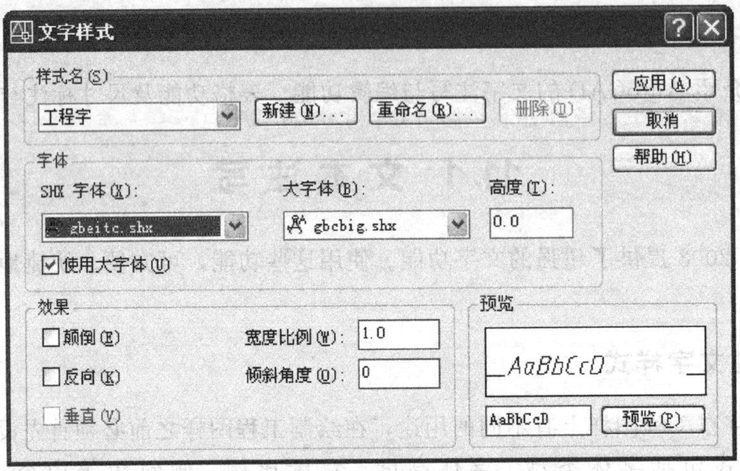

图 11.3 国标文字样式的字体设置

对话框中的“高度”文本框用于定义字高，一般情况最好不要改变它的默认设置“0.0”，如果在这里修改成其他数值，则此样式输入单行文字时的字高便不会被提示，并且如果在以后的标注中使用了这个文字样式，标注的字高就会被固定，不能在标注设置中更改。

在对话框中的效果选项区，不做修改，均保持默认状态。“宽度比例”为 1，“倾斜角度”为 0，颠倒与反向不勾选。

在“预览”区内为该样式的外观（图 11.3）。完成上述设置后，单击【应用】按钮即完成一个文字样式设置并保存在文件中。

说明：字体高度设置为“0.0”表示不固定字体高度，在输入单行文字时，命令行会提示输入一个字体高度；宽度比例为 1、倾斜角为 0，表示不改变字体形状。“颠倒”选项是确定是否倒写文字，“反向”选项是是否反写文字，一般不使用。

依照上述方法可以设置多种文字样式，例如仿宋体、宋体等。

11.1.2 文字输入

AutoCAD 提供了两种书写文字的工具，分别是单行文字和多行文字。

11.1.2.1 单行文字

对于不需要多种字体或多行排列的文字，可以创建单行文字。单行文字对于简短文字非常方便，激活命令的方式如下。

① 菜单：【绘图】|【文字】|【单行文字】；

② 命令行：text↙。

例如，用单行文字、工程字样式，书写“机械制图是工程界技术语言。”另起一行“工程技术人员必须掌握工程制图的基本知识。”操作如下：

首先单击文字样式下拉列表，选择工程字为当前样式；

命令：text↙

当前文字样式：工程字　当前文字高度：0.0

指定文字的起点或［对正（J）/样式（S）］：　　（在适当位置单击作为文字输入的左下角基点）

指定高度＜0.0＞：5↙

指定文字的旋转角度＜0＞：↙　　（直接输入文字）

工程技术人员必须掌握工程制图的基本知识。

机械制图是工程界的技术语言。↙

单击“Esc”键退出单行文字输入。

命令操作完成后，输入了两行文字对象，这两行文字分别是两个独立的文字对象，如果对它们进行文字编辑，需要分别进行。

单行文字中的“对正（J）”选项用于决定文字的对正方式。默认的对正方式是左对齐，因此对于左对齐的文字，可以不必设置对正选项，“对齐（A）”方式用于确定文字基线的起点和终点，调整文字高度使其位于两者之间；“调整（F）”方式用于确定文字基线的起点和终点，在保证原指定的文字高度的情况下，自动调整文字的宽度以适应指定两者之间均匀分布，图11.4中（a）、（b）所示为同一字高的两种对齐方式效果。其他对正方式读者自行分析。

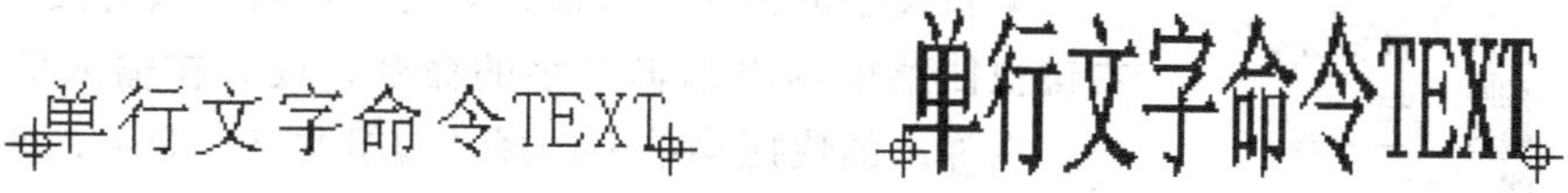

单行文字命令TEXT

(a)“对齐(A)”

单行文字命令TEXT

(b)“调整(F)”

图11.4　单行文字的“对齐”、“调整”对正方式

11.1.2.2　多行文字

对于较长、较复杂的内容，可以创建多行或段落文字。多行文字实际上是一个类似于Word软件一样的编辑器，它是由任意数目的文字行或段落组成，布满指定的宽度，并可以沿垂直方向无限延伸。多行文字可以编辑修改文字的特性。例如，下划线、字体、颜色和高度等，既可整段修改也可单独修改段落中的某个字符、词语或短语。可以通过控制文字的边界框来控制文字段落的宽度和位置。

多行文字与单行文字的主要区别在于，多行文字无论行数是多少，创建的段落集都被认为是单个对象。多行文字命令的激活方式如下。

① 工具栏：“多行文字”按钮 A；

② 菜单：【绘图】|【文字】|【多行文字】；

③ 命令行：mtext↙。

例如，将图11.5所示一段文字用仿宋体书写成多行文字，字体高度7和5，操作步骤如下。

单击文字样式下拉列表，选择“Standard”为当前样式。

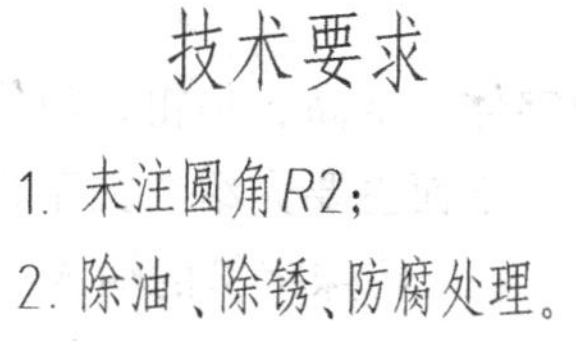

技术要求

1. 未注圆角R2；

2. 除油、除锈、防腐处理。

图11.5　多行文字

命令：mtext ↙

指定第一角点：　　　　　　　　　　　　　　　　　　　（点击拾取一点）

指定对角点或［高度（H）/对正（J）/行距（L）/旋转（R）

/样式（S）/宽度（W）/栏（C）］：　　　　　　　　　（拖矩形框，点击拾取右下角点）

在弹出的文字格式对话框中单击文字下拉列表，将“文字高度”修改为5，然后输入要求文字。输入完成后选中“技术要求”字体高度修改为7，单击确定，完成文字输入。如图11.6所示。

图 11.6　多行文字输入

11.1.3　编辑文字

编辑文字的方法比较简便，可以双击输入的文字，也可用右键快捷菜单调出编辑文字的命令，或者在输入的文字上右击，在弹出的快捷菜单中选择“编辑文字”命令，便可编辑用户选取的“单行文字”或“多行文字”对象。

编辑文字也可以用“特性”命令编辑文字，不但可以修改文字内容，还可以修改文字的其他特性（如文字样式、文字对齐方式、字高等）以及改变文字所在图层和颜色。

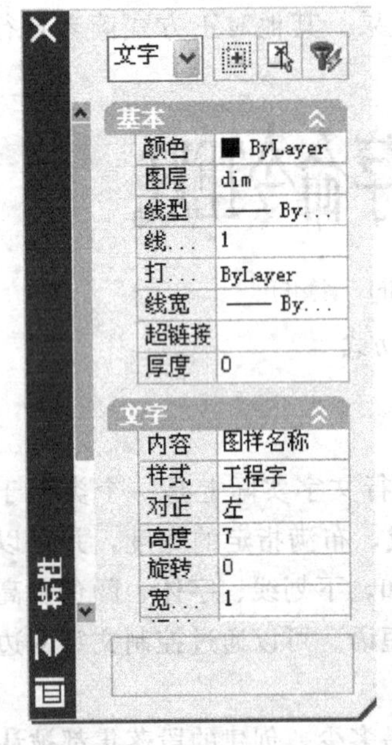

图 11.7　利用【特性】选项板编辑单行文字

11.1.3.1　单行文字编辑

双击单行文字只能修改文字的内容，如果还想进一步修改其他的文字特性，可以使用“特性”工具。在【特性】选项板（如图11.7所示）上不但可以修改文字的内容、样式、对正高度、旋转、倾斜、颠倒、反向等文字样式管理器里的全部项目，还可以修改颜色、图层、线型等基本特性。

11.1.3.2　多行文字编辑

双击多行文字，在文字编辑器中可以像Word一样对文字的字体、字高、加粗、斜体、下划线、颜色、堆叠样式、甚至是缩进、制表符等特性进行编辑。下面主要介绍“文字格式”编辑器上特殊符号的输入和堆叠命令的运用。

(1) 特殊字符的输入　在用AutoCAD绘制工程图样时，许多符号不能通过键盘直接输入，AutoCAD提供了特殊符号的控制代码，如直径、度数、正负都是由百分号与紧接其后的一个字符构成，见表11.1所示。所有特殊符号的输入代码均列在“文字格式”对话框

（见图 11.6）中的@下拉列表中，单击“符号”按钮 @，就可选择相应的符号代码，读者可自行分析学习。

表 11.1　常用的特殊符号控制代码

特殊符号	直径符号(ϕ)	度数符号(°)	正负符号(±)	角符号(∠)
控制代码	%%c	%%d	%%p	\U+2220

（2）堆叠命令的运用　在“文字格式”对话框内有一个“堆叠”按钮 $\frac{a}{b}$，它用于打开或关闭堆叠命令。该命令可实现文字、字母、数字等对象的上下“堆叠”。被堆叠的对象之间常包含“^”、“/”或“#”等符号，堆叠时首先将被堆叠的对象连同中间的符号选中，然后单击按钮 $\frac{a}{b}$，符号左边的对象就被堆叠到右边对象的上面。堆叠后的字符高度减小。表 11.2 所示为几种字符的堆叠效果。

表 11.2　堆叠命令运用效果

键入的内容	Xn^	y^6	50+0.1^-0.2	2/3	4#5	(a+b)2^
堆叠效果	X^n	y_6	$50^{+0.1}_{-0.2}$	$\frac{2}{3}$	4/5	$(a+b)^2$

11.2　表格的使用

在工程上大量使用表格，AutoCAD 提供了表格工具。本节介绍表格的创建、插入及编辑方法。

11.2.1　创建表格样式

在插入表格之前需创建所需样式的表格。AutoCAD 默认表格样式为“Standard”。在样式工具栏上单击“表格样式”按钮，激活“创建表格”命令，弹出【表格样式】对话框，如图 11.8 所示。

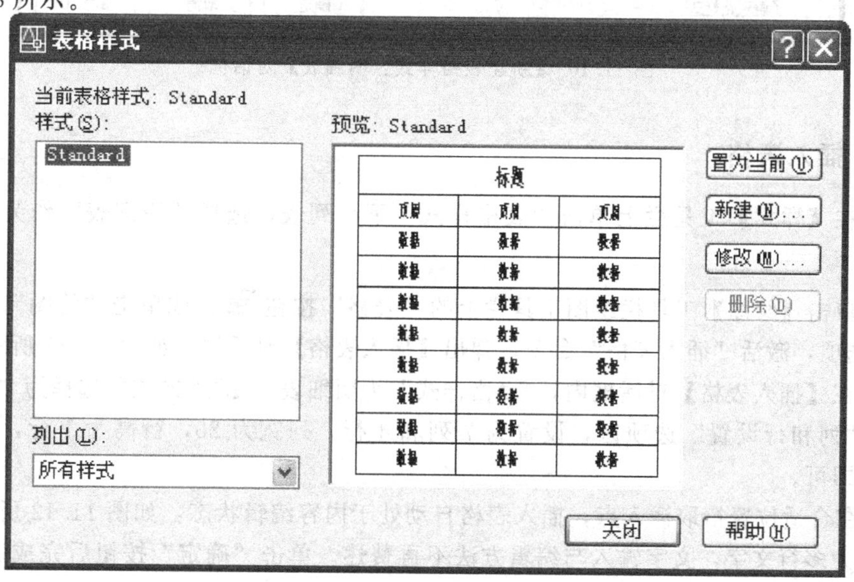

图 11.8　【表格样式】对话框

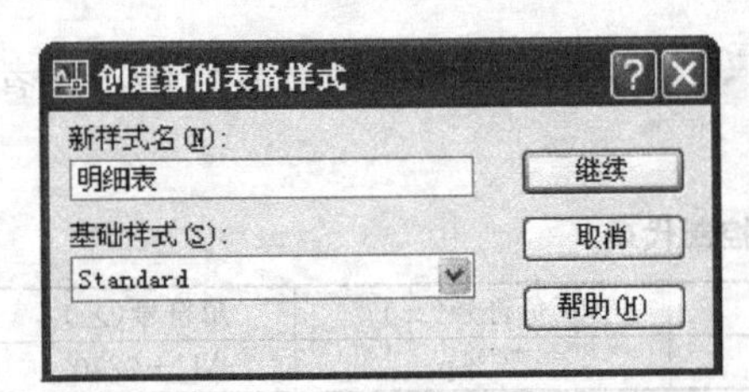

图 11.9 【创建新的表格样式】对话框

在【表格样式】对话框的内，单击【新建】按钮，弹出【创建新的表格样式】对话框，在“新样式名”文本框中输入“明细表”，如图 11.9 所示。单击【继续】按钮，弹出【新建表格样式】对话框，如图 11.10 所示。

在对话框的“起始表格”区保留默认状态，在“基本”区的表格方向文本框中选择“向上”，表示明细表向上扩展。在“单元样式”区中有三个选项卡，“基本”选项卡内“特性”及“页边距”不做修改；“文字样式”根据需要修改文字的特性；“边框”特性区，单击线宽下拉列表，选择 0.5mm，然后单击“外边框”图标，以此设置外边框线宽为 0.5mm，内边框设置方法与此相同，最后单击“确定”按钮即可（见图 11.10）。

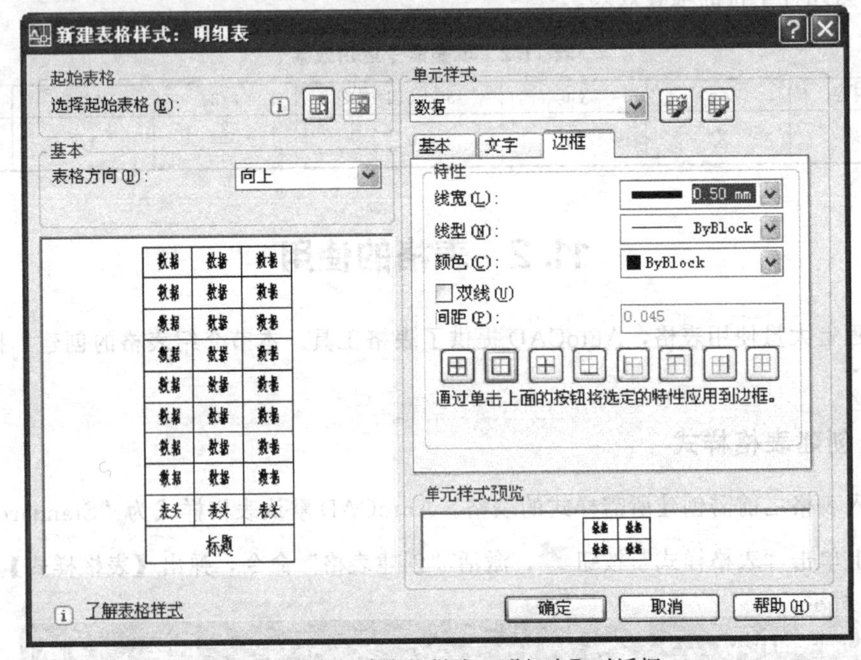

图 11.10 【新建表格样式：明细表】对话框

11.2.2 插入表格

(1) 在【样式】工具栏上单击“表格样式”下拉列表，选择“明细表”作为当前表格样式。

(2) 单击【绘图】工具栏绘图工具栏上的“表格”按钮，或单击“绘图”下拉菜单“表格”选项，激活“插入表格”命令，弹出【插入表格】对话框，如图 11.11 所示。

(3) 在【插入表格】对话框内，“表格样式”为明细表；“插入方式”选择为“指定插入点”；在“列和行设置”选项区，设置为 7 列和 4 行，列宽为 20，行高为 1 行，单击“确定”按钮即可。

(4) 在合适位置拾取插入点，插入表格自动处于内容编辑状态，如图 11.12 所示。表格内容输入为多行文字，文字输入与编辑方法不再赘述。单击“确定”按钮后完成表格输入，双击任一单元格可重新回到文字输入状态。

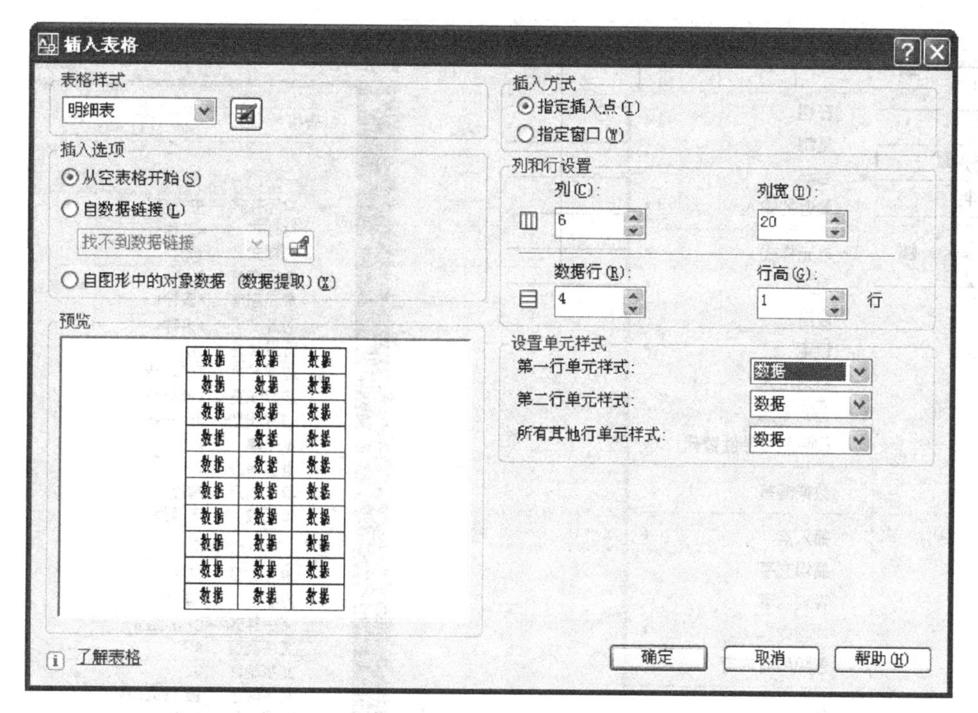

图 11.11 【插入表格】对话框

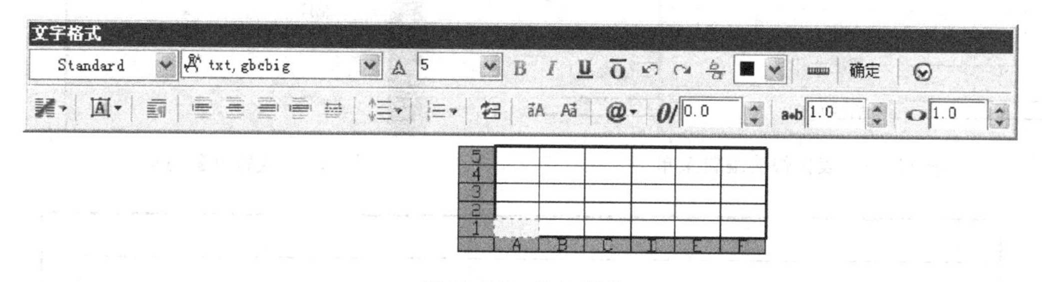

图 11.12 插入表格

11.2.3 编辑表格

编辑表格的方法如下。

(1) 按住鼠标左键并拖动可以选择多个单元格，如将“序号”一列全部选中，单击鼠标右键弹出快捷菜单，如图 11.13 所示，菜单里包括“单元对齐”、“单元边框”、“插入行列”、“插入字段”等编辑命令，如果选择单个单元格，右键菜单里还会包括公式等选项。

(2) 编辑单元格尺寸，选择菜单【工具】|【特性】命令，弹出【特性】选项板如图 11.14 所示。选中某一单元格，可在特性选项板中修改“单元宽度”、“单元高度”等。修改明细表列宽，第一列宽为 8mm，第二列宽为 40mm，第三列宽为 44mm，第四列宽为 8mm，第五列宽为 38mm，第六列宽为 22mm，第七列宽为 20mm。最后完成的明细表如图 11.15 所示。

在表里填写数据，包括应用一些公式进行统计分析或者合并拆分单元格，以及添加和删除行和列等，在这里不再赘述。

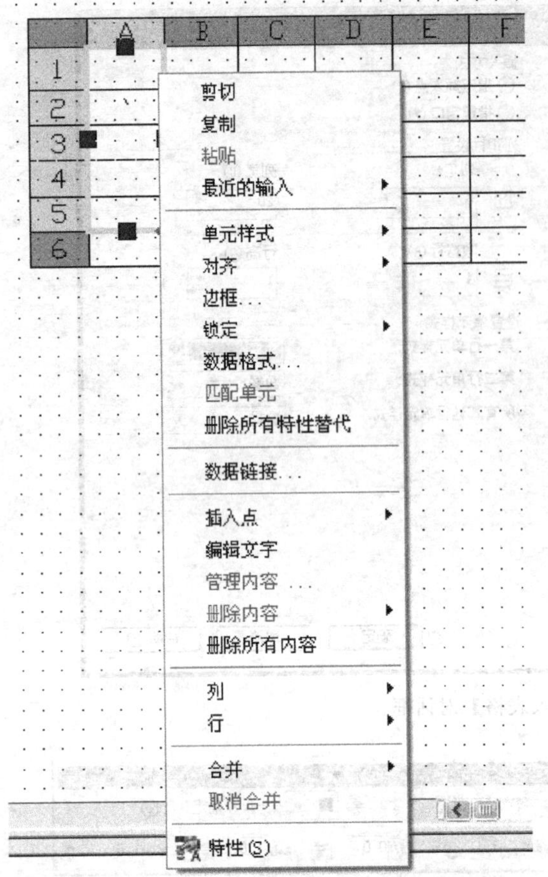

图 11.13 表格快捷编辑菜单

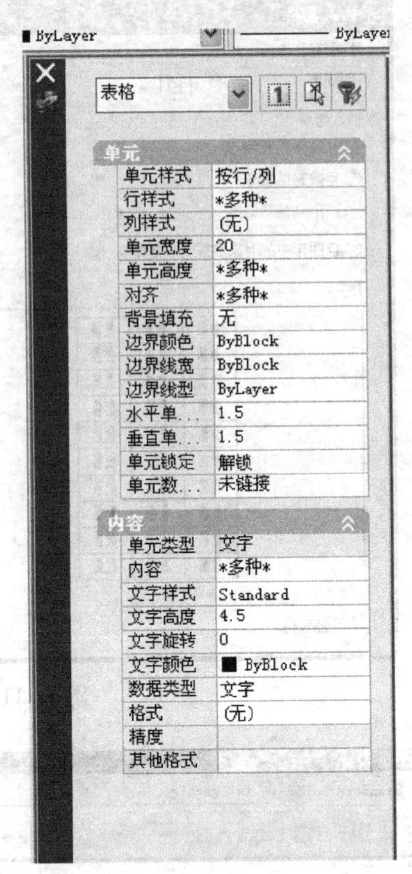

图 11.14 【特性】对话框

序号	代号	名称	数量	材料	重量	备注

图 11.15 完成的明细表

11.3 尺寸标注

AutoCAD 系统提供了一整套完整的尺寸标注命令，使用它们可以方便地标注图样上的各种尺寸，如长度、角度、直径、半径等。

11.3.1 创建尺寸标注样式

标注样式可以控制标注的格式和外观，AutoCAD 默认标注样式为“ISO-25”。绘制工程图样时，为使尺寸标注样式符合国家标准规定，在尺寸标注前，首先要设置多种尺寸标注样式。

11.3.1.1 创建线性尺寸标注样式

线性尺寸标注所标尺寸数字与尺寸线对齐，随尺寸线方向而变。在样式工具栏上单击【标注样式】按钮，激活创建标注样式命令，弹出【标注样式管理器】对话框，如图11.16所示。单击其中“新建”按钮，在弹出的“创建新标注样式”对话框中，输入新样式名“对齐样式”后，单击“继续”按钮，弹出【新建标注样式：对齐样式】对话框，如图11.17所示。新建样式以AutoCAD默认状态为基础样式，对话框内有线、符号和箭头等7个选项卡，分别对应尺寸标注要素的外观特性，需修改的选项与内容如图11.18中(a)～(d)所示。其余选项内容按默认状态处理暂不修改。

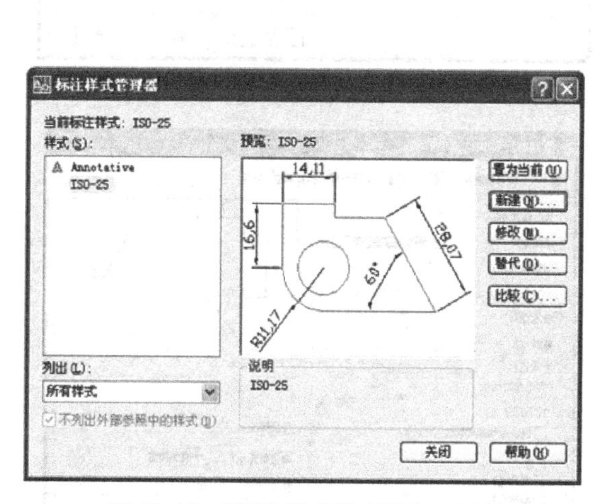

图11.16 【标注样式管理器】对话框

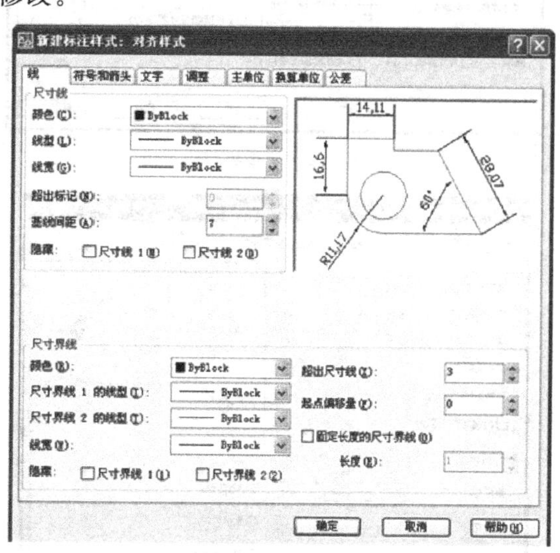

图11.17 【新建标注样式汉挤样式】对话框

11.3.1.2 创建角度尺寸标注样式

角度尺寸的标注通常将尺寸数字设为水平，不随尺寸线方向而变。创建角度尺寸标注样式时，以“对齐样式”作为基础样式，可简化设置过程。单击【标注样式】按钮，弹出【标注样式管理器】对话框，单击“新建”按钮，弹出【创建新标注样式】对话框，以“对齐样式”为基础样式，输入样式名“水平样式”，单击继续按钮，进入【新建标注样式】对话框。在此只需修改“文字”选项卡中的文字对齐方式，在“文字对齐”区，选中“水平”即可[参见图11.18(c)]。

其他标注样式根据绘图需要可按以上步骤进行设置，本书不再一一赘述。

11.3.2 标注尺寸

AutoCAD的尺寸标注建立在精确绘图的基础上，只要绘图尺寸精确，标注时只需要准确地拾取到标注点，系统便会自动给出正确的尺寸数值，而且标注尺寸和被标注对象相关联，即修改了对象，尺寸便会自动得以更新。

AutoCAD中提供了十几种标注命令以满足不同的需求，所有标注命令均在【标注】下拉菜单中或【标注】工具栏中。【标注】工具栏可通过右键快捷菜单调出，放于绘图区成为浮动工具栏，如图11.19所示。下面介绍几种常用标注命令的运用。

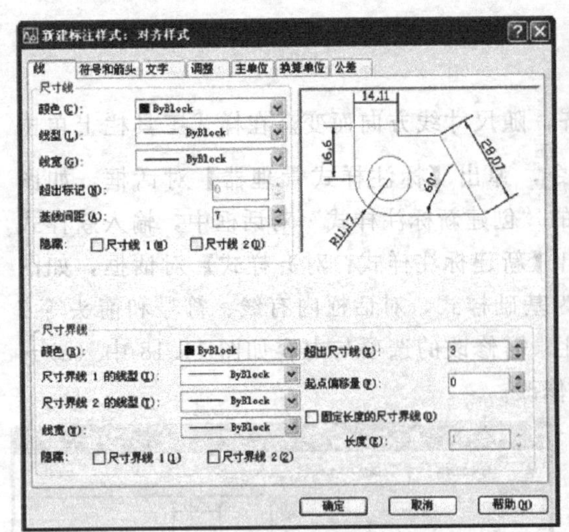

(a) “线”选择卡

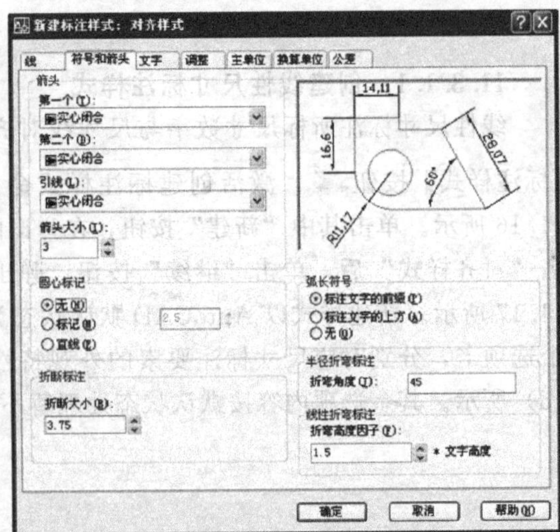

(b) “符号与箭头”选项卡

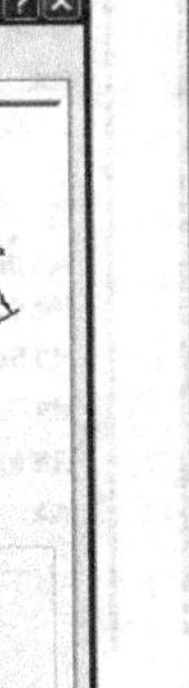

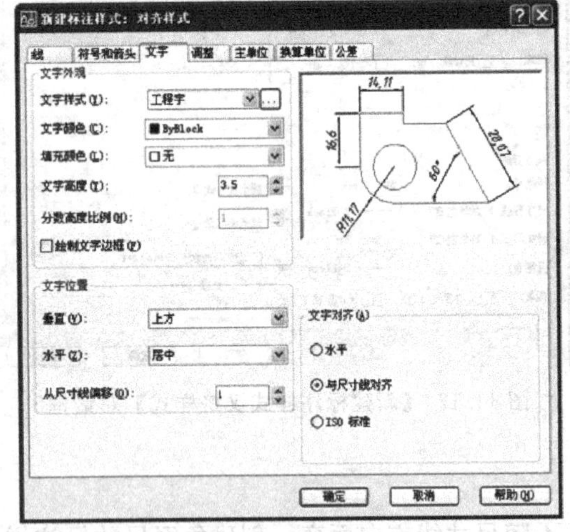

(c) “文字”选项卡

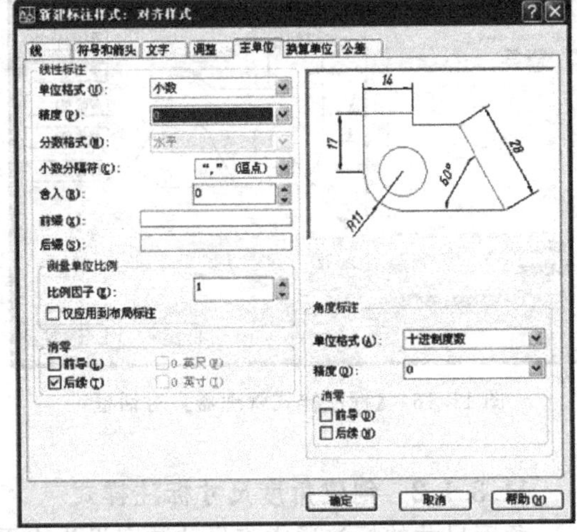

(d) “主单位”选项卡

图 11.18　新建对齐样式的设置

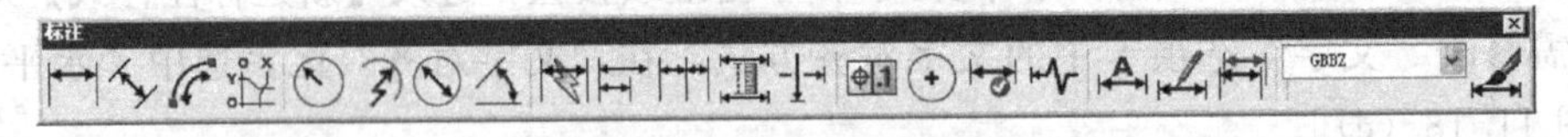

图 11.19 【标注】工具栏

11.3.2.1　线性标注与对齐标注

(1) 线性标注　线性标注命令用于标注两点间的水平距离或垂直距离。

例如，标注图 11.20 所示线性尺寸的操作步骤如下。

单击工具栏上的“线性”按钮。

命令：_ dimlinear

指定第一条尺寸界线原点或 <选择对象>：　　（拾取 A 点作为标注线性尺寸的第一点）

指定第二条尺寸界线原点：　　（拾取 B 点作为标注线性尺寸的第二点）

指定尺寸线位置或 [多行文字 (M)/文字 (T)/角

度（A）/水平（H）/垂直（V）/旋转（R）]：　　（向上拉出标注尺寸线至合适位置点击，注出尺寸 45）

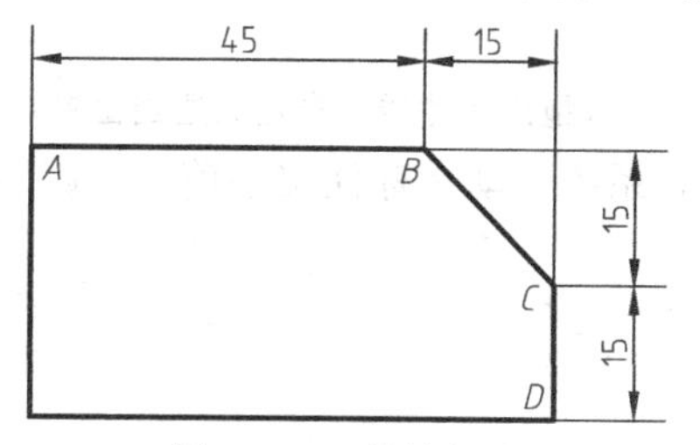

图 11.20　线性标注

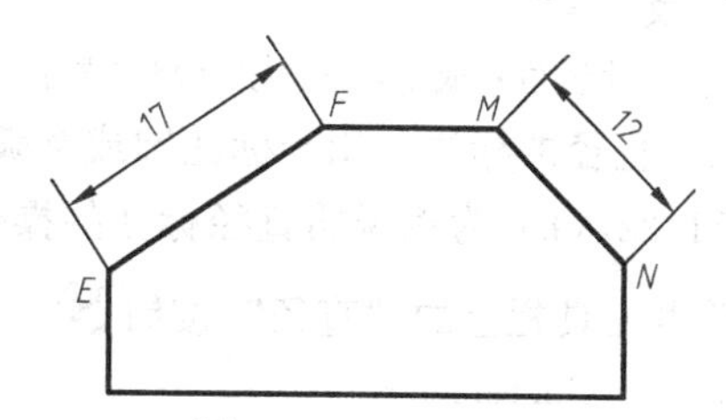

图 11.21　对齐标注

以上标注时，最后一行没有专门输入标注值“45”，而是由 AutoCAD 根据拾取到的两个标注点之间的投影距离自动给出的。另外，在执行命令时，如果提示“指定第一条尺寸界线原点或 <选择对象>：”的时候直接回车，可以激活选择标注对象的方式，只要选取对象，AutoCAD 会自动将这个对象的两个端点作为标注点进行线性标注。

按回车键重复执行线性标注命令，继续拾取 *B* 点、*C* 点，向上拖拽尺寸线，注出 *BC* 两点的水平尺寸 15；重复标注两点向右拖拽尺寸线，注出 *BC* 两点的垂直尺寸 15。*CD* 两点尺寸标注与之相同。

线性标注只能标注水平、垂直方向或者按指定旋转方向的直线尺寸，而无法标注斜线的长度。

(2) 对齐标注　对齐标注命令用于两点之间的长度尺寸，尺寸线与两点连线对齐。

例如，标注图 11.21 所示图形的两条斜线长度尺寸，操作步骤如下。

单击标注工具栏上的“对齐”按钮。

命令：_ dimaligned

指定第一条尺寸界线原点或 <选择对象>：　　（拾取 *E* 点）

指定第二条尺寸界线原点：　　（拾取 *F* 点）

指定尺寸线位置或 [多行文字（M）/文字（T）/角度（A）]：（拖拽尺寸线，自定义适当位置单击，注出斜线 *EF* 的长度尺寸 17）

回车重复执行“对齐”命令，再分别拾取 *M*、*N* 两点注出 *MN* 斜线的长度尺寸 12（见图 11.21）。

11.3.2.2　半径、直径与角度的标注

(1) 半径的标注　用于标注圆或圆弧的半径尺寸，系统自动在标注文字前加“R”符号。以图 11.22 (a) 为例说明半径标注的操作步骤。

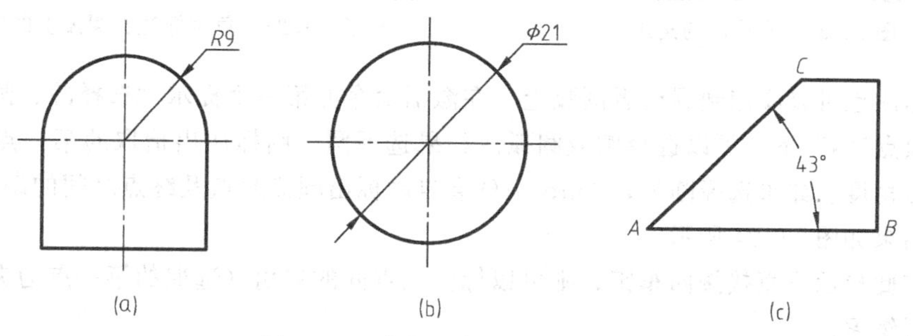

图 11.22　半径、直径与角度的标注

单击工具栏上的【半径】按钮。

命令：_ dimradius

选择圆弧或圆：　　　　　　　　　　　　　　　　　　　　[拾取图 11.22（a）中的圆弧]

标注文字＝7

指定尺寸线位置或[多行文字（M）/文字（T）/角度（A）]：　（拖出尺寸线，自定义适当位置）

（2）直径的标注　用于标注圆或圆弧的直径尺寸，系统自动在标注文字前加"ϕ"符号。以图 11.22（b）为例说明直径标注的操作步骤。

单击工具栏上的"直径"按钮。

命令：_ dimdiameter

选择圆弧或圆：　　　　　　　　　　　　　　　　　　（选择图形左边两个圆中的大圆）

标注文字＝12

指定尺寸线位置或[多行文字（M）/文字（T）/角度（A）]：　（拖出尺寸线，自定义适当位置）

半径或直径标注的对象既可以是完整的圆，也可以是圆弧，尺寸线可以在圆或圆弧的内部，也可以在圆或圆弧的外部。

（3）角度尺寸的标注　用于标注直线间的夹角、一段圆弧的中心角，也可根据已知的三个点来标注角度。标注值为度数，AutoCAD 会在标注值后面自动加上"°"（度）。

以图 11.22（c）为例，说明角度标注的操作步骤。

单击工具栏上的"角度"按钮。

命令：_ dimangular

选择圆弧、圆、直线或 <指定顶点>：　　　　　　　　（拾取线段 AB）

选择第二条直线：　　　　　　　　　　　　　　　　　（拾取线段 AC）

指定标注弧线位置或[多行文字（M）/文字（T）/角度（A）]：（向左上方拖拽尺寸线，自定义适当位置）

标注文字＝45

角度标注所拖出的尺寸线的方向将影响到标注结果，如图 11.23 所示，两条直线段间的角度在两个不同的方向可以形成两个角度值。

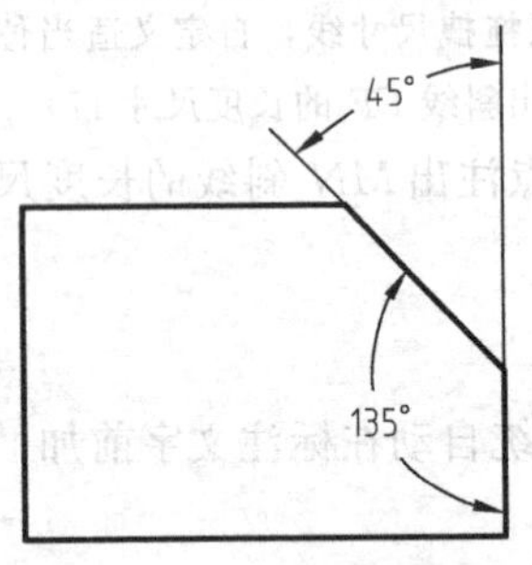

图 11.23　直线间的角度

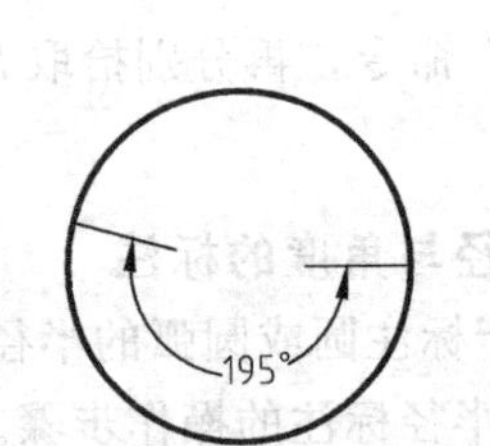

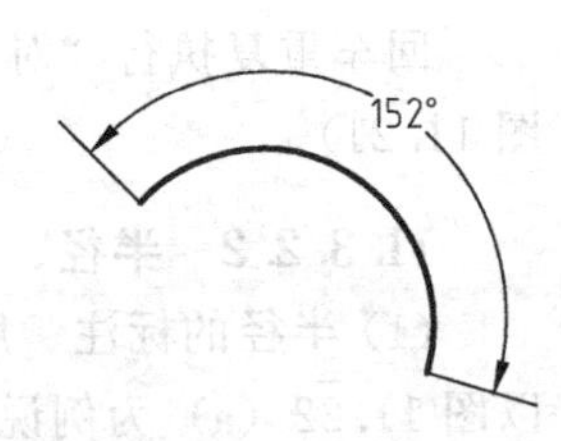

图 11.24　角度标注在圆弧上的应用

角度标注也可以应用到圆或者圆弧上，在激活命令的第一个提示"选择圆、圆弧、直线或<指定顶点>："下，可以选择圆或圆弧。如果选择圆，则标注出拾取的第一点和第二点之间的扇形角度。如果选择圆弧，AutoCAD 会自动标出圆弧起点及终点之间的扇形角度。

标注结果如图 11.24 所示。

如果在此提示下直接按回车键，则可以标注三点间的夹角（选取的第一点为夹角顶点），请读者自行练习。

11.3.2.3　基线标注、连续标注与快速标注

基线标注与连续标注的实质是某个线性标注或角度标注的延续。若某一组尺寸是由同一个基准面引出，则用基线标注方式；若某一组尺寸是首尾相接的，则用连续标注方式。此种

方式标注不但能提高标注的效率，而且能保证标注整齐排列。

(1) 基线标注　以图 11.25 为例，说明基线标注的运用方法。操作步骤如下。

首先单击“线性”尺寸标注，拾取 A 点，再拾取 B 点，注出尺寸 23；

单击标注工具栏上的“基线”按钮。

命令：_ dimbaseline

指定第二条尺寸界线原点或 [放弃 (U)/选择 (S)] <选择>：　　(拾取 C 点)

标注文字=30

指定第二条尺寸界线原点或 [放弃 (U)/选择 (S)] <选择>：　　(拾取 D 点)

标注文字=45

指定第二条尺寸界线原点或 [放弃 (U)/选择 (S)] <选择>：　　(拾取 E 点)

标注文字=60

指定第二条尺寸界线原点或 [放弃 (U)/选择 (S)] <选择>：↙

选择基准标注：↙

标注效果如图 11.25 所示。

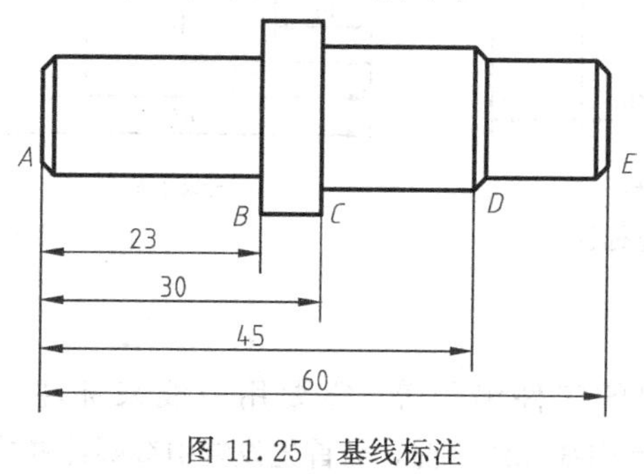

图 11.25　基线标注

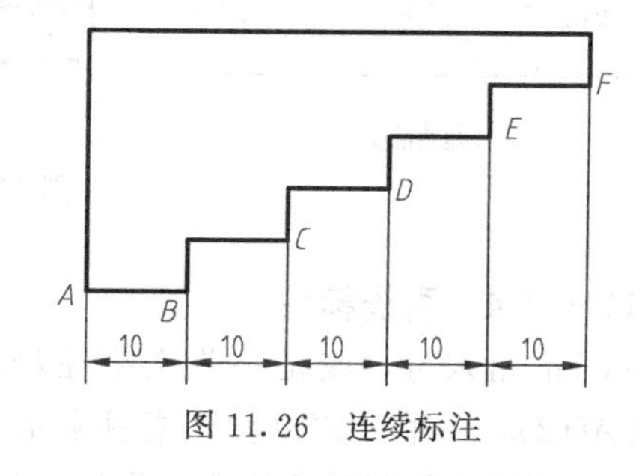

图 11.26　连续标注

(2) 连续标注　以图 11.26 为例，说明连续标注的运用方法。操作步骤如下。

首先标注 A 到 B 尺寸 10；

单击标注工具栏的“连续”按钮或单击标注菜单的“连续”。

命令：_ dimcontinue

指定第二条尺寸界线原点或 [放弃 (U)/选择 (S)] <选择>：　　(拾取 C 点)

标注文字=10

指定第二条尺寸界线原点或 [放弃 (U)/选择 (S)] <选择>：　　(拾取 D 点)

标注文字=10

指定第二条尺寸界线原点或 [放弃 (U)/选择 (S)] <选择>：　　(拾取 E 点)

标注文字=10

指定第二条尺寸界线原点或 [放弃 (U)/选择 (S)] <选择>：　　(拾取 F 点)

标注文字=10

指定第二条尺寸界线原点或 [放弃 (U)/选择 (S)] <选择>：↙

选择连续标注：↙

标注效果如图 11.26 所示。

(3) 快速标注　快速标注用来实现某一图形的系列尺寸化尺寸标注。系列化尺寸包括基线、连续、半径、直径等，常用的是基线或连续尺寸的标注。下面以图 11.27 为例，说明快速标注的操作步骤。

单击标注工具栏上的“快速标注”按钮 或标注菜单的“快速标注”。

命令：_ qdim

关联标注优先级＝端点

选择要标注的几何图形：　　　　[使用窗口方式框选要标注的图形，如图 11.27 (a) 所示]

↙

指定尺寸线位置或［连续 (C)/并列 (S)/基线 (B)/坐标 (O)/半径 (R)/直径 (D)/基准点 (P)/编辑 (E)/设置 (T)］<并列>：C↙　　　　[选择连续标注，向下拉出标注尺寸线，自定义适当位置，如图 11.27 (b) 所示]

若要标注基线尺寸组，该项操作提示下输入选项“B”，标注结果如图 11.27 (c) 所示。

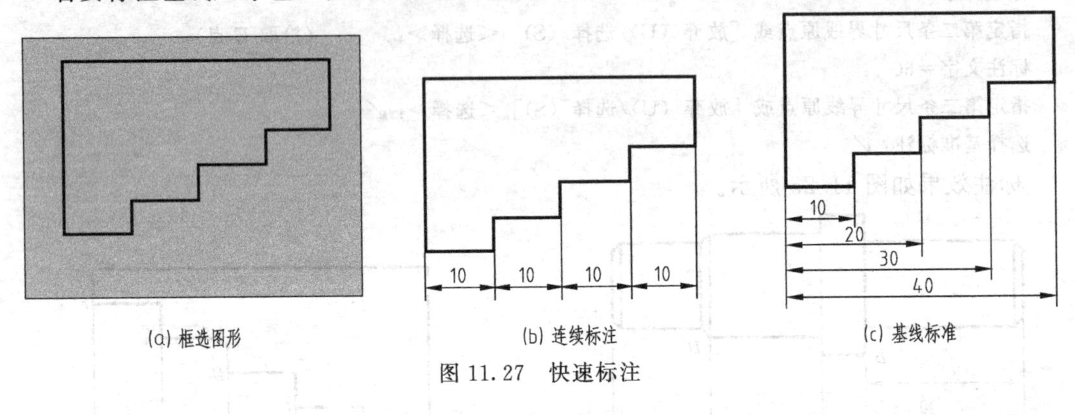

(a) 框选图形　　(b) 连续标注　　(c) 基线标准

图 11.27　快速标注

11.3.2.4　引线标注

标注倒角尺寸，或是一些文字注释、装配图的零件编号等，需要用引线来标注，在 AutoCAD 2008 中用“多重引线”标注来完成。在进行引线标注之前，需首先设置引线标注样式。

单击【格式】菜单下的【多重引线样式】，弹出【多重引线样式管理器】对话框，单击“新建”按钮，弹出创建新多重引线样式对话框，输入新样式名“倒角标注”，如图 11.28 所示。然后单击继续按钮，弹出【修改多重引线样式：倒角标注】对话框，如图 11.29 所示。再选择对话框中引线格式、引线结构、内容三个选项卡，对三个选项卡相关内容进行修改，如图 11.29～图 11.31 所示，请读者结合软件自行练习。

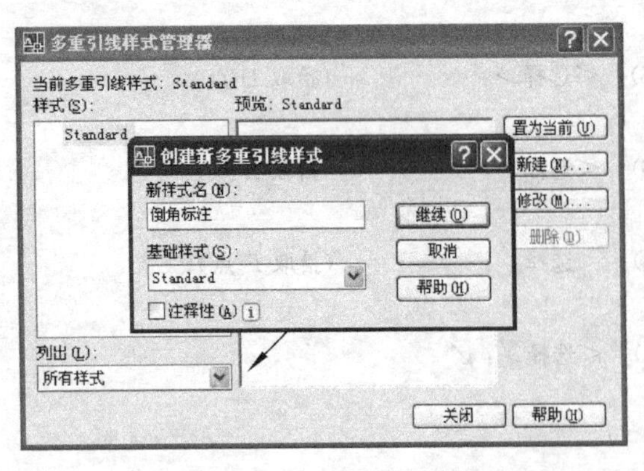

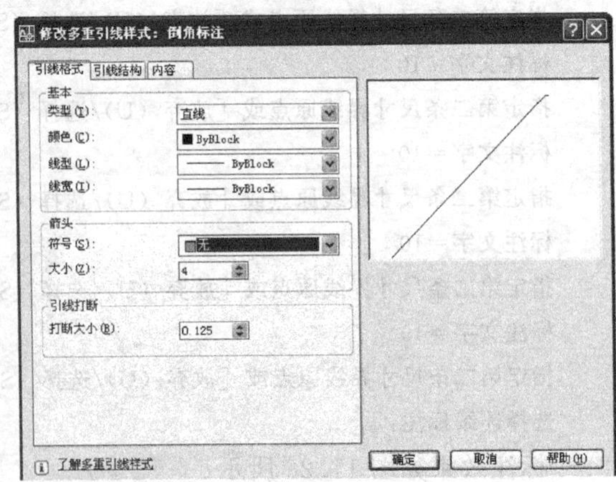

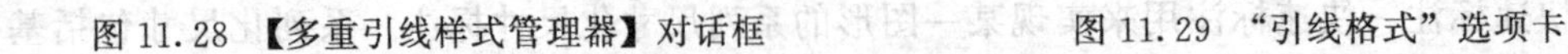

图 11.28　【多重引线样式管理器】对话框　　　　图 11.29　“引线格式”选项卡

下面以标注图 11.32 中的倒角为例，说明“多重引线”标注命令的运用方法与操作步骤。

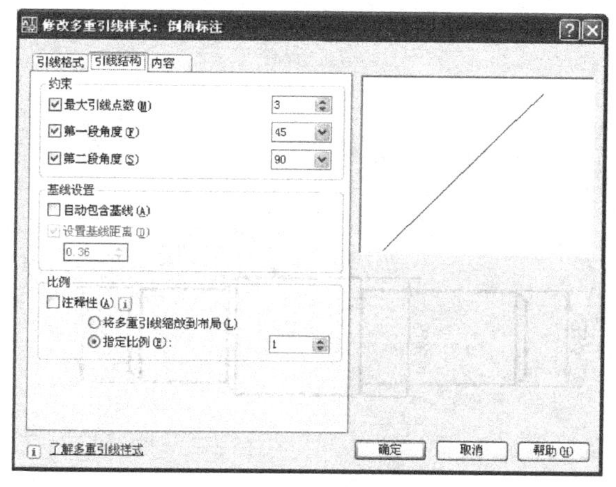

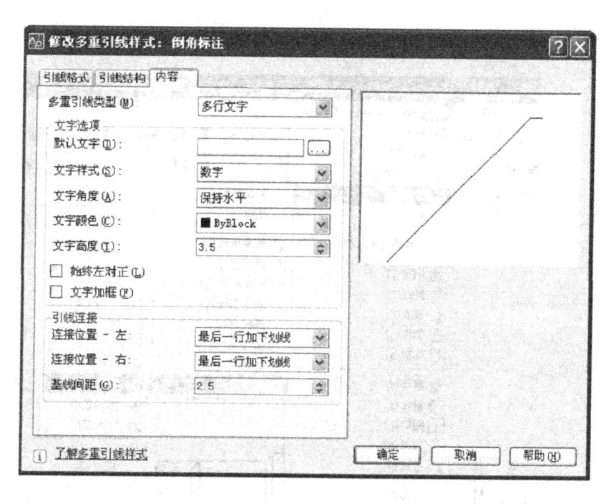

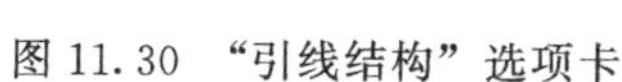

图 11.30 “引线结构”选项卡

图 11.31 “内容”选项卡

单击菜单“标注”下的“多重引线”。

命令：_ mleader

指定引线箭头的位置或［引线基线优先（L）/内容优先（C）/选项（O）］<引线基线优先>：（拾取左端倒角上 *A* 点）

指定下一点：（拖拽引线至适当位置 *B* 点）

指定引线基线的位置：↙（在光标闪烁出输入 c1.5，单击文字格式对话框的确定按钮即可）

重复以上过程操作可标出零件右端倒角，标注结果如图 11.32 所示。

11.3.3 标注的编辑与修改

标注尺寸与标注对象之间具有关联性，所以标注完成后，如果图形被修改，标注的尺寸也会自动修改更新。另外，标注好的尺寸也可以利用编辑工具对其进行修改。

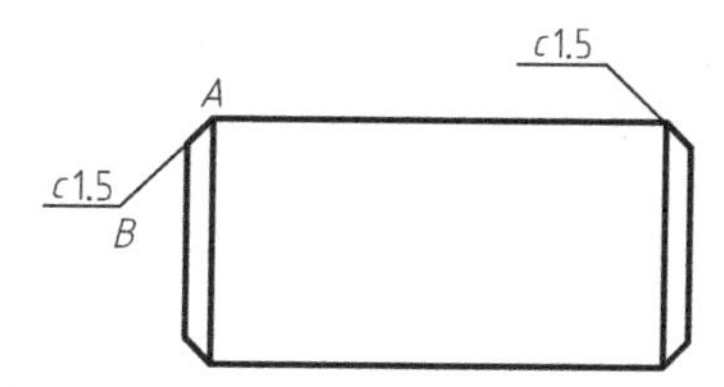

图 11.32 用快速引线标注倒角尺寸

11.3.3.1 修改标注的尺寸文字

通过“修改”菜单下的“对象”，可以对尺寸标注中的文字进行添加或删减。

如图 11.33 所示，阶梯轴的直径标注是采用线性标注完成的，尺寸数字前缺少直径符号。编辑修改直径尺寸的操作步骤如下。

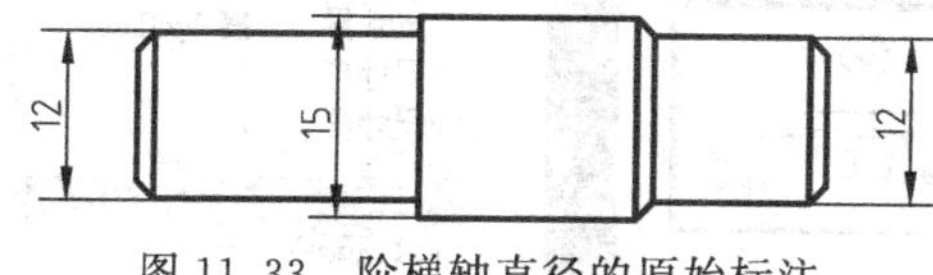

图 11.33 阶梯轴直径的原始标注

选中预修改尺寸 12，然后单击【修改】菜单下的【对象】|【文字】|【编辑】命令（见图 11.34）。此时，文字处于可编辑状态，且弹出文字格式对话框（见图 11.35），在数字 12 前输入代码%%c，立即出现直径符号 ϕ，单击确定即可。其他尺寸的修改与之相同。修改结果如图 11.34（b）所示。

11.3.3.2 利用修改特性编辑尺寸标注

利用【特性】选项板可以对任何 AutoCAD 对象进行编辑，对于标注也不例外，任意在一个完成的标注上双击鼠标左键，将会弹出【特性】选项板，如图 11.36 所示，在这里可以对从标注样式到标注文字的几乎全部设置进行编辑修改。

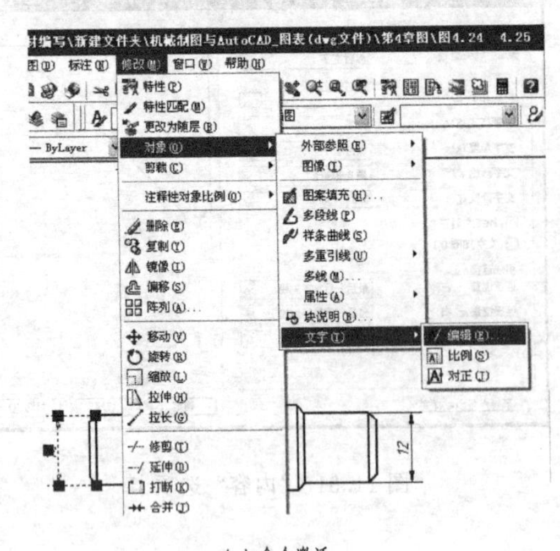

(a) 命令激活

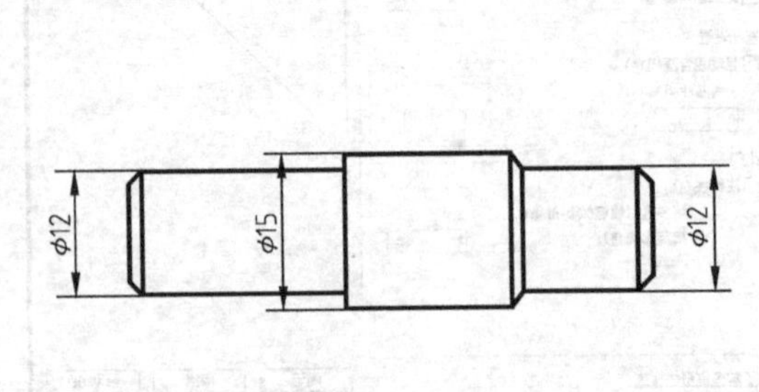

(b) 修改结果

图 11.34　直径尺寸的修改

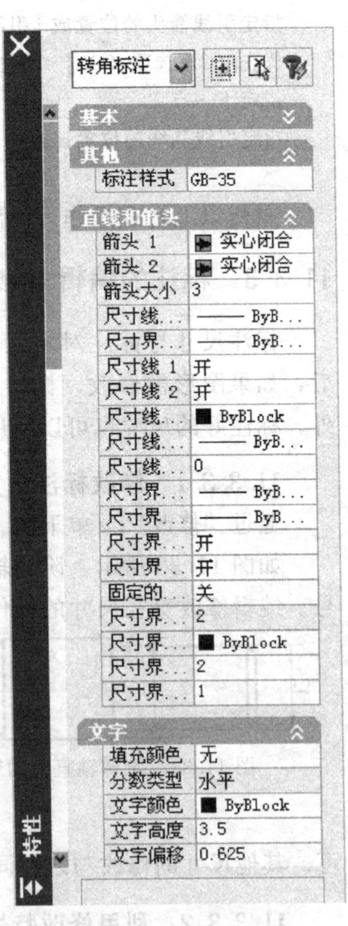

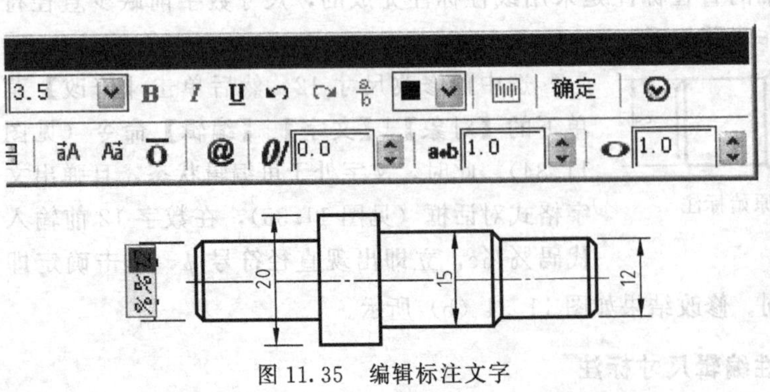

图 11.35　编辑标注文字

图 11.36　利用【特性】选项板编辑标注

第12章 用AutoCAD绘制工程图样

12.1 零件图绘制

12.1.1 绘制零件图的步骤

12.1.1.1 设置绘图环境

（1）设置图幅　在绘制零件图之前，需根据所绘制零件的大小、复杂程度和绘图比例设置适当的图幅，图幅大小必须符合国家标准。注意，在设置图层之前要通过格式菜单查看图形单位，在机械制图中一般选择 mm 为测量单位。

（2）设置图层　根据所绘制零件图的需要设置必要的图层，为了便于管理最好设置不同颜色，另外，绘图时应保持线宽按钮处于打开状态。

（3）创建文字样式　为满足标注尺寸、添加技术要求、填写标题栏等不同要求，需创建三种以上的文字样式。

（4）创建尺寸标注样式　为满足线性尺寸的标注和角度、半径、直径尺寸的标注，一般需创建“对齐”与“水平”两种标注样式。若绘图比例不是原值比例，需注意根据比例调整尺寸样式中的“测量单位比例因子”，例如，绘图比例为 1∶2，比例因子应为 2；绘图比例为 2∶1，比例因子应为 0.5。

（5）创建表格样式　为满足标题栏、参数表等需要，创建数据表格样式，表格方向一般向上，文字为仿宋体，其他参考第 11 章内容。

12.1.1.2 创建图块

块是定义好的并赋予属性的一个组合对象。在零件图中，可将表面粗糙度代号、标题栏等制作为带有属性的图块。运用图块不但可提高绘图效率、节省存储空间，还便于修改。

（1）绘制粗糙度图形符号　粗糙度基本符号如图 12.1 所示，其大小尺寸与图样中的文字高度相适应（参照表 8.4），本图中的符号尺寸，按字体高度 3.5 设置。

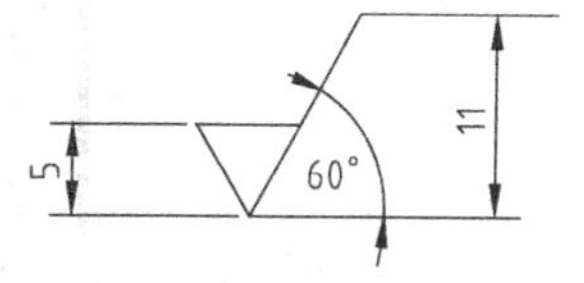

图 12.1　粗糙度图形符号

（2）定义块的属性　属性是存在于块中的文本信息，可将块中的可变文本定义为属性。一个块中可以含有多个属性。

单击【绘图】菜单下的【块】|【定义属性】命令，系统弹出【定义属性】对话框，根据对话框选项提示，设置内容如图 12.2 所示。单击“确定”按钮，回到绘图区，命令行提示

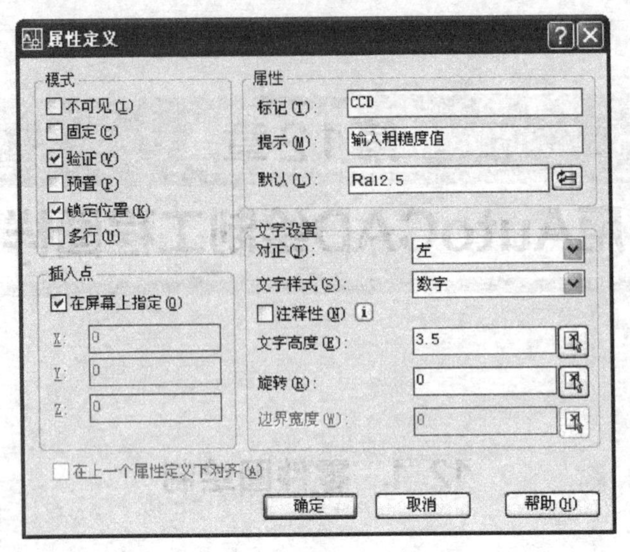

图 12.2 定义“块”的属性

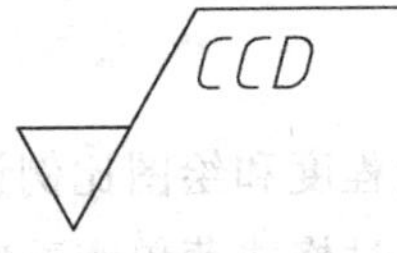

图 12.3 定义属性

“指定起点:”，单击符号横线下一点，将鼠标下的“CCD”自动粘贴在横线下，如图 12.3 所示。

(3) 创建图块 图块分为内部块和外部块两种，内部块存储于本文件系统内，只限于本文件使用；外部块存储于文件之外，可供任何 CAD 文件使用。创建内部块用“block”命令，创建外部块用“wblock”命令。一般粗糙度块用“wblock”命令创建。操作过程如下。

命令：wblock↙（系统弹出“写块”对话框。在对话框“源”选项区，选择“对象”，单击拾取点按钮，回到绘图区，捕捉到图 12.3 中的符号尖点点击，回到对话框，单击“选择对象”按钮，回到绘图区，框选图 12.3 全部并回车，回到对话框，选中从“图形中删除”选项，单击“确定”按钮即可，如图 12.4 所示）。

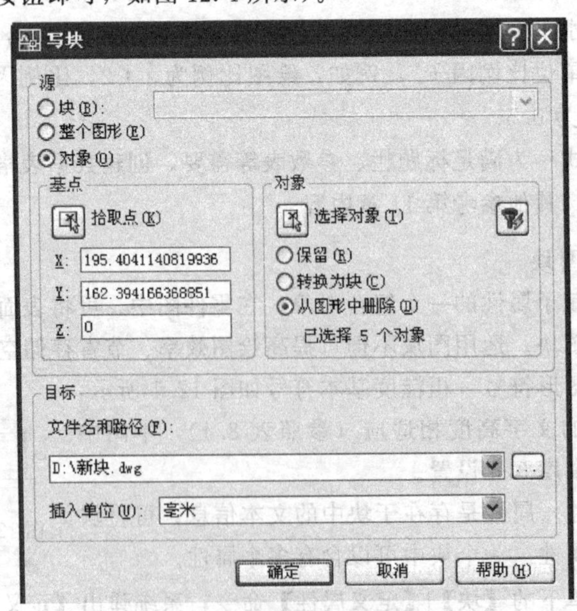

图 12.4 【写块】对话框内容设置

为避免每次绘图都重复性工作，完成以上设置后，可将其存为样板图，在绘制新的零件图时可打开此样板图形，以提高工作效率。保存样板图的过程如下。

单击工具栏上的【保存】按钮，弹出【图形另存为】对话框，如图 12.5 所示，在“文件类型”下拉列表中，选择“AutoCAD 图形样板（*.dwt）”，在“文件名”处输入“零件图”，单击保存，该样板即保存于“Template”文件夹内。

图 12.5 【图形另存为】对话框

12.1.1.3 绘制图样所有视图

与纸质绘图不同，AutoCAD 绘图没有打底稿与加深的过程，各种图线绘制一步到位，因此，在绘制各种图线时必须注意随时切换图层，并打开状态栏上的“线宽”按钮。为使粗、细线型在视口内显示合理的线宽，可以右键单击状态栏上的【线宽】按钮，弹出图 12.6 所示对话框，在“调整显示比例”区，用鼠标拖动滑块至适当位置，一般将滑块调至第二与第三个刻度之间较好。

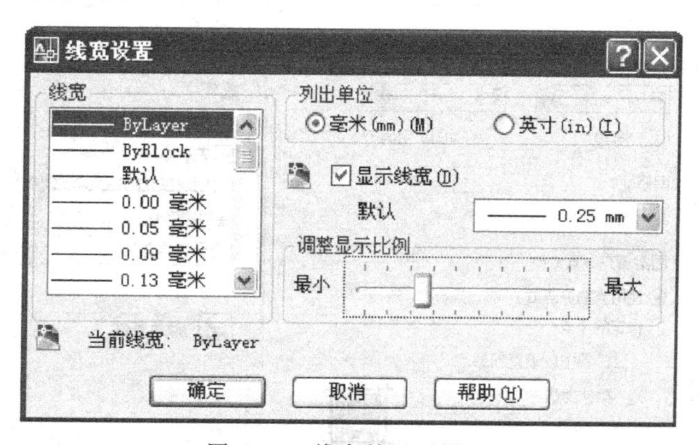

图 12.6 线宽的显示设置

12.1.1.4 标注尺寸

零件图标注尺寸的方法与平面图形相同，需注意的是，尺寸的编辑与修改应符合零件的加工要求。

12.1.1.5 注写技术要求

技术要求包括表面粗糙度的标注、形位公差标注以及文字技术要求（操作方法见 12.1.3）。

12.1.1.6 绘制图框与标题栏

开启栅格显示的前提下，用粗实线绘制图框线，图框线与栅格边沿距离按表 1.1 中尺寸。插入标题栏的有多种，既可以利用已创建的表格样式，插入表格并编辑表格；也可用直线命令绘制表格，然后用多行文字填写内容。

12.1.2 剖面线、波浪线

12.1.2.1 绘制剖面线

在 AutoCAD 环境下，剖视图中的剖面线是用“图案填充”命令完成的。在绘图工具栏上单击【图案填充】按钮或单击【绘图】菜单下的【图案填充】，即可激活图案填充命令。激活命令后，系统弹出如图 12.7 所示【图案填充和渐变色】对话框，可以定义填充的“图案类型”“边界”“图案特性”和“填充对象属性”等。

在类型和图案选项区，类型下拉列表中有三个选项，“预定义”选项提供 AutoCAD 预先定义图案；“用户定义”选项使用一组间隔相等的平行直线；“自定义”选项使用用户事先定义好的图案。当选择“预定义”选项时，图案选项才可用。从图案选项下拉列表中可以根据图案名称进行选择，也可以单击右侧按钮从弹出的【图案填充选项板】对话框中选择，如图 12.8 所示。

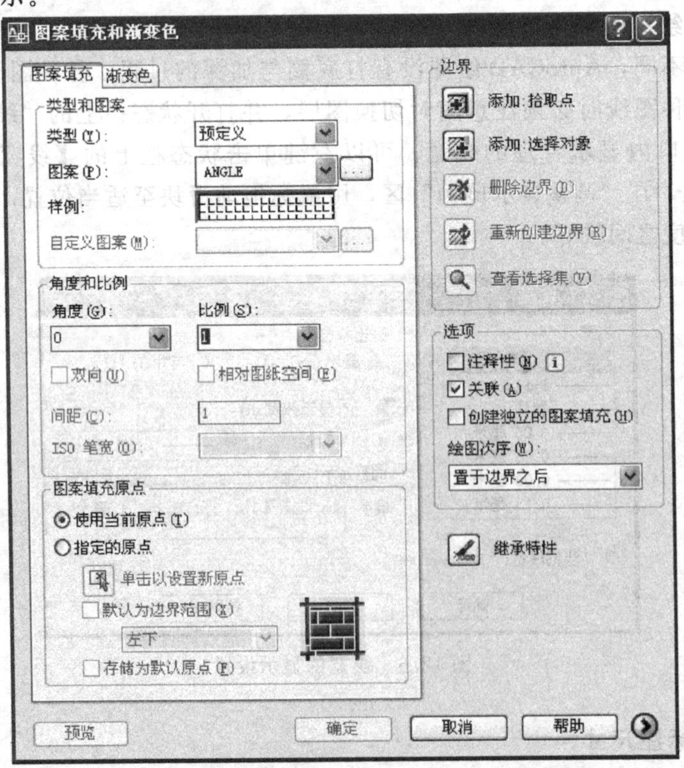

图 12.7 【图案填充和渐变色】对话框

在绘制机械图样时，选择填充的图案类型是“ANSI31”，该类型在“图案”下拉列表中可以找到，在图案填充选项板中也可以找到。选中后在样例窗口显示图案特点。

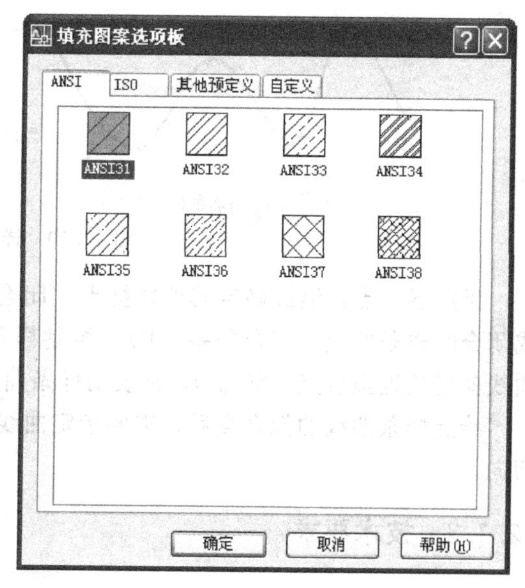

图 12.8 【填充图案选项板】对话框

在角度和比例选项区，“角度”下拉列表用来设置图案的旋转角。系统默认值为 0，代表剖面线为自左下而右上的 45°斜线，其余角度以此类推。若选用图案 ANSI31，剖面线倾角常选择 0°、60°、90°、135°等。“比例”下拉列表用来设置图案中线条的间距，以保证剖面线有适当的疏密程度。数值越大剖面线越稀疏。系统默认值为 1。只有将类型设置为“预定义”或“自定义”时，此选项才可使用。

在“边界”选项区，“添加：拾取点”按钮，用于指定填充边界内的任意一点，该边界必须是封闭的。“添加：选择对象”按钮，选择构成填充边界的对象，以使图案填充到该边界内。“查看选择集”按钮，单击此按钮后，暂时关闭对话框，显示已选定的边界，若没有选定边界，则该选项无效。

在“选项”区，“关联”复选框，选择此项，在修改边界时图案填充自动随边界作出相应改变，使图案填充自动填充新的边界。不选此项时，图案填充不随边界的改变而改变，仍保持原来的形状。“创建独立的图案填充”复选框，选择此项，一次创建的多个填充对象互为独立，可单独进行编辑或删除。“继承特性”按钮，用于选择一个已使用的填充样式及其特性来填充指定的边界，相当于复制填充样式。

设置完成后，单击“添加：拾取点”按钮，回到绘图区，命令行提示如下。

拾取内部点或[选择对象(S)/删除边界(B)]:　　(单击图 12.9 中 *abcd* 线框内一点)
拾取内部点或[选择对象(S)/删除边界(B)]:　　(单击图 12.9 中圆内一点)↙

回到对话框，单击“确定”即可，填充结果如图 12.9 所示。

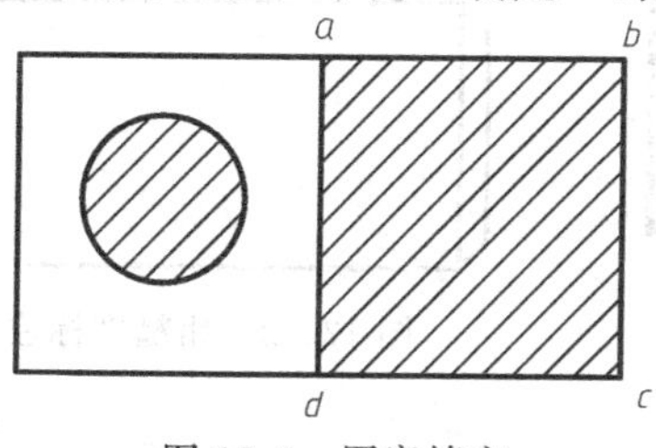

图 12.9 图案填充

12.1.2.2 绘制波浪线

在绘制局部视图、局部剖视图时常常会用到波浪线，AutoCAD 中的波浪线可用样条曲线来绘制。单击绘图工具栏上的样条曲线图标或单击“绘图”菜单下的“样条曲线”，即可激活该命令。命令激活后系统提示如下。

指定第一个点或[对象(O)]:　　(在绘图区内指定一点作为样条曲线的起点)
指定下一点:　　(指定第二点)
指定下一点或[闭合(C)/拟合公差(F)]<起点切向>:

各选项的意义如下。

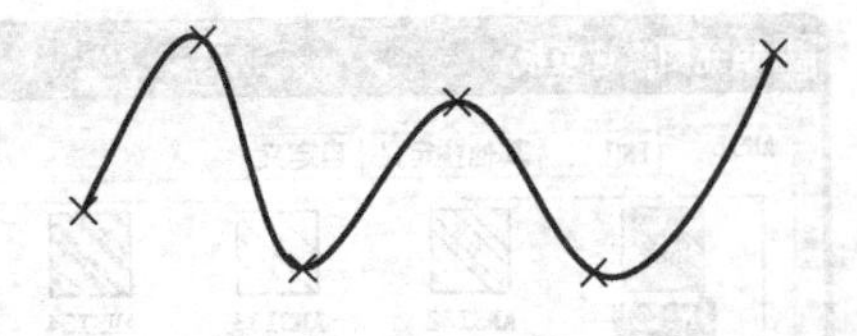

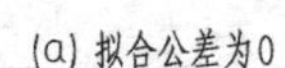

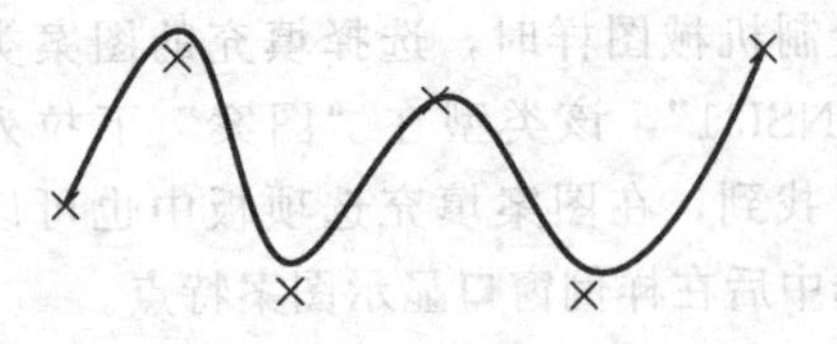

图 12.10　样条曲线的画法

指定下一点：继续确定其他数据点。闭合（C）：使样条曲线最后一点与起点重合，构成闭合的样条曲线。拟合公差（F）：控制样条曲线对数据点的接近程度。公差越小，样条曲线就越接近拟合点，如为 0，则表明样条曲线精确通过拟合点，如图 12.10 所示。

给定样条曲线的拟合点后，需要指定曲线的起点切向和终点切向，此时可指定一点作为切向。

12.1.3　技术要求

12.1.3.1　粗糙度标注

AutoCAD 中用插入图块命令完成表面粗糙度标注。操作过程如下。

单击工具栏上的“插入块”图标 激活该命令，系统弹出“插入”对话框，如图 12.11 所示。单击对话框内的“浏览”按钮，按之前创建块时的存储路径找到“粗糙度块”，勾选插入点“在屏幕上指定”，勾选旋转“在屏幕上指定”，单击确定按钮，回到绘图区，命令行提示如下。

指定插入点或［基点（B）/比例（S）/X/Y/Z/旋转（R）］：（拾取图 12.12 中 A 点）

指定旋转角度<0>：↙

输入粗糙度数值 <Ra12.5>：Ra6.3↙

粗糙度标注结果如图 12.12 所示。

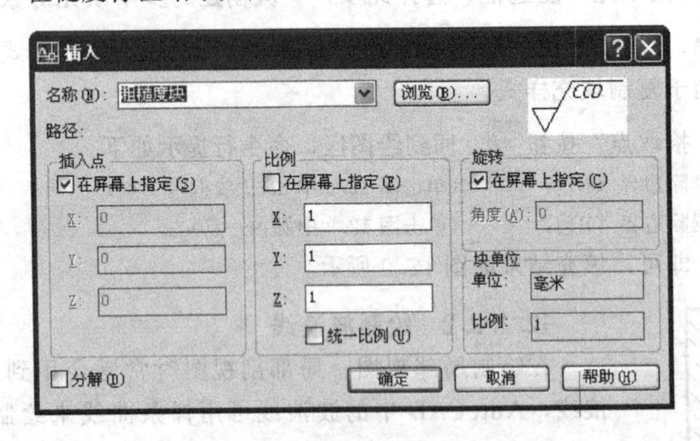

图 12.11　插入粗糙度对话框

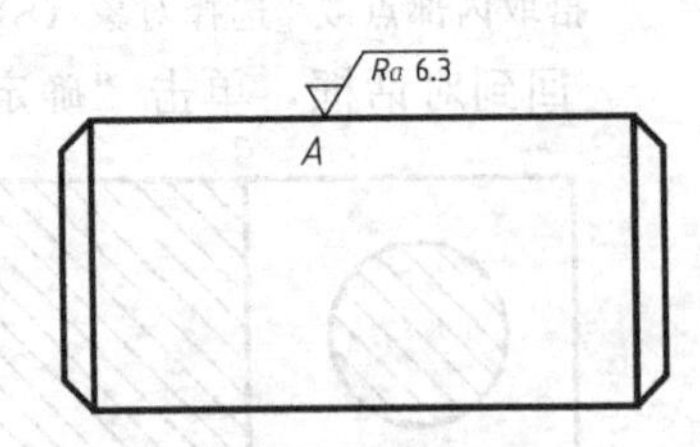

图 12.12　粗糙度标注

12.1.3.2　标注形位公差

打开格式菜单下的【多重引线样式】对话框，新建“公差引线”样式（如图 12.13），单击继续按钮，打开【修改多重引线：公差引线】对话框，引线箭头选项卡，只修改箭头大小为 2.5，引线结构选项卡只修改“引线最大点数”改为 3（图例略），内容选项卡“多重引线类型”选择“无”，如图 12.14 所示，单击确定即可。

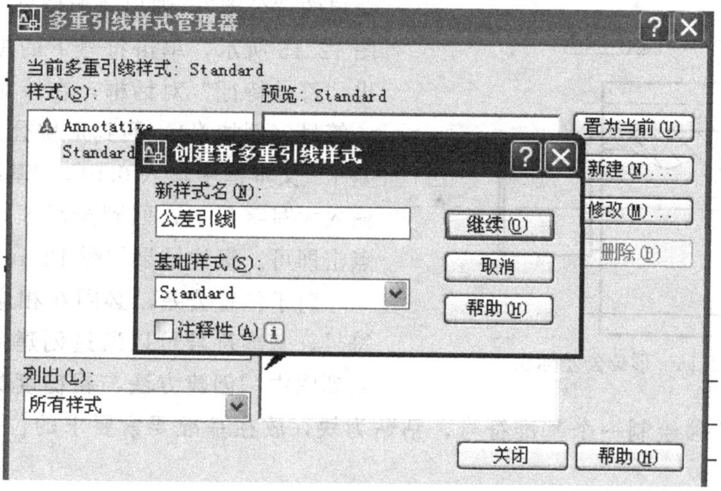

图 12.13 【多重引线样式管理器】对话框

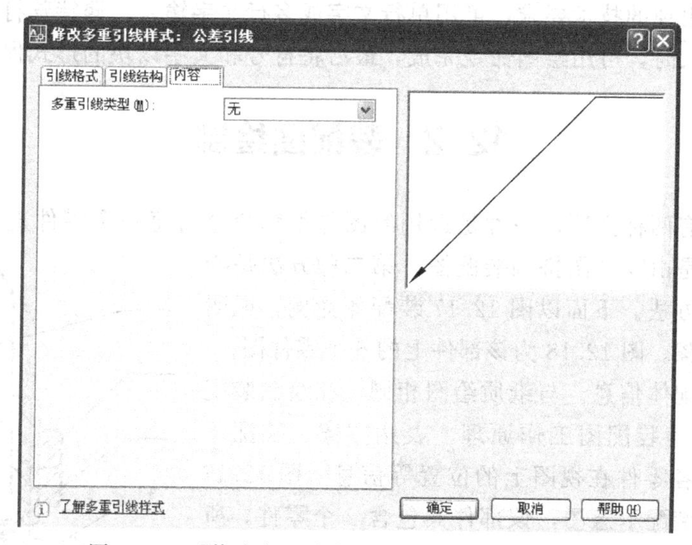

图 12.14 【修改多重引线样式：公差引线】对话框

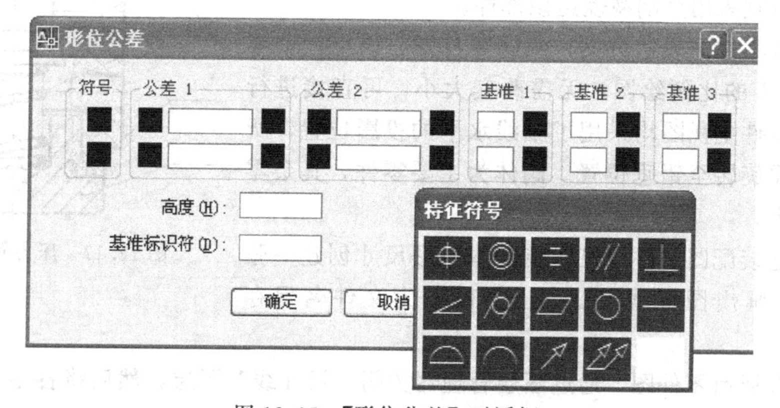

图 12.15 【形位公差】对话框

然后，单击标注菜单的【多重引线】，指定引线箭头的位置和引线位置，之后单击标注

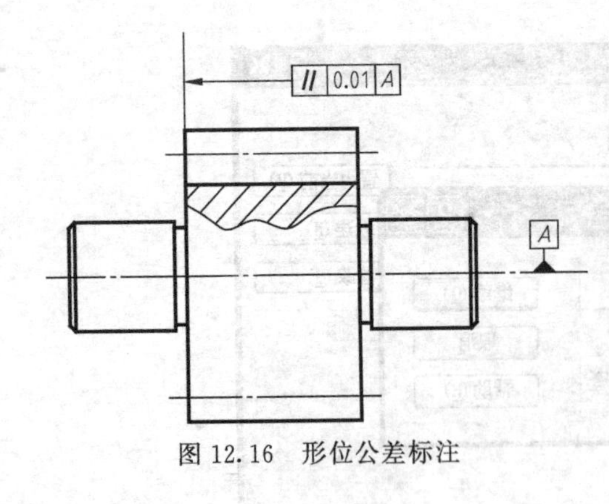

图 12.16　形位公差标注

菜单的“公差”，弹出【形位公差】对话框，如图 12.15 所示，单击符号下的黑色方块，又弹出“符号特征”对话框，在该对话框中选择任一符号（例如//），回到形位公差对话框，“公差 1”文本框中输入 0.01，“基准 1”文本框中输入大写字母 A，回到绘图区，捕捉引线端点点击即可。标注结果如图 12.16 所示。

对于位置公差，必须在相应位置标注基准符号，基准符号可以通过创建带属性的块，插入到图中，创建方法与粗糙度类似，请读者自行分析。也可单独绘制一个基准符号，粘贴为块，放在基准要素要求的位置，如图 12.16 所示。

12.1.3.3　注写文本形式的技术要求

以文字形式出现的技术要求，可用单行文字或多行文字输入。遇特殊符号（如其余粗糙度符号）无法输入时，可用绘图命令完成，最后将符号和文字以块的形式保存。

12.2　装配图绘制

绘制装配图有两种方法，一种是运用绘图与编辑命令将每一个零件直接在装配图中画出；另一种方法是由零件图拼画装配图。第二种方法是绘制装配图的常用方法。下面以图 12.17 装配图为例，说明拼画装配图的步骤。图 12.18 为该部件上的 6 个零件图。

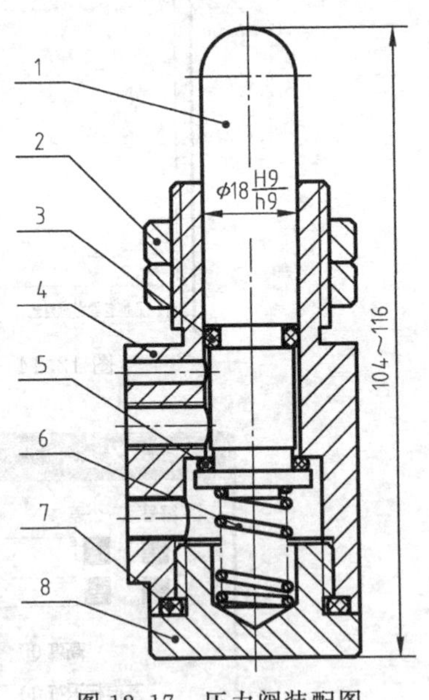

图 12.17　压力阀装配图

（1）分析装配体信息。与纸质绘图相同，在绘制装配图之前，必须明确装配图工作原理、表达方案、装配干线、零件数量及各零件在视图上的位置等信息。图 12.17 所示为压力阀的装配示意图，该部件共包含 9 个零件，所有零件沿一条垂直装配线装配，即所有零件回转轴线为一条直线。所以宜采用全剖视表达该部件。

（2）分析零件的表达方案，编辑零件图。以上六个零件均采用 1∶1 的比例绘图，无需改变大小，可直接进行装配。六个零件主视图均采用了轴线水平的投影位置，所以，装配前需旋转至铅垂位置。阀体为主要零件，其余零件装在阀体上。

（3）创建装配图文件。根据装配体外形尺寸创建一张 4＃图文件，画出图框线，以“压力阀”为文件名保存文件。

（4）打开所有零件图，通过图层管理器关闭“尺寸线”图层，然后将各零件的主视图复制到装配图中，用“旋转”命令将零件旋转铅垂位置，如图 12.19 所示。

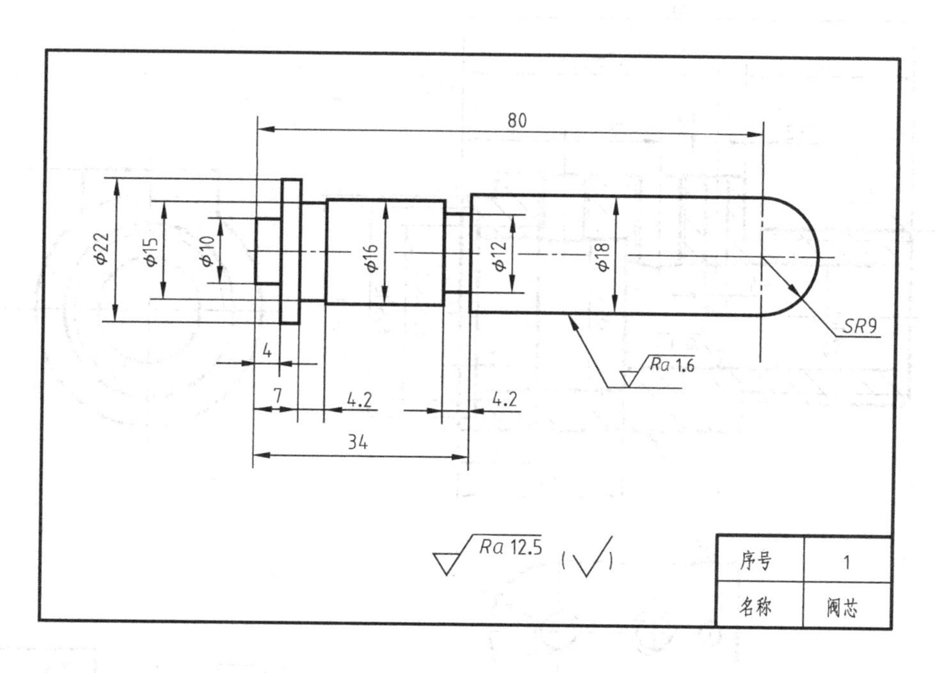

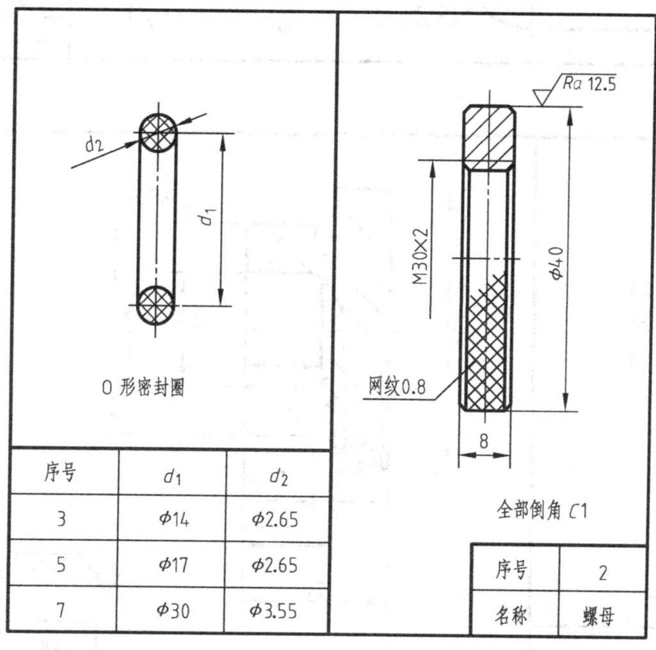

序号	d_1	d_2
3	φ14	φ2.65
5	φ17	φ2.65
7	φ30	φ3.55

图 12.18

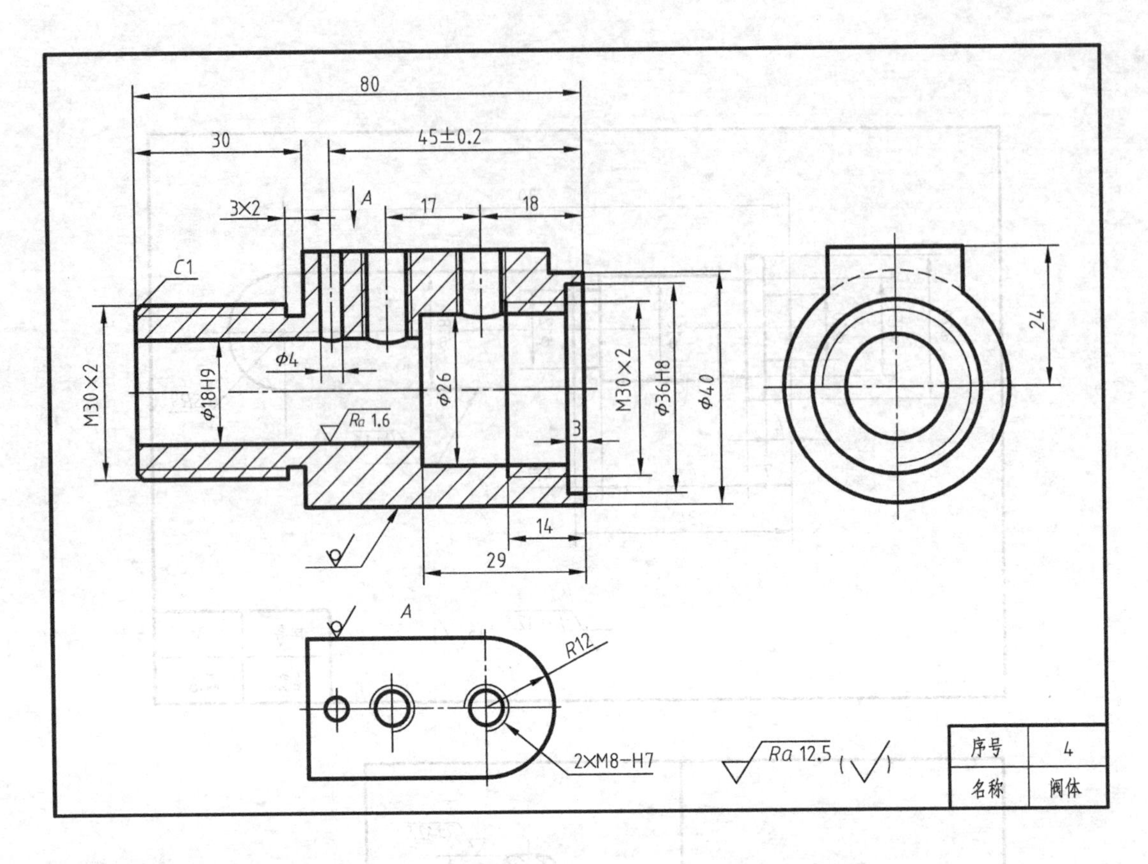

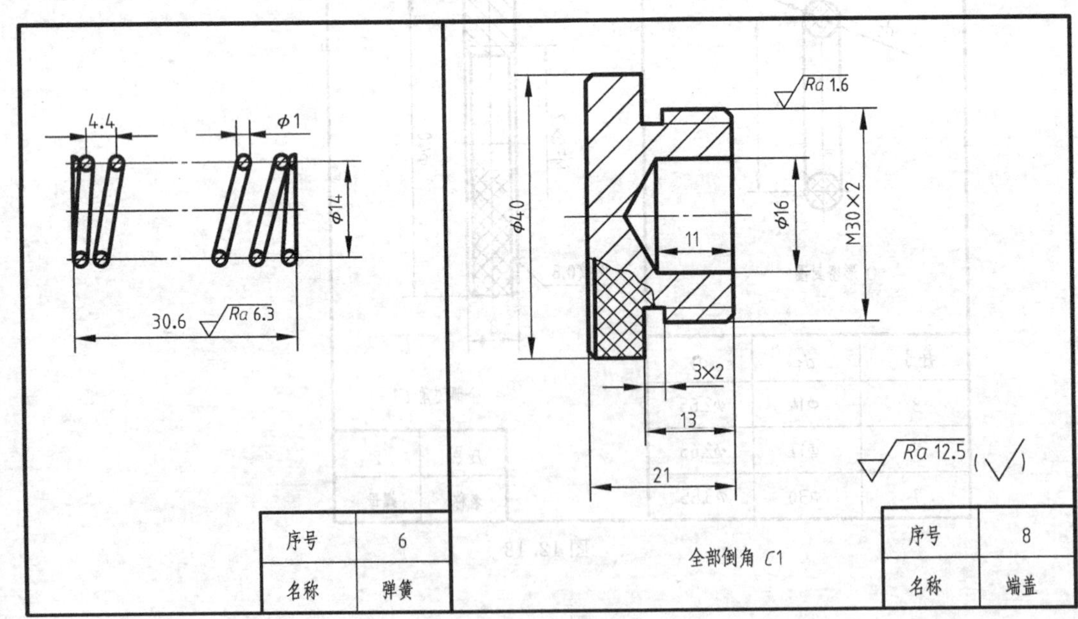

图 12.18 压力阀的零件图

（5）寻找相邻零件的结合面及重合点，将零件拼接在一起。首先删除螺母与端盖上的网纹线，重新填充剖面线。分析端盖与阀体，以 $\phi40$ 面叠合，A 点为重合点（见图 12.20），选中端盖，用移动命令，拾取 A 为基点，点击阀体上的 A 点即可；分析技术要求知，弹簧初装状态为 22mm，因此对弹簧视图进行“压缩”，使高度尺寸为 22mm。弹簧与端盖在 B 点重合，阀芯与弹簧在 C 点重合；密封圈可在阀芯装配完成后，分别画圆来替代；双螺母放在适当位置即可；装配效果如图 12.21 所示。

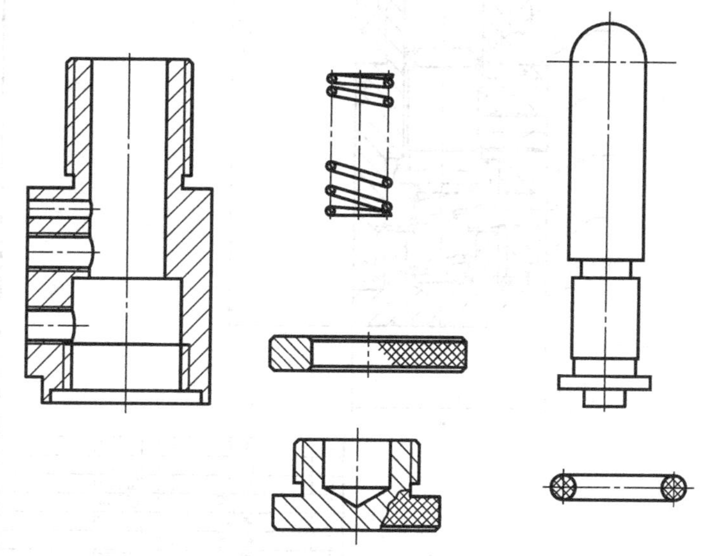

图 12.19 复制零件视图到装配图文件

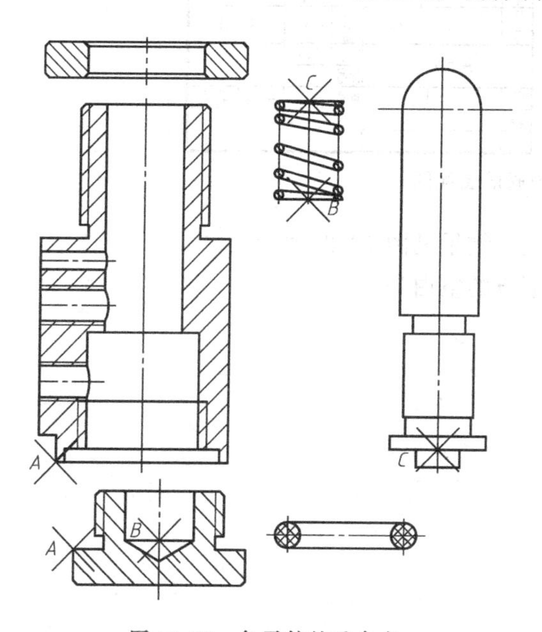

图 12.20 各零件的重合点

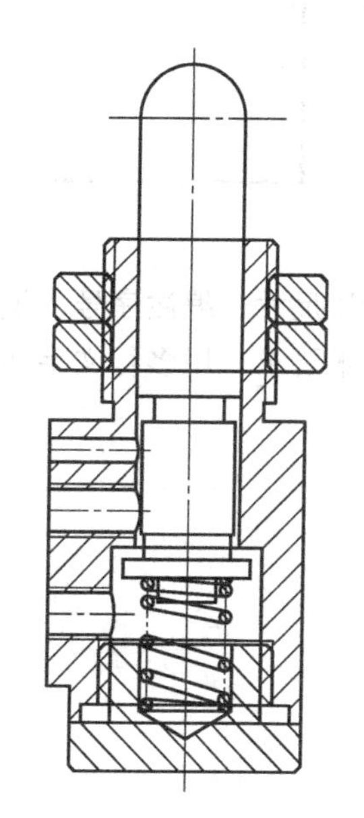

图 12.21 拼接效果

（6）编辑修剪零件之间遮挡图线，完善装配图。阀芯为实心杆件按不剖处理，因此处于阀芯、弹簧“之后”的零件均视为不可见，用修剪命令去除掉。在三处位置补画密封圈的投影，完善结果见图 12.19 所示。

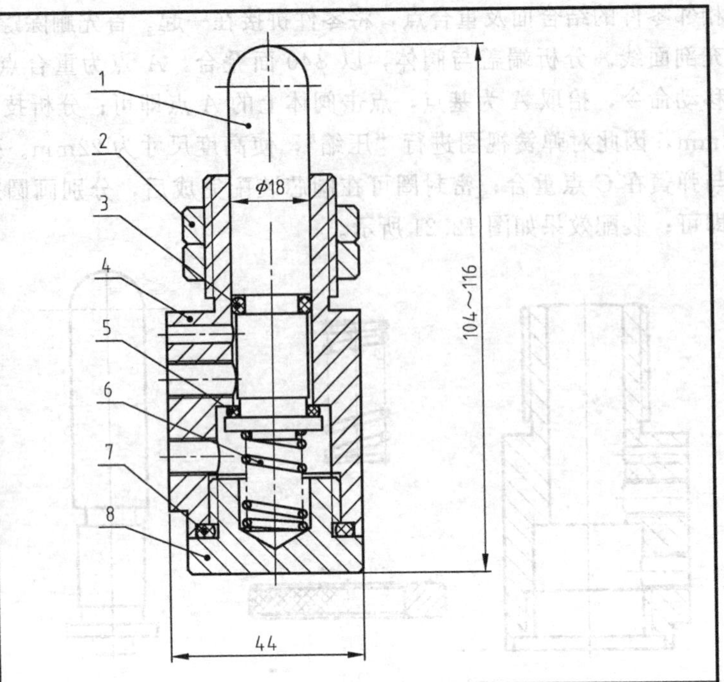

8	端盖	1		
7	密封圈	1	45	
6	弹簧	1	Q235A	
5	密封圈	1	Q235A	
4	阀体	1	HT150	
3	密封圈	1	相交	
2	螺母	2	HT150	
1	阀芯	1	35	
序号	名　称	数量	材料	备　注

压力阀		比例	1:1		
		件数			
制图		重量		共　张	第　张
描图					
审核					

图 12.22　压力阀的装配图

(7) 标注尺寸、编注序号、填写标题栏。完成结果见图 12.22 所示。若有技术要求，用多行文字注写在装配图下方的空白处。

附　　录

一、螺纹

1. 普通螺纹（摘自 GB/T 193，GB/T 196）

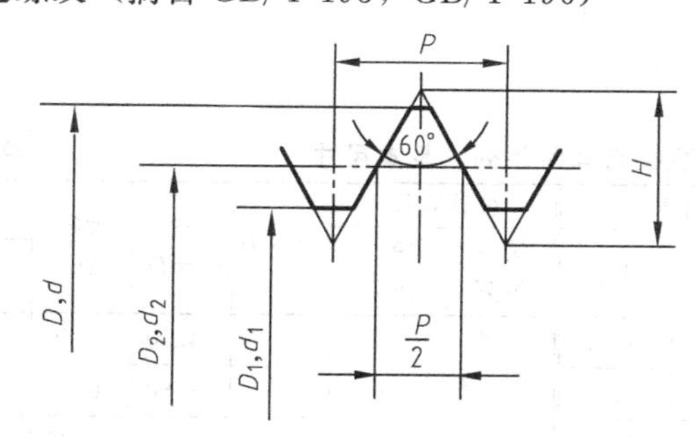

D—内螺纹大径

d—外螺纹大径

D_2—内螺纹中径

d_2—外螺纹中径

D_1—内螺纹小径

d_1—外螺纹小径

P—螺距

标记示例

公称直径为 24，螺距为 1.5mm，右旋的细牙螺纹：M24×1.5

附表 1　直径与螺距系列、公称尺寸　　　　单位：mm

公称直径 D、d		螺距 P		粗牙小径 D_1、d_1	公称直径 D、d		螺距 P		粗牙小径 D_1、d_1
第一系列	第二系列	粗牙	细牙		第一系列	第二系列	粗牙	细牙	
3		0.5	0.35	2.459		22	2.5	2,1.5,1,0.75,(0.5)	19.294
	3.5	(0.6)		2.850	24		3	2,1.5,1,0.75	20.752
4		0.7	0.5	3.242		27	3	2,1.5,1,0.75	23.752
	4.5	(0.75)		3.688	30		3.5	(3),2,1.5,1,0.75	26.211
5		0.8		4.134		33	3.5	(3),2,1.5,(1),0.75	29.211
6		1	0.75,(0.5)	4.917	36		4	(3),2,1.5,(1)	31.670
8		1.25	1,0.75,(0.5)	6.647		39	4		34.670
10		1.5	1.25,1,0.75,(0.5)	8.376	42		4.5	(4),3,2,1.5,(1)	37.129
12		1.75	1.5,1.25,1,0.75,(0.5)	10.106		45	4.5		40.129
	14	2	1.5,1.25,1,0.75,(0.5)	11.835	48		5		42.587
16		2	1.5,1,0.75,(0.5)	13.835		52	5		46.587
	18	2.5	2,1.5, 0.75,(0.5)	15.294	56		5.5	4,3,2,1.5,(1)	50.046
20		2.5		17.194					

注：1. 优先选用第一系列，括号内尺寸尽可能不用。

2. 中径 D_2、d_2未列入，第三系列未列入。

附表 2　细牙普通螺纹螺距与小径的关系　　　　单位：mm

螺距 P	小径 D_1、d_1	螺距 P	小径 D_1、d_1	螺距 P	小径 D_1、d_1
0.35	$d-1+0.621$	1	$d-1+0.918$	2	$d-1+0.835$
0.5	$d-1+0.459$	1.25	$d-1+0.647$	3	$d-1+0.752$
0.75	$d-1+0.188$	1.5	$d-1+0.376$	4	$d-1+0.670$

注：表中的小径按 $D_1=d_1=d-2\times5/8\,H$，H 为计算得出。

2. 梯形螺纹（摘自 GB/T 5796.2，GB/T 5796.3）

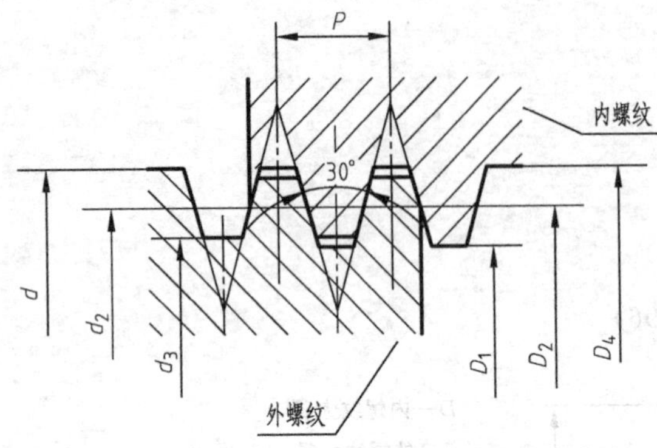

标记示例

公称直径为 40，导程为 14mm，螺距为 7mm 的双线左旋梯形螺纹：

Tr40×14（P7）LH

附表 3　直径与螺距系列、基本尺寸　　　　单位：mm

公称直径 第一系列	公称直径 第二系列	螺距 P	中径 $d_2=D_2$	大径 D_4	小径 d_3	小径 D_1
8		1.5	7.25	8.30	6.20	6.50
	9	1.5	8.25	9.30	7.20	7.5
		2	8.00	9.50	6.50	7.00
10		1.5	9.25	10.30	8.20	8.50
		2	9.00	10.50	7.50	8.00
	11	2	10.00	11.50	8.50	9.00
		3	9.50	11.50	7.50	8.00
12		2	11.00	12.50	9.50	10.00
		3	10.50	12.50	8.50	9.00
	14	2	13.00	14.50	11.50	12.00
		3	12.50	14.50	10.50	11.00
16		2	15.00	16.50	13.50	14.00
		4	14.00	16.50	11.50	12.00
	18	2	17.00	18.50	15.50	16.00
		4	16.00	18.50	13.50	14.00
20		2	19.00	20.50	17.50	18.00
		4	18.00	20.50	15.50	16.00
	22	3	20.50	22.50	18.50	19.00
		5	19.50	22.50	16.50	17.00
		8	18.00	23.00	13.00	14.00
24		3	22.50	24.50	20.50	21.00
		5	21.50	24.50	18.50	19.00
		8	20.00	25.00	15.00	16.00

公称直径 第一系列	公称直径 第二系列	螺距 P	中径 $d_2=D_2$	大径 D_4	小径 d_3	小径 d_1
	26	3	24.50	26.50	22.50	23.50
		5	23.50	26.50	20.50	21.00
		8	22.00	27.00	17.00	18.00
28		3	26.50	28.50	24.50	25.00
		5	25.50	28.50	22.50	23.00
		8	24.00	29.00	19.00	20.00
	30	3	28.50	30.50	26.50	29.00
		6	27.00	31.00	23.00	24.00
		10	25.00	31.00	19.00	20.00
32		3	30.50	32.50	28.50	29.00
		6	29.00	33.00	25.00	26.00
		10	27.00	33.00	21.00	22.00
	34	3	32.50	34.50	30.50	31.00
		6	31.00	35.00	27.00	28.00
		10	29.00	.5.00	23.00	24.00
36		3	34.50	36.50	32.00	33.00
		6	33.00	37.00	29.00	30.00
		10	31.00	37.00	25.00	26.00
	38	3	36.50	38.50	34.00	35.00
		7	34.50	39.00	30.00	31.00
		10	33.00	39.00	27.00	28.00
40		3	38.50	40.50	36.50	37.00
		7	36.50	41.00	32.00	33.00
		10	35.00	41.00	29.00	30.00

3. 55°非螺纹密封的管螺纹（摘自 GB/T 7307）

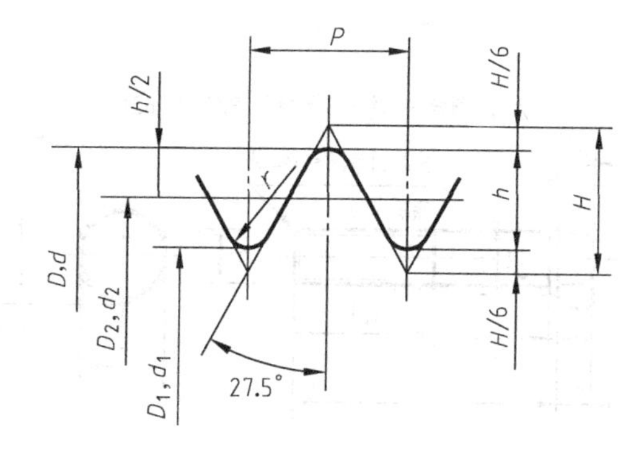

标记示例

尺寸代号为 1/2，左旋，圆柱管螺纹：

R_p1/2-LH

附表 4　55°非螺纹密封的管螺纹基本尺寸　　单位：mm

尺寸标记	每 25.4mm 内的牙数 n	螺距 P	牙高 h	圆弧半径 r	基本直径		
					大径 $d=D$	中径 $d_2=D_2$	小径 $d_1=D_1$
1/16	28	0.907	0.581	0.125	7.723	7.142	6.561
1/8	28	0.907	0.581	0.125	7.728	9.142	8.566
1/4	19	1.337	0.856	0.184	13.157	12.301	11.445
3/8	19	1.337	0.856	0.184	16.662	15.806	14.950
1/2	14	1.814	1.162	0.249	20.955	19.793	18.631
5/8	14	1.814	1.162	0.249	22.911	21.749	20.587
3/4	14	1.814	1.162	0.249	26.441	25.279	24.117
7/8	14	1.814	1.162	0.249	30.201	29.039	27.877
1	11	2.309	1.479	0.317	33.249	31.770	30.291
1⅓	11	2.309	1.479	0.317	37.897	36.418	34.939
1½	11	2.309	1.479	0.317	41.910	40.431	38.952
1⅔	11	2.309	1.479	0.317	47.803	46.324	44.845
1¾	11	2.309	1.479	0.317	53.746	52.267	50.788
2	11	2.309	1.479	0.317	59.614	58.135	56.656
2¼	11	2.309	1.479	0.317	65.710	64.231	62.752
2½	11	2.309	1.479	0.317	75.184	73.705	72.226
2¾	11	2.309	1.479	0.317	81.534	80.055	78.576
3	11	2.309	1.479	0.317	87.844	86.405	84.926
3½	11	2.309	1.479	0.317	100.330	98.851	97.372
4	11	2.309	1.479	0.317	113.030	111.551	110.072
4½	11	2.309	1.479	0.317	125.730	124.251	122.772
5	11	2.309	1.479	0.317	138.430	136.951	135.472
5½	11	2.309	1.479	0.317	151.130	149.651	148.172
6	11	2.309	1.479	0.317	163.830	162.351	160.872

二、常用的标准件

1. 六角头螺栓

六角头螺栓—C级(摘自GB/T 5780)

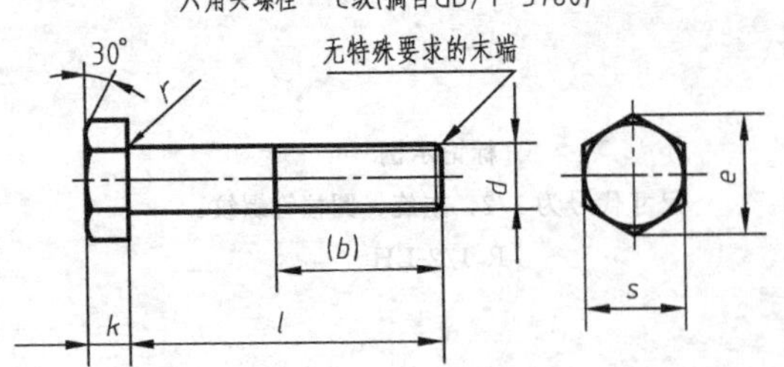

六角头螺栓—A级和B级(摘自GB/T 5782)

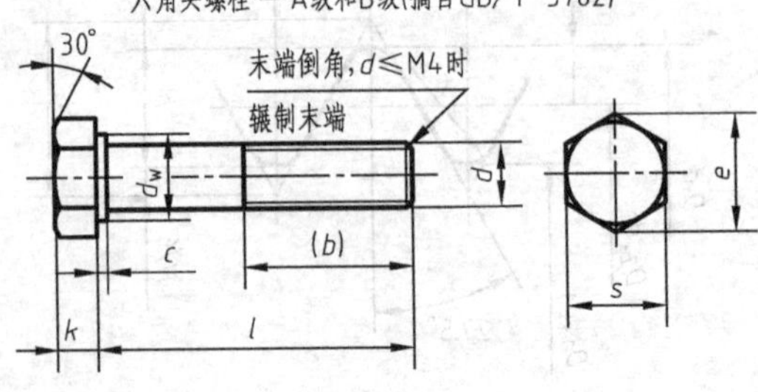

标记示例

螺纹规格 d=M12，公称长度 l=80mm，性能等级为 8.8 级、表面氧化，A 级的六角头螺栓：

螺栓 GB/T 5782 M12×80

附表 5 六角头螺栓基本尺寸 单位：mm

螺纹规格 d			M3	M4	M5	M6	M8	M10	M12	M16	M20	M24	M30
b(参考)	l≤125		12	14	16	18	22	26	30	38	46	54	66
	125<l≤200		18	20	22	24	28	32	36	44	52	60	72
	l>200		31	33	35	37	41	45	49	57	65	73	85
c			0.4	0.4	0.5	0.5	0.6	0.6	0.6	0.8	0.8	0.8	0.8
d_w	产品等级	A	4.57	5.88	6.88	8.88	11.63	14.63	16.63	22.49	28.19	33.61	—
		B、C	4.45	5.74	6.74	8.74	11.47	14.47	16.47	22	27.7	33.25	42.75
e	产品等级	A	6.01	7.66	8.79	11.05	14.38	17.77	20.03	26.75	33.53	39.98	—
		B、C	5.88	7.50	6.63	10.89	14.20	17.59	19.85	26.17	32.95	39.55	50.85
k(公称)			2	2.8	3.5	4	5.3	6.4	7.5	10	12.5	15	18.7
r			0.1	0.2	0.2	0.25	0.4	0.4	0.6	0.6	0.8	0.8	1
s(公称)			5.5	7	8	10	13	16	18	24	30	36	46
l(商品规格范围)			20～30	25～40	25～50	30～60	40～80	45～100	50～120	65～160	80～200	90～240	110～300
l(系列)			10,12,16,20,25,30,35,40,45,50,55,60,65,70,80,90,100,120,130,140,150,160,180,200,220,240,260,280,300,320,340,360,380,400,420,440,480,500										

2. 双头螺柱

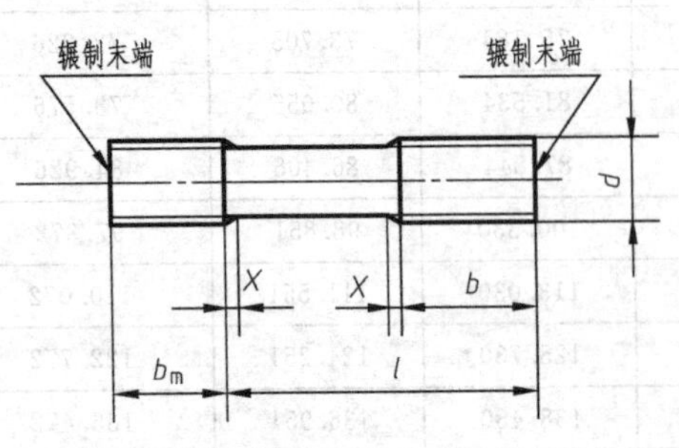

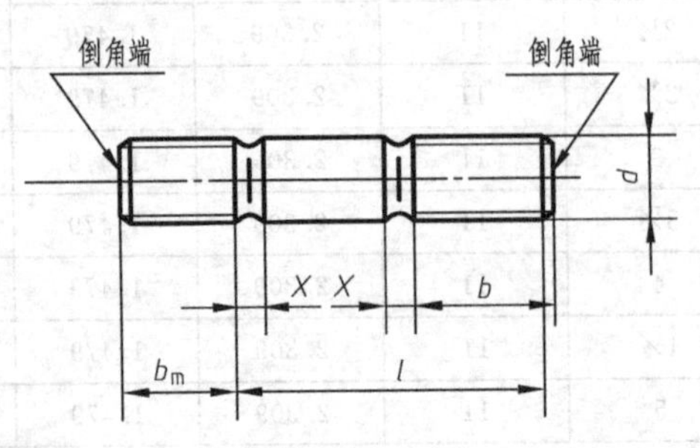

标 记 示 例

两端均为粗牙普通螺纹，d=10mm，l=50mm，性能等级为 4.8 级、不经表面处理，B 型，b_m=d 的双头螺柱：

螺柱 GB 897 M10×50

附表 6　双头螺柱基本尺寸　　单位：mm

螺纹规格 d	b_m				l/b
	GB 897	GB 898	GB 899	GB 900	
M2			3	4	(12～16)/6,(18～25)/10
M2.5			3.5	5	(14～18)/8,(20～30)/11
M3			4.5	6	(16～20)/6,(22～40)/12
M4			6	8	(16～22)/8,(25～40)/14
M5	5	6	8	10	(16～22)/10,(25～50)/16
M6	6	8	10	12	(18～22)/10,(25～30)/14,(32～75)/18
M8	8	10	12	16	(18～22)/12,(25～30)/16,(32～90)/22
M10	10	12	15	20	(25～28)/14,(30～38)/16,(40～120)/30,130/32
M12	12	15	18	24	(25～30)/16,(32～40)/20,(45～120)/30,(130～180)/36
(M14)	14	18	21	28	(30～35)/18,(38～45)/25,(50～120)/34,(130～180)/40
M16	16	20	24	32	(30～38)/20,(40～55)/30,(60～120)/38,(130～200)/44
(M18)	18	22	27	36	(35～40)/22,(45～60)/35,(65～120)/42,(130～200)/48
M20	20	25	30	40	(35～40)/25,(45～65)/38,(70～120)/46,(130～200)/52
(M22)	22	28	33	44	(40～45)/30,(50～70)/40,(75～120)/50,(130～200)/56
M24	24	30	36	48	(45～50)/30,(55～75)/45,(80～120)/54,(130～200)/60
(M27)	27	35	40	54	(50～60)/35,(65～85)/50,(90～120)/60,(130～200)/66
M30	30	38	45	60	(60～65)/45,(70～90)/50,(95～120)/66,(130～200)/72,(210～250)/85
M36	36	45	54	72	(65～75)/45,(80～110)/60,120/78,(130～200)/84,(210～300)/97
M42	42	52	63	84	(70～80)/50,(85～110)/70,120/90,(130～200)/96,(210～300)/109
M48	48	60	72	96	(80～90)/60,(95～110)/80,120/102,(130～200)/108,(210～300)/121
l(系列)	12,(14),16,(18),20,(22),25,(28),30,(32),35,(38),40,45,50,55,60,65,70,75,80,85,90,95,100,110,120,130,140,150,160,170,180,190,200,210,220,230,240,250,260,280,300				

3. 螺钉

(1) 开槽螺钉

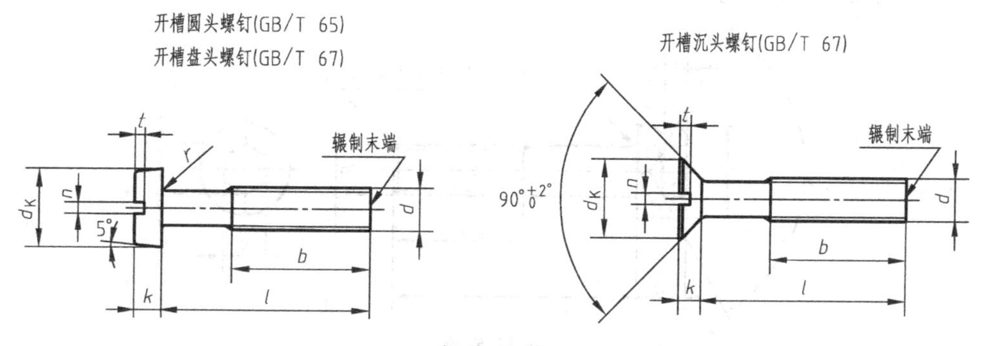

标记示例

螺纹规格 d=M5，公称长度 l=20mm，性能等级为 4.8 级、不经表面处理的 A 级开槽圆柱头螺钉：

螺钉　GB/T 65　M5×20

附表 7　开槽螺钉（摘录 GB/T 65、GB/T 68、GB/T 67）　　　　单位：mm

螺纹规格 d		M1.6	M2	M2.5	M3	M4	M5	M6	M8	M10
GB/T 65	d_{kmax}	3	3.8	4.5	5.5	7	8.5	10	13	16
	k_{max}	1.1	1.4	1.8	2.0	2.6	3.3	3.9	5	6
	T_{min}	0.45	0.6	0.7	0.85	1.1	1.3	1.6	2	2.4
	r_{min}	0.1				0.2		0.25	0.4	
	l	2～16	3～20	3～25	4～30	5～40	6～50	8～60	10～80	12～80
GB/T 67	d_{kmax}	3.2	4	5	5.6	8	9.5	12	16	20
	k_{max}	1	1.3	1.5	1.8	2.4	3	3.6	4.8	6
	t_{min}	0.35	1.5	0.6	0.7	1	1.2	1.4	1.9	2.4
	r_{min}	0.1				0.2		0.25	0.4	
	l	2～16	2.5～20	3～25	4～30	5～40	6～50	8～60	10～80	12～80
GB/T 68	d_{kmax}	3	3.8	4.7	5.5	8.4	9.3	11.3	15.8	18.3
	k_{max}	1	1.2	1.5	1.65	2.7	2.7	3.3	4.65	5
	t_{min}	0.32	0.4	0.5	0.6	1	1.1	1.2	1.8	2
	r_{min}	0.4	0.5	0.6	0.8	1	1.3	1.5	2	2.5
	l	2.5～16	3～20	4～25	5～30	6～40	8～50	8～60	10～80	12～80
螺距 P		0.35	0.4	0.45	0.5	0.7	0.8	1	1.25	1.5
n		0.4	0.5	0.6	0.8	1.2	1.2	1.6	2	2.5
b		25				38				
l(系列)		2,2.5,3,4,5,6,8,10,12,(14),16,20,25,30,35,40,45,50,(55),60,(65),70,(75),80(GB/T 65 无 l=2.5;GB/T 68 无 l=2)								

注：1. 括号内规格尽可能不采用。

2. M1.6～M3 的螺钉，当 $l<30$ 时，制出全螺纹；对于开槽圆柱头螺钉和开槽盘头螺钉，M4～M10 的螺钉，当 $l<40$ 时，制出全螺纹；对于开槽沉头螺钉，M4～M10 的螺钉，当 $l<45$ 时，制出全螺纹。

(2) 内六角圆柱头螺钉（GB/T 70.1）

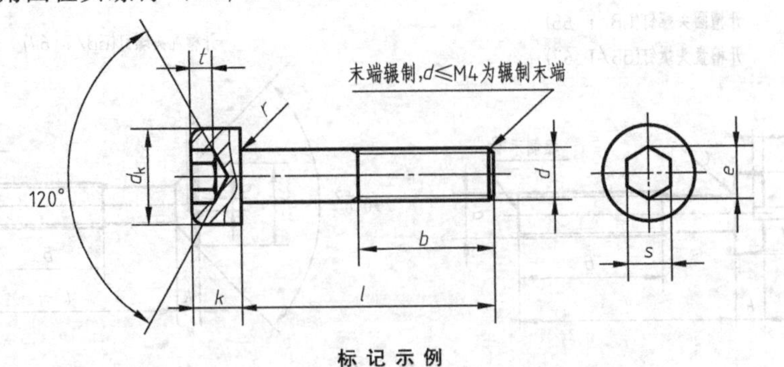

标 记 示 例

螺纹规格 d=M5，公称长度 l=20mm，性能等级为 8.8 级、表面氧化的 A 级内六方圆柱头螺钉：

螺钉　GB/T 70.1　M5×20

附表 8　内六角圆柱头螺钉（GB/T 70.1）　　单位：mm

螺纹规格 d	M2.5	M3	M4	M5	M6	M8	M10	M12	M16	M20	M24	M30
螺距 P	0.45	0.5	0.7	0.8	1	1.25	1.5	1.75	2	2.5	3	3.5
d_{kmax}(光滑头部)	4.5	5.5	7	8.5	10	13	16	18	24	30	36	45
d_{kmax}（滚花头部）	4.68	5.68	7.22	8.72	10.22	13.27	16.33	18.27	24.33	30.33	36.39	45.39
d_{kmin}	4.32	5.32	6.78	8.28	9.78	12.73	15.73	17.73	23.67	29.67	35.61	44.61
k_{max}	2.5	3	4	5	6	8	10	16	16	20	24	30
k_{min}	2.36	2.86	3.82	4.82	5.7	7.64	9.64	15.57	15.57	19.48	23.48	29.48
t_{min}	1.1	1.3	2	2.5	3	4	5	6	8	10	12	15.5
r_{min}	0.1	0.1	0.2	0.2	0.25	0.4	0.4	0.6	0.6	0.8	0.8	1
$S_{公称}$	2	2.5	3	4	5	6	8	10	14	17	19	22
e_{min}	2.3	2.9	3.4	4.6	5.7	6.9	9.2	11.4	16	19	21.7	25.2
$b_{参考}$	17	18	20	22	24	28	32	36	44	52	60	72
公称长度 l	4～25	5～30	6～40	8～50	10～60	12～80	16～100	20～120	25～160	30～200	40～200	45～200
l 系列	2.5,3,4,5,6,8,10,12,16,20,25,30,35,40,45,50,55,60,65,70,80,90,100,110,120,130,140,150,160,180,200											

注：1. 括号内规格尽可能不采用。

2. M2. 5～M3 的螺钉，当 l<20 时，制出全螺纹；M4～M5 的螺钉，当 l<25 时，制出全螺纹；M6 的螺钉，当 l<30 时，制出全螺纹；对于 M8 的螺钉，当 l<35 时，制出全螺纹；对于 M10 的螺钉，当 l<40 时，制出全螺纹；M12 的螺钉，当 l<50 时，制出全螺纹；M16 的螺钉，当 l<60 时，制出全螺纹。

（3）开槽紧定螺钉

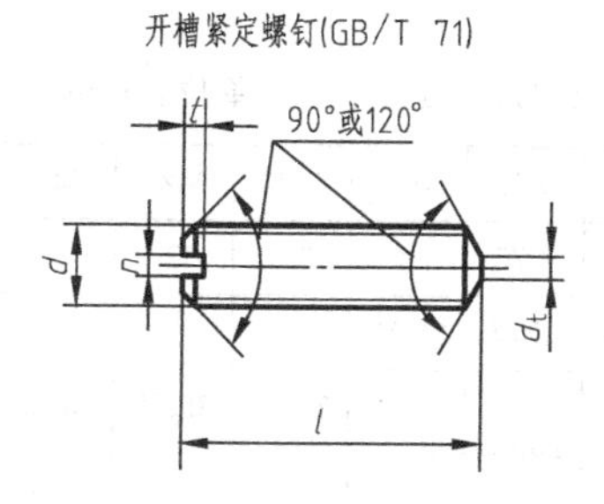

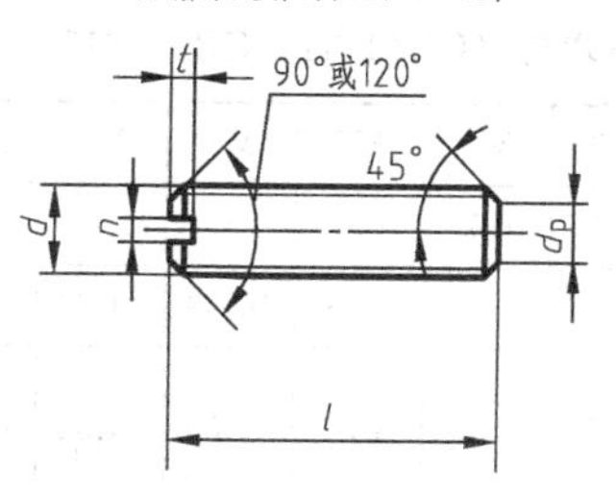

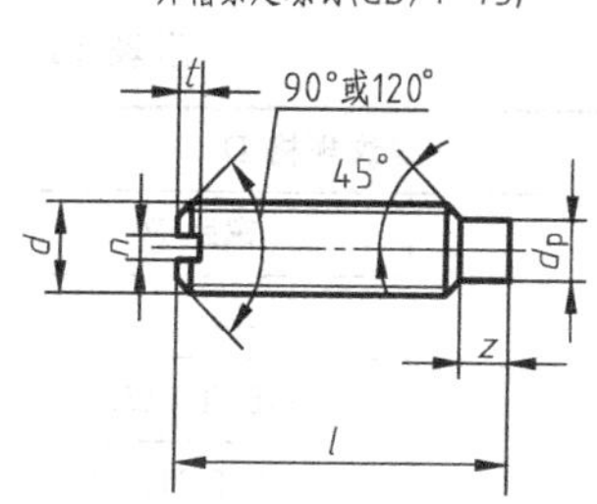

标记示例

螺纹规格 d=M5，公称长度 l=12mm，性能等级为 14H 级、表面氧化的 A 级开槽锥端紧定螺钉：

螺钉　GB/T 71　M5×20

附表 9　开槽紧定螺钉（GB/T 71、GB/T 73、GB/T 75）　　单位：mm

螺纹规格 d	M1.6	M2	M2.5	M3	M4	M5	M6	M8	M10	M12
螺距 P	0.35	0.4	0.45	0.5	0.7	0.8	1	1.25	1.5	1.75
n	0.25	0.25	0.4	0.4	0.6	0.8	1	1.2	1.6	2
t	0.7	0.8	1	1.1	1.4	1.6	2	2.5	3	3.6

续表

		0.2	0.2	0.3	0.3	0.4	0.5	1.5	2	2.5	3
d_t		0.2	0.2	0.3	0.3	0.4	0.5	1.5	2	2.5	3
d_p		0.8	1	1.5	2	2.5	3.5	4	5.5	7	8.5
z		1.1	1.3	1.5	1.8	2.3	2.8	3.3	4.3	5.3	6.3
公称长度 l	GB/T 71	2～8	3～10	3～12	4～16	6～20	8～25	8～30	10～40	12～50	14～60
	GB/T 73	2～8	2～10	2.5～12	3～16	4～20	5～25	6～30	8～40	10～50	12～60
	GB/T 75	2.5～8	3～10	4～12	5～16	6～20	8～25	8～30	10～40	12～50	14～60
l 系列		2,2.5,3,4,5,6,8,10,12,16,20,25,30,35,40,45,50,60									

4. 螺母

(1) 六角螺母（GB/T 41、GB/T 6170、GB/T 6172.1）

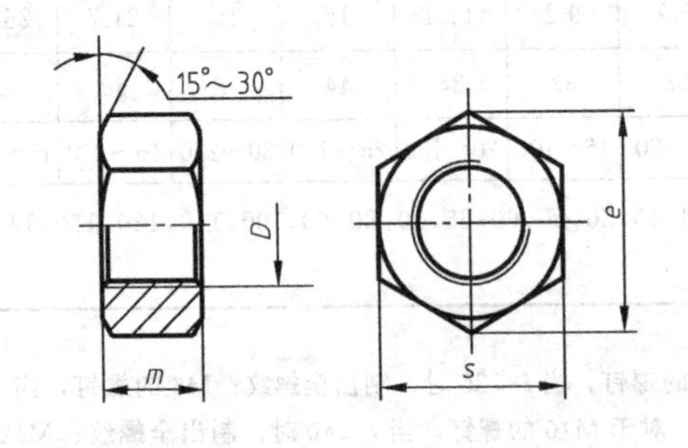

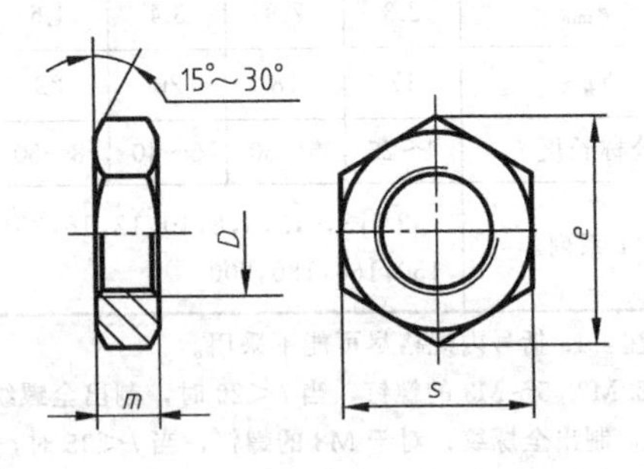

标记示例

螺纹规格 D＝M12，性能等级为 10 级、不经表面处理、A 级的 1 型六角螺母：

螺母 GB/T 6170 M12

附表 10 六角螺母（GB/T 41、GB/T 6170、GB/T 6172.1） 单位：mm

螺纹规格 D			M3	M4	M5	M6	M8	M10	M12	M16	M20	M24	M30
	螺距 P		0.5	0.7	0.8	1	1.25	1.5	1.75	2	2.5	3	3.5
e_{min}	GB/T 41		—	—	8.63	10.89	14.20	17.59	19.85	26.17	32.95	39.55	50.85
	GB/T 6170		6.01	7.66	8.79	11.05	14.38	17.77	20.03	26.75			
	GB/T 6172.1												
s			5.5	7	8	10	13	16	18	24	30	36	46
m	GB/T 41	max	—	—	5.6	6.4	7.9	9.5	12.2	15.9	19	22.3	26.4
		min	—	—	4.4	4.9	6.4	8	10.1	14.1	16.9	20.2	24.3
	GB/T 6170	max	2.4	3.2	4.7	5.2	6.8	8.4	10.8	14.8	18	21.5	25.6
		min	2.15	2.9	4.4	4.99	6.44	8.04	10.37	14.1	16.9	20.2	24.3
	GB/T 6172.1	max	1.8	2.2	2.7	3.2	4	5	6	8	10	12	15
		min	1.55	1.95	2.45	2.9	3.7	4.7	5.7	7.42	9.1	10.9	13.9

注：1. A 级用于 $D\leqslant16$；B 级用于 $D>16$。

2. GB/T 41 允许内倒角。

（2）六角开槽螺母（摘录 GB/T 6178、GB/T 6179、GB/T 6181）

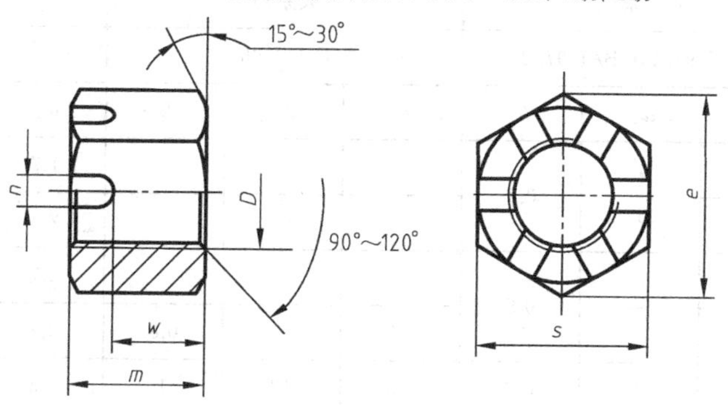

标记示例

螺纹规格 D=M5，性能等级为 8 级、不经表面处理、A 级的 1 型六角开槽螺母：

螺母 GB/T 6178　M5

附表 11　六角开槽螺母（摘录 GB/T 6178、GB/T 6179、GB/T 6181）　单位：mm

螺纹规格 D		M4	M5	M6	M8	M10	M12	M16	M20	M24	M30	M36
n_{min}		1.2	1.4	2	2.5	2.8	3.5	4.5	4.5	5.5	7	7
e_{min}		7.7	8.8	11	14.4	17.8	20	26.8	33	39.6	50.9	60.8
s_{max}		7	8	10	13	16	18	24	30	36	46	55
m_{max}	GB/T 6178	5	6.7	7.7	9.8	12.4	15.8	20.8	24	29.5	34.6	40
	GB/T 6179	—	7.6	8.9	10.9	13.5	17.2	21.9	25	30.03	35.4	40.9
	GB/T 6181	—	5.1	5.7	7.5	9.3	12	16.4	20.3	23.9	28.6	34.7
w_{max}	GB/T 6178	3.2	4.7	5.2	6.8	8.4	10.8	14.8	18	21.5	25.6	31
	GB/T 6179	—	5.6	6.4	7.9	9.5	12.17	15.9	19	22.3	26.4	31.9
	GB/T 6181	—	3.1	3.5	4.5	5.3	7.0	10.4	14.3	15.9	19.6	25.7
开口销		1×10	1.2×12	1.6×14	2×16	2.5×20	3.2×22	4×28	4×36	4×40	6.3×50	6.3×63

注：1. A 级用于 $D\leqslant16$ 的螺母。

2. B 级用于 $D>16$ 的螺母。

5. 垫圈

（1）平垫圈（摘录 GB/T 97. 1、GB/T 97. 2、GB/T 848、GB/T 96）

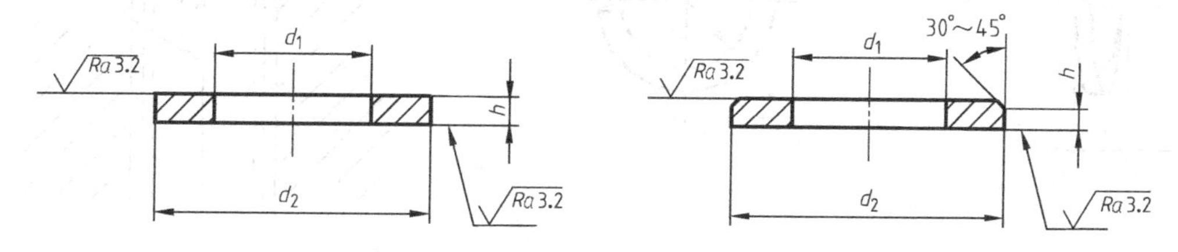

标记示例

标准系列、公称尺寸 d=8mm、性能等级为 140HV 级、不经表面处理的平垫圈：

平垫圈 GB/T 97. 2　8—140HV

附表 12　平垫圈（摘录 GB/T 97.1、GB/T 97.2、GB/T 848、GB/T 96）

单位：mm

螺纹规格 d	标准系列 GB/T 97.1,GB/T 97.2			大系列 GB/T 96			小系列 GB/T 848		
	d_1	d_2	h	d_1	d_2	h	d_1	d_2	h
1.6	1.7	4	0.3	—	—	—	1.7	3.5	0.3
2	2.2	5		—	—	—	2.2	4.5	
2.5	2.7	6	0.5	—	—	—	2.7	5	0.5
3	3.2	7		3.2	9	0.8	3.2	6	
4	4.3	9	0.8	4.3	12	1	4.3	8	
5	5.3	10	1	5.3	15	1.2	5.3	9	1
6	6.4	12	1.6	6.4	18	1.6	6.4	11	1.6
8	8.4	16		8.4	24	2	8.4	15	
10	10.5	20	2	10.5	30	2.5	10.5	18	2
12	13	24	2.5	13	37	3	13	20	2.5
14	15	28		15	44		15	24	
16	17	30	3	17	50		17	28	3
20	21	37		22	60	4	21	34	
24	25	44	4	26	72	5	25	39	4
30	31	56		33	92	6	31	50	
36	37	66	5	39	110	8	37	60	5

注：1. GB/T 96 垫圈无粗糙度符号。

2. GB/T 848 垫圈主要用于带圆柱头的螺钉，其他用于标准的六角螺栓、螺钉和螺母。

3. GB/T 97.2 垫圈，d 范围为 5～36mm。

（2）标准型弹簧垫圈（摘录 GB/T 93、GB/T 859）

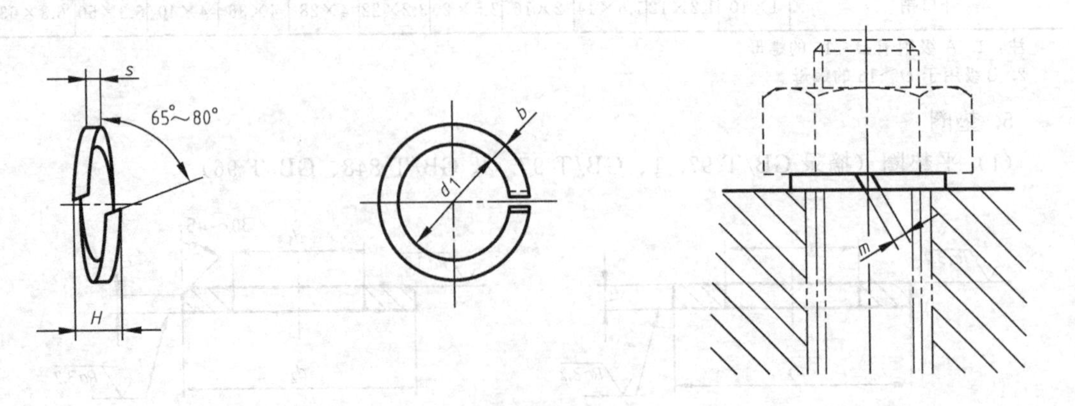

标记示例

规格为 16mm、材料为 65Mn，表面氧化的标准型弹簧垫圈：

垫圈 GB/T 93　16

附表 13　弹簧垫圈（摘录 GB/T 93、GB/T 859）　单位：mm

螺纹规格 d	d_1	s		H		b		$m \leqslant$	
		GB/T 93	GB/T 859	GB/T 93	GB/T 859	GB/T 93	GB/T 859	GB/T 93	GB/T 859
3	3.1	0.8	0.6	2	1.5	0.8	1	0.4	0.3
4	4.1	1.1	0.8	2.75	2	1.1	1.2	0.55	0.4
5	5.1	1.3	1.1	3.25	2.75	1.3	1.5	0.65	0.55
6	6.1	1.6	1.3	4	3.25	1.6	2	0.8	0.65
8	8.1	2.1	1.6	5.25	4	2.1	2.5	1.05	0.8
10	10.2	2.6	2	6.5	5	2.6	3	1.3	1
12	12.2	3.1	2.5	7.25	6.25	3.1	3.5	1.55	1.25
(14)	14.2	3.6	3	9	7.5	3.6	4	1.8	1.5
16	16.2	4.1	3.2	10.25	8	4.1	4.5	2.05	1.6
(18)	18.2	4.5	3.6	11.25	9	4.5	5	2.25	1.8
20	20.2	5	4	12.25	10	5	5.5	2.5	2
(22)	22.5	5.5	4.5	13.75	11.25	5.5	6	2.75	2.25
24	24.5	6	5	15	12.25	6	7	3	2.5
(27)	27.5	6.8	5.5	17	13.75	6.8	8	3.4	2.75
30	30.5	7.5	6	18	15	7.5	9	3.75	3

注：1. 括号内规格尽可能不采用。

2. m 应大于 0。

6. 键

平键（摘录 GB/T 1095、GB/T 1096）

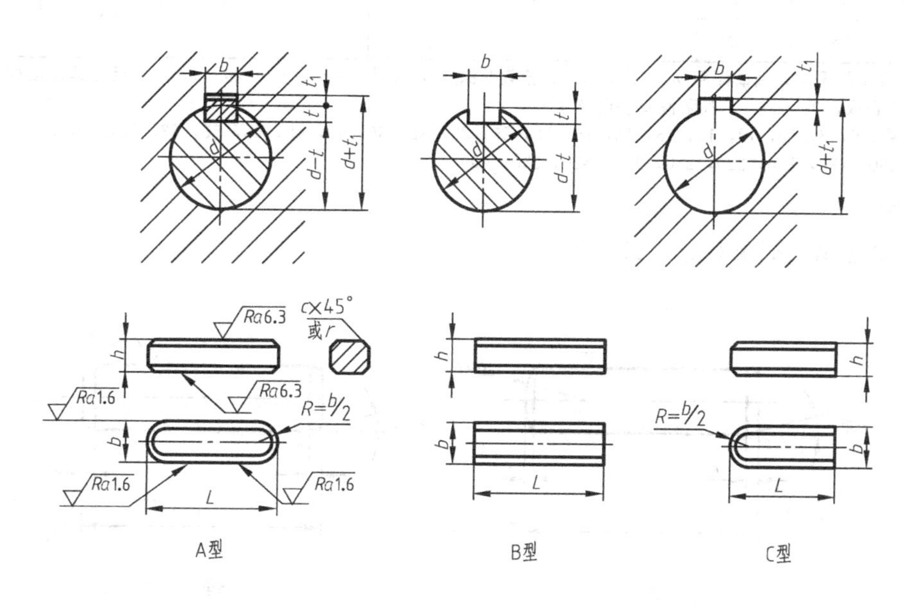

标记示例

圆头普通平键（A 型），b=10mm，h=8mm，l=25mm：GB/T 1096　键 A10×8×25；

圆头普通平键（B 型），b=10mm，h=8mm，l=25mm：GB/T 1096　键 B10×8×25；

圆头普通平键（C 型），b=10mm，h=8mm，l=25mm：GB/T 1096　键 C10×8×25。

附表 14　平键（摘录 GB/T 1095、GB/T 1096）　　单位：mm

轴	键	键槽										
			宽度 b					深度				
			偏差									
公称直径 d	公称尺寸 $b \times h$	公称	较松键联接		一般键联接		较紧键联接	轴 t		毂 t_1		半径 r
			轴 H9	毂 D10	轴 N9	毂 Js10	轴和毂 P9	公称	偏差	公称	偏差	
>6～8	2×2	2	+0.025 0	+0.060 +0.020	−0.004 −0.029	±0.0125	−0.006 −0.031	1.2	+0.1 0	1	+0.1 0	0.08～0.16
>8～10	3×3	3						1.8		1.4		
>10～12	4×4	4	+0.030 0	+0.078 +0.030	0 −0.030	±0.015	−0.012 −0.042	2.5		1.8		
>12～17	5×5	5						3.0		2.3		
>17～22	6×6	6						3.5		2.8		
>22～30	8×7	8	+0.036 0	+0.098 +0.040	0 −0.036	±0.018	−0.015 −0.051	4.0	+0.2 0	3.3	+0.2 0	0.16～0.25
>30～38	10×8	10						5.0		3.3		
>38～44	12×8	12	+0.043 0	+0.120 +0.050	0 −0.043	±0.0215	−0.018 −0.061	5.0		3.3		0.25～0.40
>44～50	14×9	14						5.5		3.8		
>50～58	16×10	16						6.0		4.3		
>58～65	18×11	18						7.0		4.4		
>65～75	20×12	20	+0.052 0	+0.149 +0.065	0 −0.052	±0.026	−0.022 −0.074	7.5		4.9		0.40～0.60
>75～85	22×14	22						9.0		5.4		
>85～95	25×14	25						9.0		5.4		
>95～110	28×16	28						10.0		6.4		

注：1. 在工作图中，轴槽深用 $d-t$ 或 t 标注，轮毂槽深用 $d \pm t_1$ 标注。$(d-t)$ 和 $(d \pm t_1)$ 尺寸偏差按相应的 t 和 t_1 的极限偏差选取，但 $(d-t)$ 极限偏差选负号（−）。

2. l 系列：6，8，10，12，14，16，18，20，22，25，28，32，36，40，45，50，56，63，70，80，90，100，110，125，140，160，180，200，220，250，280，320，330，400，450。

7. 销

(1) 圆柱销（摘录 GB/T 119.1）

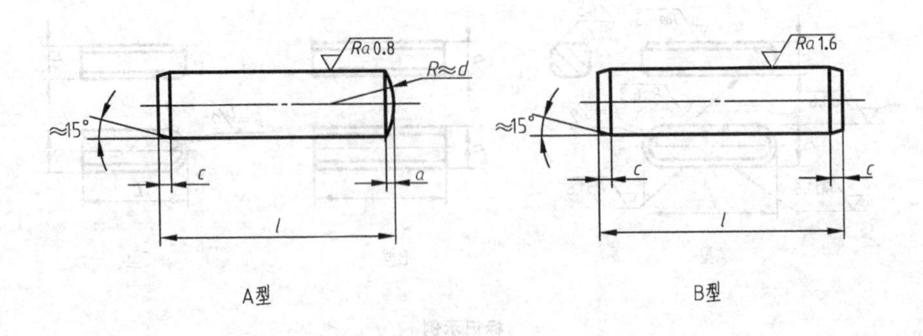

标记示例

公称直径 d=8mm，长度 l=30mm，材料为 35 钢，热处理硬度 HRC28～38，表面氧化处理的 A 型圆柱销：

销 GB/T 119.1　8×30

附表 15　圆柱销（摘录 GB/T 119.1）　　单位：mm

d(公称)	0.6	0.8	1	1.2	1.5	2	2.5	3	4	5
$a\approx$	0.08	0.10	0.12	0.16	0.20	0.25	0.30	0.40	0.50	0.63
$c=$	0.12	0.16	0.20	0.25	0.30	0.35	0.40	0.50	0.63	0.80
l(商品规格范围公称长度)	2～6	2～8	4～10	4～12	4～16	6～20	6～24	8～30	8～40	10～50
d(公称)	6	8	10	12	16	20	25	30	40	50
$a\approx$	0.80	1.0	1.2	1.6	2.0	2.5	3.0	4.0	5.0	6.3
$c=$	1.2	1.6	2.0	2.5	3.0	3.5	4.0	5.0	6.3	8.0
l(商品规格范围公称长度)	12～60	14～80	18～95	22～140	26～180	35～200	50～200	60～200	80～200	95～200
l(系列)	2,3,4,5,6,8,10,12,14,16,18,20,22,24,26,28,30,32,34,35,40,45,50,55,60,65,70,75,80,85,90,95,100,120, 140,160,180,200									

（2）圆锥销（摘录 GB/T 117）

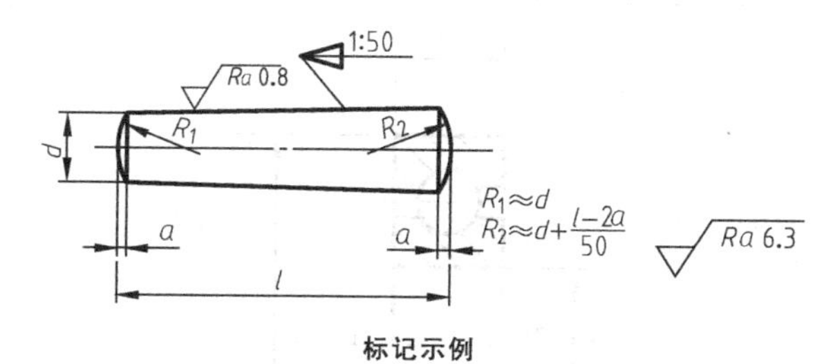

标记示例

公称直径 $d=10$mm，长度 $l=60$mm，材料为 35 钢，热处理硬度 HRC28～38，表面氧化处理的 A 型圆锥销：销 GB/T 117　10×60

附表 16　圆锥销（摘录 GB/T 117）　　单位：mm

d(公称)	0.6	0.8	1	1.2	1.5	2	2.5	3	4	5
$a\approx$	0.08	0.1	0.12	0.16	0.2	0.25	0.3	0.4	0.5	0.63
l(商品规格范围公称长度)	4～8	5～12	6～16	6～20	8～24	10～35	10～35	12～45	14～55	18～60
d(公称)	6	8	10	12	16	20	25	30	40	50
$a\approx$	0.8	1	1.2	1.6	2	2.5	3	4	5	6.3
l(商品规格范围公称长度)	22～90	22～120	26～160	32～180	40～200	45～200	50～200	55～200	60～200	65～200
l(系列)	2,3,4,5,6,8,10,12,14,16,18,20,22,24,26,28,30,32,34,35,40,45,50,55,60,65,70,75,80,85,90,95,100,120, 140,160,180,200									

（3）开口销（摘录 GB/T 91）

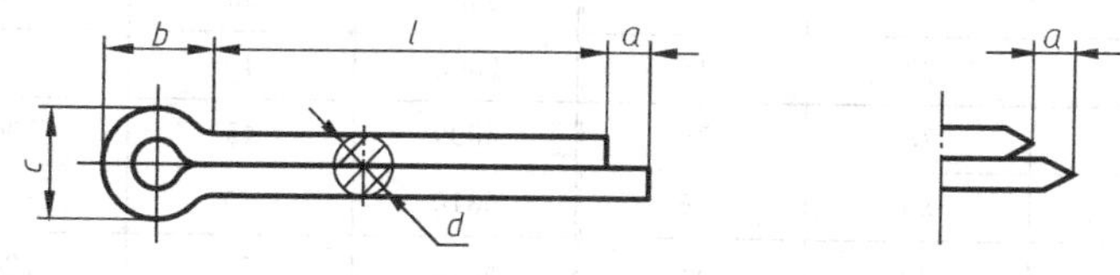

标记示例

公称直径 $d=5$mm，长度 $l=50$mm，材料为低碳钢，不经表面处理的开口销：销 GB/T 91　5×50

附表 17　开口销（摘录 GB/T 91）　　单位：mm

d(公称)		0.6	0.8	1	1.2	1.6	2	2.5	3.2	4	5	6.3	8	10	12
c	max	1	1.4	1.8	2	2.8	3.6	4.6	5.8	7.4	9.2	11.8	15	19	24.8
	min	0.9	1.2	1.6	1.7	2.4	3.2	4	5.1	6.5	8	10.3	13.1	16.6	21.7
$b\approx$		2	2.4	3	3	3.2	4	5	6.4	8	10	12.6	16	20	26
a_{max}		1.6	1.6	1.6	2.5	2.5	2.5	2.5	3.2	4	4	4	4	6.3	6.3
l(商品规格范围公称长度)		4～12	5～16	6～20	8～26	8～32	10～40	12～50	14～65	18～80	22～100	30～120	40～160	45～200	70～200
l(系列)		4,5,6,8,10,12,14,16,18,20,22,24,26,28,30,32,34,35,40,45,50,55,60,65,70,75,80,85,90,95,100,120,140,160,180,200													

注：1. 销孔的公称直径等于 d（公称）；d_{max}、d_{min} 可查阅 GB/T 91，都小于 d（公称）。

2. 根据使用需要，由供需双方协议，可采用 d（公称）为 3mm、6mm 的规格。

8. 滚动轴承

(1) 深沟球轴承（摘录 GB/T 276）

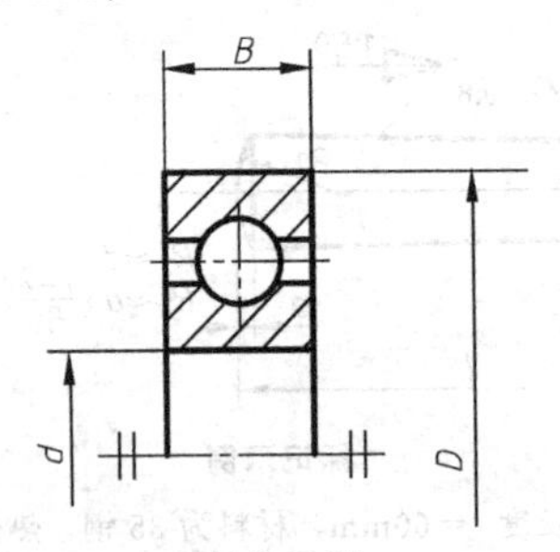

标记示例

类型标记 6 内圈孔径 d=60mm，尺寸系列标记为(0)2 的深沟球轴承：

滚动轴承　6212　GB/T 276

附表 18　深沟球轴承（摘录 GB/T 276）　　单位：mm

轴承标记	尺寸/mm			轴承标记	尺寸/mm		
	d	D	B		d	D	B
10 系列				03 系列			
6000	10	26	8	6300	10	35	11
6001	12	28	8	6301	12	37	12
6002	15	32	9	6302	15	42	13
6003	17	35	10	6303	17	47	14
6004	20	42	12	6304	20	52	15
6005	25	47	12	6305	25	62	17
6006	30	55	13	6306	30	72	19
6007	35	62	14	6307	35	80	21
6008	40	68	15	6308	40	90	23
6009	45	75	16	6309	45	100	25
6010	50	80	16	6310	50	110	27
6011	55	90	18	6311	55	120	29
6012	60	95	18	6312	60	130	31

轴承标记	尺寸/mm			轴承标记	尺寸/mm		
	d	*D*	*B*		*d*	*D*	*B*
02 系列				04 系列			
6200	10	30	9	6403	17	62	17
6201	12	32	10	6404	20	72	19
6202	15	35	11	6405	25	80	21
6203	17	40	12	6406	30	90	23
6204	20	47	14	6407	35	100	25
6205	25	52	15	6408	40	110	27
6206	30	62	16	6409	45	120	29
6207	35	72	17	6410	50	130	31
6208	40	80	18	6411	55	140	33
6209	45	85	19	6412	60	150	35
6210	50	90	20	6413	65	160	37
6211	55	100	21	6414	70	180	42
6212	60	110	22	6415	75	190	45

（2）圆锥滚子轴承（摘录 GB/T 297）

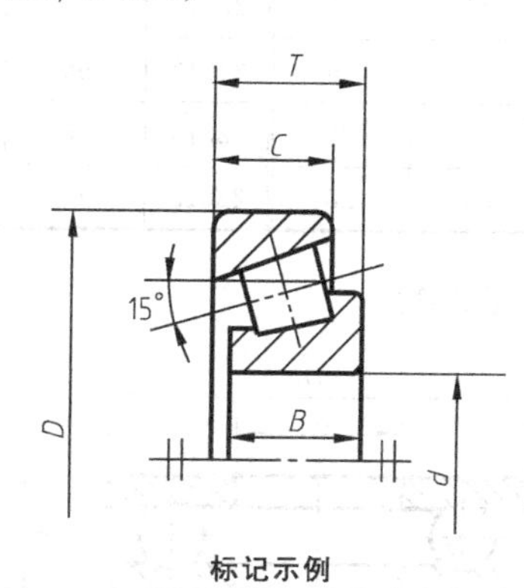

标记示例

类型标记 3 内圈孔径 $d=35$mm，尺寸系列标记为 03 的圆锥滚子轴承：

滚动轴承　30307　GB/T 297

附表 19　圆锥滚子轴承（摘录 GB/T 297）　　单位：mm

轴承标记	尺寸/mm					轴承标记	尺寸/mm				
	d	*D*	*T*	*B*	*C*		*d*	*D*	*T*	*B*	*C*
02 系列						13 系列					
30202	15	35	11.75	11	10	31305	25	62	18.25	17	13
30203	17	40	13.25	12	11	31306	30	72	20.75	19	14
30204	20	47	15.25	14	12	31307	35	80	22.75	21	15
30205	25	52	16.25	15	13	31308	40	90	25.25	23	17
30206	30	62	17.25	16	14	31309	45	100	27.25	25	18
30207	35	72	18.25	17	15	31310	50	110	29.25	27	19

续表

轴承标记	尺寸/mm					轴承标记	尺寸/mm				
	d	D	T	B	C		d	D	T	B	C
30208	40	80	19.75	18	16	31311	55	120	31.5	29	21
30209	45	85	20.75	19	16	31312	60	130	33.5	31	22
30210	50	90	21.75	20	17	31313	65	140	36	33	23
30211	55	100	22.75	21	18	31314	70	150	38	35	25
30212	60	110	23.75	22	19	31315	75	160	40	37	26
30213	65	120	24.75	23	20	31316	80	170	42.5	39	27
03 系列						20 系列					
30302	15	42	14.25	13	11	32004	20	42	15	15	12
30303	17	47	15.25	14	12	32005	25	47	15	15	12.5
30304	20	52	16.25	15	13	32006	30	55	17	17	13
30305	25	62	18.25	17	15	32007	35	62	18	18	14
30306	30	72	20.75	19	16	32008	40	68	19	19	14.5
30307	35	80	22.75	21	18	32009	45	75	20	20	15.5
30308	40	90	25.75	23	20	22010	50	80	20	20	15.5
30309	45	100	27.25	25	22	22011	55	90	23	23	17.5
30310	50	110	29.75	27	23	22012	60	95	23	23	17.5
30311	55	120	31.5	29	25	22013	65	100	23	23	17.5
30312	60	130	33.5	31	26	22014	70	110	25	25	19
30313	65	140	36	33	28	22015	75	115	25	25	19

（3）推力球轴承（摘录 GB/T 301）

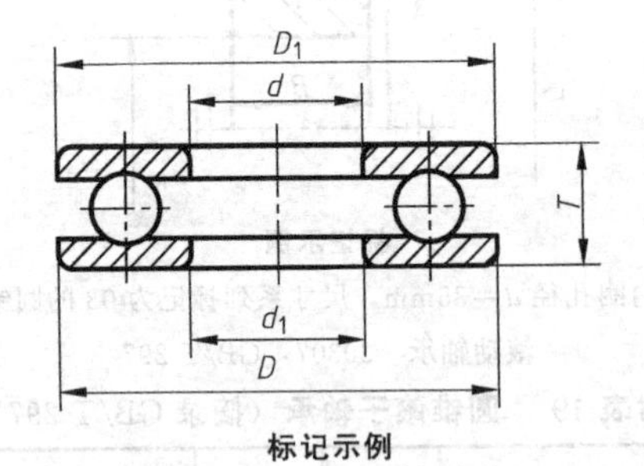

标记示例

类型标记 5 内圈孔径 $d=30$mm，尺寸系列标记为 13 的推力球轴承：

滚动轴承 51306 GB/T 301

附表 20 推力球轴承（摘录 GB/T 301） 单位：mm

轴承标记	尺寸/mm					轴承标记	尺寸/mm			
	d	D	T	d_1	D_1		dD	T	d_1	D_1
11 系列						13 系列				
51104	20	35	10	21	35	51304	20	47	18	22	47
51105	25	42	11	26	42	51305	25	52	18	27	52
51106	30	47	11	32	47	51306	30	60	21	32	60

续表

轴承标记	尺寸/mm					轴承标记	尺寸/mm				
	d	D	T	d_1	D_1		d	D	T	d_1	D_1
51107	35	52	12	37	52	51307	35	68	24	37	68
51108	40	60	13	42	60	51308	40	78	26	42	78
51109	45	65	14	47	65	51309	45	85	28	47	85
51110	50	70	14	52	70	51310	50	95	31	52	95
51111	55	78	16	57	78	51311	55	105	35	57	105
51112	60	85	17	62	85	51312	60	110	35	62	110
51113	65	90	18	67	90	51313	65	115	36	67	115
51114	70	95	18	72	95	51314	70	125	40	72	125
51115	75	100	19	77	100	51315	75	135	44	77	135
12 系列						14 系列					
51204	20	40	14	22	40	51405	25	60	24	27	60
51205	25	47	15	27	47	51406	30	70	28	32	70
51206	30	52	16	32	52	51407	35	80	32	37	80
51207	35	62	18	37	62	51408	40	90	36	42	90
51208	40	68	19	42	68	51409	45	100	39	47	100
51209	45	73	20	47	73	51410	50	110	43	52	110
51210	50	78	22	52	78	51411	55	120	48	57	120
51211	55	90	25	57	90	51412	60	130	51	62	130
51212	60	95	26	62	95	51413	65	140	56	68	140
51213	65	100	27	67	100	51414	70	150	60	73	150
51214	70	105	27	72	105	51415	75	160	65	78	160
51215	75	110	27	77	111	51416	80	170	68	83	170

三、极限与配合

附表 21　标准公差数值（摘自 GB/T 1800.1）

基本尺寸/mm		标准公差等级																			
		IT01	IT0	IT1	IT2	IT3	IT4	IT5	IT6	IT7	IT8	IT9	IT10	IT11	IT12	IT13	IT14	IT15	IT16	IT17	IT18
大于	至	μm													mm						
—	3	0.3	0.5	0.8	1.2	2	3	4	6	10	14	25	40	60	0.1	0.14	0.25	0.4	0.6	1	1.4
3	6	0.4	0.6	1	1.5	2.5	4	5	8	12	18	30	48	75	0.12	0.18	0.30	0.48	0.75	1.2	1.8
6	10	0.4	0.6	1	1.5	2.5	4	6	9	15	22	36	58	90	0.15	0.22	0.36	0.58	0.9	1.5	2.2
10	18	0.5	0.8	1.2	2	3	5	8	11	18	27	43	70	110	0.18	0.27	0.43	0.7	1.1	1.8	2.7
18	30	0.6	1	1.5	2.5	4	6	9	13	21	33	52	84	130	0.21	0.33	0.52	0.84	1.3	2.1	3.3
30	50	0.6	1	1.5	2.5	4	7	11	16	25	39	62	100	160	0.25	0.39	0.62	1	1.6	2.5	3.9
50	80	0.8	1.2	2	3	5	8	13	19	30	46	74	120	190	0.3	0.46	0.74	1.2	1.9	3	4.6
80	120	1	1.5	2.5	4	6	10	15	22	35	54	87	140	220	0.35	0.54	0.87	1.4	2.2	3.5	5.4
120	180	1.2	2	3.5	5	8	12	18	25	40	63	100	160	250	0.4	0.63	1	1.6	2.5	4	6.3

续表

基本尺寸/mm		标准公差等级																			
		IT01	IT0	IT1	IT2	IT3	IT4	IT5	IT6	IT7	IT8	IT9	IT10	IT11	IT12	IT13	IT14	IT15	IT16	IT17	IT18
大于	至	μm													mm						
180	250	2	3	4.5	7	10	14	20	29	46	72	115	185	290	0.46	0.72	1.15	1.85	2.9	4.6	7.2
250	315	2.5	4	6	8	12	16	23	32	52	81	130	210	320	0.52	0.81	1.3	2.1	3.2	5.2	8.1
315	400	3	5	7	9	13	18	25	36	57	89	140	230	360	0.57	0.89	1.4	2.3	3.6	5.7	8.9
400	500	4	6	8	10	15	20	27	40	63	97	155	250	400	0.63	0.97	1.55	2.5	4	6.3	9.7

附表 22　公称尺寸≤500mm 优先配合中孔的极限偏差（摘自 GB/T 1800.1）

单位：μm

基本尺寸/mm		公差带												
		C	D	F	G	H				K	N	P	S	U
大于	至	11	9	8	7	7	8	9	11	7	7	7	7	7
—	3	+120 +60	+45 +20	+20 +6	+12 +2	+10 0	+14 0	+25 0	+60 0	0 −10	−4 −14	−6 −16	−14 −24	−18 −28
3	6	+145 +70	+60 +30	+28 +10	+16 +4	+12 0	+18 0	+30 0	+75 0	+3 −9	−4 −16	−8 −20	−15 −27	−19 −31
6	10	+170 +80	+76 +40	+35 +13	+20 +5	+15 0	+22 0	+36 0	+90 0	+5 −10	−4 −10	−9 −24	−17 −32	−22 −37
10	14	+205 +95	+93 +50	+43 +16	+24 +6	+18 0	+27 0	+43 0	+110 0	+6 −12	−5 −23	−11 −29	−21 −39	−26 −44
14	18													
18	24	+240 +110	+117 +65	+53 +20	+28 +7	+21 0	+33 0	+52 0	+130 0	+6 −15	−7 −28	−14 −35	−27 −48	−33 −54
24	30													−40 −61
30	40	+280 +120	+142 +80	+64 +25	+34 +9	+25 0	+39 0	+62 0	+160 0	+7 −18	−8 −33	−17 −42	−34 −59	−51 −76
40	50	+290 +130												−61 −86
50	65	+330 +140	+174 +100	+76 +30	+40 +10	+30 0	+46 0	+74 0	+190 0	+9 −21	−9 −39	−21 −51	−42 −72	−76 −106
65	80	+340 +150											−48 −78	−91 −121
80	100	+390 +170	+207 +120	+90 +36	+47 +12	+35 0	+54 0	+87 0	+220 0	+10 −25	−10 −45	−24 −59	−58 −93	−111 −146
100	120	+400 +180											−66 −101	−131 −166
120	140	+450 +200	+245 +145	+106 +43	+54 +14	+40 0	+63 0	+100 0	+250 0	+12 −28	−12 −52	−28 −68	−77 −117	−155 −195
140	160	+460 +210											−85 −125	−175 −215
160	180	+480 +230											−93 −133	−195 −235

续表

基本尺寸/mm		公差带												
		C	D	F	G	H				K	N	P	S	U
大于	至	11	9	8	7	7	8	9	11	7	7	7	7	7
180	200	+530 +240											−105 −151	−219 −265
200	225	+550 +260	+285 +170	+122 +50	+61 +15	+46 0	+72 0	+115 0	+290 0	+13 −33	−14 −60	−33 −79	−113 −159	−241 −287
225	250	+570 +280											−123 −169	−267 −313
250	280	+620 +300	+320 +190	+137 +56	+69 +17	+52 0	+81 0	+130 0	+320 0	+16 −36	−14 −66	−36 −88	−138 −190	−295 −347
280	315	+650 +330											−150 −202	−330 −382
315	355	+720 +360	+350 +210	+151 +62	+75 +18	+57 0	+89 0	+140 0	+360 0	+17 −40	−16 −73	−41 −98	−169 −226	−369 −426
355	400	+760 +400											−187 −244	−414 −471
400	450	+840 +440	+385 +230	+165 +68	+83 +20	+63 0	+97 0	+155 0	+400 0	+18 −45	−17 −80	−45 −108	−209 −272	−467 −530
450	500	+880 +480											−229 −292	−517 −580

附表 23 公称尺寸≤500mm 优先配合中轴的极限偏差（摘自 GB/T 1800.1）

单位：μm

基本尺寸/mm		公差带												
		C	D	F	G	H				K	N	P	S	U
大于	至	11	9	7	6	6	7	9	11	6	6	6	6	6
—	3	−60 −120	−20 −45	−6 −16	−2 −8	0 −6	0 −10	0 −25	0 −60	+6 0	+10 +4	+12 +6	+20 +14	+24 +18
3	6	−70 −145	−30 −60	−10 −22	−4 −22	0 −8	0 −12	0 −30	0 −75	+9 +1	+16 +8	+20 +12	+27 +19	+31 +23
6	10	−80 −170	−40 −76	−13 −28	−5 −14	0 −9	0 −15	0 −36	0 −90	+10 +1	+19 +10	+24 +15	+32 +23	+37 +28
10	14	−95 −205	−50 −93	−16 −34	−6 −17	0 −11	0 −18	0 −43	0 −110	+12 +1	+23 +12	+29 +18	+39 +28	+44 +33
14	18													
18	24	−110 −240	−65 −117	−20 −41	−7 −20	0 −13	0 −21	0 −52	0 −130	+15 +2	+28 +15	+35 +22	+48 +35	+54 +41
24	30													+61 +48
30	40	−120 −280	−80 −142	−25 −50	−9 −25	0 −16	0 −25	0 −62	0 −160	+18 +2	+33 +17	+42 +26	+59 +43	+76 +60
40	50	−130 −290												+86 +70

续表

基本尺寸/mm		公差带												
		C	D	F	G	H				K	N	P	S	U
大于	至	11	9	7	6	6	7	9	11	6	6	6	6	6
50	65	-140 -330	-100 -174	-30 -60	-10 -29	0 -19	0 -30	0 -74	0 -190	+21 +2	+39 +20	+51 +32	+72 +53	+106 +87
65	80	-150 -340											+78 +59	+121 +102
80	100	-170 -390	-120 -207	-36 -71	-12 -34	0 -22	0 -35	0 -87	0 -220	+25 +3	+45 +23	+59 +37	+93 +71	+146 +124
100	120	-180 -400											+101 +79	+166 +144
120	140	-200 -450	-145 -245	-43 -83	-14 -39	0 -25	0 -40	0 -100	0 -250	+28 +3	+52 +27	+68 +43	+117 +92	+195 +170
140	160	-210 -460											+125 +100	+215 +190
160	180	-230 -480											+133 +108	+235 +210
180	200	-240 -530	-170 -285	-50 -96	-15 -44	0 -29	0 -46	0 -115	0 -290	+33 +4	+60 +31	+79 +50	+151 +122	+265 +236
200	225	-260 -550											+159 +130	+287 +258
225	250	-280 -570											+169 +140	+313 +284
250	280	-300 -620	-190 -320	-56 -108	-17 -49	0 -32	0 -52	0 -130	0 -320	+36 +4	+66 +34	+88 +56	+190 +158	+347 +315
280	315	-330 -650											+202 +170	+382 +350
315	355	-360 -720	-210 -350	-62 -119	-18 -54	0 -36	0 -57	0 -140	0 -360	+40 +4	+73 +37	+98 +62	+226 +190	+426 +390
355	400	-400 -760											+244 +208	+471 +435
400	450	-440 -840	-230 -385	-68 -131	-20 -60	0 -40	0 -63	0 -155	0 -400	+45 +5	+80 +40	+108 +68	+272 +232	+530 +490
450	500	-480 -880											+292 +252	+580 +540

参考文献

［1］ GB/T 131—2006.
［2］ 王巍. 机械制图［M］. 北京：高等教育出版社，2003.
［3］ 刘魁敏. 机械制图与计算机绘图［M］. 北京：机械工业出版社，2005.
［4］ 刘力. 机械制图［M］. 北京：高等教育出版社，2006.
［5］ 傅剑辉. AutoCAD 2008 机械制图［M］. 北京：化学工业出版社，2009.
［6］ 陈东祥. 机械制图及 CAD 基础［M］. 北京：机械工业出版社，2004.
［7］ 金大鹰. 机械制图［M］. 北京：机械工业出版社，2003.
［8］ 王农，宋巨烈. 工程图学基础［M］. 北京：北京航空航天大学出版社，2002.
［9］ 冯秋官. 机械制图与计算机绘图［M］. 北京：机械工业出版社，2005.
［10］ 孙培先，刘衍聪. 工程制图［M］. 北京：机械工业出版社，2005.
［11］ 苏燕，赵仁高. 现代工程制图［M］. 北京：化学工业出版社，2010.